# EL LIBRO DE LA FISICA

# EL LIBRO DE LA FÍSICA

akal

DK

DK Penguin Random House

akal
www.akal.com

## DK LONDON

EDICIÓN DE ARTE SÉNIOR
Gillian Andrews

EDICIÓN SÉNIOR
Camilla Hallinan y Laura Sandford

EDICIÓN
John Andrews, Jessica Cawthra, Joy Evatt, Claire Gell, Richard Gilbert, Tim Harris, Janet Mohun, Victoria Pyke, Dorothy Stannard y Rachel Warren Chadd

ILUSTRACIONES
James Graham

COORDINACIÓN DE DISEÑO DE CUBIERTAS
Sophia MTT

PREPRODUCCIÓN
Gillian Reid

PRODUCCIÓN
Nancy-Jane Maun

COORDINACIÓN DE ARTE SÉNIOR
Lee Griffiths

COORDINACIÓN EDITORIAL
Gareth Jones

SUBDIRECCIÓN DE PUBLICACIONES
Liz Wheeler

DIRECCIÓN DE ARTE
Karen Self

DIRECCIÓN DE DISEÑO
Philip Ormerod

DIRECCIÓN DE PUBLICACIONES
Jonathan Metcalf

## DK DELHI

EDICIÓN DE ARTE DE PROYECTO
Pooja Pipil

EDICIÓN DE ARTE
Meenal Goel y Debjyoti Mukherjee

ASISTENCIA DE EDICIÓN DE ARTE
Nobina Chakravorty

EDICIÓN SÉNIOR
Suefa Lee

ASISTENCIA EDITORIAL
Aashirwad Jain

DISEÑO DE CUBIERTA SÉNIOR
Suhita Dharamjit

DISEÑO DE MAQUETA SÉNIOR
Neeraj Bhatia

DISEÑO DE MAQUETA
Anita Yadav

ICONOGRAFÍA DE PROYECTO
Deepak Negi

COORDINACIÓN DE ICONOGRAFÍA
Taiyaba Khatoon

COORDINACIÓN DE PREPRODUCCIÓN
Balwant Singh

COORDINACIÓN DE PRODUCCIÓN
Pankaj Sharma

COORDINACIÓN DE EDICIÓN DE ARTE
Sudakshina Basu

COORDINACIÓN EDITORIAL SÉNIOR
Rohan Sinha

Estilismo

**STUDIO 8**

## EDICIÓN DE LA VERSIÓN ESPAÑOLA

Publicado originalmente en Gran Bretaña en 2019 por Dorling Kindersley Limited, DK, One Embassy Gardens, 8 Viaduct Gardens, Londres, SW11 7BW

Parte de Penguin Random House

Título original: *The Physics Book*
Primera edición 2020



Servicios editoriales deleatur, s.l.
Traducción Carla López Fatur
y Juan Gabriel López Gix
Revisión técnica Javier Guerrero Gimeno

Edición exclusiva para España,
Ediciones Akal, S. A., 2020, 2023
Sector Foresta, 1
28760 Tres Cantos
Madrid - España
Tel.: 918 061 996
Fax: 918 044 028
**www.akal.com**



ISBN: 978-84-460-4973-9

Depósito Legal: M-11.854-2020

Impreso en China

PARA MENTES CURIOSAS
www.dk.com

# COLABORADORES

## BEN STILL (ASESOR EDITORIAL)

Galardonado divulgador científico, físico de partículas y escritor, Ben Still es profesor de física de enseñanza secundaria e investigador en la Universidad Queen Mary de Londres. Después de obtener un máster en ingeniería aeroespacial y un doctorado en física de partículas, y tras varios años de investigación, en 2014 entró en el mundo de la divulgación y la educación. Es autor de una colección de libros de divulgación científica, y viaja por todo el mundo enseñando física de partículas por medio de LEGO®.

## JOHN FARNDON

John Farndon ha recibido varios galardones y ha sido en cinco ocasiones candidato al premio Young People's Science Book, de la Royal Society. Conocido divulgador sobre temas de ciencia y naturaleza, ha escrito unos mil libros sobre múltiples temas; entre ellos, títulos internacionalmente aclamados, como *The oceans atlas*, *Do you think you're clever?* y *No abrir*. Farndon ha colaborado en obras extensas como *Ciencia* y *Ciencia año por año*.

## TIM HARRIS

Autor de múltiples publicaciones sobre ciencia y naturaleza para niños y adultos, Tim Harris ha escrito más de cien libros de referencia, sobre todo educativos, y ha colaborado en muchos otros, entre los que caben destacar *An illustrated history of engineering*, *Physics matters!*, *Great scientists*, *Exploring the Solar System* y *Routes of science*.

## HILARY LAMB

Hilary Lamb estudió física en la Universidad de Bristol y comunicación científica en el Imperial College de Londres. Trabaja como periodista para *Engineering & Technology Magazine*, donde se ocupa de temas de ciencia y tecnología, y ha escrito para otras obras de DK, como *How technology works* y *Secretos de la ciencia*.

## JONATHAN O'CALLAGHAN

Con formación en astrofísica, Jonathan O'Callaghan es periodista especializado en temas espaciales y científicos desde hace casi una década. Ha publicado en numerosas revistas, como *New Scientist*, *Wired*, *Scientific American* y *Forbes*. También ha aparecido como experto en temas del espacio en programas de radio y televisión, y actualmente trabaja en una serie de libros científicos para niños.

## MUKUL PATEL

Mukul Patel estudió ciencias naturales en el King's College de Cambridge y matemáticas en el Imperial College de Londres. Es autor de *We've got your number*, libro de matemáticas para niños, y en los últimos 25 años ha colaborado en múltiples libros sobre ciencia y tecnología para el público general. En la actualidad investiga sobre los problemas éticos relacionados con la inteligencia artificial.

## ROBERT SNEDDEN

Robert Snedden lleva cuarenta años investigando, escribiendo y publicando libros de ciencia y tecnología para jóvenes, sobre temas que van desde la ética médica hasta la exploración espacial, la ingeniería, los ordenadores o internet. Ha colaborado en volúmenes de historia de las matemáticas, la ingeniería, la biología y la evolución, y ha escrito libros para adultos sobre los avances de las matemáticas y la medicina y sobre las obras de Albert Einstein.

## GILES SPARROW

Autor de divulgación científica especializado en física y astronomía, Giles Sparrow estudió astronomía en el University College de Londres y comunicación científica en el Imperial College de Londres. Es autor de numerosos libros, como *Physics in minutes*, *Physics squared*, *The genius test*, *What shape is space?* y *Spaceflight* (de DK), y ha colaborado en algunos grandes éxitos de DK, como *Universo* y *Ciencia*.

## JIM AL-KHALILI (PRÓLOGO)

Profesor universitario, escritor y divulgador científico, Jim Al-Khalili es, además de miembro de la Royal Society, titular de las cátedras de física teórica y compromiso público con la ciencia en la Universidad de Surrey. Ha escrito doce libros de divulgación científica, traducidos a más de veinte idiomas. Presentador habitual en la televisión británica, también dirige el programa *The Life Scientific*, de Radio 4. Ha recibido la Medalla Michael Faraday de la Royal Society, la Medalla Kelvin del Instituto de Física y la Medalla Stephen Hawking a la comunicación científica.

# CONTENIDO

## ELECTRICIDAD Y MAGNETISMO
### DOS FUERZAS SE UNEN

## SONIDO Y LUZ
### LAS PROPIEDADES DE LAS ONDAS



## EL MUNDO CUÁNTICO
### NUESTRO INCIERTO UNIVERSO

## FÍSICA NUCLEAR Y DE PARTÍCULAS
### DENTRO DEL ÁTOMO

## LA RELATIVIDAD Y EL UNIVERSO
### NUESTRO LUGAR EN EL COSMOS

# PROLOGO

Me enamoré de la física de pequeño, al descubrir que era la asignatura que ofrecía las mejores respuestas a muchas de las preguntas que me hacía sobre el mundo que me rodeaba, preguntas como por qué se forman los arcoíris, si el espacio acaba en algún punto, cómo funcionan los imanes y cómo sabemos qué hay en el interior de un átomo o una estrella. Me di cuenta además de que estudiando física podía comprender mejor algunos de los interrogantes más profundos que rondaban mi cabeza: ¿cuál es la naturaleza del tiempo?, ¿cómo sería caer en un agujero negro?, ¿cuál fue el principio del universo y cuál podría ser el fin?

Hoy día, decenios después, conozco algunas de las respuestas, pero continúo buscando otras a nuevas preguntas. La física, como sabemos, es un organismo vivo. Son muchas las certezas que hoy tenemos sobre las leyes de la naturaleza, y esos conocimientos nos han servido para desarrollar tecnologías que han transformado el mundo, pero aún nos queda mucho por aprender. Para mí, eso convierte la física en la ciencia más fascinante de todas. De hecho, a veces me pregunto por qué las personas no comparten mi amor por ella.

No obstante, para que el tema cobre vida, para transmitir esa sensación de asombro, hace falta mucho más que una multitud de datos áridos. Explicar cómo funciona el mundo supone contar historias, supone entender cómo hemos llegado a saber lo que hoy día sabemos acerca del universo, y supone compartir la ilusión por los descubrimientos de los grandes científicos que desentrañaron los secretos de la naturaleza. El camino recorrido para llegar a nuestra comprensión actual de la física puede ser tan importante y gratificante como el conocimiento en sí.

Por ello siempre me ha fascinado la historia de la física. Me parece una lástima que en la escuela no se enseñe cómo se formularon las primeras ideas y conceptos científicos. Se espera que simplemente los aceptemos sin cuestionarlos; pero las ciencias, incluida la física, no funcionan así. Ante todo, nos hacemos preguntas sobre el mundo y desarrollamos teorías e hipótesis. Mientras, realizamos observaciones y experimentos para revisar y perfeccionar nuestros conocimientos. A menudo tomamos el camino equivocado, y luego, al cabo de muchos años, descubrimos que una teoría es errónea o solo una aproximación a la realidad. A veces, los nuevos descubrimientos nos escandalizan y nos obligan a revisar de arriba abajo nuestra postura.

Uno de los mejores ejemplos fue el descubrimiento, en 1998, de la expansión acelerada del universo, que dio lugar a la teoría de la materia oscura. Hasta hace poco, la materia oscura era todo un misterio. ¿Qué era ese campo invisible que hacía que el espacio se expandiera en contra de la fuerza de la gravedad? Poco a poco, hemos llegado a la conclusión de que probablemente se trate de energía del vacío. Quizá podemos preguntarnos cómo un cambio de nombre (de «energía oscura» a «energía del vacío») puede suponer un avance en nuestra comprensión. Sin embargo, el concepto de energía del vacío no es nuevo. Einstein lo propuso hace cien años, y luego se retractó por considerarlo «un error garrafal». Las historias como esta, en mi opinión, hacen que la física sea una ciencia sumamente emocionante.

Esa es también la razón por la que *El libro de la física* resulta tan entretenido. Cada tema se torna más ameno y asequible con la presentación de anécdotas, figuras clave y cronologías del desarrollo de las ideas. Esta obra no solo constituye un relato más fiel del progreso científico, sino también una manera más útil de revitalizar el tema.

Espero que lo disfrutéis tanto como yo.

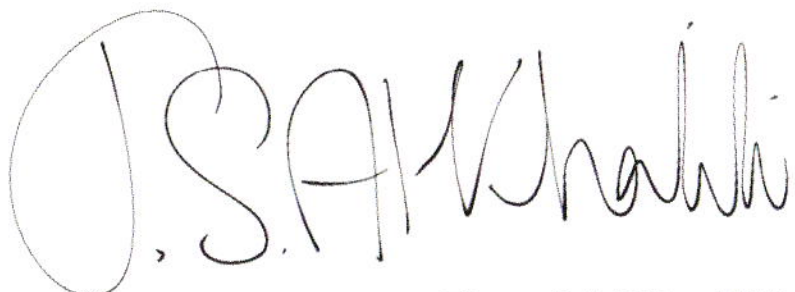

**Jim Al-Khalili**

# INTRODU

# CCION

Los seres humanos tenemos un gran sentido del entorno. Evolucionamos de ese modo con el fin de vencer a los depredadores más fuertes y veloces. Para ello, tuvimos que predecir el comportamiento tanto de los seres vivos como del mundo inanimado. Los conocimientos adquiridos a través de la experiencia se transmitieron de generación en generación por medio de un sistema de lenguaje en constante evolución; la inteligencia cognitiva y la destreza en el manejo de herramientas llevaron a nuestra especie a la cima de la cadena trófica.

Nos dispersamos desde África hace unos 60.000 años y conseguimos sobrevivir en lugares inhóspitos a fuerza de ingenio. Nuestros antepasados desarrollaron técnicas para cultivar alimentos en abundancia para sus familias, y se establecieron en comunidades.

## Métodos experimentales

Las primeras sociedades buscaron significado en hechos inconexos, hallaron patrones inexistentes y crearon mitos. Además, desarrollaron herramientas y métodos de trabajo que requerían conocimientos avanzados del mundo, ya fuera de las estaciones o de la crecida anual del Nilo. En algunas regiones, hubo periodos de paz y abundancia relativas. En esas sociedades civilizadas, algunos se preguntaron sobre nuestro lugar en el universo. Los antiguos griegos y, luego, los romanos trataron de dar sentido al mundo a través de los patrones observados en la naturaleza. Tales de Mileto, Sócrates, Platón y Aristóteles, entre otros, comenzaron a rechazar las explicaciones sobrenaturales y a ofrecer respuestas racionales en pos de la construcción del conocimiento absoluto; es decir, comenzaron a experimentar.

Con la caída del Imperio romano, muchas de esas ideas se perdieron en el mundo occidental, que quedó sumido en una época oscura de guerras religiosas, pero florecieron en el mundo árabe y en Asia. Los eruditos siguieron formulando preguntas y haciendo experimentos. Se inventó el lenguaje matemático para documentar los conocimientos. Alhacén e Ibn Sahl fueron dos de los eruditos árabes que mantuvieron viva la llama del conocimiento científico en los siglos X y XI, pero sus descubrimientos, especialmente en los campos de la óptica y la astronomía, pasaron inadvertidos durante siglos fuera del mundo islámico.

## Una época de nuevas ideas

Con la expansión del comercio y la exploración de nuevos territorios llegó el intercambio de ideas. Los comerciantes y navegantes llevaron libros, historias y maravillas tecnológicas de Oriente a Occidente. Las ideas surgidas de esa riqueza cultural permitieron que Europa hiciera la transición del oscurantismo a un periodo de iluminación, el Renacimiento. Nuestra cosmovisión se revolucionó, y las nuevas ideas sobre el lugar que ocupamos en el universo reemplazaron las de las civilizaciones antiguas. Una nueva generación de experimentadores se volcó sobre la naturaleza para desentrañar sus secretos. En Polonia e Italia, Copérnico y Galileo cuestionaron ideas consideradas sacrosantas durante dos milenios, y por ello sufrieron duras persecuciones.

Más adelante, en la Inglaterra del siglo XVII, las leyes del movimiento de

> Quien estudia obras científicas [...] debe examinar las pruebas y las explicaciones con la mayor precisión.
> **Alhacén**

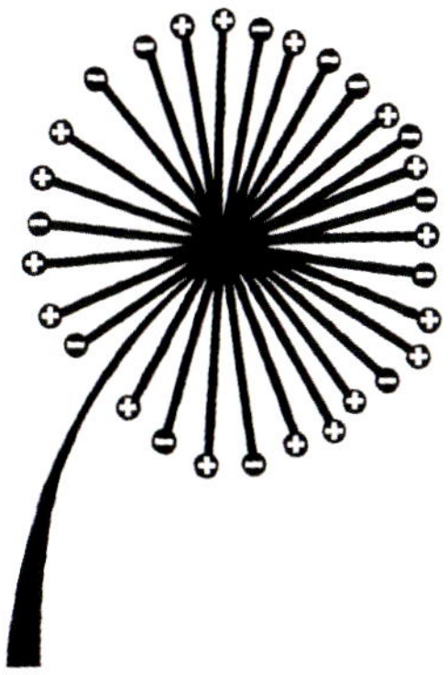

Isaac Newton sentaron las bases de la física clásica que imperarían durante más de dos siglos. La comprensión del movimiento nos permitió construir máquinas que aprovechaban la energía de varias formas. Las más importantes fueron las máquinas a vapor y los molinos de agua, que marcaron el comienzo de la Revolución industrial (1760–1840).

## La evolución de la física

En el siglo XIX, una red internacional de científicos se dedicó a verificar repetidas veces los resultados de experimentos y a compartir sus hallazgos en artículos que describían los patrones observados en lenguaje matemático. Otros construyeron modelos para intentar explicar esas ecuaciones empíricas de correlación. Esos modelos simplificaron la complejidad de la naturaleza mediante geometrías y relaciones simples, y predijeron comportamientos de la naturaleza que fueron puestos a prueba por una nueva oleada de experimentalistas: si las predicciones se demostraban, los modelos se considerarían leyes naturales universales. El físico francés Sadi Carnot y otros exploraron la relación entre el calor y la energía, y sentaron las bases de la termodinámica. El físico británico James Clerk Maxwell ideó ecuaciones para describir la estrecha relación entre la electricidad y el magnetismo (el electromagnetismo).

En 1900, parecía que había suficientes leyes para explicar todos los grandes fenómenos físicos. En la primera década del siglo XX, no obstante, la comunidad científica quedó conmocionada ante una serie de descubrimientos que pusieron en entredicho las antiguas verdades, lo cual marcó el inicio de la física moderna. El alemán Max Planck descubrió el mundo de la física cuántica. Su compatriota Albert Einstein postuló la teoría de la relatividad. Otros descubrieron la estructura del átomo y el papel de partículas subatómicas aún más pequeñas, dando lugar al estudio de la física de partículas. Sin embargo, los nuevos descubrimientos no se limitaron a lo microscópico; los telescopios más avanzados posibilitaron también el estudio del universo.

En pocas generaciones, la humanidad pasó de vivir en el centro del universo a habitar una mota de polvo situada en el extremo de una de las miles de millones de galaxias. No solo habíamos observado el núcleo de la materia y liberado su energía, sino que, además, habíamos cartografiado los mares del espacio midiendo la luz emitida poco después del Big Bang.

> “Solo cabe asombrarse al contemplar los misterios de la eternidad, de la vida, de la maravillosa estructura de la realidad.”
> **Albert Einstein**

Con el paso de los años, la física ha evolucionado como ciencia y se ha ramificado hacia nuevos horizontes gracias a los constantes descubrimientos. Podría decirse que, actualmente, sus principales áreas de estudio se encuentran más allá del mundo físico, a escalas mayores que la vida y menores que el átomo. La física moderna tiene aplicaciones en diversos campos, como las nuevas tecnologías, la química, la biología y la astronomía. Este libro presenta las grandes ideas de esta ciencia, desde lo cotidiano y ancestral, pasando por la física clásica y el mundo cuántico, hasta la inmensidad del espacio. ■

# MEDIDA Y MOVIMIEN

## LA FISICA Y EL MUNDO COTIDIANO

TO

**3000 A. C.**

Los egipcios **usan el codo para medir distancias** y administrar las tierras agrícolas.

**Siglo IV A. C.**

Aristóteles desarrolla el **método científico** basado en la observación para sacar conclusiones sobre el mundo.

**Siglo III A. C.**

El filósofo griego Euclides escribe *Elementos*, el tratado **matemático y geométrico más destacado** de la época.

**1361**

El francés Nicolás Oresme prueba el **teorema de la velocidad media**, que determina la distancia recorrida por un cuerpo sometido a una aceleración constante.

**1543**

El astrónomo polaco Nicolás Copérnico publica *De revolutionibus orbium cœlestium (Sobre las revoluciones de los orbes celestes)*, hecho que marca el inicio de la **revolución científica**.

**1603**

Galileo demuestra que las esferas que ruedan por planos inclinados **se aceleran a la misma velocidad** independientemente de su masa.

**1656**

El físico holandés Christiaan Huygens **inventa el reloj de péndulo**, que permite a los científicos medir con precisión el movimiento de los cuerpos.

Nuestros instintos de supervivencia nos han hecho seres comparativos. En la actualidad, la lucha ancestral por la supervivencia, por procurar alimento suficiente para la familia o por procrear con la pareja adecuada ha finalizado. Los instintos primarios han evolucionado a la par que nuestras sociedades, y sus equivalentes modernos son la riqueza y el poder. Nos resulta inevitable evaluar y medir a los demás, a nosotros mismos y también el mundo que nos rodea. Algunas medidas son relativas y se centran en rasgos de la personalidad que juzgamos según nuestros sentimientos. Otras, como el peso, la altura o la edad, son absolutas.

Para muchas personas de la Antigüedad y del mundo moderno, la medida del éxito era la riqueza. Para amasar una fortuna, los aventureros comerciaban por todo el mundo. Los mercaderes compraban género barato en abundancia, y luego lo transportaban a un lugar donde escaseaba y lo vendían a un precio superior. A medida que el comercio de bienes fue extendiéndose a todo el mundo, las autoridades locales comenzaron a cobrar impuestos y a fijar los precios. Para ello, necesitaban disponer de medidas estándar que les permitieran comparar objetos.

## El lenguaje de la medición

Al darse cuenta de que la experiencia de cada persona es relativa, los antiguos egipcios idearon sistemas para comunicar magnitudes de manera imparcial. Fueron ellos quienes desarrollaron el primer sistema de medidas, un método normalizado para medir el mundo. El codo egipcio posibilitó la construcción de edificios sin parangón durante milenios, así como la creación de sistemas agrícolas para alimentar a la pujante población. A medida que se intensificó el comercio con el antiguo Egipto, la idea de un lenguaje común de medición se extendió por todo el mundo.

La revolución científica (1543–1700) planteó nuevas necesidades respecto del sistema de medición. Para los científicos, este no debía utilizarse para el comercio de bienes, sino como una herramienta para comprender la naturaleza. Desconfiando de sus instintos, los científicos crearon entornos controlados con el propósito de estudiar las relaciones entre distintos comportamientos. Los primeros experimentos que se llevaron a cabo se centraron en estudiar el movimiento de objetos que incidían directamente en la

**1663**
El físico francés Blaise Pascal enuncia la ley sobre la distribución uniforme de la **presión** de los **fluidos en espacios cerrados**.

**1668**
El clérigo inglés John Wallis sostiene que el **momento lineal**, el producto de la masa y la velocidad, **se conserva** en todos los procesos.

**1670**
El astrónomo y matemático francés Gabriel Mouton propone el **sistema métrico** basado en el metro, el litro y el gramo.

**1687**
Isaac Newton publica *Principios* y **revoluciona nuestra comprensión del movimiento de los cuerpos** terrestres y celestes.

**1740**
La matemática francesa Émilie du Châtelet descubre cómo calcular la **energía cinética** de un cuerpo en movimiento.

**1752**
Las leyes del movimiento del matemático suizo Leonhard Euler definen el **momento lineal** y la velocidad de cambio del **momento angular**.

**1788**
El físico francés Joseph-Louis Lagrange formula **ecuaciones** para simplificar el cálculo del **movimiento**.

**1845**
El físico británico James Joule prueba experimentalmente que **la energía no se crea ni se destruye**, sino que se transforma.

**2019**
Se redefinen las **unidades** de medida del universo para que dependan **solo de la naturaleza**.

vida cotidiana de las personas. Los científicos descubrieron patrones en los movimientos oscilatorios lineales, circulares y repetitivos que inmortalizaron en el lenguaje de las matemáticas, un legado de las antiguas civilizaciones desarrolladas a lo largo de siglos en el mundo islámico. Las matemáticas proporcionaron un método inequívoco para compartir los resultados de los experimentos y hacer predicciones verificables. Provista de un lenguaje y un sistema de medición comunes, la ciencia progresó. Esos científicos pioneros descubrieron las relaciones entre distancia, tiempo y velocidad, y ofrecieron su propia explicación repetible y comprobable de la naturaleza.

## Medir el movimiento

Las teorías científicas evolucionaron rápidamente, y con ello el lenguaje matemático cambió. A partir de las leyes del movimiento, el físico inglés Isaac Newton desarrolló el cálculo infinitesimal, que permitió describir los cambios en los sistemas a lo largo del tiempo, no solo en un momento dado. Para explicar la aceleración de un cuerpo en caída libre y, finalmente, la naturaleza del calor, comenzaron a surgir ideas relacionadas con un ente invisible: la energía. Nuestro mundo ya no podía definirse solo en términos de distancia, tiempo y masa; hacían falta nuevas unidades para medir la energía.

Los científicos se valen del sistema de medición para expresar los resultados de sus experimentos. Es el lenguaje que les permite interpretar los resultados y repetir los experimentos para comprobar sus conclusiones. Actualmente, utilizan el Sistema Internacional de Unidades (SI). Un grupo internacional de metrólogos determina el valor de cada una de las unidades del SI, así como su relación con el mundo que nos rodea.

En este primer capítulo exploraremos los primeros años de la ciencia que hoy en día llamamos física, su desarrollo a través de la experimentación y cómo los resultados de los experimentos se difunden por el mundo. Desde los cuerpos en caída libre que el polifacético Galileo Galilei utilizó para el estudio de la aceleración, hasta los péndulos que allanaron el terreno para la medición precisa del tiempo, esta es la historia de cómo los científicos comenzaron a medir la distancia, el tiempo, la energía y el movimiento, revolucionando así nuestra comprensión del mundo. ■

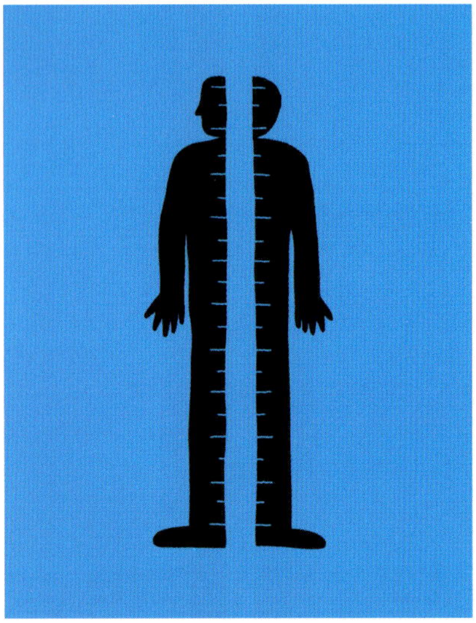

# EL HOMBRE ES LA MEDIDA DE TODAS LAS COSAS

## MEDICIÓN DE DISTANCIAS

### EN CONTEXTO

CIVILIZACIÓN
**Antiguo Egipto**

ANTES
***C.* 4000 A. C.** Los administradores de la antigua Mesopotamia usan un sistema para medir terrenos.

***C.* 3100 A. C.** Los funcionarios del antiguo Egipto usan cuerdas anudadas a intervalos regulares previamente estiradas para medir tierras y cimientos.

DESPUÉS
**1585** En Países Bajos, Simon Stevin propone un sistema numérico decimal.

**1799** Francia adopta el metro.

**1875** El Tratado del Metro, suscrito por 17 países, estipula la longitud del metro.

**1960** La XI Conferencia General de Pesos y Medidas establece el sistema métrico como el Sistema Internacional de Unidades (*Système international d'unités*, SI).

Cuando se empezaron a construir edificios de forma organizada, fue necesario hallar una forma de medir alturas y longitudes. Es probable que las primeras herramientas de medición consistiesen en unas primitivas varas de madera marcadas con muescas, sin unidades de longitud uniformes. La primera unidad de longitud generalizada fue el codo, que surgió entre el cuarto y el tercer milenio a. C. en los pueblos de Egipto, Mesopotamia y el valle del Indo. El codo comprendía la distancia entre el codo y la punta del dedo corazón extendido. Claro que, como no todos tenemos la misma talla, se trataba de una medida aproximada.

**El codo egipcio** se basaba en la longitud del antebrazo desde el codo hasta la punta del dedo corazón. Los codos se subdividían en 28 dedos (cada uno de la anchura de un dedo de la mano) y en una serie de unidades intermedias, como palmos y manos.

### Medida imperial

Los antiguos egipcios, como prodigiosos arquitectos y constructores de monumentos a gran escala, necesitaron disponer de una unidad de longitud estándar. La primera unidad de distancia estandarizada que conocemos es el codo real del Egipto del Imperio Antiguo. En uso al menos desde 2700 a. C., tenía entre 523 y 529 mm de longitud, y se dividía en 28 partes iguales, equivalentes a la anchura de un dedo (7 palmos).

En las excavaciones arqueológicas de las pirámides se han encontrado codos de madera, pizarra, basalto y bronce que podrían haber servido como instrumento de medición de artesanos y arquitectos. La gran pirámide de Guiza, donde se halló un codo en la cámara del rey, tiene una altura de 280 codos y una base de 440 codos cuadrados. Los egipcios subdividieron el codo en palmos (4 dedos), manos (5 dedos), pequeños lapsos (12 dedos), grandes lapsos (14 dedos, o medio codo real) y codos sagrados (16 dedos, o 4 palmos). Además, disponían del *jet* (100 codos), para medir las

**Véase también:** Caída libre 32–35 ▪ Medición del tiempo 38–39 ▪ Unidades del SI y constantes físicas 58–63 ▪ Calor y transferencia de calor 80–81

**Vara de codo** perteneciente a la octava dinastía del antiguo Egipto (*c.* 1400 a. C.). En la Antigüedad, el uso de estos instrumentos estaba muy extendido para tomar medidas uniformes.

lindes de los terrenos, y del *iteru* (20.000 codos), para delimitar distancias más grandes.

En Oriente Próximo se utilizaron codos de diversas longitudes. Los asirios adoptaron el codo alrededor de 700 a. C., y en la Biblia hebrea abundan las referencias a esa medida, particularmente en el relato del libro del Éxodo sobre la construcción del tabernáculo, la morada sagrada que albergaba las tablas de los Diez Mandamientos. Por su parte, los antiguos griegos desarrollaron un codo de 24 unidades, así como el estadio, de 300 codos. En el siglo III a. C., el erudito griego Eratóstenes (*c.* 276–*c.* 194 a. C.) calculó la circunferencia de la Tierra en 250.000 estadios, cifra que posteriormente afinó y modificó a 252.000 estadios. Los romanos también adoptaron el codo junto con la pulgada (el pulgar de un adulto), el pie y la milla. La milla romana equivalía a mil pasos y cada paso, a cinco pies. Con la expansión colonial romana del siglo III a. C. al siglo III d. C., esas unidades se introdujeron en gran parte de Asia occidental y Europa; en Inglaterra, por ejemplo, la milla se redefinió para que abarcase 5.280 pies por orden de la reina Isabel I en 1593.

> Harás para el tabernáculo tableros de madera de acacia. Cada tablero tendrá diez codos de largo y codo y medio de ancho.
> **Éxodo 26, 15–16**

## Hacia el metro

En su opúsculo *De Thiende* («El decimal»), el físico flamenco Simon Stevin propuso un sistema de medición decimal previendo que, con el tiempo, llegaría a ser ampliamente aceptado. Más de dos siglos después, un comité de la Academia Francesa de Ciencias comenzó a trabajar en el sistema métrico decimal y definió el metro como una diezmillonésima parte de la distancia entre el ecuador y el polo norte terrestre. Francia fue el primer país en adoptarlo en 1799. Sin embargo, no gozó de reconocimiento internacional hasta 1960, cuando el Sistema Internacional fijó el metro como la unidad básica de distancia y acordó que 1 metro (m) equivale a 1.000 milímetros (mm) o 100 centímetros (cm), y que 1.000 metros equivalen a 1 kilómetro (km). ▪

## Múltiples definiciones

En 1668, el clérigo inglés John Wilkins amplió la propuesta de la unidad de longitud decimal de Stevin y postuló que el metro debía definirse como la distancia recorrida por un péndulo en un periodo de oscilación de dos segundos. El físico holandés Christiaan Huygens (1629–1695) calculó esa distancia en 997 mm.

En 1889 se fabricó una barra de aleación de platino (90 %) e iridio (10 %) para representar la longitud definitiva del metro; sin embargo, debido a la contracción y dilatación del material, solo era precisa a la temperatura de fusión del hielo. La barra aún se conserva en la Oficina Internacional de Pesos y Medidas de París. En 1960, con la adopción de las definiciones del SI, el metro se redefinió según la longitud de onda de las emisiones electromagnéticas de un átomo de criptón. En 1983, no obstante, se adoptó una nueva definición: la distancia que recorre la luz en el vacío en un intervalo de 1/299.792.458 de segundo.

> La milla contendrá ocho estadios; cada estadio, cuarenta varas; y cada vara, dieciséis pies y medio.
> **Reina Isabel I**

# UNA PREGUNTA PRUDENTE ES LA MITAD DE LA SABIDURIA

## EL MÉTODO CIENTÍFICO

**EN CONTEXTO**

FIGURA CLAVE
**Aristóteles** (*c.* 384–322 a. C.)

ANTES
**585 a. C.** Tales de Mileto, matemático y filósofo griego, estudia el movimiento del Sol y la Luna para pronosticar un eclipse solar.

DESPUÉS
**1543** Nicolás Copérnico y Andrés Vesalio basan sus obras *De revolutionibus orbium cœlestium (Sobre las revoluciones de los orbes celestes)* y *De humani corporis fabrica (Sobre la estructura del cuerpo humano)* en la observación detallada, hecho que marca el comienzo de la revolución científica.

**1620** Francis Bacon propone el método inductivo, que consiste en realizar generalizaciones basadas en observaciones precisas.

La observación minuciosa y la actitud inquisitiva frente a los hallazgos son clave para el método científico de investigación sobre el que se sustentan la física y todas las ciencias. Dado que el conocimiento previo y las conjeturas pueden distorsionar la interpretación de los datos, el método científico se ciñe a un procedimiento específico. Sobre la base de los hallazgos se elabora una hipótesis, que luego se prueba experimentalmente. Si la hipótesis se refuta, esta puede revisarse o volver a estudiarse; si es sólida, se somete a la revisión por pares, es decir, a una evaluación independiente llevada a cabo por expertos.

Las personas siempre han tratado de comprender el mundo que les

**Véase también:** Caída libre 32–35 ▪ Unidades del SI y constantes físicas 58–63 ▪ Focalizar la luz 170–175 ▪ Modelos del universo 272–273 ▪ Materia oscura 302–305

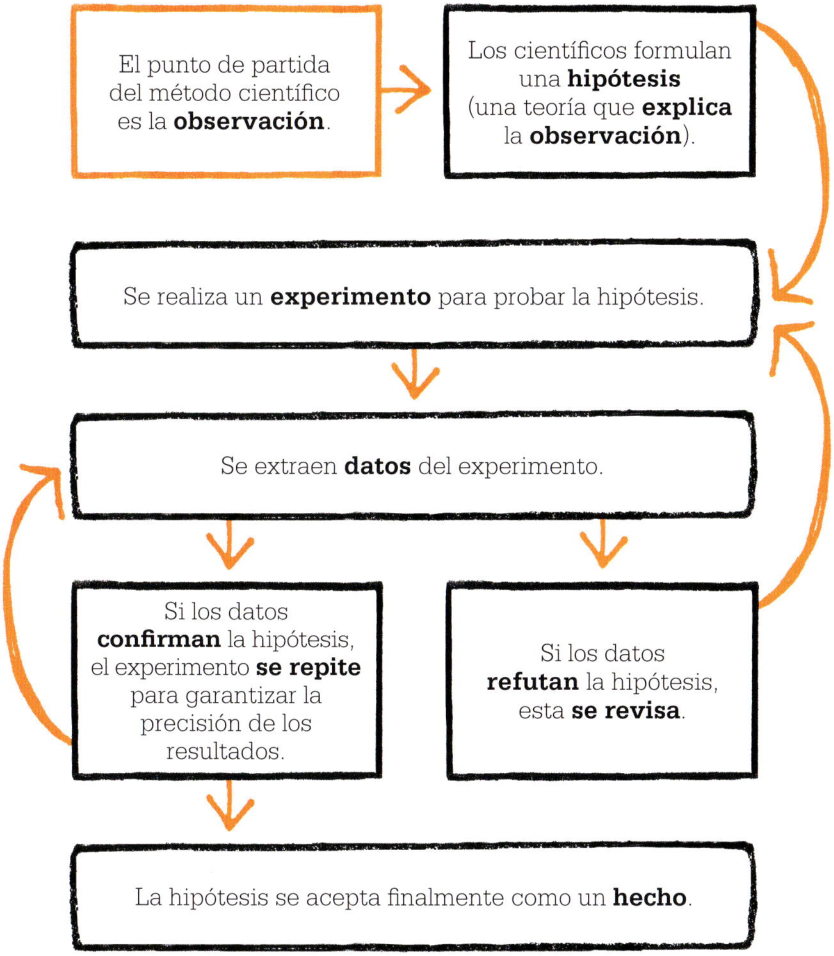


rodea. La necesidad de alimento y de entender los fenómenos atmosféricos fueron cuestiones de vida o muerte mucho antes de que las ideas se pusieran por escrito. En algunas sociedades se crearon mitos para explicar los fenómenos naturales; en otras partes del mundo se creía que todo era un regalo de los dioses y que los acontecimientos estaban predestinados.

## Primeras investigaciones

Las primeras civilizaciones, surgidas en Mesopotamia, Egipto, Grecia y China, fueron lo suficientemente avanzadas como para apoyar a los «filósofos de la naturaleza», pensadores que se esforzaron por comprender el mundo y dejar constancia de sus hallazgos. Uno de los primeros en rechazar las explicaciones sobrenaturales de los fenómenos naturales fue el pensador griego Tales de Mileto. Más tarde, los filósofos Sócrates y Platón introdujeron el debate y el argumento como método para fomentar el conocimiento, si bien fue Aristóteles, prolífico investigador en el campo de la física, la biología y la zoología, quien se dedicó a desarrollar un método »

## Aristóteles

Aristóteles, hijo del médico de la corte del rey de Macedonia, se crio con un tutor al morir sus padres. Hacia los 17 años de edad, ingresó en la Academia ateniense de Platón, el centro de estudios más célebre de toda Grecia. Durante los dos decenios siguientes, estudió y escribió sobre filosofía, física, astronomía, biología, química, geología, política, música y poesía. Además, visitó la isla griega de Lesbos, donde llevó a cabo varias observaciones pioneras de la flora y la fauna.

Hacia 343 a. C., Filipo II de Macedonia lo nombró tutor de su hijo, el futuro Alejandro Magno; y también dio lecciones al futuro Tolomeo I Sóter. Aristóteles fundó su propia escuela en el Liceo de Atenas en 335 a. C., donde escribió muchos de sus tratados más notables. En el año 322 a. C. se marchó de Atenas y se estableció en la isla de Eubea, donde murió a los 62 años.

### Obras principales

*Metafísica.*
*Sobre el cielo.*
*Física.*

> Todas las verdades son fáciles de entender una vez descubiertas; la cuestión es descubrirlas.
> **Galileo Galilei**

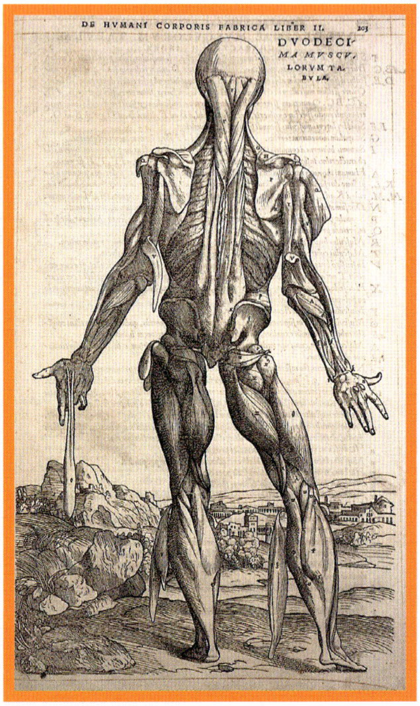


**Los dibujos anatómicos** de Vesalio (1543) reflejan su dominio de la disección y fijan una nueva pauta para el estudio del cuerpo humano, inmutable desde el médico griego Galeno (129–216 d. C).

científico de investigación aplicando el razonamiento lógico a los fenómenos observados. Aristóteles era un empirista, alguien que creía que todo conocimiento provenía de la experiencia adquirida por los sentidos y que la razón por sí sola no bastaba para resolver los problemas científicos, sino que hacían falta pruebas.

Aristóteles emprendió numerosos viajes, y fue el primero en hacer observaciones zoológicas detalladas en busca de pruebas para clasificar a los seres vivos según su comportamiento y su anatomía. En sus travesías con pescadores, diseccionó peces y otros organismos marinos. Tras descubrir que los delfines estaban dotados de pulmones, concluyó que estos debían clasificarse junto con las ballenas, no con los peces, y trazó una distinción entre los animales de cuatro patas que parían a sus crías (mamíferos) y los que ponían huevos (reptiles y anfibios).

En otros campos, sin embargo, Aristóteles se dejó influir por conceptos tradicionales carentes de base científica. No cuestionó, por ejemplo, la teoría geocéntrica de que el Sol y las estrellas giraban en torno a la Tierra. En el siglo III a. C., otro pensador griego, Aristarco de Samos, postuló que la Tierra y los planetas orbitaban en torno al Sol, que las estrellas eran equivalentes distantes de nuestro astro y que la Tierra rotaba sobre su eje. Aunque eran correctas, esas ideas se descartaron porque Aristóteles y su discípulo Tolomeo gozaban de mayor autoridad. La visión geocéntrica del universo prevaleció hasta el siglo XVII –en parte porque la impuso la Iglesia católica, que rechazaba cuanto cuestionara su interpretación de la Biblia–, cuando quedó desbancada por las ideas de Copérnico, Galileo y Newton.

## Ensayo y observación

El erudito árabe Alhacén fue uno de los primeros defensores del método científico; y entre los siglos X y XI desarrolló un método experimental para refutar o validar hipótesis. Su trabajo más importante se centró en el campo de la óptica, aunque también hizo grandes contribuciones a la astronomía y las matemáticas. Alhacén experimentó con luz solar, luz reflejada procedente de fuentes lumínicas artificiales y luz refractada. Por ejemplo, probó –y demostró– la hipótesis de que cada punto de un cuerpo luminoso irradia luz en línea recta en todas direcciones.

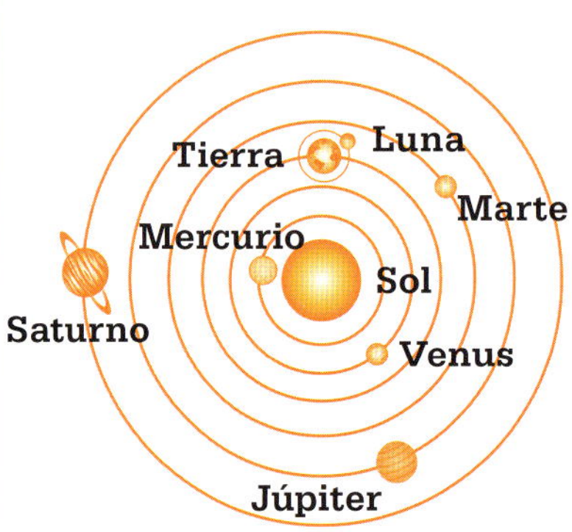


**El modelo heliocéntrico de Copérnico**, con el Sol (*helios* en griego) en el centro de las órbitas planetarias, fue corroborado por algunos científicos, y prohibido por la Iglesia.

Desafortunadamente, los métodos de Alhacén no trascendieron las fronteras del mundo islámico. Tendrían que pasar 500 años para que en Europa surgiera un enfoque similar durante la revolución científica. Sin embargo, la refutación empírica de las teorías aceptadas no era una práctica habitual en la Europa del siglo XVI. Las autoridades eclesiásticas rechazaron muchas teorías científicas, como las del astrónomo polaco Nicolás Copérnico. Gracias a sus minuciosas observaciones del cielo nocturno a simple vista, Copérnico explicó el movimiento retrógrado temporal de los planetas que el geocentrismo había ignorado. Además, descubrió que ese fenómeno se debía a que la Tierra y los demás planetas describían órbitas diferentes en torno al Sol. Aunque carecía de herramientas para demostrar el heliocentrismo, se

> Si uno comienza con certezas, terminará con dudas; pero si acepta empezar con dudas, terminará con certezas.
> **Francis Bacon**

valió del argumento racional para desafiar las creencias aceptadas, hecho que lo consagró como científico. Más o menos por esa época, el anatomista flamenco Andrés Vesalio revolucionó el pensamiento médico con su obra de siete volúmenes *Sobre la estructura del cuerpo humano*, publicada en 1543. Así como Copérnico basó sus teorías en observaciones detalladas, Vesalio analizó lo que halló al diseccionar el cuerpo humano.

## Enfoque experimental

Para el polímata italiano Galileo Galilei, la experimentación constituía un aspecto clave del enfoque científico. Galileo realizó esmeradas observaciones sobre cuestiones tan variadas como el movimiento de los planetas, la oscilación de los péndulos y la velocidad de caída de los cuerpos. Formuló teorías para explicarlas, y luego realizó más observaciones para probar esas teorías. Usó la nueva tecnología de los telescopios para estudiar cuatro de las lunas de Júpiter y probar el modelo heliocéntrico de Copérnico, ya que, según el geocentrismo, todos los cuerpos orbitaban en torno a la Tierra. En 1633, la Inquisición romana lo condenó por herejía a vivir confinado en su casa a perpetuidad. Con todo, Galileo siguió publicando sus estudios de forma clandestina en Holanda, lejos de la censura de la Iglesia.

Más tarde, en el siglo XVII, el filósofo inglés Francis Bacon destacó la importancia de adoptar un enfoque científico metódico y escéptico. Bacon manifestó que la única forma de adquirir conocimiento verdadero era basando los axiomas y las leyes en hechos observables, no sustentándolos (ni siquiera parcialmente) en deducciones y conjeturas. El método baconiano consistía en realizar observaciones sistemáticas para determinar hechos verificables, en generalizar a partir de una serie de hechos para crear axiomas ciñéndose a lo que dicen los hechos (lo que se conoce como procedimiento inductivo) para luego reunir más pruebas con el fin de crear una base de conocimiento cada vez más compleja.

## Ciencia no probada

El hecho de que una tesis científica no pueda probarse no significa que sea errónea. En 1997, los científicos del Laboratorio Nacional del Gran Sasso, en Italia, anunciaron que habían hallado pruebas de materia oscura, que se cree que constituye aproximadamente el 27 % del universo. La fuente más probable, dijeron, eran las partículas masivas de interacción débil (WIMP, por sus siglas en inglés). Estas deberían detectarse como rápidos destellos de luz (centelleos) al chocar contra el núcleo de un átomo. Sin embargo, pese a los esfuerzos de otros equipos de investigación para replicar el experimento, no se han hallado otras pruebas de materia oscura. Es probable que exista una explicación que desconocemos, o bien que los centelleos hayan sido causados por los átomos de helio presentes en los tubos fotomultiplicadores del experimento. ■

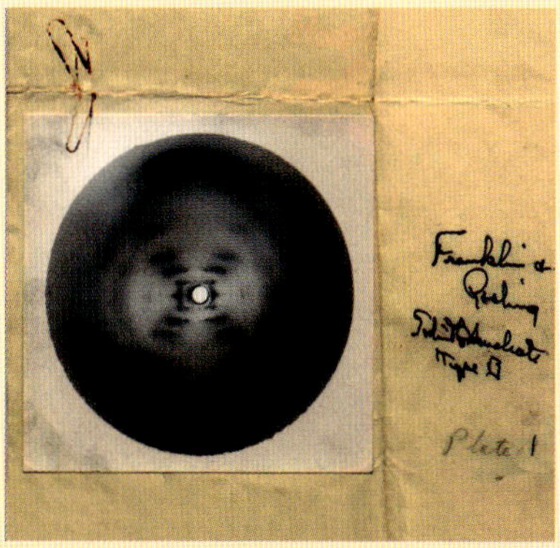

**Foto 51**, imagen de ADN humano que revela la estructura de doble hélice del ADN, tomada en 1952 por R. Franklin mediante difracción de rayos X.

## El método científico en la práctica

En 1944 se descubrió que el ácido desoxirribonucleico (ADN) era portador de información genética del cuerpo humano y que su composición química consistía en cuatro moléculas llamadas nucleótidos. Sin embargo, no estaba claro de qué forma se almacenaba la información genética. Los científicos Linus Pauling, Francis Crick y James Watson formularon la hipótesis de la estructura helicoidal del ADN, y, a partir del trabajo de otros científicos, se dieron cuenta de que, de ser así, su patrón de difracción de rayos X presentaría forma de X. En 1950, la científica británica Rosalind Franklin se dedicó a probar la teoría mediante la difracción de rayos X en ADN puro cristalizado. Después de perfeccionar la técnica durante dos años, su análisis reveló un patrón en forma de X (izda.), prueba de que el ADN tenía forma helicoidal. De esa forma, corroboró la hipótesis de Pauling, Crick y Watson y sentó las bases para posteriores estudios.

# TODO SON NUMEROS

## EL LENGUAJE DE LA FÍSICA

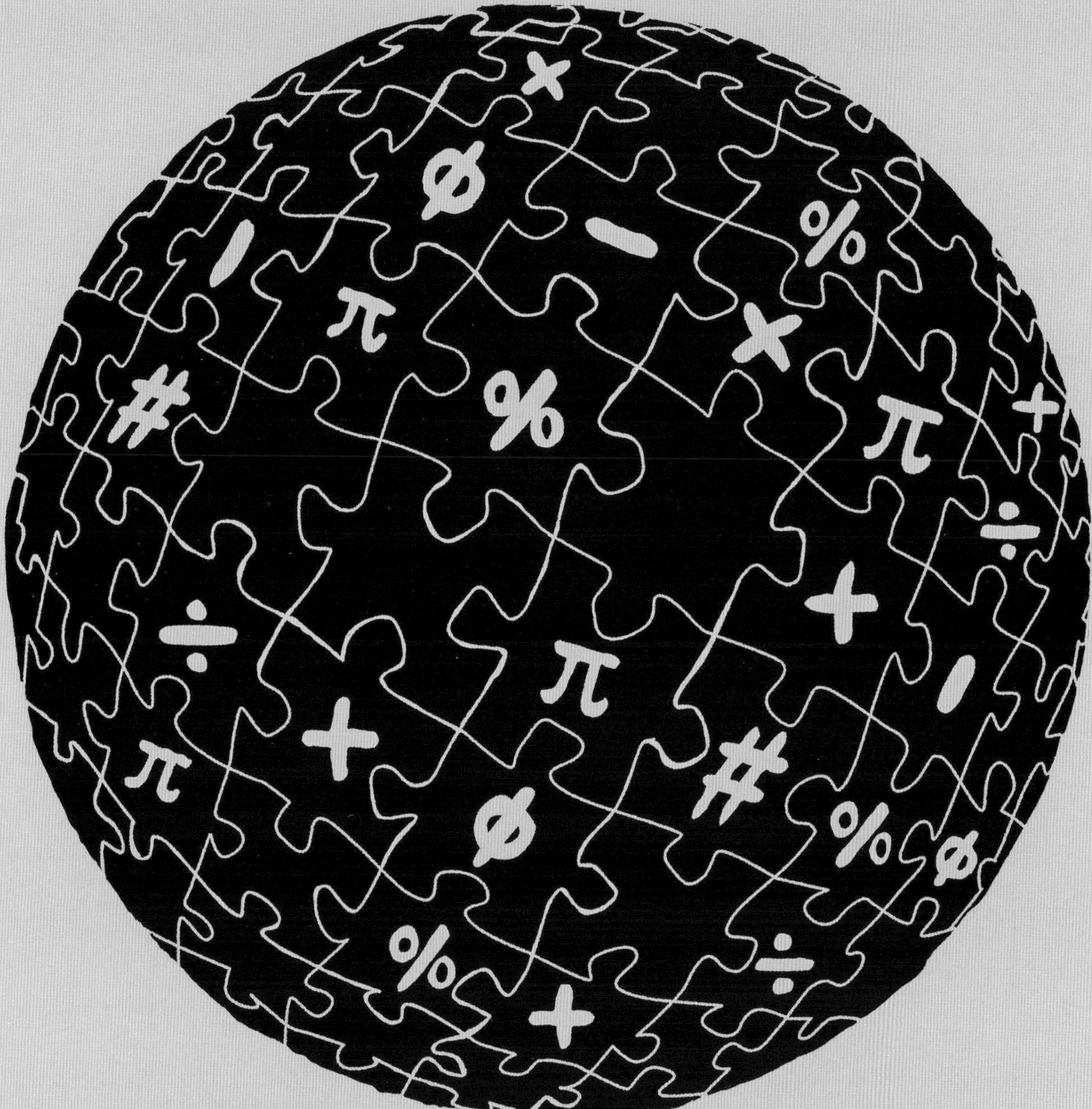

## EN CONTEXTO

FIGURA CLAVE
**Euclides de Alejandría**
(*c.* 325–*c.* 270 a. C.)

ANTES
**3000–300 a. C.** Las civilizaciones de Mesopotamia y Egipto desarrollan sistemas numéricos y técnicas para resolver problemas matemáticos.

**600–300 a. C.** Pitágoras, Tales y otros sabios griegos basan las matemáticas en la lógica y las pruebas.

DESPUÉS
***C.* 630 d. C.** El matemático indio Brahmagupta incorpora el cero y los números negativos a la aritmética.

***C.* 820** El erudito persa Al Juarismi sienta las bases del álgebra.

***C.* 1670** Gottfried Leibniz e Isaac Newton desarrollan el cálculo, el estudio matemático del cambio continuo.

La física trata de comprender el universo mediante la observación, la experimentación y la formulación de modelos y teorías, lo cual está íntimamente relacionado con las matemáticas. Las matemáticas son el lenguaje de la física, ya sea que se utilicen para la medición y el análisis de datos en la ciencia experimental, para reflejar con rigurosidad las teorías o para describir el «marco de referencia» fundamental en el que existe la materia y se producen los sucesos. La investigación del espacio, el tiempo, la materia y la energía solo es posible a partir de una comprensión previa de la dimensión, la forma, la simetría y el cambio.

### Impulsadas por la práctica

La historia de las matemáticas es una gran abstracción. Las primeras ideas sobre números y formas evolucionaron hasta convertirse en el más general y preciso de los lenguajes. En la prehistoria, antes de la invención de la escritura, el pastoreo de animales y el trueque dieron lugar a los primeros intentos de conteo y recuento.

Con el surgimiento de culturas complejas en Oriente Próximo y Mesoamérica, la necesidad de mejorar la precisión y la predicción fue cada

> El número es el que rige las formas y las ideas, y es la causa de los dioses y los demonios.
> **Pitágoras**

vez más acuciante. El poder estaba asociado al conocimiento de los ciclos astronómicos y los patrones estacionales, como las inundaciones. La agricultura y la arquitectura requerían calendarios y estudios topográficos precisos. Los primeros sistemas numéricos posicionales (en que cada dígito tiene un valor según su posición) y métodos de resolución de ecuaciones se remontan a hace más de 3500 años, a las civilizaciones de Mesopotamia, Egipto y, más tarde, Mesoamérica.

### La lógica y el análisis

El apogeo de la antigua Grecia supuso un cambio fundamental de en-

## Euclides

A pesar del gran prestigio de su obra *Elementos*, se sabe poco acerca de la vida de Euclides. Nació alrededor de 325 a. C., durante el reinado del faraón egipcio Tolomeo I, y se cree que murió en 270 a. C. Vivió sobre todo en Alejandría, importante centro de aprendizaje del mundo antiguo, y es posible que estudiara en la Academia ateniense de Platón.

En su *Comentario al libro I de Euclides*, el filósofo griego Proclo menciona que Euclides formuló los teoremas de Eudoxo, un matemático griego anterior, y aportó «pruebas irrefutables» a las ideas vagas de otros eruditos. Así pues, los teoremas de los trece volúmenes de los *Elementos* no son originales, pero sentaron las bases de la exposición matemática durante dos milenios. Las ediciones más antiguas que se conservan datan del siglo XV.

**Obras principales**

*Elementos.*
*Datos.*
*Catóptrica.*
*Óptica.*

**Véase también:** Medición de distancias 18–19 ▪ Medición del tiempo 38–39 ▪ Leyes del movimiento 40–45 ▪ Unidades del SI y constantes físicas 58–63 ▪ Antimateria 246 ▪ El zoo de partículas y los quarks 256–257 ▪ Espacio-tiempo curvo 280

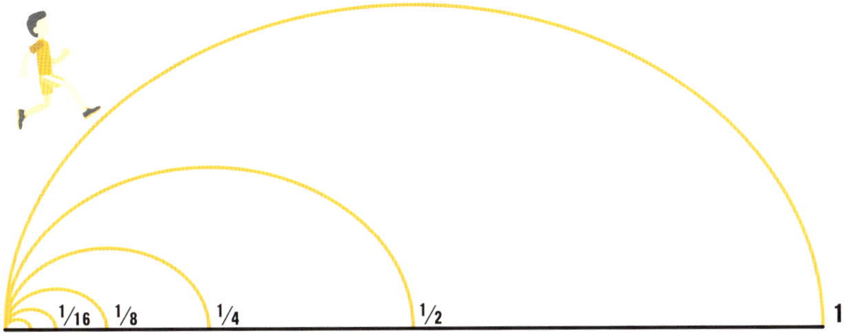


**La paradoja de la dicotomía** de Zenón muestra la imposibilidad lógica del movimiento. Antes de llegar al final de un camino, se debe recorrer la mitad del camino; antes de llegar a la mitad, se debe recorrer un cuarto del mismo, y así sucesivamente. Recorrer cualquier distancia implica, por lo tanto, un número infinito de etapas que requieren una cantidad infinita de tiempo.

foque. Los sistemas numéricos y la medición dejaron de ser meras herramientas prácticas cuando los eruditos griegos comenzaron a estudiarlos junto con la forma y el cambio. Aunque habían heredado conocimientos matemáticos de culturas anteriores, como los elementos del teorema de Pitágoras, los griegos introdujeron el rigor del argumento lógico y un estudio arraigado en la filosofía. De hecho, la palabra griega *philosophia* significa «amor por la sabiduría».

Los conceptos de teorema (una afirmación general válida en todos los tiempos y lugares) y prueba (un argumento formal basado en las leyes de la lógica) aparecen por primera vez en la geometría del filósofo griego Tales de Mileto, a principios del siglo VI a. C. Más o menos por esa época, Pitágoras y sus discípulos elevaron los números a la categoría de pilares del universo.

Desde el punto de vista pitagórico, los números debían ser conmensurables –medibles en términos de razones o fracciones– para preservar el vínculo con la naturaleza. Esa cosmovisión quedó ensombrecida por el descubrimiento de los números irracionales (como $\sqrt{2}$, que no puede expresarse como una razón o fracción) del filósofo pitagórico Hípaso de Metaponto, quien, según la leyenda, murió asesinado por un grupo de colegas escandalizados por su hallazgo.

## Titanes de las matemáticas

En el siglo V a. C., el filósofo griego Zenón de Elea formuló paradojas sobre el movimiento, entre ellas la de Aquiles y la tortuga. La idea central era que, en cualquier carrera en la que alguien ostente cierta ventaja, el perseguidor siempre irá a la zaga por una cantidad infinitesimal al final de la carrera. Esos enigmas lógicos, que en la práctica eran fáciles de refutar, inquietaron a varias generaciones de matemáticos. Se resolvieron, al menos parcialmente, en el siglo XVII con el desarrollo del cálculo, el estudio del cambio y la continuidad.

Un área central de esa rama de las matemáticas es el cálculo infinitesimal (cantidades infinitamente pequeñas), que Arquímedes de Siracusa había anticipado en el siglo III a. C. Para calcular el volumen aproximado de una esfera, Arquímedes la dividió por la mitad, colocó una de las semiesferas en un cilindro y luego imaginó que la cortaba en secciones horizontales desde la parte superior, donde el radio era infinitesimalmente pequeño. Sabía que cuanto más delgadas fueran las secciones, más preciso sería el cálculo. Arquímedes, famoso por gritar «¡eureka!» al descubrir que la fuerza de flotación ascendente de un cuerpo sumergido es igual al peso del fluido desalojado, destacó por aplicar las matemáticas a la mecánica y a otras ramas de la física para resolver problemas relacionados con palancas, tornillos, poleas y bombas.

Arquímedes estudió en Alejandría, en la escuela fundada por Euclides, el padre de la geometría. Valiéndose del análisis geométrico, Euclides desarrolló el modelo del argumento matemático que imperaría en los dos mil años siguientes. »

**Los filósofos griegos** hacían dibujos en la arena cuando enseñaban geometría. Se dice que Arquímedes estaba dibujando círculos en la arena cuando lo mató un soldado romano.

En su tratado de trece volúmenes *Elementos*, presentó el método geométrico axiomático. Definió términos como el de «punto», y formuló cinco axiomas (postulados o afirmaciones evidentes), como el de que «entre dos puntos es posible trazar una recta». A partir de esos axiomas, Euclides dedujo teoremas basados en las leyes de la lógica.

Según los criterios actuales, los axiomas de Euclides se consideran incompletos, pues contienen numerosas suposiciones que un matemático esperaría que se enunciaran formalmente. Con todo, *Elementos* sigue siendo una obra prodigiosa por abordar no solo la geometría plana y tridimensional, sino también la teoría de razones y proporciones, la teoría de los números y los números «inconmensurables» que los pitagóricos habían rehusado.

## Lenguaje y símbolos

En la antigua Grecia y épocas anteriores, los eruditos planteaban y resolvían problemas algebraicos (es decir, despejaban incógnitas a partir de ciertas cantidades y relaciones conocidas) utilizando el lenguaje corriente y la geometría. El lenguaje tan abreviado, preciso y simbólico de las matemáticas modernas –universalmente aceptado y mucho más eficaz para la resolución de problemas– es relativamente reciente. Alrededor del año 250 d. C., el matemático griego Diofanto de Alejandría introdujo el uso parcial de símbolos para resolver problemas algebraicos en *Arithmetica*, obra que inspiró el desarrollo del álgebra árabe tras la caída del Imperio romano.

El estudio del álgebra floreció en Oriente durante la edad de oro islámica (del siglo VIII al siglo XIV). Bagdad se convirtió en el centro del saber. Allí, en un centro académico llamado Casa de la Sabiduría, los matemáticos estudiaban traducciones de textos griegos sobre geometría y teoría de los números y de obras indias sobre el sistema decimal posicional. A principios del siglo IX, el matemático persa Al Juarismi (de cuyo nombre provienen las palabras «guarismo» y, probablemente, «algoritmo») recopiló métodos para despejar y resolver ecuaciones en su libro *Al jabr* (título del que deriva la palabra «álgebra»). Al Juarismi popularizó el uso de los números indios que luego se convirtieron en números arábigos (o indoarábigos). Sin embargo, formuló los problemas algebraicos con palabras.

El matemático francés François Viète fue finalmente el primero en usar símbolos para las ecuaciones en *Introducción al arte analítico*, obra que se publicó en 1591. El lenguaje aún no estaba normalizado, pero permitió a los matemáticos escribir expresiones complejas de forma condensada sin recurrir a diagramas. En 1637, el filósofo y matemático francés René Descartes unificó el álgebra y la geometría con la invención del sistema de coordenadas cartesianas.

> Los números imaginarios son un excelente y maravilloso refugio del espíritu divino, una especie de anfibio entre ser y no ser.
> **Gottfried Leibniz**

## Más números abstractos

Durante milenios, en su afán por solucionar diversos problemas, los matemáticos han ampliado el sistema numérico para incluir, además de los números naturales, las fracciones y los números irracionales. La incorporación del cero y de los números negativos reflejaba el aumento de la abstracción. En los antiguos sistemas numéricos, el cero se había utilizado como marcador de posición, como una forma de distinguir entre 10 y 100, por ejemplo. En torno al siglo VII d. C, los números negativos se usaban para representar deudas. En el año 628, el matemático indio

**Eruditos islámicos reunidos** en una de las grandes bibliotecas de Bagdad, según esta obra de Yahya al Wasiti. Los estudiosos acudían a la ciudad desde todas partes del Imperio islámico, como Persia, Egipto, Arabia e incluso Iberia.

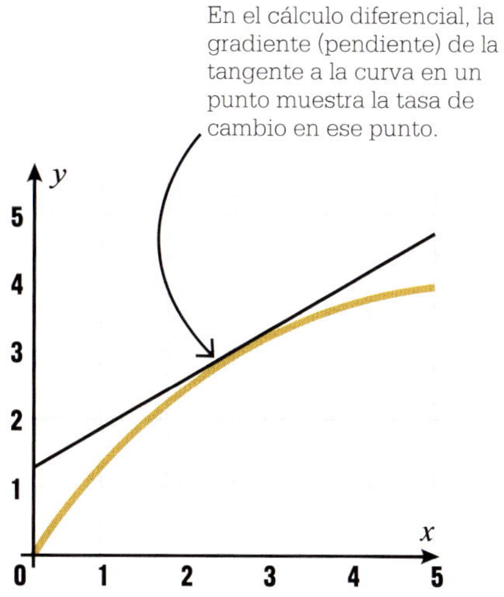


CÁLCULO DIFERENCIAL

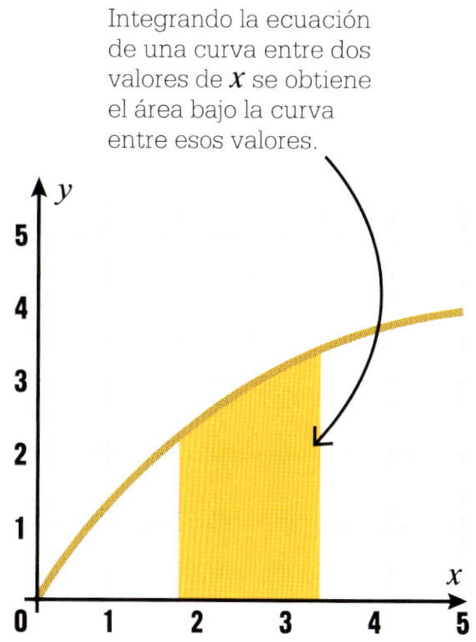


CÁLCULO INTEGRAL

**El cálculo diferencial** analiza la tasa de cambio en el tiempo, representada geométricamente como la tasa de cambio de una curva, y estudia las áreas, volúmenes y desplazamientos delimitados por curvas.

Brahmagupta fue el primero en tratar los números enteros negativos igual que los números enteros positivos en la aritmética. Pero, incluso mil años después, muchos eruditos europeos juzgaban inadmisibles los números negativos como soluciones formales a las ecuaciones.

El polímata italiano del siglo XVI Gerolamo Cardano no solo usó números negativos, sino que, además, en *Ars magna*, introdujo el concepto de números complejos (la suma de un número real y un número imaginario) para resolver ecuaciones cúbicas (aquellas en que el exponente de la variable de mayor grado es 3, como $x^3$). Los números complejos se representan como $a + bi$, siendo $a$ y $b$ números reales e $i$, la unidad imaginaria expresada generalmente como $i = \sqrt{-1}$. La unidad se denomina «imaginaria» porque, al elevarla al cuadrado, es negativa, y cualquier número real elevado al cuadrado, ya sea positivo o negativo, da como resultado un número positivo. A pesar de que Rafael Bombelli, contemporáneo de Cardano, estableció las primeras normas de uso de los números complejos e imaginarios, fue el matemático suizo Leonhard Euler quien, 200 años después, adoptó el símbolo $i$ para representar la unidad imaginaria.

Los números complejos, al igual que los negativos, se miraron con reticencia hasta el siglo XVIII. Sin embargo, representaron un gran progreso matemático, pues no solo permiten resolver ecuaciones de tercer grado: además, y a diferencia de los números reales, sirven para resolver todas las ecuaciones polinómicas de grado superior (consistentes en la suma de varios términos con variables de grado superior a tres, como $x^4$ o $x^5$). Los números complejos se dan de manera natural en muchas ramas de la física, como la mecánica cuántica y el electromagnetismo.

> Se ha desarrollado un lenguaje nuevo, amplio y poderoso para su empleo futuro en el análisis, cuyas verdades se podrán manejar de modo que su aplicación sea más práctica y precisa para la humanidad.
>
> **Ada Lovelace**
> **Matemática británica**

## Cálculo infinitesimal

Entre los siglos XIV y XVII, paralelamente al creciente uso de los símbolos, surgieron varios métodos y técnicas. Uno de los más importantes para la física fue el desarrollo de métodos infinitesimales para el estudio de las curvas y el cambio. El antiguo «método exhaustivo» griego –que determinaba el área de una figura inscribiendo en ella polígonos más pequeños– se perfeccionó con el fin de calcular áreas delimitadas por curvas, lo cual derivó en una rama de las matemáticas llamada cálculo integral. En el siglo XVII, el trabajo sobre tangentes de curvas del matemático y jurista francés Pierre de Fermat inspiró el desarrollo del cálculo diferencial (el cálculo de las tasas de cambio).

Hacia 1670, el físico inglés Isaac Newton y el filósofo alemán Gottfried Leibniz elaboraron, independientemente, una teoría que unió el cálculo integral y el cálculo diferencial en una misma disciplina: el cálculo infinitesimal. La idea central consiste en simular una curva (una cantidad variable) teniendo en cuenta que esta se compone de muchas líneas rectas (un conjunto de distintas »

## Geometrías euclidianas y no euclidianas

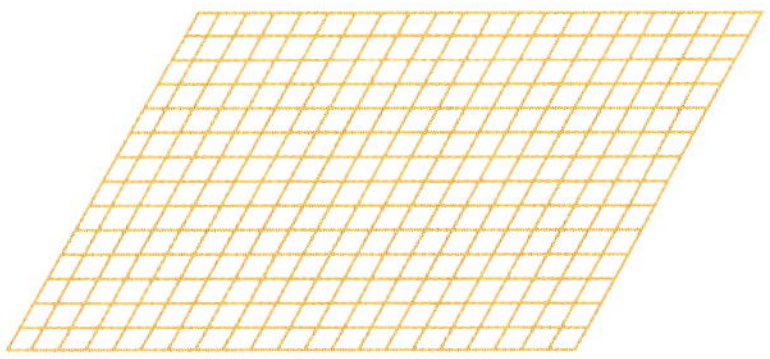

**En la geometría euclidiana**, el espacio es plano. Las paralelas mantienen una distancia constante entre sí y nunca se encuentran.

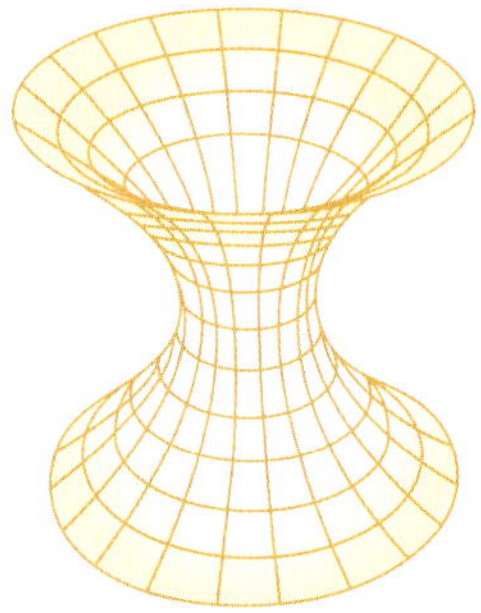

**En la geometría hiperbólica**, desarrollada por Bolyai y Lobachevski, la superficie se curva como una silla de montar y las líneas se alejan unas de otras.

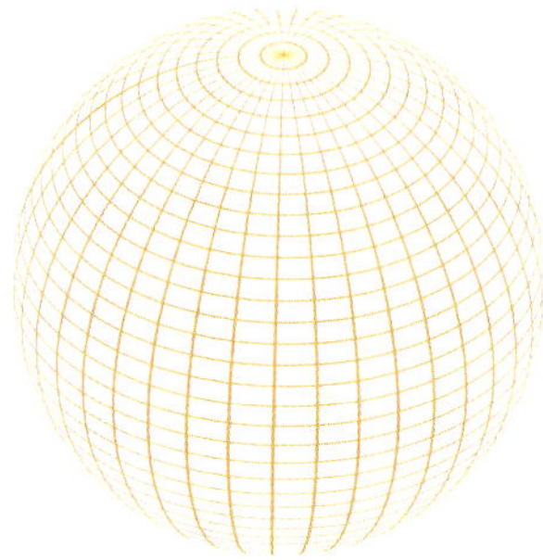

**En la geometría elíptica**, la superficie se curva hacia fuera, como una esfera, y las líneas se aproximan hasta intersecarse finalmente.

cantidades fijas). En el límite teórico, la curva equivale a un número infinito de aproximaciones infinitesimales.

En los siglos XVIII y XIX, las aplicaciones del cálculo revolucionaron la física. Los físicos pudieron simular con precisión sistemas dinámicos (cambiantes), desde cuerdas vibrantes hasta la difusión del calor. El trabajo del físico escocés del siglo XIX James Clerk Maxwell influyó en gran medida en el desarrollo del cálculo vectorial, que permite modelar cambios en fenómenos que poseen cantidad y dirección. Maxwell fue también pionero en el uso de técnicas estadísticas para el estudio de grandes cantidades de partículas.

### Geometrías no euclidianas

El quinto postulado sobre geometría que Euclides definió en *Elementos* se conoce como postulado de las paralelas. Fue polémico, incluso en la antigüedad, ya que parece menos evidente que los otros, aunque muchos teoremas se basan en él. Una de sus formulaciones establece que, dada una línea y un punto que no está en esa línea, a lo sumo se puede trazar una línea paralela a la línea dada. A lo largo de la historia, varios matemáticos, como Proclo de Atenas en el siglo V o el matemático árabe Alhacén, se empeñaron en vano en demostrar que el postulado de las paralelas deriva de los otros cuatro postulados. A principios del siglo XIX, el matemático húngaro János Bolyai y el matemático ruso Nikolái Lobachevski desarrollaron cada uno por su cuenta una nueva geometría, la geometría hiperbólica, en la cual el quinto postulado no rige, ya que hay más de una línea paralela a una línea dada. En esas geometrías, la superficie no es plana como la de Euclides, sino hiperbólica (curvada). En cambio, en la geometría elíptica y la geometría esférica, también del siglo XIX, no existen las rectas paralelas: todas ellas se intersecan.

> De la nada, he creado un universo nuevo y extraño. Todo lo que he dicho hasta ahora no es más que un castillo de naipes comparado con una torre.
>
> **János Bolyai**
> **en una carta a su padre**

El matemático alemán Bernhard Riemann y otros formalizaron las geometrías no euclidianas. Einstein utilizó la teoría de Riemann en su teoría general de la relatividad –la explicación más detallada de la gravedad–, que sostiene que la masa «curva» el espacio-tiempo convirtiéndolo en no euclidiano, aunque el espacio sigue siendo homogéneo (uniforme, con las mismas propiedades en todos los puntos).

### Álgebra abstracta

En el siglo XIX, el álgebra sufrió un cambio drástico y pasó a centrarse en el estudio de la simetría abstracta. El matemático francés Évariste Galois propició un avance clave. En 1830, mientras investigaba las simetrías representadas por las raíces (soluciones) de ecuaciones polinómicas, desarrolló una teoría sobre los objetos matemáticos abstractos, llamados grupos, para codificar los distintos tipos de geometrías. Por ejemplo, todos los cuadrados presentan las mismas simetrías de reflexión y rotación y, por lo tanto, pertenecen a un grupo específico. A partir de su investigación, Galois determinó que, a diferencia de las ecuaciones cuadráticas (en que el exponente de la variable de mayor grado es dos, como $x^2$), no existe una fórmula general para la resolución de ecuaciones polinómicas de quinto grado (cuyo exponente de la variable de mayor grado es cinco, como $x^5$) o superior. El resultado fue espectacular, pues demostró que, por muchos progresos matemáticos que se hicieran en el futuro, dicha fórmula no podía existir.

Más tarde, el álgebra se convirtió en el estudio abstracto de grupos y objetos similares y de las simetrías que estos representaban. En el siglo XX, los grupos y la simetría resultaron cruciales para describir a fondo los fenómenos naturales. En 1915, la algebrista alemana Emmy Noether halló un vínculo entre la simetría de las ecuaciones y las leyes físicas de conservación, como la conservación de la energía. En las décadas de 1950 y 1960, los físicos usaron la teoría de grupos para desarrollar el modelo estándar de la física de partículas.

## Representación de la realidad

Las matemáticas se ocupan del estudio abstracto de los números, las cantidades y las formas en que la física se basa para representar la realidad, desarrollar teorías y pronosticar resultados, a menudo, con portentosa precisión. Tomemos, por ejemplo, el factor g, una magnitud que mide el comportamiento del electrón en un campo electromagnético. El resultado del cálculo teórico del factor g es de 2,0023193043616, mientras que el del cálculo experimental es de 2,0023193043625 (una diferencia de apenas una billonésima parte).

Algunos modelos matemáticos perduraron durante varios siglos, con algunos menores. Por ejemplo, el modelo del Sistema Solar del astrónomo alemán Johannes Kepler es de 1619, y, con las posteriores contribuciones de Newton y Einstein, hoy sigue vigente. Los físicos han llevado a la práctica las ideas de los matemáticos –a veces mucho después de que las postularan– simplemente para investigar un patrón. Eso sucedió, por ejemplo, con la aplicación de la teoría decimonónica de grupos a la física cuántica moderna. Existen también abundantes ejemplos de estructuras matemáticas que han contribuido a la comprensión de la naturaleza. Cuando el físico británico Paul Dirac halló el doble de expresiones de las esperadas en las ecuaciones que describían el comportamiento de los electrones, siguiendo los principios de la relatividad y la mecánica cuántica, postuló la existencia del positrón, que fue descubierto años más tarde.

Mientras que los físicos investigan la composición del universo, los matemáticos continúan debatiendo si su objeto de estudio es la naturaleza, la mente humana o la manipulación abstracta de símbolos. En un extraño vuelco histórico, los físicos que investigan la teoría de cuerdas han propuesto adelantos revolucionarios en el campo de las matemáticas puras a los geómetras. Aún queda por ver de qué manera ello contribuirá a esclarecer la relación entre las matemáticas, la física y la realidad. ■

**Emmy Noether** fue una algebrista innovadora. Dio clases en la Universidad de Gotinga (Alemania), de la que fue expulsada en 1933 por ser judía. Falleció en EE UU en 1935, a los 53 años.

Las matemáticas son un **lenguaje abstracto, conciso y simbólico** para **expresar cantidades, patrones, simetrías y cambios**.

↓

Los **modelos matemáticos** de la naturaleza desarrollados por físicos tienen **gran poder predictivo**.

↓

**Las matemáticas** deben ser una **descripción fiel** (aunque parcial) **del universo**.

# LOS CUERPOS NO SUFREN RESISTENCIA, EXCEPTO LA DEL AIRE

## CAÍDA LIBRE

**EN CONTEXTO**

FIGURA CLAVE
**Galileo Galilei** (1564–1642)

ANTES
***C.* 350 A. C.** En su obra *Física*, Aristóteles define la gravedad como una fuerza que impele los cuerpos a su «lugar natural», el centro de la Tierra.

**1576** Giuseppe Moletti escribe que los cuerpos de distinto peso en caída libre descienden a la misma velocidad.

DESPUÉS
**1651** Giovanni Riccioli y Francesco Grimaldi miden el tiempo de caída libre y calculan la aceleración de los cuerpos.

**1687** En *Principios*, Isaac Newton expone en detalle la teoría gravitatoria.

**1971** David Scott demuestra que un martillo y una pluma caen a la misma velocidad en la Luna.

Cuando la gravedad es la única fuerza que actúa sobre un cuerpo en movimiento, se dice que ese cuerpo está en caída libre. Un paracaidista en descenso no está en caída libre porque el aire ejerce resistencia sobre su cuerpo; los planetas que giran alrededor del Sol u otra estrella, sí lo están. El filósofo griego Aristóteles creía que el movimiento descendente de los cuerpos arrojados desde la altura se explicaba por su naturaleza: se dirigían hacia el centro de la Tierra, su lugar natural. Desde la época de Aristóteles hasta la Edad Media, prevaleció la idea de que la velocidad de un cuerpo en caída libre era proporcional a su peso e inver-

**Véase también:** Medición de distancias 18–19 ▪ Medición del tiempo 38–39 ▪ Leyes del movimiento 40–45 ▪ Leyes de la gravedad 46–51 ▪ Energía cinética y energía potencial 54

Si **la gravedad es la única fuerza** que actúa sobre un cuerpo en movimiento, este se encuentra en **caída libre**.

A menos que se mueva en el vacío, **la resistencia del aire y la fricción** lo desacelerarán.

En el vacío, **la velocidad aumenta a un ritmo constante** de aceleración, **con independencia de su peso o tamaño**.

**Los cuerpos no sufren resistencia, excepto la del aire.**

samente proporcional a la densidad del medio por el que caía. Según esta tesis, si se arrojan dos cuerpos de distinto peso de manera simultánea, el más pesado caerá más rápido y llegará antes al suelo. Aristóteles reparó también en que la forma y la orientación del cuerpo eran factores que incidían en la velocidad de caída, por lo que una hoja de papiro tardaba más en caer que una bola de papiro.

## Esferas en caída

En algún momento entre los años 1589 y 1592, y según su discípulo y biógrafo Vincenzo Viviani, el polímata italiano Galileo Galilei dejó caer dos esferas de diferente peso desde la torre de Pisa para probar la teoría de Aristóteles. Si bien lo más probable es que se tratara de un ejercicio mental, no de un acontecimiento real, parece que Galileo se entusiasmó al descubrir que la esfera más ligera caía a la misma velocidad que la más pesada. El experimento contradecía el punto de vista aristotélico de que un cuerpo pesado en caída libre desciende más rápido que uno más ligero, teoría que muchos otros científicos de la época ya habían rebatido.

Giuseppe Moletti, predecesor de Galileo en la cátedra de matemáticas de la Universidad de Padua, escribió en 1576 que los cuerpos de distinto peso hechos del mismo material caían a idéntica velocidad. Además, creía que los cuerpos del »

> La naturaleza es inexorable e inmutable; nunca quebranta las leyes que la rigen.
> **Galileo Galilei**

## Galileo Galilei

Galileo nació en Pisa en 1564, y era el mayor de seis hermanos. Con 16 años, estudió medicina en la Universidad de Pisa, pero no tardó en ampliar sus intereses. En 1592 fue nombrado catedrático de matemáticas de la Universidad de Padua. Sus contribuciones a la física, las matemáticas, la astronomía y la ingeniería lo consagraron como una de las figuras clave de la revolución científica europea de los siglos XVI y XVII. Construyó el primer termoscopio (el predecesor del termómetro), defendió la idea copernicana del sistema solar heliocéntrico e hizo grandes hallazgos sobre la gravedad. Debido a que las ideas de Galileo cuestionaban los dogmas de la Iglesia, la Inquisición romana lo declaró en 1633 culpable de herejía y lo sentenció a permanecer confinado en su casa hasta su muerte, en 1642.

**Obras principales**

**1623** *El ensayador.*
**1632** *Diálogos sobre los dos máximos sistemas del mundo.*
**1638** *Discursos y demostraciones matemáticas en torno a dos nuevas ciencias.*

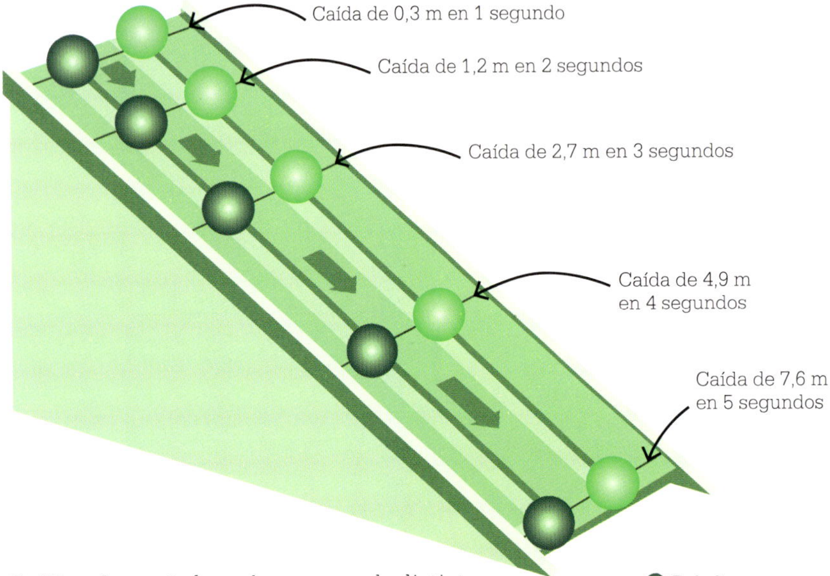


**Galileo demostró** que los cuerpos de distinta masa se aceleran a un ritmo constante. Midiendo el tiempo que tardaba una bola en descender una pendiente, pudo calcular su aceleración. La distancia de caída fue proporcional al cuadrado del tiempo de caída en todos los casos.

mismo volumen y de distinto material también caían a la misma velocidad. Un decenio después, los científicos holandeses Simon Stevin y Jan Cornets de Groot subieron a la torre de 10 m de una iglesia de Delft y dejaron caer dos bolas de plomo, una diez veces más grande y pesada que la otra. Ambos las observaron llegar al suelo de manera simultánea. De ese modo se comenzó a desmentir la antiquísima idea de que los cuerpos pesados caían más rápido que los ligeros.

Mucho antes, ya se había cuestionado otra de las teorías de Aristóteles: que un cuerpo en caída libre desciende a una velocidad constante. En torno a 1361, el matemático francés Nicolás Oresme estudió el movimiento de los cuerpos y descubrió lo siguiente: si la aceleración del cuerpo aumentaba de manera uniforme, la velocidad lo hacía en proporción directa al tiempo, y la distancia recorrida era proporcional al cuadrado del tiempo de aceleración. Quizá haya sorprendido que Oresme, siendo obispo, pusiera en tela de juicio una verdad aristotélica establecida que la Iglesia católica consideraba sacrosanta. Desconocemos si los estudios de Oresme influyeron en el posterior trabajo de Galileo.

## Caída por rampas

A partir de 1603, Galileo se dedicó a investigar la aceleración de los cuerpos en caída libre. Escéptico respecto de la velocidad constante de caída, creía que los cuerpos se aceleraban a medida que descendían. El problema era cómo probarlo. En esa época no existía la tecnología necesaria para medir velocidades elevadas con precisión. La ingeniosa solución de Galileo consistió en disminuir la velocidad de movimiento sustituyendo los cuerpos por una bola que hizo rodar por una rampa. Para medir el tiempo del experimento, empleó una clepsidra –un reloj de agua– y el propio pulso. Así, descubrió que al duplicar el tiempo de desplazamiento, la distancia recorrida por la bola era cuatro veces mayor.

Galileo, que no dejaba nada librado al azar, repitió el experimento «un centenar de veces» hasta alcanzar «tal precisión que la desviación entre dos observaciones nunca sobrepasó un décimo de una pulsación». Además, modificó la inclinación de la

**En este fresco** de Giuseppe Bezzuoli, Galileo presenta su experimento de la bola rodante a la poderosa e influyente familia de los Médicis, en Florencia.

rampa: a mayor inclinación, la aceleración aumentaba de manera uniforme. Sin embargo, dado que no se llevaron a cabo en el vacío, los experimentos eran imperfectos porque las bolas en movimiento estaban sometidas a la resistencia del aire y la fricción de la rampa. Con todo, Galileo concluyó que, en el vacío, todos los cuerpos –con independencia de su peso y forma– presentarían una aceleración constante: el cuadrado del tiempo de caída es proporcional a la distancia de caída.

## Cuantificación de la aceleración gravitatoria

Pese al trabajo de Galileo, la aceleración de los cuerpos en caída libre siguió generando controversia a mediados del siglo XVII. De 1640 a 1650, los sacerdotes jesuitas Giovanni Riccioli y Francesco Grimaldi realizaron numerosas investigaciones en Bolonia. Al final, el éxito de sus experimentos radicó en los péndulos de cronometraje de Riccioli –cuya precisión era equiparable a la de cualquier otro instrumento de la época– y en la altura. Los sacerdotes y sus asistentes arrojaron objetos pesados desde varios niveles de la torre Asinelli, de 98 m de altura, y cronometraron la caída. Riccioli y Grimaldi describieron su método en detalle y repitieron varias veces el procedimiento.

Riccioli, por su parte, creía que los cuerpos en caída libre se aceleraban exponencialmente, pero los resultados demostraron que estaba equivocado. Al cronometrar con péndulos la caída de una serie de objetos en la parte superior e inferior de la torre, halló que estos habían recorrido 15 pies romanos en 1 segundo (1 pie romano = 29,57 cm), 60 pies en 2 segundos, 135 pies en 3 segundos y 240 pies en 4 segundos. Los datos, publicados en 1651, probaron que la distancia de descenso era proporcional al cuadrado del tiempo que duraba la caída, lo que confirmó los experimentos de la rampa de Galileo. Por primera vez, gracias a un cronometraje relativamente preciso, fue posible determinar el valor de la aceleración debida a la gravedad: 9,36 (±0,22) m/s$^2$, cifra que difiere solo en un 5 % de la cifra actual, de alrededor de 9,81 m/s$^2$.

El valor de $g$ (gravedad) varía en función de una serie de factores: es mayor en los polos que en el ecuador terrestre, es menor en altitudes elevadas que a nivel del mar y fluctúa ligeramente según la ubicación geográfica, por ejemplo, si hay rocas muy densas cerca de la superficie. Si la aceleración constante de un cuerpo en caída libre cerca de la superficie terrestre está representada por $g$, la altura de lanzamiento por $z_0$ y el tiempo por $t$, entonces, en cualquier momento del descenso, la altura del cuerpo sobre la superficie es $z = z_0 - \frac{1}{2} gt^2$, donde $gt$ es la velocidad del cuerpo y $g$, su aceleración. Un cuerpo de masa $m$ a una altura $z_0$ sobre la superficie terrestre posee energía potencial gravitatoria $U$, que puede calcularse mediante la ecuación $U = mgz_0$ (masa × aceleración × altura sobre la superficie terrestre). ■

> Cuando Galileo hizo rodar las bolas por un plano inclinado [...], todos los físicos percibieron una nueva luz.
> **Immanuel Kant**
> **Filósofo alemán**

> En cuestiones de ciencia, la autoridad de miles no vale más que el humilde razonamiento de un único individuo.
> **Galileo Galilei**

### El martillo y la pluma

El astronauta estadounidense David Scott, comandante de la misión *Apolo 15*, realizó en 1971 un experimento de caída libre en la Luna. La *Apolo 15*, cuarta expedición de alunizaje de la NASA, permaneció más tiempo en el satélite que las misiones anteriores, y su tripulación fue la primera en utilizar un vehículo lunar de exploración.

Además, la misión hizo hincapié en la ciencia. Al final del último paseo lunar, Scott dejó caer simultáneamente un martillo de geólogo de 1,32 kg y una pluma de halcón de 0,03 kg desde una altura de 1,6 m. En las condiciones reales de vacío de la superficie lunar, sin resistencia del aire, la pluma ultraligera llegó al suelo a la misma velocidad que el pesado martillo. El experimento, que confirma la teoría de Galileo de que todos los cuerpos se aceleran uniformemente con independencia de su masa, fue filmado y visto por millones de telespectadores.

# UNA NUEVA MAQUINA MULTIPLICADORA DE FUERZAS

## PRESIÓN

**EN CONTEXTO**

FIGURA CLAVE
**Blaise Pascal** (1623–1662)

ANTES
**1643** El físico italiano Evangelista Torricelli prueba la existencia del vacío usando mercurio y un tubo, e inventa el barómetro.

DESPUÉS
**1738** En *Hidrodinámica*, el matemático suizo Daniel Bernoulli afirma que la presión de un fluido se debe a la elevación, el movimiento y la presión.

**1796** El inventor inglés Joseph Bramah patenta la primera prensa hidráulica basada en la ley de Pascal.

**1851** Richard Dudgeon, inventor estadounidense de origen escocés, patenta el gato hidráulico.

**1906** Se instala un sistema oleohidráulico en el acorazado *Virginia* para subir y bajar cañones.

Mientras investigaba la hidráulica (las propiedades mecánicas de los fluidos), el matemático y físico francés Blaise Pascal hizo un descubrimiento que acabaría revolucionando los procesos industriales. La ley de Pascal dice que, si se aplica presión a un fluido contenido en un recipiente cerrado, esta se transmite por igual a todos los puntos del fluido y a las paredes del recipiente.

### El impacto de Pascal

La ley de Pascal viene a decir que la presión ejercida sobre un pistón situado en un extremo de un cilindro lleno de fluido produce un incremento de presión idéntico en el pistón del otro extremo. Más importante aún, si la sección transversal del segundo pistón es del doble que la del primero, la fuerza ejercida sobre este se duplica. Por lo tanto, una carga de 1 kg en el pistón pequeño permitirá al pistón grande levantar 2 kg. Cuanto mayor sea la relación entre las secciones transversales, mayor peso podrá levantar el pistón grande.

Los hallazgos de Pascal no se publicaron hasta 1663, un año después de su muerte, y los ingenieros los usaron para simplificar enormemente el funcionamiento de las máquinas. En 1796, Joseph Bramah se basó en el principio de Pascal para construir una prensa hidráulica que aplastaba papel, tela y acero con mucha más potencia y eficacia que las prensas de madera. ■

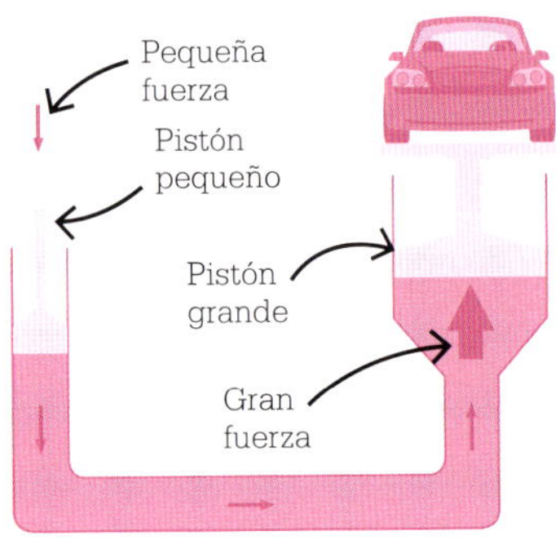


**Los fluidos no pueden comprimirse**, y se utilizan para transmitir fuerzas en sistemas como el gato hidráulico. Si se aplica una pequeña fuerza sobre una distancia larga, la fuerza de salida será mayor y permitirá elevar cargas pesadas.

**Véase también:** Leyes del movimiento 40–45 ▪ Extensión y compresión 72–75 ▪ Fluidos 76–79 ▪ Las leyes de los gases 82–85

# EL MOVIMIENTO PERDURARA

## MOMENTO LINEAL

**EN CONTEXTO**

FIGURA CLAVE
**John Wallis** (1616–1703)

ANTES
**1518** El filósofo naturalista francés Jean Buridan describe el «impulso», que más tarde se entiende como «momento».

**1644** En *Principia philosophia (Los principios de la filosofía)*, el francés René Descartes define el momento como «cantidad de movimiento».

DESPUÉS
**1687** Isaac Newton describe las leyes del movimiento en su obra de tres volúmenes *Principios*.

**1927** El físico teórico alemán Werner Heisenberg postula que cuanto mayor sea la exactitud con que se conozca la posición de una partícula subatómica, como el electrón, con menos precisión se podrá determinar su momento lineal, y viceversa.

Cuando dos o más cuerpos chocan, suceden varias cosas: su velocidad y dirección cambian, y la energía cinética del movimiento puede convertirse en calor o sonido.

En 1666, la Royal Society de Londres encargó a la comunidad científica el desarrollo de una teoría para explicar lo que sucede cuando dos o más cuerpos chocan. Dos años después, tres científicos publicaron sus trabajos: los ingleses John Wallis y Christopher Wren y el holandés Christiaan Huygens.

Todos los cuerpos en movimiento tienen «momento» (el producto de su masa y su velocidad). Wallis, Wren y Huygens coincidieron en que, en una colisión elástica (aquella en la que no se pierde energía cinética en forma de calor o ruido), el momento se conserva siempre que no intervengan fuerzas externas. Los verdaderos choques elásticos son poco frecuentes en la naturaleza; el choque de dos bolas de billar se aproxima, aunque en ese caso hay pérdida de energía cinética. En *El tratamiento geométrico de la mecánica del movimiento,* John Wallis profundizó más en el tema y atinó al postular que el momento se conserva también en las colisiones elásticas, ya que los cuerpos se juntan tras el choque, lo cual provoca la pérdida de energía cinética. Un ejemplo sería la colisión de un cometa con un planeta.

Hoy, los principios de conservación del momento lineal tienen diversas aplicaciones, y se usan, por ejemplo, para determinar la velocidad de los vehículos en los accidentes de tráfico. ■

> “Un cuerpo en movimiento tiende a permanecer en movimiento.
> **John Wallis**”

**Véase también:** Leyes del movimiento 40–45 ▪ Energía cinética y energía potencial 54 ▪ Conservación de la energía 55 ▪ Energía y movimiento 56–57

# LAS CREACIONES MÁS MARAVILLOSAS DE LAS ARTES MECÁNICAS

## MEDICIÓN DEL TIEMPO

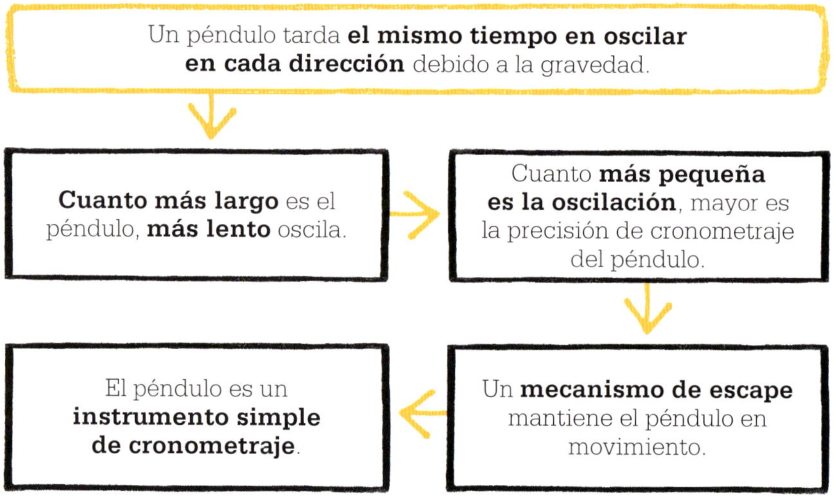


### EN CONTEXTO

FIGURA CLAVE
**Christiaan Huygens** (1629–1695)

ANTES
***C.* 1275** Se construye el primer reloj mecánico.

**1505** El relojero alemán Peter Henlein usa un muelle en espiral para construir el primer reloj de bolsillo.

**1637** Galileo Galilei desarrolla la idea del reloj de péndulo.

DESPUÉS
***C.* 1670** El escape de áncora dota a los relojes de péndulo de mayor precisión.

**1761** El cuarto cronómetro marino de John Harrison, H4, supera las pruebas marítimas.

**1927** Se construye el primer reloj electrónico de cuarzo.

**1955** Los físicos británicos Louis Essen y Jack Parry construyen el primer reloj atómico.

Dos inventos de mediados de la década de 1650 marcaron el inicio del cronometraje de precisión. En 1656, el matemático, físico e inventor holandés Christiaan Huygens construyó el primer reloj de péndulo. Poco después se inventó el escape de áncora, innovación que se atribuye al científico inglés Robert Hooke. En la década de 1670, la precisión de los instrumentos de cronometraje había cambiado radicalmente.

Los primeros relojes completamente mecánicos aparecieron en Europa en el siglo XIII, y sustituyeron a aquellos cuyo funcionamiento dependía del movimiento del Sol, el flujo del agua o la quema de una vela. Estaban provistos de un mecanismo de escape de paletas que transmitía la fuerza de un peso suspendido a través de un tren de engranajes, un conjunto de ruedas dentadas. Durante los tres siglos siguientes, se hicieron progresos en la precisión de los relojes mecánicos, pero aún había que darles cuerda y eran poco precisos.

En 1637, Galileo Galilei descubrió el potencial de los péndulos para mejorar la precisión de los relojes. Había reparado en que la oscilación del pén-

**Véase también:** Caída libre 32–35 ▪ Movimiento armónico 52–53 ▪ Unidades del SI y constantes físicas 58–63 ▪ Partículas subatómicas 242–243

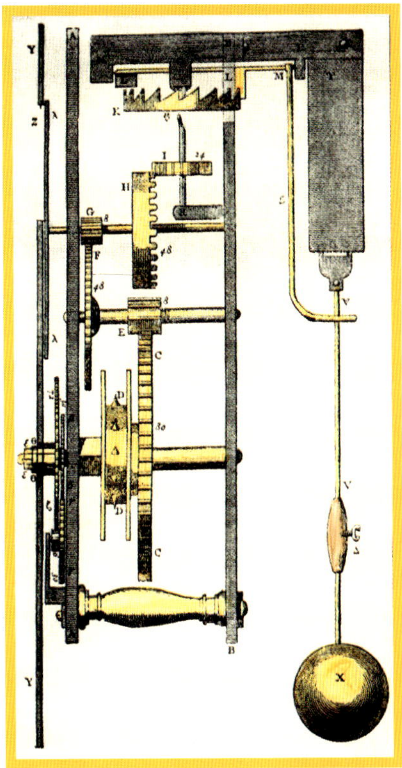

**El reloj de péndulo de Christiaan Huygens** mejoró mucho la precisión de los instrumentos de cronometraje. Esta xilografía del siglo XVII muestra el mecanismo del reloj, con los engranajes y el péndulo.

dulo era prácticamente isócrona, es decir, el tiempo que el peso tardaba en regresar al punto de partida (el periodo) era casi siempre el mismo al margen de la amplitud de la oscilación. De modo que la oscilación del péndulo podía ofrecer un cronometraje más preciso que los relojes mecánicos. Lamentablemente, Galileo no logró construir un reloj de péndulo antes de su muerte, en 1642.

Huygens construyó el primero. Tenía oscilaciones de entre ochenta y cien grados, que eran demasiado amplias para garantizar la precisión del reloj. La introducción del escape de áncora de Hooke, que hacía oscilar el péndulo con un pequeño empuje, posibilitó el uso de péndulos más largos con oscilaciones más pequeñas, de entre 4 y 6 grados, que mejoraron bastante la precisión. Antes, incluso los relojes no pendulares se atrasaban 15 minutos al día. Gracias al escape de áncora, el margen de error se redujo a tan solo 15 segundos.

## Relojes de cuarzo y atómicos

El reloj de péndulo fue el sistema de cronometraje más preciso hasta la década de 1930, cuando aparecieron los relojes eléctricos síncronos. Estos contaban las oscilaciones de la corriente alterna procedente de la red eléctrica y, cada cierto número de oscilaciones, hacían mover las manecillas.

El primer reloj de cuarzo se construyó en 1927, y aprovechaba las propiedades piezoeléctricas del cristal de cuarzo. Al doblarlo o apretarlo, el cuarzo genera un pequeño voltaje eléctrico, y si se lo somete a un voltaje eléctrico, vibra. La batería del reloj emite el voltaje, y el chip de cuarzo vibra, haciendo que la pantalla LCD cambie de hora o que un pequeño motor mueva el horario, el minutero y el segundero.

El primer reloj atómico preciso, construido en 1955, usaba el isótopo de cesio 133. Los relojes atómicos miden la frecuencia de las señales electromagnéticas regulares que emiten los electrones al cambiar de nivel energético cuando son acribillados por microondas. Los electrones de un átomo de cesio «excitado» oscilan o vibran 9 192 631 770 veces por segundo, por lo que un reloj calibrado así es sumamente preciso. ▪

## El cronómetro marino de Harrison

A principios del siglo XVIII, ni siquiera los relojes de péndulo más precisos funcionaban en el mar, lo que suponía un grave problema para la navegación. El cálculo de posición de las embarcaciones dependía de las lecturas de latitud y longitud. La latitud era fácil de calcular (observando la posición del Sol), pero la longitud solo se podía determinar midiendo la hora respecto de un punto fijo, como el meridiano de Greenwich, algo entonces imposible. Ya que muchos buques se perdían en alta mar, en 1714, el gobierno británico ofreció una recompensa a quien inventase un reloj marino.

El inventor británico John Harrison solventó el problema en 1761. Su cronómetro marino, provisto de una rueda de balanza y un resorte en espiral con compensación de temperatura, permitió medir el tiempo con suma precisión en los viajes transatlánticos. Además de salvar incontables vidas, su invento revolucionó la exploración y el comercio.

**El prototipo de cronometro de John Harrison**, el H1, se probó durante una travesía de Gran Bretaña a Portugal en 1736, y solo se atrasó unos segundos.

# TODA ACCION TIENE UNA REACCION

## LEYES DEL MOVIMIENTO

## EN CONTEXTO

FIGURAS CLAVE
**Gottfried Leibniz** (1646–1716), **Isaac Newton** (1642–1727)

ANTES
***C.* 330 A. C.** En *Física*, Aristóteles expone que se requiere fuerza para generar movimiento.

**1638** Se publica *Diálogos sobre dos nuevas ciencias*, de Galileo, obra que Albert Einstein consideraría precursora del trabajo de Leibniz y Newton.

**1644** René Descartes publica las leyes del movimiento en *Los principios de la filosofía*.

DESPUÉS
**1827–1833** William Rowan Hamilton determina que los cuerpos tienden a seguir la trayectoria que requiere menos energía.

**1907–1915** Einstein postula la teoría de la relatividad general.

Antes de finales del siglo XVI, no se sabía muy bien por qué los cuerpos en movimiento se aceleraban o se desaceleraban. La mayoría de las personas creía que existía una cualidad inherente e indeterminada que hacía que los cuerpos cayesen al suelo o se elevaran al cielo. Sin embargo, eso cambió en los albores de la revolución científica, cuando los científicos empezaron a comprender las diversas fuerzas que modificaban la velocidad de los cuerpos en movimiento (una combinación de la velocidad y la dirección), como la fricción, la resistencia del aire y la gravedad.

### Primeras ideas

Durante varios siglos, las ideas imperantes acerca del movimiento fueron las del filósofo griego Aristóteles, quien había clasificado todo cuanto existía según su composición elemental: tierra, agua, aire, fuego y quintaesencia, el quinto elemento que constituía «los cielos». Para Aristóteles, una roca caía al suelo porque su composición era similar a la del suelo (tierra); la lluvia caía al suelo porque la superficie terrestre era su lugar natural y el humo ascendía por estar compuesto mayoritariamente de aire. No obstante, la creencia generalizada era que el movimiento circular de los cuerpos celestes no estaba regido por los elementos, sino por la mano divina.

Aristóteles creía que los cuerpos solo se movían al ser empujados y que una vez extinguida la fuerza de empuje, se detenían. Algunos se preguntaban por qué una flecha lanzada por un arco continúa volando después de haber perdido contacto directo con el arco. Sin embargo, las ideas de Aristóteles prácticamente no se cuestionaron, y prevalecieron durante más de dos milenios.

En 1543, el astrónomo polaco Nicolás Copérnico publicó la teoría de que la Tierra no era el centro del universo, sino que todos los planetas, incluido el nuestro, orbitaban alrededor del Sol en un sistema heliocéntrico. Entre 1609 y 1619, el astrónomo alemán Johannes Kepler formuló las leyes del movimiento de los planetas, que describen la forma y la velocidad de las órbitas planetarias. Más tarde, en la década de 1630, Galileo cuestionó las ideas aristotélicas sobre los cuerpos en caída; explicó que las flechas siguen volando después del lanzamiento debido a la inercia, y describió el papel de la fric-

## Gottfried Leibniz

Nacido en Leipzig (Alemania) en 1646, Leibniz fue un gran filósofo, matemático y físico. Tras estudiar filosofía en la Universidad de Leipzig, conoció a Christiaan Huygens en París y decidió aprender matemáticas y física de forma autodidacta. Fue asesor político, historiador y bibliotecario de la casa real de Hannover en 1676, puesto que le brindó la oportunidad de participar en un amplio abanico de proyectos, entre ellos el desarrollo del cálculo infinitesimal. Lamentablemente, Leibniz fue acusado de plagiar las ideas inéditas de Newton. A pesar de que la opinión mayoritaria en la época era que había llegado a esas ideas por su cuenta, el escándalo lo acompañó hasta el final de sus días. Murió en la ciudad de Hannover, en 1716.

### Obras principales

**1684** *Nova methodus pro maximis et minimis (Un nuevo método para máximos y mínimos).*
**1687** *Ensayo sobre dinámica.*

**Véase también:** Caída libre 32–35 ▪ Leyes de la gravedad 46–51 ▪ Energía cinética y energía potencial 54 ▪ Energía y movimiento 56–57 ▪ Los cielos 270–271 ▪ Modelos del universo 272–273 ▪ De la relatividad clásica a la especial 274

> No hay ni más ni menos fuerza en el efecto que en la causa.
> **Gottfried Leibniz**

ción en el cese del movimiento de un libro que se desliza sobre una mesa.

Esos científicos sentaron las bases sobre las que el filósofo René Descartes y el polímata alemán Gottfried Leibniz desarrollaron sus ideas sobre el movimiento, y sobre las que el físico inglés Isaac Newton ató cabos en *Principios matemáticos de la filosofía natural* (o *Principios*).

## Una nueva comprensión

En *Los principios de la filosofía*, Descartes postuló tres leyes del movimiento que rechazaban las teorías de Aristóteles sobre el movimiento y el universo guiado por la divinidad, y explicaban el movimiento en términos de fuerzas, impulso y colisiones. En su *Ensayo sobre dinámica* (o *Dinámica*), publicado en 1687, Leibniz censuró las leyes del movimiento de Descartes. Al percatarse de que muchas de las críticas de Descartes a Aristóteles estaban justificadas, Leibniz empezó a hilvanar sus propias teorías sobre dinámica, término que acuñó en la década de 1690 para referirse al movimiento y al impacto.

Leibniz no concluyó su trabajo; puede que lo aplazara tras leer las leyes del movimiento de Newton en los *Principios*, obra que, como la *Dinámica*, se publicó en 1687. Newton respetaba el rechazo de Descartes a las ideas aristotélicas, pero creía que los cartesianos (los seguidores de Descartes) no hacían suficiente uso de las técnicas matemáticas de Galileo ni de los métodos experimentales del químico Robert Boyle. Con todo, las primeras dos leyes del movimiento de Descartes obtuvieron el apoyo de Leibniz y Newton, y sirvieron de fundamento a la primera ley del movimiento de este último.

Las tres leyes del movimiento de Newton (pp. 44–45) proporcionaron una explicación clara de las fuerzas que actúan sobre los cuerpos, revolucionaron la comprensión de la mecánica del mundo físico y sentaron las bases de la mecánica clásica (el estudio del movimiento de los cuerpos). No todas las teorías de Newton se aceptaron en vida de este –de hecho, el propio Leibniz las objetó–, pero, tras su muerte, no fueron cuestionadas hasta el siglo XX, algo similar a lo que había ocurrido con las ideas de Aristóteles sobre el movimiento, que dominaron el pensamiento científico durante casi »

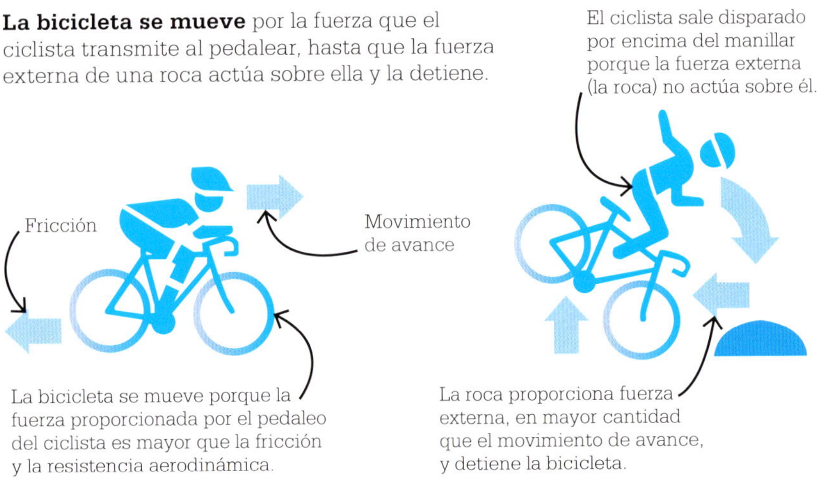


**La bicicleta se mueve** por la fuerza que el ciclista transmite al pedalear, hasta que la fuerza externa de una roca actúa sobre ella y la detiene.

dos mil años. No obstante, algunas de las teorías de Leibniz sobre el movimiento, así como sus críticas a Newton, eran muy avanzadas para la época y se confirmaron dos siglos más tarde en la teoría de la relatividad general de Albert Einstein.

## Ley de inercia

La primera ley del movimiento de Newton, conocida también como ley de inercia, dice que un objeto permanece en estado de reposo o de movimiento rectilíneo uniforme a menos que una fuerza externa actúe sobre él. Por ejemplo, si la rueda delantera de una bicicleta conducida a gran velocidad choca contra una enorme roca, una fuerza externa actuará sobre la bicicleta y hará que se detenga. Desafortunadamente, esa fuerza no actuará sobre el ciclista, que seguirá en movimiento y saldrá disparado sobre el manillar.

Por primera vez, la ley de Newton permitió hacer predicciones precisas del movimiento. La fuerza se define como el empuje o la tracción que un cuerpo ejerce sobre otro, y se mide en newtons (cuyo símbolo es N; donde 1 N equivale a la fuerza necesaria para proporcionar una aceleración de 1 m/s² a una masa de 1 kg). Si se conoce la magnitud de todas las fuerzas que actúan sobre un cuerpo, se puede calcular la fuerza neta externa (la combinación de todas las fuerzas externas), expresada como $\sum F$ (siendo $\sum$ el símbolo sumatorio). Por ejemplo, si una pelota está sometida a una fuerza de 23 N que la empuja hacia la izquierda y a otra de 12 N que la empuja hacia la derecha, entonces $\sum F = 11$ N hacia la izquierda. En realidad, no es tan sencillo, ya que la fuerza descendente de la gravedad también actúa sobre la pelota y, además, deben tenerse en cuenta la fuerza neta vertical y la fuerza neta horizontal.

Hay otros factores en juego. La primera ley de Newton establece que un cuerpo en movimiento sobre el que no actúan fuerzas externas seguirá moviéndose en línea recta a velocidad constante. Pero cuando se hace rodar una pelota por el suelo, por ejemplo, ¿por qué acaba deteniéndose? Porque, mientras rueda, una fuerza externa actúa sobre ella: la fricción, que desacelera la pelota. Según la segunda ley de Newton, los cuerpos se aceleran en la dirección de la fuerza neta. Dado que la fuerza de fricción es opuesta a la dirección de desplazamiento, la aceleración disminuye la velocidad del cuerpo hasta detenerlo. En el espacio interestelar, una nave espacial se desplazará siempre a la misma velocidad debido a la ausencia de fricción y resistencia del aire, a menos que el campo gravitatorio de un planeta o una estrella, por ejemplo, la acelere.

## El cambio es proporcional

La segunda ley de Newton es una de las leyes físicas más relevantes, pues permite conocer la aceleración de un cuerpo al aplicarle una fuerza neta dada. Establece que la tasa de cambio del momento lineal (el producto de la masa por la velocidad) es proporcional a la fuerza aplicada y se produce en la dirección de esa fuerza.

La fórmula puede expresarse como $\sum F = ma$, siendo $F$ la fuerza neta, $a$ la aceleración del cuerpo en la dirección de la fuerza neta y $m$ la masa. Si la fuerza aumenta, aumenta la aceleración. Asimismo, la tasa

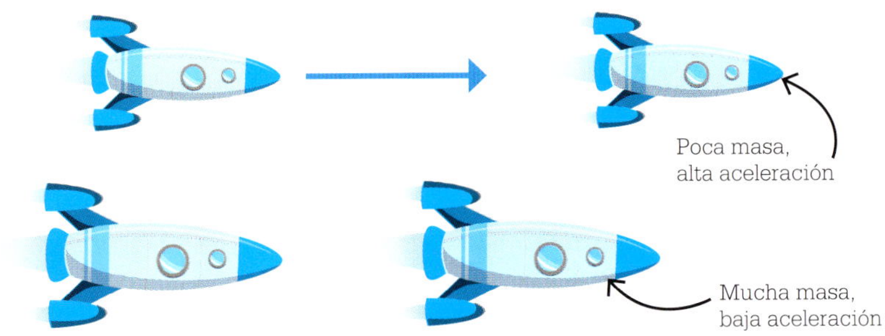


**Dos cohetes con distinta masa** e idénticos motores se acelerarán a diferentes velocidades. El más pequeño se acelerará más rápido porque su masa es menor.

> Las leyes del movimiento [...] son decretos libres de Dios.
> **Gottfried Leibniz**

de cambio del momento lineal es inversamente proporcional a la masa del cuerpo, de modo que, si su masa aumenta, la aceleración disminuye; lo cual se expresa como $a = \sum F/m$. Por ejemplo, a medida que un cohete quema propergol, su masa disminuye, y, suponiendo que el empuje de los motores se mantiene constante, la aceleración será cada vez mayor.

## Acción y reacción iguales

La tercera ley de Newton establece que por cada acción existe una reacción igual y opuesta. Cuando una persona se sienta, ejerce una fuerza descendente sobre la silla, y la silla ejerce una fuerza igual pero ascendente sobre el cuerpo de la persona. Una fuerza se denomina acción, y la otra, reacción. El retroceso de un rifle al disparar, por ejemplo, se explica por las fuerzas opuestas de acción-reacción. Al apretar el gatillo, los gases calientes producto de la combustión de la pólvora se expanden y expulsan la bala del interior del rifle. Pero la bala también ejerce una fuerza sobre el rifle, en este caso, de retroceso. La fuerza que actúa sobre el rifle es la misma que la que actúa sobre la bala, pero, como la aceleración depende de la fuerza y la masa (según la segunda ley de Newton), la bala se acelera mucho más rápido que el rifle porque su masa es menor.

Las nociones de tiempo, distancia y aceleración son fundamentales para comprender el movimiento. Newton defendía que el espacio y el tiempo eran entidades por derecho propio, que existían independientemente de la materia. En 1715-1716, Leibniz se pronunció a favor de una alternativa relacional: para él, el espacio y el tiempo eran sistemas de relaciones entre cuerpos. Mientras que Newton creía que el tiempo absoluto existía con independencia del observador y avanzaba a un ritmo constante por todo el universo, Leibniz argumentaba que el tiempo carecía de sentido, excepto cuando se entendía como el movimiento relativo de los cuerpos. Newton consideraba que el espacio absoluto «permanece siempre similar e inamovible», pero su crítico alemán argüía que solo tenía sentido como ubicación relativa de los cuerpos.

## De Leibniz a Einstein

En torno a 1710, el obispo y filósofo irlandés George Berkeley planteó un enigma que dejó entrever algunos problemas con los conceptos newtonianos de tiempo, espacio y velocidad. El enigma se refería a una esfera que giraba: Berkeley se preguntaba si podía decirse que la esfera tenía movimiento cuando esta giraba en un universo vacío. Aunque las críticas de Leibniz a Newton fueron descartadas en su momento, la teoría de la relatividad general de Einstein (1907–1915) hizo que cobraran sentido dos siglos después. Las leyes de Newton son válidas en general para los objetos macroscópicos (visibles a simple vista) en condiciones cotidianas, pero no se cumplen a velocidades elevadas ni a escalas muy pequeñas ni en campos gravitatorios fuertes. ■

> El movimiento en realidad no es más que un cambio de lugar. Tal como lo experimentamos no es más que una relación.
> **Gottfried Leibniz**

**La sonda espacial Voyager** se lanzó en 1977. Como en el espacio no hay fricción ni resistencia del aire, aún sigue volando debido a la primera ley de Newton.

# EL MARCO DE REFERENCIA DEL MUNDO

## LEYES DE LA GRAVEDAD

## EN CONTEXTO

FIGURA CLAVE
**Isaac Newton** (1642–1727)

ANTES
**1543** Nicolás Copérnico cuestiona el pensamiento ortodoxo al plantear el modelo heliocéntrico del Sistema Solar.

**1609** Johannes Kepler publica las primeras dos leyes del movimiento planetario en *Astronomia nova* y postula que los planetas se mueven en órbitas elípticas.

DESPUÉS
**1859** El astrónomo francés Urbain Le Verrier postula que la órbita precesional de Mercurio (la ligera variación en su rotación axial) es incompatible con la mecánica newtoniana.

**1905** Einstein presenta la teoría de la relatividad especial en «Sobre la electrodinámica de los cuerpos en movimiento».

**1915** La teoría de la relatividad general de Einstein establece que la gravedad afecta al tiempo, a la luz y a la materia.

> ¿Qué impide a las estrellas fijas caer unas sobre otras?
> **Isaac Newton**

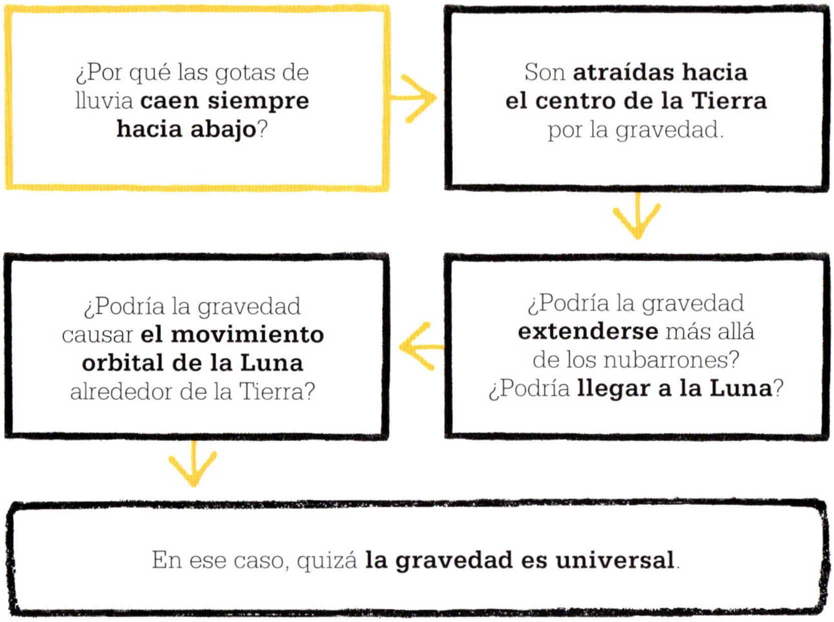


La ley de la gravitación universal de Newton, presentada en 1687, constituyó, junto con las leyes del movimiento, la base indiscutible de la mecánica clásica durante más de dos siglos. La ley de la gravitación establece que cada partícula atrae a cualquier otra partícula con una fuerza proporcional al producto de sus masas, e inversamente proporcional al cuadrado de la distancia entre sus centros.

Antes de la era científica en la que Newton formuló sus teorías, la comprensión occidental de la naturaleza se basaba en los escritos de Aristóteles. Este no tenía noción de la gravedad; creía que los cuerpos caían al suelo porque ese era «su lugar natural» y que los cuerpos celestes giraban alrededor de la Tierra porque eran perfectos. La visión geocéntrica de Aristóteles prácticamente no se cuestionó hasta el Renacimiento, cuando el astrónomo polaco Nicolás Copérnico propuso el modelo heliocéntrico del sistema solar con la Tierra y los planetas orbitando en torno al Sol. Según Copérnico, «giramos alrededor del Sol como cualquier otro planeta». Sus teorías, publicadas en 1543, se basaron en detalladas observaciones a simple vista de Mercurio, Venus, Marte, Júpiter y Saturno.

### Pruebas astronómicas

En 1609, Johannes Kepler publicó *Astronomia nova* (*Nueva astronomía*), obra en la que, además de reforzar el apoyo al heliocentrismo, explicó que las órbitas de los planetas eran elípticas (en vez de circulares). Además, Kepler descubrió que la velocidad orbital de los planetas dependía de la distancia que separaba cada planeta del Sol.

En torno a la misma época, Galileo Galilei confirmó las teorías de Kepler mediante minuciosas observaciones astronómicas asistidas con telescopios. Al dirigir el telescopio hacia Júpiter y ver lunas orbitando en torno al planeta gigante, Galileo halló más pruebas de que Aristóteles se había equivocado: si todo giraba alrededor de la Tierra, las lunas de Júpiter no podían existir. Galileo

**Véase también:** Caída libre 32–35 ▪ Leyes del movimiento 40–45 ▪ Los cielos 270–271 ▪ Modelos del universo 272–273 ▪ Relatividad especial 276–279 ▪ El principio de equivalencia 281 ▪ Ondas gravitatorias 312–315

**Portada del *Almagestum novum* (1651)**, de Riccioli, que ilustra la pugna entre los modelos rivales de movimiento planetario y el triunfo de la teoría geocéntrica de Tycho Brahe sobre el heliocentrismo.

observó también las fases de Venus y corroboró que el planeta orbitaba en torno al Sol.

Además, Galileo cuestionó la teoría de que los cuerpos pesados caen al suelo más rápido que los cuerpos ligeros. Su argumento fue secundado por los jesuitas italianos Giovanni Battista Riccioli y Francesco Maria Grimaldi, quienes, en la década de 1640, dejaron caer objetos desde una torre de Bolonia con el fin de cronometrar la caída. Sus cálculos proporcionaron valores bastante precisos de la aceleración debida a la gravedad, que hoy sabemos que es de 9,8 $m/s^2$. Su experimento fue recreado en 1971 por el astronauta estadounidense David Scott, quien dejó caer simultáneamente un martillo y una pluma en la Luna durante la misión *Apolo 15* de la NASA. Dado que en la superficie lunar no hay resistencia del aire, los dos objetos llegaron al suelo al mismo tiempo.

## La manzana de Newton

Aunque la historia de la manzana que cayó en la cabeza de Newton es apócrifa, lo cierto es que ver caer la fruta al suelo despertó su curiosidad. Para la época en que Newton comenzó a reflexionar seriamente sobre la gravedad, en la década de 1660, ya se había realizado el trabajo de base. En su influyente obra *Principios*, Newton encomió el trabajo del físico italiano Giovanni Borelli (1608–1679) y del astrónomo francés Ismael Bullialdus (1605–1694), quienes habían explicado que la gravedad del Sol ejercía una fuerza de atracción. Bullialdus se equivocó al creer que la gravedad del Sol atraía a los planetas en su afelio (el punto más distante del Sol en la órbita planetaria) y los repelía en el perihelio (el punto de la órbita más próximo al Sol).

El trabajo de Johannes Kepler fue posiblemente el que más influyó en las ideas de Newton. La tercera ley del movimiento orbital del astrónomo alemán establece que existe una relación matemática exacta entre la distancia de un planeta al Sol y el tiempo que tarda en describir una órbita completa.

> Si la Tierra dejara de atraer las aguas del mar, los mares se elevarían y fluirían hacia la Luna.
> **Johannes Kepler**

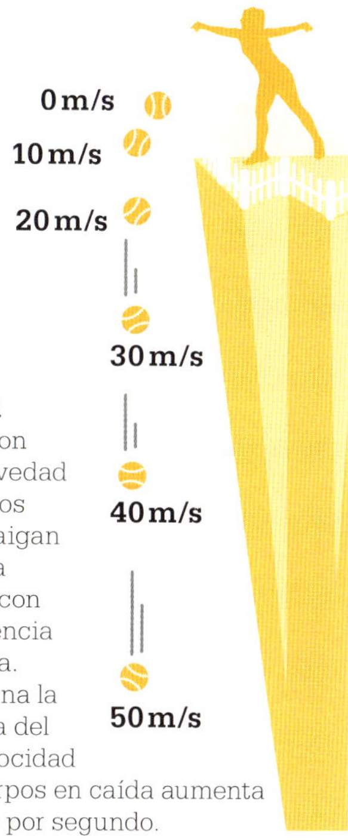


**Grimaldi y Riccioli** demostraron que la gravedad hace que los cuerpos caigan a la misma velocidad con independencia de su masa. Si se elimina la resistencia del aire, la velocidad de los cuerpos en caída aumenta 9,8 metros por segundo.

En 1670, el filósofo naturalista inglés Robert Hooke afirmó que la gravitación afectaba a todos los cuerpos celestes, que su fuerza disminuía con la distancia y que, en ausencia de otras fuerzas de atracción, su movimiento era rectilíneo. En 1679, había concluido que se cumplía la ley del cuadrado inverso, de modo que la gravedad se debilitaba en proporción al cuadrado de la distancia. En otras palabras: si la distancia entre el Sol y otro cuerpo se duplicaba, la fuerza entre ellos se reducía a un cuarto de la fuerza original. Sin embargo, se desconocía si esa ley se cumplía cerca de la superficie de un gran cuerpo planetario como la Tierra. »

## La universalidad de la caída libre

**El principio de universalidad de la caída libre fue descubierto de forma empírica por Galileo, entre otros, y luego demostrado matemáticamente por Newton. Establece que todos los materiales, pesados o ligeros, caen a la misma velocidad en un campo gravitatorio uniforme. Pensemos en dos cuerpos de distinto peso en caída. Dado que la teoría de la gravedad de Newton dice que cuanto mayor es la masa, mayor es la fuerza gravitatoria, el cuerpo pesado debería caer más rápido. Pero la segunda ley nos dice que una masa grande no se acelera tan rápido como una más pequeña si la fuerza aplicada es la misma, así que caerá más despacio. De hecho, las dos leyes se anulan: los cuerpos ligeros y los pesados caen con la misma aceleración, siempre que no intervengan otras fuerzas.**

**La torre Asinelli**, en Bolonia (Italia), donde Riccioli y Grimaldi realizaron los experimentos de caída libre con el fin de probar la teoría de Galileo.

**Newton postuló que la gravedad** es una fuerza de atracción universal que afecta a toda la materia, cuya intensidad varía en función de la masa de los cuerpos y de la distancia entre ellos.

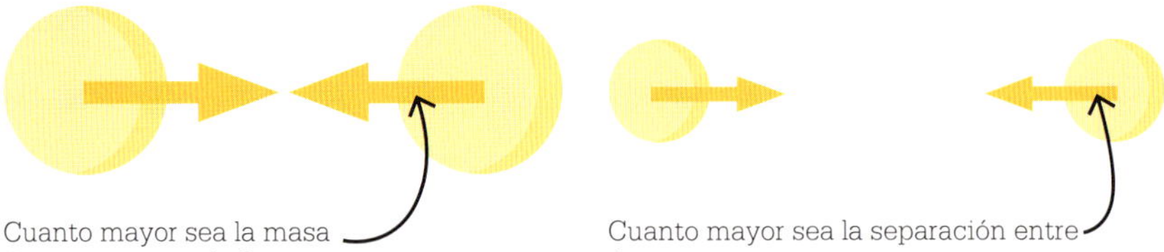


## Gravitación universal

Newton publicó las leyes del movimiento y la gravitación en sus *Principios*, en 1687, y afirmó que «cada partícula atrae a cualquier otra partícula […] con una fuerza directamente proporcional al producto de sus masas». Explicó que toda materia ejerce una fuerza de atracción hacia otra materia (la gravedad), una fuerza universal cuya intensidad depende de la masa del cuerpo. Por ejemplo, el Sol posee más fuerza gravitatoria que la Tierra, que a su vez posee más fuerza gravitatoria que la Luna, que a su vez posee más fuerza gravitatoria que una pelota que cae al suelo. La fuerza gravitatoria puede expresarse con la ecuación $\boldsymbol{F} = \boldsymbol{G m_1 m_2 / r^2}$, siendo $\boldsymbol{F}$ la fuerza; $\boldsymbol{m_1}$ y $\boldsymbol{m_2}$ las masas de los dos cuerpos; $\boldsymbol{r}$, la distancia entre sus centros, y $\boldsymbol{G}$, la constante de gravitación universal.

Tras la publicación de los *Principios*, Newton siguió perfeccionando sus teorías. En su experimento mental del cañón, especuló sobre la trayectoria de una bala de cañón disparada desde la cima de una montaña muy alta en un ambiente en el que no hubiese resistencia del aire. Concluyó que, en ausencia de gravedad, la bala se alejaría en línea recta de la Tierra en la dirección del disparo. Suponiendo que hubiese gravedad, si la velocidad de la bala fuese relativamente baja, esta caería a la Tierra, y si se disparase a una velocidad mucho mayor, la bala seguiría dando vueltas alrededor de la Tierra describiendo una órbita circular; esa sería su velocidad orbital. Si la bala alcanzara una velocidad superior a 11,2 km/s, vencería el campo gravitatorio de la Tierra y viajaría hacia el espacio exterior.

Más de tres siglos después, la física moderna ha puesto en práctica las teorías de Newton. El fenómeno de la bala de cañón puede observarse durante el lanzamiento y la puesta en órbita de satélites y sondas espaciales. En este caso, en vez de pólvora, unos potentes motores de cohete elevan el satélite de la superficie terrestre y le proporcionan velocidad de avance. Cuando alcanza su velocidad orbital, la propulsión cesa

> Los disparates caerán por su propio peso, por una especie de ley intelectual de la gravedad; y una nueva verdad entrará en órbita.
>
> **Cecilia Payne-Gaposchkin**
> **Astrónoma angloamericana**

y el satélite se desplaza alrededor de la Tierra sin llegar nunca a la superficie. El ángulo de la trayectoria del satélite viene determinado por el ángulo y la velocidad inicial. El éxito de la exploración espacial se debe en gran medida a las leyes de la gravedad de Newton.

## Comprender la masa

La masa inercial de un cuerpo es su resistencia inercial a la aceleración de cualquier fuerza, sea gravitatoria o no. Newton la definió en la segunda ley del movimiento como $F = ma$; donde $F$ es la fuerza aplicada; $m$, la masa inercial, y $a$, la aceleración. Si se aplica una fuerza conocida a un cuerpo, midiendo su aceleración se comprueba que la masa inercial equivale a $F/a$. En cambio, según la ley de la gravitación universal de Newton, la masa gravitatoria es la propiedad física de un cuerpo que lo hace interactuar con otros cuerpos a través de la fuerza gravitatoria. A Newton le inquietaba la pregunta de si la masa inercial de un cuerpo era la misma que su masa gravitatoria. Diversos experimentos han demostrado que ambas propiedades son iguales, hecho que fascinó a Albert Einstein, quien más tarde lo utilizó como base de su teoría de la relatividad general.

## Reinterpretar la gravitación

Las teorías de Newton sobre la gravitación universal y el movimiento no se cuestionaron hasta 1905, año en que se publicó la teoría de la relatividad especial de Albert Einstein. Mientras que la teoría de Newton se basaba en el supuesto de que la masa, el tiempo y la distancia eran constantes, la teoría de Einstein los trataba como entidades fluidas definidas por el marco de referencia del observador. Una persona que se encuentra en la Tierra, que gira sobre su eje alrededor del Sol, se mueve por el espacio en un marco de referencia distinto al de un astronauta que vuela por el espacio en una nave espacial. La teoría de la relatividad general de Einstein establece, además, que la gravedad no es una fuerza, sino el efecto de la distorsión del espacio-tiempo causada por enormes cuerpos.

Las leyes de Newton son adecuadas para la mayoría de las actividades cotidianas, pero no pueden explicar las discrepancias de movimiento, masa, distancia y tiempo que se producen al observar los cuerpos desde dos marcos de referencia distintos. En ese caso, los científicos deben recurrir a las teorías de Einstein. La mecánica clásica y las teorías de la relatividad coinciden, siempre que la velocidad del cuerpo sea baja o su campo gravitatorio sea pequeño. ■

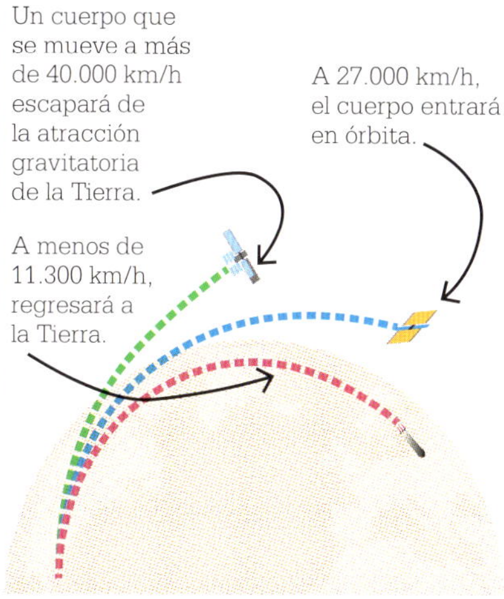


**Newton predijo correctamente** que los cuerpos podían orbitar la Tierra si se lanzaban a la velocidad adecuada. Si un satélite viaja lo suficientemente rápido, la curvatura de su caída será inferior a la de la Tierra y permanecerá siempre en órbita.

## Isaac Newton

Isaac Newton nació en la aldea inglesa de Woolsthorpe el 25 de diciembre de 1642, cursó la escuela en Grantham y estudió en la Universidad de Cambridge. En sus *Principios*, formuló las leyes de la gravitación universal y del movimiento, que fueron las bases de la mecánica clásica hasta que, a inicios del siglo XX, las teorías de la relatividad de Einstein las sustituyeron parcialmente. Newton llevó a cabo importantes contribuciones a las matemáticas y la óptica. Fue una figura polémica que mantuvo largas disputas con Gottfried Leibniz por la autoría del descubrimiento del cálculo infinitesimal, y con Robert Hooke por la ley del cuadrado inverso. Además de ser un gran científico, se interesó por la alquimia y la cronología bíblica. Murió en Londres en 1727.

### Obras principales

**1684** *Sobre el movimiento de los cuerpos en órbita.*
**1687** *Philosophiæ naturalis principia mathematica (Principios matemáticos de la filosofía natural).*

# LA OSCILACION ESTA EN TODAS PARTES

## MOVIMIENTO ARMÓNICO

### EN CONTEXTO

FIGURA CLAVE
**Leonhard Euler** (1707–1783)

ANTES
**1581** Galileo descubre la relación entre la longitud del péndulo y su periodo.

**1656** Christiaan Huygens construye un reloj basado en el movimiento periódico del péndulo para controlar el mecanismo de cronometraje.

DESPUÉS
**1807** El físico francés Joseph Fourier demuestra que todo proceso periódico puede tratarse como la suma de oscilaciones armónicas simples superpuestas.

**1909** El ingeniero alemán Hermann Frahm crea el amortiguador dinámico de vibraciones, un dispositivo que absorbe la energía de las oscilaciones para atenuar las vibraciones.

El movimiento periódico –el que se repite a intervalos regulares de tiempo– se da en varios fenómenos naturales y artificiales. Los estudios sobre péndulos realizados en los siglos XVI y XVII, por ejemplo, contribuyeron a sentar las bases de las leyes del movimiento de Isaac Newton. Sin embargo, pese a que esas leyes eran innovadoras, los físicos aún se enfrentaban a grandes escollos a la hora de aplicarlas a problemas reales relacionados con sistemas (conjuntos de elementos que interactúan entre sí) más complejos que los cuerpos idealizados y en movimiento libre de Newton.

### Oscilaciones musicales

Un área de especial interés fue la vibración de las cuerdas musicales, otra forma de movimiento periódico. En la época de Newton, el principio de que las cuerdas producían distintos sonidos porque vibraban a diferentes frecuencias estaba bien afianzado, pero se desconocía la forma exacta de las vibraciones. En 1732, el físico y matemático suizo Daniel Bernoulli ideó un método para aplicar la segunda ley del movimiento de Newton a segmentos de cuerdas vibrantes. Descubrió que la fuerza de la cuerda aumentaba a medida que esta se alejaba de la línea central (su punto de partida estacionario) y que siempre actuaba en dirección opuesta al desplazamiento. Si bien la cuerda tendía a regresar al centro, acababa pasando de largo, creando un ciclo de repetición.

Ese tipo de movimiento, con una relación específica entre las fuerzas de desplazamiento y reposición, se conoce hoy como movimiento armónico simple. Se produce, además de en las cuerdas vibrantes, en los péndulos y los pesos colocados en el extremo de los muelles. Bernoulli descubrió así-

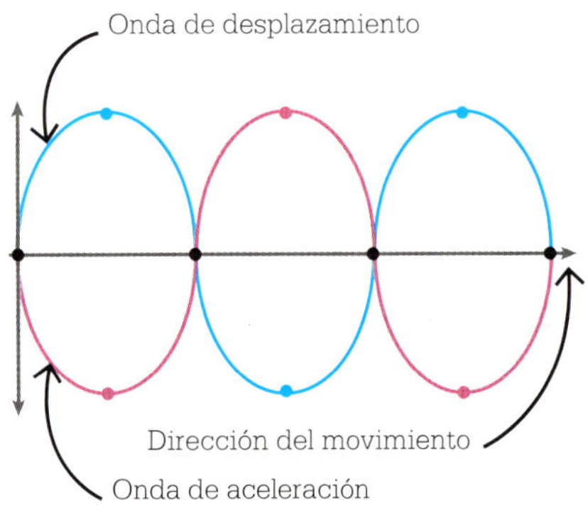


**En todo sistema** en movimiento armónico simple, el desplazamiento y la aceleración se describen como oscilaciones sinusoidales que forman imágenes en espejo.

**Véase también:** Medición del tiempo 38–39 ▪ Leyes del movimiento 40–45 ▪ Energía cinética y energía potencial 54 ▪ Música 164–167

> En el mundo no sucede nada que no obedezca a alguna regla de máximo o mínimo.
> **Leonhard Euler**

mismo que la representación gráfica de las oscilaciones armónicas formaba una sinusoide, una función matemática utilizada para resolver problemas físicos. El movimiento armónico está presente en fenómenos aun más sorprendentes. Por ejemplo, el movimiento circular (como el de un satélite que orbita la Tierra) y la rotación de los cuerpos (la Tierra girando sobre su eje) podrían tratarse como oscilaciones en dos o más direcciones.

## Aplicar la ley de Newton

El matemático y físico suizo Leonhard Euler estaba intrigado por las fuerzas que provocaban las cabezadas (movimiento de proa a popa) y los balances (movimiento de babor a estribor) de las embarcaciones. Hacia 1736, Euler se percató de que el movimiento de los barcos constaba de un elemento de traslación (movimiento entre dos puntos) y un elemento de rotación.

Mientras buscaba una ecuación para describir la rotación del movimiento, Euler estudió a fondo el trabajo previo de Daniel Bernoulli, y finalmente dio con una fórmula que reflejaba la estructura de la segunda ley de Newton. En 1752, Euler se convirtió en el primero en expresar esa famosa ley con la ecuación $F = ma$ (la fuerza que actúa sobre un cuerpo es igual a la masa multiplicada por la aceleración). Además, su ecuación de la dinámica de rotación establece que $L = I\, d\omega/dt$; donde $L$ es la torsión (la fuerza de rotación que actúa sobre el cuerpo); $I$, el momento de inercia del cuerpo (su resistencia a la rotación); y $d\omega/dt$, la tasa de cambio de la velocidad angular $\omega$ (es decir, la aceleración angular).

El movimiento armónico tiene actualmente innumerables aplicaciones, muchas de ellas insospechadas en la época de Euler, como el aprovechamiento de las oscilaciones de los campos eléctricos y magnéticos en los circuitos eléctricos o la representación de las vibraciones de los electrones entre los niveles energéticos del átomo. ▪

**Como joven médico** de la marina rusa, Leonhard Euler quedó fascinado al observar cómo incidían las olas en el movimiento de los barcos.

### Leonhard Euler

Leonhard Euler, nacido en 1707, en el seno de una familia religiosa en Basilea (Suiza), destacó como el matemático más importante de su generación y se interesó por las matemáticas puras y sus múltiples aplicaciones, como el diseño de buques, la teoría musical y la astronomía.

Ingresó en la universidad de Basilea a los 13 años, donde fue alumno de Johann Bernoulli. Pasó 14 años dando clases e investigando en la Academia Imperial de San Petersburgo antes de que Federico el Grande lo invitara a Berlín. Aunque perdió la visión de un ojo en 1738 y quedó ciego en 1766, Euler siguió trabajando a un ritmo prodigioso y abrió nuevas vías de investigación matemática. Al regresar a San Petersburgo, prosiguió su labor hasta 1783, año en que murió de un derrame cerebral.

#### Obras principales

**1736** *Mecánica.*
**1744** *Método para hallar líneas curvas que gocen de una propiedad de máximo o mínimo.*
**1749** *Ciencia naval.*
**1765** *Teoría del movimiento de cuerpos sólidos o rígidos.*

# LA FUERZA NO SE DESTRUYE

## ENERGÍA CINÉTICA Y ENERGÍA POTENCIAL

**EN CONTEXTO**

FIGURA CLAVE
**Émilie du Châtelet**
(1706–1749)

ANTES
**1668** John Wallis postula la ley de conservación del momento lineal.

DESPUÉS
**1798** El físico angloamericano Benjamin Thompson, conde de Rumford, realiza mediciones que apuntan a que el calor es otra forma de energía cinética que contribuye a la energía total de un sistema.

**1807** El polímata británico Thomas Young acuña el término «energía» para referirse a la *vis viva* investigada por Émilie du Châtelet.

**1833** El matemático irlandés William Rowan Hamilton demuestra que la evolución de un sistema mecánico puede entenderse como el equilibrio cambiante entre energía potencial y energía cinética.

Las leyes del movimiento de Isaac Newton incorporaron la noción fundamental de que la suma del momento lineal de los cuerpos es la misma antes de una colisión que después de ella. Sin embargo, el físico inglés no abordó el concepto de energía tal como lo entendemos en la actualidad. En la década de 1680, Gottfried Leibniz reparó en otra propiedad que los cuerpos en movimiento conservaban, la *vis viva* («fuerza viva»).

Los partidarios de Newton rechazaron la idea de Leibniz por considerar que la energía y el momento eran indistinguibles, pero esta resurgió en la década de 1740. Mientras traducía los *Principios* de Newton, la filósofa francesa Émilie du Châtelet demostró la importancia de la *vis viva* repitiendo el experimento del filósofo neerlandés Willem 's Gravesande, que consistía en dejar caer unas bolas de metal de distinto peso sobre una superficie de arcilla para medir la profundidad de los cráteres. Así, observó que una bola que se desplazaba el doble de rápido dejaba un cráter cuatro veces más profundo, y concluyó que la *vis viva* de cada bola (concepto equivalente a la energía cinética atribuida a las partículas en movimiento) era proporcional a la masa, y también al cuadrado de la velocidad ($mv^2$). Émilie du Châtelet formuló la hipótesis de que, dado que la *vis viva* se conservaba en las colisiones (o se transfería íntegramente), esta debía existir en alguna otra forma antes de la caída. Esa forma hoy se conoce como energía potencial y se atribuye a la posición de un cuerpo en un campo de fuerzas. ■

> La física es un edificio inmenso que sobrepasa las fuerzas de un solo hombre.
> **Émilie du Châtelet**

**Véase también:** Momento lineal 37 ▪ Leyes del movimiento 40–45 ▪ Energía y movimiento 56–57 ▪ Campos de fuerza y ecuaciones de Maxwell 142–147

# LA ENERGIA NI SE CREA NI SE DESTRUYE

## CONSERVACIÓN DE LA ENERGÍA

### EN CONTEXTO

FIGURA CLAVE
**James Joule** (1818–1889)

ANTES
**1798** Benjamin Thompson, conde de Rumford, sumerge un cañón en agua y lo perfora con una herramienta roma para demostrar que el movimiento mecánico genera calor.

DESPUÉS
**1847** En «Sobre la conservación de la fuerza», el físico alemán Hermann von Helmholtz explica la convertibilidad de la energía en todas sus formas.

**1850** El ingeniero civil escocés William Rankine emplea por primera vez el concepto de «ley de conservación de la energía».

**1905** En la teoría de la relatividad, Einstein formula el principio de equivalencia entre masa y energía, según el cual la energía de los cuerpos, incluso en reposo, es equivalente a su masa.

La ley de conservación de la energía establece que la energía total de un sistema físico aislado permanece constante en el tiempo. La energía ni se crea ni se destruye, se transforma.

Aunque el físico y químico alemán Julius von Mayer había propuesto esa teoría en 1841, el mérito suele atribuirse al físico británico James Joule. En 1845, Joule publicó los resultados de un experimento clave. Había diseñado un artefacto provisto de una pesa que hacía girar una rueda de paletas en el interior de un cilindro lleno de agua. Midiendo el aumento de la temperatura del agua, Joule calculó la cantidad exacta de calor generada por una cantidad específica de trabajo mecánico. Así, demostró que en la conversión no se perdía energía.

Joule había descubierto que el calor podía crearse mecánicamente, pero su idea no se aceptó hasta 1847, cuando Hermann von Helmholtz confirmó la relación entre mecánica, calor, luz, electricidad y magnetismo, todas distintas formas de energía. En 1882, la comunidad científica rindió homenaje a la contribución de Joule poniéndole su nombre a la unidad estándar de energía. ■

**Para el experimento**, Joule utilizó un recipiente lleno de agua y una rueda de paletas de latón accionada por pesas. El aumento de la temperatura del agua mostró que el trabajo mecánico generaba calor.

**Véase también:** Energía y movimiento 56–57 ▪ Calor y transferencia de calor 80–81 ▪ Energía interna y primer principio de la termodinámica 86–89 ▪ Masa y energía 284–285

# UN NUEVO TRATADO DE MECANICA

## ENERGÍA Y MOVIMIENTO

**EN CONTEXTO**

FIGURA CLAVE
**Joseph-Louis Lagrange** (1736–1813)

ANTES
**1743** Jean le Rond d'Alembert, físico y matemático francés, enuncia que la inercia de un cuerpo en aceleración es proporcional y opuesta a la fuerza que genera la aceleración.

**1744** El matemático francés Pierre-Louis Maupertuis muestra que el «principio de mínima acción» puede aplicarse a ecuaciones de movimiento.

DESPUÉS
**1861** James Clerk Maxwell se vale del trabajo de Lagrange y William Rowan Hamilton para calcular los efectos de los campos de fuerza electromagnética.

**1925** Erwin Schrödinger desarrolla la ecuación de onda basada en el principio de Hamilton.

En el siglo XVIII se hicieron importantes progresos en el campo de la física respecto a las leyes del movimiento formuladas por Isaac Newton en 1687. Muchos de ellos fueron posibles gracias a innovaciones matemáticas que facilitaron la aplicación de los principios fundamentales de esas leyes a un conjunto más amplio de problemas.

Una cuestión esencial fue determinar cómo abordar las dificultades de los sistemas con restricciones, en los que el movimiento de los cuerpos es limitado. Un ejemplo sería la pesa de un péndulo fijo, cuyo movimiento está supeditado a la varilla. La adición de cualquier tipo de restricción dificulta muchísimo los cálculos newtonianos, ya que deben tenerse en cuenta todas las fuerzas que actúan sobre el cuerpo en cada punto del movimiento para determinar su efecto neto.

### Ecuaciones de Lagrange

En 1788, el matemático y astrónomo francés Joseph-Louis Lagrange presentó un enfoque radicalmente nuevo al que llamó «mecánica analítica». Lagrange desarrolló dos técnicas matemáticas para facilitar la aplicación de las leyes del movimiento a un grupo más amplio de situaciones. Sus ecuaciones de primer orden consideraban las restricciones de los sistemas como elementos separados a la hora de determinar el movimiento de un cuerpo.

Aun más importantes fueron las ecuaciones de segundo orden, que prescindieron de las coordenadas cartesianas implícitas en las leyes de Newton. La descripción del espacio tridimensional que hizo el francés René Descartes (representado por $x$, $y$, $z$) es bastante intuitiva y fácil de comprender, pero dificulta el cálculo de los problemas más com-

> Newton fue el mayor genio que ha existido y también el más afortunado, dado que solo se puede encontrar una vez un sistema que rija el mundo.
> **Joseph-Louis Lagrange**

**Véase también:** Leyes del movimiento 40–45 ▪ Conservación de la energía 55 ▪ Campos de fuerza y ecuaciones de Maxwell 142–147 ▪ Reflexión y refracción 168–169

Las **leyes del movimiento de Newton** describen el movimiento en **coordenadas cartesianas** (tridimensionales: $x$, $y$ y $z$).

→

Es muy **difícil resolver problemas complejos de movimiento** con coordenadas cartesianas.

↓

Joseph-Louis Lagrange **desarrolló ecuaciones** para resolver esos problemas con **el sistema de coordenadas más adecuado**.

←

Así, se descubrió que **los cuerpos generalmente siguen la trayectoria** que requiere **menos energía**.

plejos de la física newtoniana. El método desarrollado por Lagrange permitía resolverlos con el sistema de coordenadas que resultase más adecuado. La generalización que Lagrange estableció para las ecuaciones de segundo orden constituyó una herramienta matemática que allanó el camino para la comprensión de la naturaleza de los sistemas dinámicos.

## Resolución de sistemas

Entre 1827 y 1833, el matemático irlandés William Rowan Hamilton amplió el trabajo de Lagrange y llevó la mecánica a una nueva dimensión. A partir del principio del tiempo mínimo formulado por el matemático francés Pierre de Fermat en el siglo XVII, Hamilton desarrolló un método basado en el principio de mínima acción (o acción estacionaria) para calcular las ecuaciones de movimiento de cualquier sistema. El principio de mínima acción establece que los cuerpos, al igual que los rayos de luz, tienden a seguir la trayectoria que requiere menos energía. De ese modo, Hamilton demostró que todo sistema mecánico podía resolverse mediante un método matemático similar a la identificación de los puntos de giro en un gráfico.

En 1833, Hamilton presentó una nueva e influyente concepción de la mecánica cuyas ecuaciones describían la evolución de los sistemas mecánicos en términos de coordenadas generalizadas y energía total del sistema $H$, lo que actualmente se conoce como «hamiltoniano». Las ecuaciones de Hamilton permitieron calcular el equilibrio entre la energía cinética y la energía potencial de un sistema en un momento dado y, por lo tanto, predecir no solo las trayectorias de los cuerpos, sino también su ubicación exacta. Junto con su principio general del tiempo mínimo, las ecuaciones acabarían teniendo múltiples aplicaciones en otras ramas de la física, como la gravitación, el electromagnetismo e incluso la física cuántica. ■

## Joseph-Louis Lagrange

Lagrange nació en Turín (Italia) en 1736. Estudió derecho y, a los 17 años, se interesó por las matemáticas, disciplina en la que se formó de manera autodidacta hasta convertirse en un matemático consumado. Fue profesor de matemáticas y balística en la academia militar de Turín y, posteriormente, miembro fundador de la Academia de Ciencias de esa ciudad. Sus trabajos captaron la atención de muchos científicos, entre ellos Leonhard Euler.

En 1766 se trasladó a Berlín y sucedió a Euler en el cargo de director de matemáticas de la Academia de Ciencias. Allí, Lagrange realizó su trabajo más relevante sobre mecánica analítica, y abordó problemas matemáticos como la relación gravitatoria entre tres cuerpos. Se trasladó a París en 1786, donde prosiguió su carrera hasta su muerte, en 1813.

### Obras principales

**1758–1773** *Miscellanea taurinensia* (estudios publicados por la Academia de Ciencias de Turín).
**1788–1789** *Mecánica analítica.*

# PARA MEDIR LA TIERRA, DEBEMOS OBSERVAR EL CIELO

## UNIDADES DEL SI Y CONSTANTES FÍSICAS

## EN CONTEXTO

FIGURA CLAVE
**Bryan Kibble** (1938–2016)

ANTES
**1875** La Convención del Metro es suscrita por 17 países.

**1889** Se fabrican los patrones internacionales del metro y el kilogramo.

**1946** Nuevas definiciones de amperio y ohmio.

DESPUÉS
**1967** Se redefine el segundo en función de las frecuencias asociadas a un átomo de cesio.

**1983** Se redefine el metro en función de ***c***, la velocidad de la luz en el vacío.

**1999** El SI incorpora una nueva unidad derivada para medir la actividad catalítica, el katal.

**2019** Se redefinen las unidades básicas del SI en términos de constantes físicas universales.

> Cada molécula del universo lleva impreso el sello de un sistema métrico tan obvio como el metro de los archivos de París.
> **James Clerk Maxwell**

Las **medidas** se definían en términos de «**unidades estándar**» (como el patrón internacional del kilogramo, o IPK). Esas unidades fueron cambiando con el tiempo.

↓

Los **valores** de las constantes físicas universales de las unidades estándar **se determinaron experimentalmente**.

↓

Las **constantes físicas universales** se basan en aspectos **invariables** de la naturaleza.

↓

Al **establecer un valor** para la constante física, **la unidad se define** en términos de una verdadera invariable.

La medición de magnitudes físicas requiere la especificación de una unidad (por ejemplo, de longitud, como el metro), y la comparación de medidas requiere que todas las partes definan esa unidad de la misma manera. Si bien algunas civilizaciones antiguas, como la romana, ya habían desarrollado unidades estándar, con el auge del comercio internacional y la industrialización de los siglos XVII y XVIII surgió la necesidad de uniformidad y precisión en las medidas.

El sistema métrico se implantó en la década de 1790, durante la Revolución francesa, con el fin de simplificar la medición y el comercio y de unificar Francia al respecto. Por entonces, en el mundo había cientos de miles de unidades en uso que diferían de una región a otra. La idea consistía en sustituirlas por medidas universales de longitud, superficie, masa y volumen basadas en la naturaleza. El metro, por ejemplo, se definió como una fracción de la circunferencia terrestre sobre el meridiano de París. En 1799 se fabricaron los primeros patrones de metro y kilogramo en platino, y se crearon copias para su exhibición en diversos lugares públicos de Francia. Además, la longitud del metro se grabó en piedra en distintos lugares de París y otras ciudades.

En el siglo siguiente, otros países de Europa y algunos de América del Sur adoptaron el sistema métrico. En 1875, preocupados por el desgaste de los patrones de platino y su tendencia a la deformación, los representantes de treinta países se reunieron en París con el objetivo de fijar una norma internacional de medición. El tratado resultante, la Convención del Metro, estipuló la fabricación de nuevos patrones de metro y kilogramo con una aleación de platino e iridio. Los originales se conservaron en París, y se enviaron copias a los insti-

**Véase también:** Medición de distancias 18–19 ▪ Medición del tiempo 38–39 ▪ El desarrollo de la mecánica estadística 104–111 ▪ Carga eléctrica 124–127 ▪ La velocidad de la luz 275

tutos nacionales de normalización de los diecisiete países signatarios. La Convención del Metro estableció los procedimientos para la calibración periódica de los patrones oficiales y acordó la creación de un organismo supervisor, la Oficina Internacional de Pesas y Medidas (Bureau International des Poids et Mesures, BIPM).

La versión del sistema métrico del Sistema Internacional de Unidades (SI), establecida en 1948, fue refrendada en 1960, en París. Desde entonces se ha utilizado en casi todas las mediciones científicas, técnicas y de la vida cotidiana. Aún quedan algunas excepciones, como las distancias por carretera en EE UU y Reino Unido, pero incluso las unidades británicas imperiales y las unidades tradicionales de EE UU como la yarda y la libra se han definido en términos de unidades métricas.

**El sistema métrico** se implantó en Francia hacia 1795. Este grabado, obra de L. F. Labrousse, ilustra el uso de las nuevas unidades decimales y presenta una lista de las unidades métricas y aquellas reemplazadas por el metro.

## Unidades de 10

Con los sistemas tradicionales de base 2, 3 y sus múltiplos (por ejemplo, 12 pulgadas = 1 pie), las sumas son fáciles de resolver, pero otras operaciones aritméticas se pueden complicar bastante. El sistema métrico, en cambio, se basa en relaciones decimales (unidades de 10), de modo que las operaciones resultan mucho más fáciles. Así, es evidente que una décima (1/10) de una centésima (1/100) de metro equivale a una milésima (1/1000) de metro.

El sistema métrico especifica además los prefijos y las abreviaturas de los múltiplos y submúltiplos de las unidades, como kilo- (k, que indica un factor de $10^3$); centi- (c, factor de $10^{-2}$) y micro- (μ, factor de $10^{-6}$). Los prefijos del SI van desde yocto- (y), factor de $10^{-24}$, hasta yotta- (Y), factor de $10^{24}$.

## CGS, MKS y SI

En 1832, el matemático alemán Carl Gauss propuso un sistema basado en tres unidades fundamentales de longitud, masa y tiempo. La idea de Gauss consistía en que todas las magnitudes físicas se midieran en una de esas tres unidades o una combinación de ellas. A cada magnitud fundamental correspondía una unidad, a diferencia de otros sistemas tradicionales que usaban varias unidades para una magnitud (por ejemplo, pulgada, yarda y estadio para »

**El IPK tiene solo 4 cm de altura** y se conserva bajo tres campanas de cristal en la Oficina Internacional de Pesas y Medidas (BIPM), en París.

## El IPK

Durante 130 años, la definición de kilogramo se basó en un cilindro de platino e iridio, llamado prototipo internacional del kilogramo (IPK) o «Gran K». Todos los institutos nacionales de metrología, incluido el Laboratorio Nacional de Física británico y el Instituto Nacional de Estándares y Tecnología estadounidense, conservaban copias que contrastaban con el original cada 40 años.

Aunque la aleación de platino e iridio es muy estable, con el tiempo se detectaron discrepancias de hasta 50 μg. Ello afectaba a la medición de varias magnitudes, ya que otras unidades básicas dependían de la definición de kilogramo. A medida que los científicos y la industria empezaron a demandar mayor precisión, la inestabilidad del IPK supuso un grave problema. En 1960, cuando el metro se redefinió como la longitud de onda de la luz emitida por un átomo de criptón, el kilogramo se convirtió en la única unidad básica cuyo patrón dependía de un objeto físico. Esto cambió en 2019 con la redefinición del SI.

## Unidades básicas del SI

**Hoy, las definiciones de las unidades básicas** del SI dependen de constantes físicas con valores fijos y –a excepción del segundo y el mol– de las definiciones de otras unidades básicas.

| Magnitud | Unidad | Definición |
| --- | --- | --- |
| **Tiempo** | **Segundo (s)** | Se define en función de $\Delta\nu_{cs}$, la frecuencia de la transición hiperfina del estado fundamental no perturbado del átomo de cesio, que es de 9 192 631 770 Hz (es decir, 9 192 631 770 $s^{-1}$). |
| **Longitud** | **Metro (m)** | Se define en función de $c$, la velocidad de la luz en el vacío (299 792 458 m $s^{-1}$); donde el segundo se define en función de $\Delta\nu_{cs}$. |
| **Masa** | **Kilogramo (kg)** | Se define en función de $h$, la constante de Planck, que es de 6,62607015 × $10^{-34}$ (es decir: 6,62607015 × $10^{-34}$ kg $m^2$ $s^{-1}$, donde metro y segundo se definen en función de $c$ y $\Delta\nu_{cs}$). |
| **Corriente eléctrica** | **Amperio (A)** | Se define en función de $e$, la carga elemental, equivalente a 1,602176634 × $10^{-19}$ C (es decir, 1,602176634 × $10^{-19}$ A s, donde el segundo se define en función de $\Delta\nu_{cs}$). |
| **Temperatura termodinámica** | **Kelvin (K)** | Se define en función de $k$, la constante de Boltzmann, de 1,380649 × $10^{-23}$ J $K^{-1}$ (es decir, 1,380649× $10^{-23}$ kg $m^2$ $s^{-2}$ $K^{-1}$, donde kg, m y s se definen en función de $h$, $c$ y $\Delta\nu_{cs}$, respectivamente. |
| **Cantidad de sustancia** | **Mol (mol)** | Se define en función de $N^A$, la constante de Avogadro, que es de 6,02214076 × $10^{23}$ $mol^{-1}$ (es decir, un mol de sustancia contiene 6,02214076 × $10^{23}$ partículas, ya sean átomos, moléculas o electrones). |
| **Intensidad luminosa** | **Candela (cd)** | Se define en función de $K_{cd}$, la eficacia luminosa de una radiación de frecuencia igual a 540 × $10^{12}$ Hz, que es de 683 lm $W^{-1}$ (es decir, 683 cd sr $kg^{-1}$ $m^{-2}$ $s^3$, donde sr es el ángulo sólido en estereorradianes y kg, m y s se definen en función de $h$, $c$ y $\Delta\nu_{cs}$). |

longitud). En 1873, un grupo de físicos británicos propuso el centímetro, el gramo y el segundo (CGS) como unidades fundamentales. Ese sistema, llamado cegesimal, se empleó durante unos cuantos años, pero poco a poco dio paso al sistema MKS (metro, kilogramo y segundo). Ambos fueron reemplazados por el SI, que adoptó unidades estandarizadas en áreas de estudio más recientes, como la electricidad y el magnetismo.

## Unidades básicas y derivadas del SI

El SI establece siete unidades básicas (y abreviaturas) para medir siete magnitudes básicas, entre ellas, el metro (m) para longitud, el kilogramo (kg) para masa y el segundo (s) para tiempo. Las magnitudes básicas se consideran independientes entre sí; pero no así las definiciones de sus unidades. Por ejemplo, la longitud y el tiempo son independientes, pero la definición de metro depende de la definición de segundo.

Otras magnitudes se miden en unidades derivadas (combinaciones de unidades básicas) según la relación entre las magnitudes. Por ejemplo, la velocidad, que es la distancia por unidad de tiempo, se mide en metros por segundo (m/s, o m $s^{-1}$). Además de las unidades derivadas, el SI contempla veintidós «unidades derivadas con nombres especiales», como la fuerza, que se mide en newtons (N), donde 1 N = 1 kg m $s^{-2}$.

## Mayor precisión

A medida que se hicieron progresos teóricos y tecnológicos, se redefinieron las unidades básicas del SI. La metrología moderna –ciencia que estudia las mediciones de magnitudes– depende de instrumentos de gran precisión. En 1975, el invento de la balanza de vatios por parte del metrólogo Bryan Kibble permitió definir con mayor precisión el amperio. La balanza de vatios, hoy llamada balanza de Kibble en su honor, compara la energía de una masa en movimiento con la corriente y el voltaje de una bobina electromagnética.

Kibble colaboró además con Ian Robinson, del Laboratorio Nacional de Física británico (NPL, por sus siglas en inglés), en el desarrollo de un instrumento muy práctico, la balanza Mark I, que permitió medir el amperio con una precisión sin precedentes. En 1990, ambos presentaron el segundo modelo: la balanza Mark II. Construida en una cámara de vacío, esta se utilizó para medir la constante de Planck y redefinir el kilogramo. Los modelos posteriores de la balanza han contribuido en gran medida a la versión más reciente del SI.

Tradicionalmente, las definiciones de las unidades se basaban en objetos físicos, como el patrón internacional del kilogramo (IPK), o en la medición de algunas propiedades de la materia, como la frecuencia o la radiación emitida por un tipo específico de átomo, e incluían una o más constantes físicas universales. Esas constantes (como $c$, la velocidad de la luz en el vacío, o $\Delta\nu_{cs}$, frecuencia asociada con un electrón que se mueve por determinados niveles energéticos –la «transición hiperfina»– de un

> Es natural que el hombre relacione las unidades de las distancias que recorre con las dimensiones del globo que habita.
> **Pierre-Simon Laplace**
> **Matemático y filósofo francés**

átomo de cesio) se consideran invariables naturales. En otras palabras, las constantes físicas universales permanecen invariables en todos los tiempos y espacios y, por lo tanto, resultan más estables que cualquier cálculo experimental u objeto físico.

## Redefinición de las unidades del SI

En 2019, las unidades del SI se redefinieron en términos de constantes físicas fundamentales, lo que supuso un cambio de filosofía. Antes, las definiciones de las unidades eran explícitas. Por ejemplo, en 1967, el segundo se había definido como 9 192 631 770 ciclos de la radiación emitida por la transición hiperfina del cesio. Esa cifra se había obtenido de manera experimental comparando $\Delta\nu_{Cs}$ con la definición más rigurosa de segundo, basada en la órbita terrestre alrededor del Sol. Hoy, la definición comporta una sutil diferencia.

La constante –en este caso, el valor de $\Delta\nu_{Cs}$– se define primero explícitamente (como 9 192 631 770). Ello demuestra nuestra confianza en que $\Delta\nu_{Cs}$ no cambiará. No importa el valor numérico que se le asigne, pues el tamaño de la unidad en que se mide es arbitrario. Sin embargo, existe una unidad adecuada (el segundo) que puede perfeccionarse, de modo que se le asigna un valor para aproximar al máximo la nueva definición de segundo a la antigua definición. Es decir, en vez de tener una definición fija de segundo y medir $\Delta\nu_{Cs}$ en función de él, los metrólogos fijan un número conveniente para $\Delta\nu_{Cs}$ y definen el segundo en función de ese número.

En la antigua definición de kilogramo, el IPK se consideraba una constante. En la nueva definición, el valor de la constante de Planck es fija ($6{,}62607015 \times 10^{-34}$ julios por segundo) y la definición de kilogramo se ha modificado para ajustarla a ese valor numérico.

Hoy, el SI posee una base más sólida para redefinir las unidades. Aunque la mayoría de ellas no ha cambiado, su estabilidad y precisión a escalas muy pequeñas o muy grandes han mejorado notablemente. ■

**La balanza de Kibble** del Instituto Nacional de Estándares y Tecnología ha contribuido a la reciente redefinición de todas las unidades básicas del SI en términos de constantes físicas.

## Bryan Kibble

El físico y metrólogo británico Bryan Kibble nació en 1938, y desde muy joven demostró grandes dotes para la ciencia. Obtuvo una beca para estudiar en la Universidad de Oxford y se doctoró en espectroscopia atómica en 1964. Después de una breve estancia posdoctoral en Canadá, volvió a Reino Unido en 1967 y se incorporó como investigador al Laboratorio Nacional de Física (NPL), donde trabajó hasta 1998.

A lo largo de su carrera, Kibble hizo grandes contribuciones a la metrología. La más importante fue la invención de la balanza de vatios, que permitió realizar mediciones con gran precisión (inicialmente del amperio) sin tener que recurrir a patrones físicos. Después de su muerte en 2016, la balanza de vatios pasó a llamarse balanza de Kibble en su honor.

### Obras principales

**1984** *Puentes coaxiales CA* (con G. H. Raynor).
**2011** *Circuitos eléctricos coaxiales para mediciones sin interferencias* (con Shakil Awan y Jürgen Schurr).

# ENERGIA Y MATERIA

## MATERIALES Y CALOR

**Siglo V A. C.**

Los filósofos griegos Demócrito y Leucipo fundan la **escuela atomista**, según la cual el universo se compone de **pequeñas partículas indestructibles**.

**1678**

El polímata inglés Robert **Hooke** publica la ley que describe **la deformación** de los cuerpos **bajo tensión**, o **ley de Hooke**.

**1704**

Isaac Newton postula que los **átomos** se mantienen unidos debido a una **fuerza de atracción invisible**.

**1738**

El matemático suizo Daniel Bernoulli descubre que **la presión de un fluido disminuye** a medida que su **velocidad aumenta**.

**1769**

James Watt construye una **máquina de vapor** eficiente que acabaría siendo la fuerza motriz de la **revolución industrial**.

**1787**

Jacques Charles descubre la relación entre **el volumen y la temperatura de los gases a presión constante**, pero no publica su trabajo.

**1798**

El físico e inventor británico Benjamin Thompson, conde de Rumford, desarrolla una definición fundada de la **conservación de la energía**.

**1802**

Joseph-Louis Gay-Lussac redescubre la ley de Charles, así como **la relación entre la temperatura y la presión de los gases**.

En el universo, algunas cosas son tangibles; podemos tocarlas y sostenerlas. Otras, en cambio, parecen etéreas e irreales hasta que observamos el efecto que ejercen en los objetos que reposan en nuestras manos. El universo está formado por materia tangible, pero se rige por el intercambio de energía intangible.

Materia es el nombre que recibe todo aquello que posee forma y masa en la naturaleza. Los filósofos naturalistas de la antigua Grecia fueron los primeros en proponer que la materia constaba de pequeños bloques de construcción llamados átomos. Los átomos se agrupan y se combinan de varias maneras para formar materiales. Esas estructuras dotan a los materiales de propiedades de todo tipo: algunos son elásticos y dúctiles; otros, rígidos y quebradizos.

Mucho antes de los griegos, las primeras civilizaciones usaban los materiales del entorno para realizar diversas tareas. De vez en cuando, descubrían un nuevo material; casi siempre por casualidad, aunque a veces a través de experimentos. Añadiendo coque (carbón) al hierro, por ejemplo, creaban acero, un metal más duro, aunque relativamente frágil, que empleaban para fabricar cuchillas de mejor calidad.

## La era de la experimentación

En la Europa del siglo XVII, la experimentación condujo a leyes y teorías, y estas a nuevos materiales y métodos. Durante la Revolución industrial (1760-1840), los ingenieros se valieron de materiales capaces de resistir grandes fuerzas y altas temperaturas para la construcción de máquinas de vapor. El calor era la clave para generar vapor de agua. En la década de 1760, los ingenieros escoceses Joseph Black y James Watt descubrieron que el calor era una magnitud y la temperatura, una medida. En un mundo industrializado en que ingenieros y físicos competían por construir las máquinas más grandes y potentes, los conocimientos sobre transferencia de calor y movimiento de fluidos se tornaron indispensables.

La experimentación con las propiedades de los gases comenzó con la invención de la bomba de vacío del físico alemán Otto von Guericke en 1650. Durante el siglo siguiente, el químico francés Joseph-Louis Gay-Lussac y el químico inglés Robert Boyle descubrieron tres leyes relacionadas con la temperatura, el volumen y la presión de los gases.

**1803**

El químico británico John Dalton propone el **modelo atómico** moderno basado en las proporciones en las que ciertos elementos químicos **se combinan para formar compuestos**.

**1824**

Sadi Carnot analiza la eficiencia de las máquinas de vapor y desarrolla la idea de un proceso reversible, iniciando así la **ciencia de la termodinámica**.

**1834**

El francés Émile Clapeyron **combina las leyes de los gases** de Boyle, Charles, Gay-Lussac y Amedeo Avogadro en **la ecuación del gas ideal**.

**1844**

James Joule descubre que **el calor es una forma de energía** y que otras formas de energía pueden transformarse en calor.

**1865**

El físico alemán Rudolf Clausius postula la **definición moderna de entropía**.

**1873**

El holandés Johannes Diderik van der Waals formula su **ecuación de estado** de los gases y los líquidos.

**1874**

El ingeniero y físico irlandés William Thomson (lord Kevin) enuncia formalmente la **segunda ley de la termodinámica**, que más tarde conduciría al concepto de **flecha del tiempo**.

**1900**

El físico alemán Max Planck propone una nueva teoría de **radiación de cavidad (cuerpo negro)** e introduce el concepto de **energía cuántica**.

En 1834, esas leyes se combinaron en una única ecuación que describía la relación entre las tres propiedades de los gases.

Los experimentos del físico británico James Joule demostraron que el calor y el trabajo mecánico eran formas intercambiables de lo que llamamos energía en la actualidad. El objetivo de los industriales consistía en generar trabajo a partir de calor, de manera que quemaban grandes cantidades de combustibles fósiles, sobre todo carbón, para hervir agua y generar vapor. El calor aumentaba la energía interna del vapor, que se dilataba y movía pistones o hacía girar turbinas. La relación entre calor, energía y trabajo se enunció en el primer principio de la termodinámica. Los físicos diseñaron máquinas térmicas con el propósito de aprovechar hasta el último ápice de calor para generar el máximo trabajo posible. El francés Sadi Carnot descubrió que el método teórico más eficiente para conseguirlo era establecer un límite máximo respecto a la cantidad de trabajo obtenible por unidad de calor intercambiada entre dos focos a distintas temperaturas. Así pues, confirmó que el calor solo fluía espontáneamente de caliente a frío. Aunque imaginó máquinas que hacían lo contrario, la primera nevera no se construiría hasta años después.

## Entropía y teoría cinética

La dirección única de la transferencia de calor, desde el foco caliente hacia el frío, apuntaba a una ley fundamental de la naturaleza: la entropía. Esta ley describe la magnitud o el grado de desorden entre las partículas de un sistema. El calor que fluye en una única dirección es un ejemplo del segundo principio de la termodinámica, que establece que, en un sistema aislado, la entropía y el desorden solo pueden aumentar.

Las variables de temperatura, volumen, presión y entropía parecían ser promedios de procesos microscópicos en los que intervenían innumerables partículas. La transición de enormes números microscópicos a un único número macroscópico fue posible gracias a la teoría cinética. Los físicos pudieron entonces modelar sistemas complejos de forma simplificada y relacionar la energía cinética de las partículas de gas con la temperatura. La comprensión de la materia en todos sus estados ha ayudado a los físicos a dilucidar algunos de los misterios más profundos del universo. ■

# LOS PRIMEROS PRINCIPIOS DEL UNIVERSO

## MODELOS DE MATERIA

**EN CONTEXTO**

FIGURA CLAVE
**Demócrito** (*c.* 460–370 a. C.)

ANTES
***C.* 500 a. C.** En la antigua Grecia, Heráclito enuncia que todo se encuentra en estado de cambio.

DESPUÉS
***C.* 300 a. C.** Epicuro añade el concepto de viraje atómico al atomismo, que supone la impredecibilidad de algunos comportamientos.

**1658** Publicación póstuma de *Tratado de filosofía*, obra del sacerdote francés Pierre Gassendi que intenta conciliar el cristianismo con el epicureísmo.

**1661** El físico irlandés Robert Boyle define los elementos en *El químico escéptico*.

**1803** John Dalton propone una teoría atómica basada en datos empíricos.

Uno de los grandes misterios que ha obsesionado a los estudiosos durante milenios es la composición de cuanto existe en el universo físico. Los filósofos de la antigüedad –desde Grecia hasta Japón– creían que la materia se componía de un conjunto finito de sustancias simples (los elementos), por lo general, tierra, aire (o viento), fuego y agua, que se combinaban en distintas proporciones y de maneras específicas para crear los objetos materiales.

Las distintas culturas del mundo imaginaron los sistemas de elementos a su manera; algunas los vincularon a deidades (como en la mitología

**Véase también:** Cambios de estado y formación de enlaces 100–103 ▪ Teoría atómica 236–237 ▪ El núcleo 240–241 ▪ Partículas subatómicas 242–243

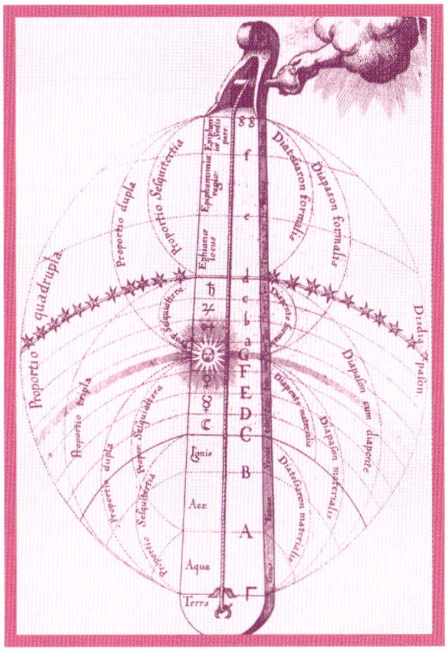


**El sistema clásico** de elementos se componía de tierra, agua, aire y fuego. Esta ilustración, de un manuscrito de *c.* 1617, muestra esos elementos en un universo divino.

babilónica), y otras los integraron en grandes marcos filosóficos, como la filosofía china Wu Xing (de los cinco elementos, o las cinco fases).

En el subcontinente indio, por ejemplo, ya en el siglo VIII a. C., el sabio védico Aruni había descrito unas «partículas demasiado pequeñas para ser vistas [que] se concentran en las sustancias y los objetos de la experiencia». Asimismo, otros filósofos indios también habían desarrollado sus propias teorías atómicas.

## Enfoque materialista

En el siglo V a. C., el filósofo griego Demócrito y su maestro Leucipo adoptaron un enfoque materialista respecto a los sistemas de elementos. Demócrito, que valoraba más la razón que la observación, basó su teoría del atomismo en la imposibilidad de dividir eternamente la materia. Sostenía, por tanto, que la materia se componía de partículas tan diminutas que eran indivisibles, a las que llamó átomos, palabra derivada del griego *átomon* («indivisible»).

Según afirmaba Demócrito, los átomos son infinitos y eternos. Las propiedades de un objeto no solo dependen del tamaño y la forma de sus átomos, sino también del modo en que estos se agrupan. En su opinión, los objetos podían cambiar con el tiempo si se producían cambios en su disposición atómica. Propuso, por ejemplo, que los alimentos amargos estaban formados por átomos dentados que, al masticarlos, lastimaban la lengua y que los alimentos dulces se constituían de átomos redondos que se desplazaban suavemente por la lengua.

Si bien la teoría atómica moderna difiere bastante de la formulada por Leucipo y Demócrito hace casi 2500 años, la idea de que las propiedades de las sustancias cambian según la disposición de los átomos continúa vigente. En torno a 300 a. C., el filósofo griego Epicuro »

> Por convención dulce y por convención amargo; por convención caliente, por convención frío, por convención de color; en realidad, átomos y vacío.
> **Demócrito**

## Demócrito

Demócrito nació en el seno de una familia adinerada de Abdera, polis situada en la histórica región de Tracia, en el sudeste de Europa, en torno a 460 a. C. De joven, recorrió Asia occidental y Egipto antes de regresar a Grecia y familiarizarse con la filosofía naturalista.

Leucipo fue su maestro y su mayor influencia; tanto es así que los clasicistas han tenido dificultades para distinguir sus contribuciones filosóficas, sobre todo porque ninguna de las obras originales ha logrado sobrevivir hasta la actualidad.

Célebre por formular el atomismo, se lo considera uno de los precursores de la estética, la geometría y la epistemología. Defendía la razón como herramienta necesaria para la búsqueda de la verdad, ya que las observaciones realizadas a través de los sentidos son siempre subjetivas.

Demócrito fue un hombre modesto. Se dice que adoptó una actitud humorística respecto a la erudición, lo que le valió el apodo de «filósofo risueño». Murió *c.* 370 a. C.

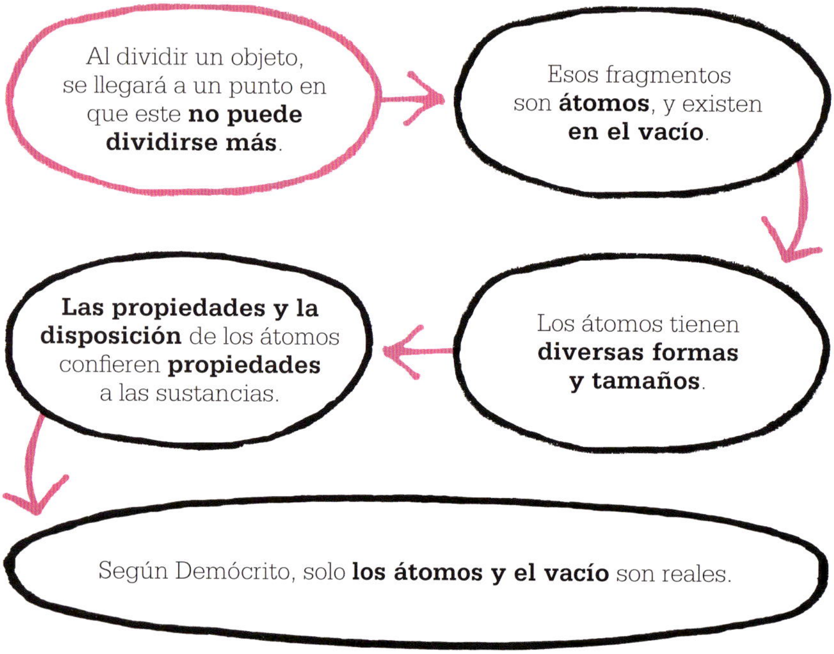


amplió las tesis de Demócrito y formuló el concepto de desviación atómica, según el cual los átomos pueden desviarse de las acciones esperadas. De ese modo, introdujo la imprevisibilidad a escala atómica y conservó la idea de libertad, una creencia fundamental de Epicuro. La desviación atómica puede entenderse como una versión antigua de la incertidumbre en el seno de la mecánica cuántica: dado que todos los objetos poseen propiedades ondulatorias, es imposible medir con precisión la posición y el momento a la vez.

## Rechazo del atomismo

Algunos de los filósofos griegos más influyentes se opusieron al atomismo y defendieron la teoría de los cuatro o cinco elementos fundamentales. En la Atenas del siglo IV a.C, Platón postuló que todo se componía de cinco cuerpos geométricos (los sólidos platónicos) que dotaban a la materia de determinadas características. El fuego, por ejemplo, constaba de pequeños tetraedros que, con sus puntas y aristas afiladas, proporcionaban a este elemento más movilidad que a la tierra, que estaba formada por hexaedros o cubos más estables. Aristóteles –el discípulo de Platón que despreciaba a Demócrito y supuestamente quería quemar sus obras– defendió la existencia de cinco elementos (añadió uno: el éter) y la inexistencia de unidades básicas de materia. A pesar de que la cultura occidental prescindió durante varios siglos del concepto de átomo, los filósofos islámicos, como Al Ghazali (1058–1111), desarrollaron varias formas de atomismo. Por su parte, algunos filósofos budistas, como Dharmakirti en el siglo VII, definieron los átomos como estallidos de energía.

## El resurgimiento del atomismo

Con el inicio del Renacimiento en la Italia del siglo XV, resurgieron las artes clásicas, la ciencia y la política en todo el continente europeo; y también la teoría del atomismo de Leucipo y Demócrito. No obstante, el atomismo era un tema bastante polémico por su relación con el epicureísmo, del que muchos consideraban que contravenía las enseñanzas cristianas. En el siglo XVII, el sacerdote francés Pierre Gassendi se dedicó a conciliar el cristianismo con el epicureísmo. Gassendi propuso una versión del atomismo epicúreo según la cual los átomos poseen algunas de las características físicas de los cuerpos que componen, como volumen y peso. Más importante aún, la teoría de Gassendi defendía que Dios había creado un número finito de átomos al principio del universo, de modo que todo esta-

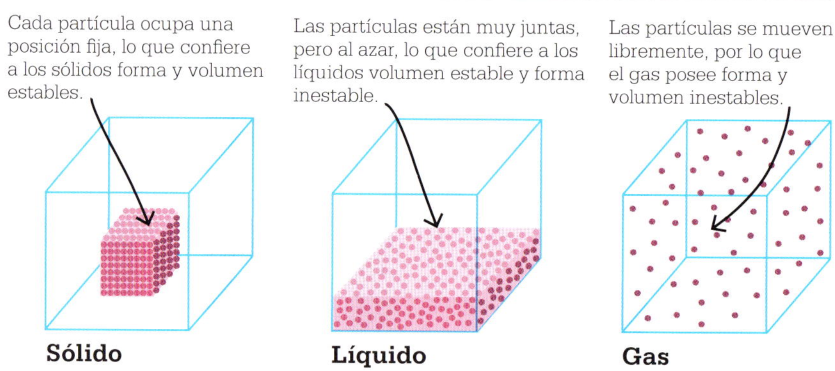


**La teoría atómica de Dalton** establece que los sólidos, los líquidos y los gases están formados por partículas (átomos o moléculas) cuyo movimiento y distancia entre sí fluctúan.

**John Dalton propuso que los átomos, al combinarse** para formar moléculas, guardan relaciones simples de masa. Por ejemplo, dos átomos de hidrógeno (cada uno de masa 1) se combinan con uno de oxígeno (de masa 16) y forman una molécula de agua de masa 18.

ba formado por átomos y, al mismo tiempo, regido por Dios. Esa idea contribuyó, junto con el respaldo de Isaac Newton y Robert Boyle, a que el atomismo volviera a captar la atención de los estudiosos europeos.

En 1661, Boyle publicó *El químico escéptico*, obra en la que rechazó la teoría aristotélica de los cinco elementos y definió los elementos como «cuerpos perfectamente puros». Según Boyle, algunos elementos, como el mercurio y el azufre, estaban compuestos por partículas de diversas formas y tamaños.

## Cómo se combinan los elementos

En 1803, el físico británico John Dalton desarrolló un modelo básico que explica cómo se combinan los átomos para formar elementos. Fue el primer modelo con base científica. En sus experimentos, Dalton observó que algunos pares de elementos, como el hidrógeno y el oxígeno, podían combinarse de diversas maneras para formar distintos compuestos, y que siempre lo hacían en relaciones simples de números enteros (diagrama, arriba). Dalton concluyó que cada elemento se componía de un átomo cuya masa y propiedades eran únicas. Según la teoría atómica de Dalton, los átomos no pueden dividirse, crearse ni destruirse, pero pueden unirse a otros átomos o separarse de ellos para formar nuevas sustancias.

La teoría de Dalton se confirmó en 1905, cuando Albert Einstein explicó matemáticamente el movimiento browniano (el movimiento de diminutos granos de polen en el agua) mediante la teoría atómica. Según Einstein, el polen está sometido de forma constante al movimiento aleatorio de los átomos. Los debates en torno a ese modelo se resolvieron en 1911, cuando el físico francés Jean Perrin constató que los responsables del movimiento browniano eran, en efecto, los átomos. La teoría de que los átomos se unen o se separan para formar distintas sustancias es simple y sigue siendo útil para comprender muchos fenómenos cotidianos, como el modo en que los átomos de hierro e hidrógeno se combinan para formar óxido.

## Los estados de la materia

Platón enseñó que la consistencia de las sustancias dependía de las formas geométricas que las componían, pero la teoría atómica de Dalton explica con mayor precisión los estados de la materia. Según Dalton, los átomos de los sólidos están muy comprimidos (diagrama, p. anterior) y eso les confiere forma y tamaño estables. Los átomos de los líquidos están débilmente unidos entre sí, de modo que su forma es indefinida, y su tamaño, estable. Por último, los átomos de los gases son móviles y distantes entre sí, lo que da lugar a sustancias carentes de forma y volumen fijos.

## El átomo es divisible

El átomo es la unidad más pequeña constituyente de la materia que posee las propiedades de un elemento. Sin embargo, ya no se lo considera indivisible. En los dos siglos transcurridos desde la formulación de la teoría atómica moderna de Dalton, esta se ha ido adaptando a los nuevos descubrimientos. Por ejemplo, el plasma –el cuarto estado básico de la materia– solo puede explicarse mediante la división atómica, dado que se crea cuando los electrones se disocian (se separan) de sus átomos.

A finales del siglo XIX y principios del XX, los científicos descubrieron que los átomos se componen de varias partículas subatómicas: electrones, protones y neutrones; y que los neutrones y protones se componen de partículas subatómicas aún más pequeñas. Este complejo modelo ha permitido a los físicos comprender fenómenos que Demócrito y Dalton jamás hubieran podido imaginar, como la desintegración beta y la aniquilación partícula-antipartícula. ■

> [Epicuro] supone que no solo los cuerpos mixtos, sino todos los demás, se originan a causa de las colisiones casuales entre átomos que se mueven por sí mismos de un lado a otro [. . .] en [. . .] el vacío infinito.
>
> **Robert Boyle**

# COMO LA EXTENSION, ASI LA FUERZA

## EXTENSIÓN Y COMPRESIÓN

**EN CONTEXTO**

FIGURAS CLAVE
**Robert Hooke** (1635–1703), **Thomas Young** (1773–1829)

ANTES
**1638** Galileo Galilei estudia la flexión de las vigas de madera.

DESPUÉS
**1822** El matemático francés Augustin-Louis Cauchy demuestra cómo se mueven las ondas de tensión en los materiales elásticos.

**1826** El ingeniero y físico francés Claude-Louis Navier desarrolla la versión moderna del módulo de Young, el módulo elástico.

**1829** El minero alemán Wilhelm Albert prueba la fatiga de los metales (el debilitamiento de los metales debido a la tensión).

**1864** El físico francés Jean-Claude de Saint-Venant y el físico alemán Gustav Kirchhoff descubren los materiales hiperelásticos.

El físico y polímata británico Robert Hooke, que contribuyó en gran medida a la revolución científica del siglo XVII, se interesó por los resortes a finales de la década de 1660, cuando se propuso fabricar un reloj. Entonces los relojes eran de péndulo y no funcionaban bien en las embarcaciones. Hooke quería prescindir del péndulo y construir un reloj accionado por un resorte que funcionara en el mar, y solventar así el mayor problema de navegación de la época: el cálculo de la longitud (la distancia este-oeste), que requería un cronometraje preciso. Además, al reemplazar el péndulo por un resorte,

**Véase también:** Presión 36 ▪ Medición del tiempo 38–39 ▪ Leyes del movimiento 40–45 ▪ Energía cinética y energía potencial 54 ▪ Las leyes de los gases 82–85

Un metal enrollado en forma de resorte helicoidal puede **extenderse y comprimirse**.

Colgando una **pesa** en el resorte, este **se extiende**.

**La extensión del resorte varía** en proporción directa con la **pesa**.

La **extensión** de un material elástico **es proporcional a la fuerza** de extensión.

**Como la extensión, así la fuerza.**

el tamaño del reloj disminuiría y se podría guardar en el bolsillo.

## Fuerza de resorte

En la década de 1670, Hooke se enteró de que el científico holandés Christiaan Huygens también trabajaba en el desarrollo de un reloj de resorte. Preocupado porque se le adelantaran, Hooke recurrió a la ayuda del maestro relojero Thomas Tompion.

Tompion y Hooke se dieron cuenta de que, para conseguir un cronometraje preciso, el resorte helicoidal debía desenrollarse a una velocidad constante. Experimentaron con distintas compresiones y extensiones hasta que dieron con la relación que Hooke más tarde plasmó en la ley de elasticidad. La ley de Hooke dice que la extensión de un resorte es proporcional a la fuerza de extensión. Si se aplica el doble de fuerza, la extensión se duplica. Esa relación se resume en una sencilla ecuación: $F = kx$, donde $F$ es la fuerza; $x$, la distancia de extensión; y $k$, una constante (un valor fijo). La ley de Hooke fue fundamental para desentrañar el comportamiento de los sólidos.

Ante el temor de que alguien se apoderara de su hallazgo, Hooke publicó la ley de elasticidad como un anagrama en latín, *ceiiinosssttvu*, método habitual entre los científicos de la época para mantener su trabajo »

“El libro más ingenioso que he leído en mi vida.”
**Samuel Pepys**
**Cronista inglés, sobre *Micrografía*, de Hooke**

## Robert Hooke

Robert Hooke nació en la isla de Wight, en 1635. Se abrió camino en la Universidad de Oxford, donde se aficionó a la ciencia. En 1661, la Royal Society de Londres debatió un artículo sobre el aumento del nivel del agua en tuberías de cristal fino; la explicación de Hooke fue publicada en una revista. La Royal Society lo contrató como responsable de experimentos cinco años después.

El abanico de sus logros científicos es inmenso. Entre sus numerosos inventos está la trompetilla y el nivel de burbuja. Fundó la ciencia de la meteorología, fue pionero de los estudios con microscopio (descubrió que los seres vivos poseen células) y formuló la ley de elasticidad que lleva su nombre. Además, colaboró con Robert Boyle en la formulación de las leyes de los gases, y con Isaac Newton en la de las leyes de la gravedad.

### Obras principales

**1665** *Micrografía.*
**1678** *De potentia restitutiva* (o *Sobre resortes*).
**1679** *Recopilación de conferencias.*

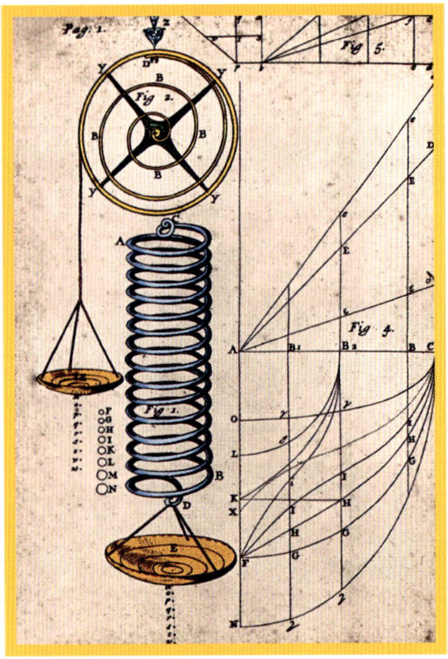

**La balanza de Hooke** funcionaba mediante la extensión de un resorte. Hooke utilizó esta ilustración para explicar el concepto en su conferencia «Sobre resortes».

en secreto hasta ser publicado. Una vez descifrado, el anagrama decía: *ut tensio sic vis*, «como la extensión, así la fuerza»; es decir, la extensión es proporcional a la fuerza. Una vez fabricado el reloj, Hooke reveló el contenido del anagrama y sus teorías sobre los resortes en el opúsculo *De potentia restitutiva*, publicado en 1678. La obra incluía un experimento casero que consistía en enrollar un alambre en espiral (un muelle) y, luego, colgar de él distintas pesas para comprobar la extensión de la espiral. Había inventado la balanza de resorte.

El estudio de Hooke fue muy importante, ya que, además de explicar el comportamiento de los resortes, permitió comprender la resistencia de los materiales y el comportamiento de los sólidos bajo presión, dos factores fundamentales para la ingeniería moderna.

## Minirresortes

En sus intentos por explicar cómo actuaban los resortes, Hooke sospechó que su comportamiento guardaba relación con una propiedad fundamental de la materia. Especuló que los sólidos se componían de partículas vibratorias que chocaban constantemente unas con otras (y se adelantó 160 años a la teoría cinética de los gases). Además, propuso que la compresión compactaba las partículas de los sólidos y los hacía más resistentes, y que la extensión reducía las colisiones entre partículas, así como la resistencia de los sólidos a la presión atmosférica.

Existen claros paralelismos entre la ley de Hooke, publicada en 1678, y la ley de Boyle sobre la presión de los gases (1662), a la que el propio Boyle llamó «el resorte del aire». Por otro lado, la visión de Hooke sobre el papel de las partículas invisibles en la resistencia y la elasticidad de los materiales se asemeja notablemente a nuestra comprensión moderna. Hoy sabemos que la resistencia y la elasticidad dependen, en efecto, de la estructura y los enlaces moleculares del material. Los metales, por ejemplo, son extremadamente resistentes debido a los enlaces metálicos especiales que existen entre sus átomos. Aunque los científicos tardarían dos siglos en descubrirlo, los ingenieros de la revolución industrial pronto se percataron de las ventajas de la ley de Hooke al construir puentes y otras estructuras de hierro en el siglo XVIII.

## Las matemáticas de la ingeniería

En 1694, el matemático suizo Jacob Bernoulli acuñó la frase «fuerza por unidad de área» para referirse a la fuerza de deformación, es decir, a la fuerza de extensión o compresión. La fuerza por unidad de área pasó a llamarse «tensión», y el volumen de material extendido o comprimido, «deformación». La relación directa entre tensión y deformación varía; por ejemplo, al someter dos materiales a la misma tensión, unos se deforman mucho más que otros. En 1727, otro matemático suizo, Leonhard Euler, expresó la variación de la tensión y la deformación de los materiales con el coeficiente «$E$» (un factor numérico constante que multiplica a cada variable) y la ecuación de

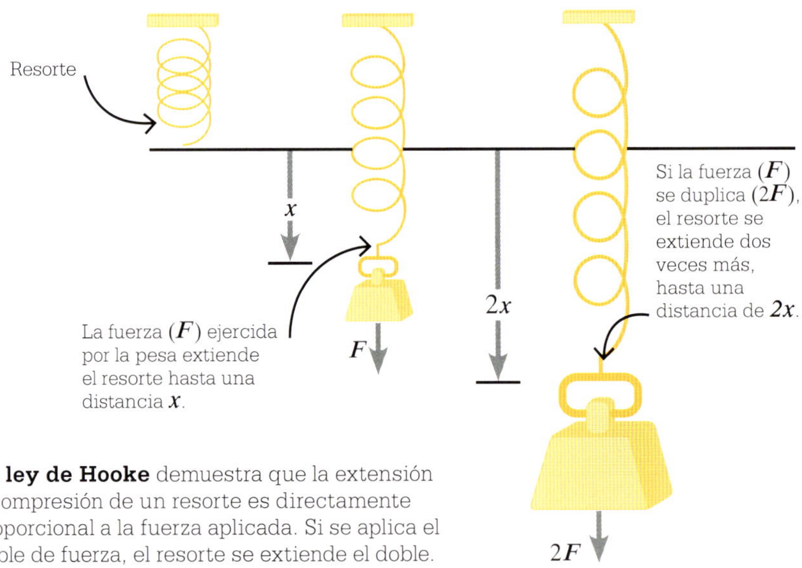


**La ley de Hooke** demuestra que la extensión o compresión de un resorte es directamente proporcional a la fuerza aplicada. Si se aplica el doble de fuerza, el resorte se extiende el doble.

## Resistencia elástica

Cuando los materiales se extienden más allá de su límite elástico, no recuperan su tamaño original al retirarse la tensión aplicada. Si se extienden aún más, acaban por romperse. La tensión máxima soportada por un material antes de romperse se llama fuerza de tracción y es clave a la hora de determinar su idoneidad para una función determinada. Los primeros ensayos de fuerza de tracción fueron realizados por Leonardo da Vinci, quien, en 1500, escribió sobre «ensayos de resistencia de alambres de hierro de varias longitudes». Hoy se sabe que la fuerza de tracción del acero laminado supera los 400 MPa (megapascales). El pascal (Pa) es la unidad de presión equivalente a la presión ejercida por 1 N (newton) sobre una superficie de un metro cuadrado. Se llama así en honor al físico y matemático Blaise Pascal.

El acero laminado se utiliza en los puentes colgantes, como en el puente George Washington (izda.), entre Nueva Jersey y Nueva York. Los nanotubos de carbono son cien veces más resistentes que el acero laminado (63.000 MPa).

Hooke se convirtió en $\sigma = E\varepsilon$, donde $\sigma$ es la tensión y $\varepsilon$, la deformación.

### El módulo de Young

Durante los experimentos realizados en 1782, el científico italiano Giordano Riccati había descubierto que el acero era dos veces más resistente a la extensión y la compresión que el latón. Desde el punto de vista conceptual, los experimentos de Riccati se asemejaban mucho al trabajo de Euler y al de Thomas Young, este último de un cuarto de siglo después.

Como Robert Hooke, Young era un polímata. Se ganaba la vida como médico, pero alcanzó importantes logros científicos en diversos campos, y su trabajo sobre la tensión y la deformación de los materiales fue la piedra angular de la ingeniería del siglo XIX. En 1807, Young reveló la propiedad mecánica del coeficiente «*E*» de Euler. En el extraordinario ciclo de conferencias sobre filosofía natural y artes mecánicas, presentó el concepto de módulo para describir la elasticidad de los materiales.

### Tensión y deformación

Young se interesó por la «resistencia pasiva» de los materiales, término que acuñó para referirse a la elasticidad. Probó la resistencia de diversos materiales y concibió el módulo de Young, que mide la capacidad de resistencia a la extensión o compresión unidireccional de un material, y se define como el cociente entre tensión y deformación. Un material como el caucho tiene un módulo de Young bajo, inferior a 0,1 Pa (pascales), por lo que se estirará mucho aplicando poca tensión. La fibra de carbono, en cambio, tiene un módulo de unos 40 Pa, lo que implica que es 400 veces más resistente a la extensión que el caucho.

### Límite elástico

Young comprendió que la relación lineal (en la que una magnitud aumenta de forma directamente proporcional a otra) entre la tensión y la deformación de un material se enmarca en un rango limitado. Ese rango varía en función del material; no obstante, todos los materiales sometidos a excesiva tensión presentan una relación no lineal (desproporcionada) entre tensión y deformación. Si la tensión sigue aumentando, el material alcanzará su límite elástico (punto en el que ya no recupera su forma original al retirarse la tensión aplicada). El módulo de Young solo puede aplicarse cuando la relación entre la tensión y la deformación del material es lineal. Las contribuciones de Young sobre resistencia de los materiales y tensión fueron sumamente valiosas para los ingenieros. El módulo y las ecuaciones de Young posibilitaron el desarrollo de toda una serie de sistemas que permiten a los ingenieros calcular con precisión la tensión y la deformación de las estructuras antes de su construcción. Esos sistemas de cálculo son imprescindibles para construir desde automóviles deportivos hasta puentes colgantes, estructuras estas últimas cuyo desplome es muy poco frecuente. ■

> La alteración permanente de la forma limita la resistencia de los materiales en cuanto a sus efectos prácticos.
> **Thomas Young**

# LAS DIMINUTAS PARTES DE LA MATERIA ESTAN EN RAPIDO MOVIMIENTO

## FLUIDOS

**EN CONTEXTO**

FIGURA CLAVE
**Daniel Bernoulli** (1700–1782)

ANTES
**1647** Blaise Pascal define la transmisión de la variación de presión en los fluidos estáticos.

**1687** Isaac Newton explica la viscosidad de los fluidos en su *Philosophiæ naturalis principia mathematica (Principios matemáticos de la filosofía natural).*

DESPUÉS
**1757** Inspirado por Bernoulli, Leonhard Euler escribe sobre mecánica de fluidos.

**1859** James Clerk Maxwell explica las propiedades macroscópicas de los gases.

**1918** El ingeniero alemán Reinhold Platz diseña el perfil alar del caza Fokker D VII para generar mayor sustentación.

El fluido se define como el estado amorfo de la materia que cede fácilmente a la presión externa, se adapta a la forma del recipiente que lo contiene y circula de un punto a otro. Los líquidos y los gases se hallan entre los tipos más comunes. Todos los fluidos son compresibles en mayor o menor grado; sin embargo, para comprimir una pequeña cantidad de líquido hace falta muchísima presión. Los gases, en cambio, son más fáciles de comprimir porque poseen más espacio entre sus átomos y moléculas.

Una de las figuras que más contribuyó al campo de la dinámica de fluidos –el estudio de las fuerzas que afectan el movimiento de los fluidos– fue el matemático y físico suizo Da-

**Véase también:** Presión 36 ▪ Leyes del movimiento 40–45 ▪ Energía cinética y energía potencial 54 ▪ Las leyes de los gases 82–85 ▪ El desarrollo de la mecánica estadística 104–111

El **aumento de la velocidad** de flujo **disminuye la presión del fluido**.

La **disminución de la velocidad** de flujo **aumenta la presión del fluido**.

**Esto se conoce como principio de Bernoulli.**

niel Bernoulli, quien sentó las bases de la teoría cinética de los gases en *Hydrodynamica* (1738). El principio de Bernoulli establece que la presión o energía potencial del flujo disminuye cuando aumenta su velocidad.

## De las bañeras a los barriles

Bernoulli basó su principio en hallazgos de otros científicos. La primera obra relevante en materia de fluidos fue *Sobre cuerpos flotantes*, de Arquímedes. Ese texto del siglo III a. C. afirma que todo cuerpo sumergido experimenta una fuerza de flotación igual al peso del fluido que desaloja, un descubrimiento que Arquímedes hizo, según dicen, mientras tomaba un baño y al grito de «¡eureka!».

En 1643, el matemático e inventor italiano Evangelista Torricelli formuló la ley que lleva su nombre. Su principio de la dinámica de fluidos establece que la velocidad de flujo ($v$) de un fluido que sale por el orificio de un recipiente es la misma que alcanzaría una gota de fluido en caída libre desde una altura $h$, donde $h$ es la distancia desde la superficie del fluido hasta el orificio. Si $h$ aumenta, la velocidad de la gota y del fluido se incrementa. La velocidad a la que el fluido sale del orificio es proporcional a la altura del fluido desde el orificio. Por tanto, $v = \sqrt{2gh}$, donde $g$ es la aceleración de la gravedad.

Otro gran progreso fue el que hizo el científico francés Blaise Pascal en 1647 al demostrar que, en todo fluido incompresible, los cambios de »

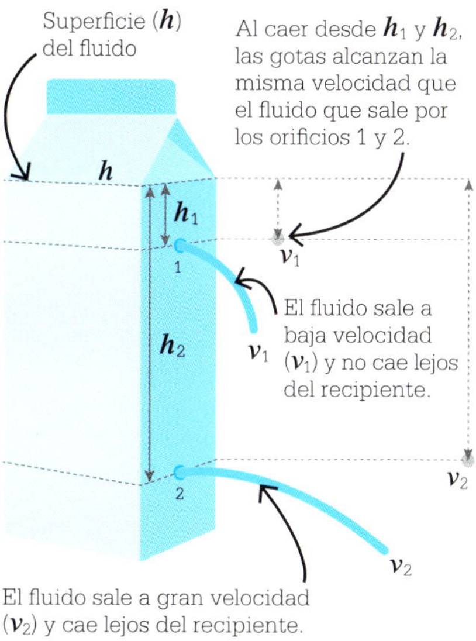


**Según la ley de Torricelli**, el fluido sale por los orificios 1 y 2 del recipiente (situados a una distancia $h_1$ y $h_2$ desde la superficie del fluido). Si $h$ aumenta, también aumenta la velocidad del fluido. Lo mismo sucede con las gotas en caída libre.

## Daniel Bernoulli

Bernoulli nació en 1700, en Groninga (Países Bajos), en el seno de una familia de prominentes matemáticos. Estudió medicina en las universidades de Basilea (Suiza), Heidelberg (Alemania) y Estrasburgo (en aquel momento, en Alemania) y se doctoró en anatomía y botánica en 1721.

Su trabajo sobre ecuaciones diferenciales y física de los fluidos se publicó en 1724 y le valió un puesto en la Academia de Ciencias de San Petersburgo, donde, además de impartir clases, llevó a cabo importantes contribuciones matemáticas. *Hydrodynamica* se publicó después de su regreso a la Universidad de Basilea. Trabajó con Leonhard Euler en el análisis de fluidos, especialmente de la sangre en el cuerpo humano, y estudió la conservación de la energía en los fluidos. En 1750, lo nombraron miembro de la Royal Society de Londres. Murió en Basilea en 1782, a la edad de 82 años.

### Obra principal

**1738** *Hydrodynamica (Hidrodinámica).*

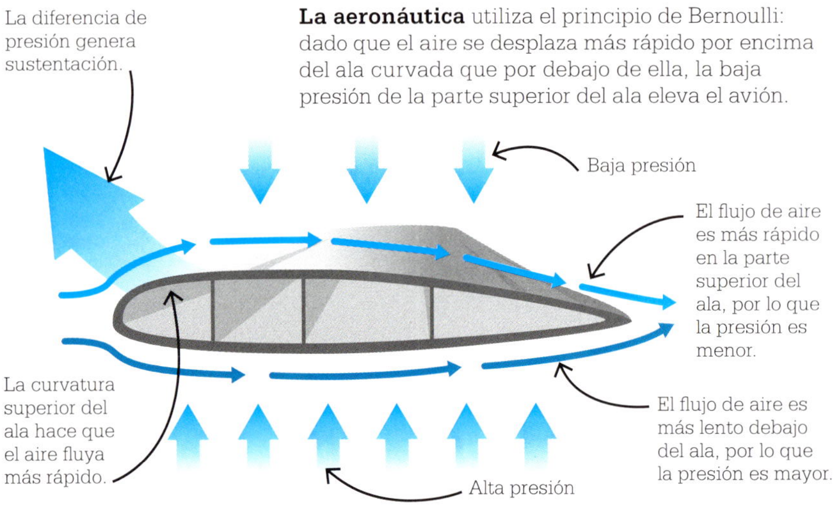


**La aeronáutica** utiliza el principio de Bernoulli: dado que el aire se desplaza más rápido por encima del ala curvada que por debajo de ella, la baja presión de la parte superior del ala eleva el avión.

presión se transmiten a todas las partes del fluido por igual. Ese es el principio que rige el funcionamiento de la prensa y el gato hidráulicos.

Además, Pascal demostró que la presión hidrostática (la presión de un fluido debida a la fuerza de la gravedad) no solo depende del peso del fluido soportado, sino también de la altura entre ese punto y la superficie del fluido. En el famoso (aunque apócrifo) experimento del barril de Pascal, el físico supuestamente introdujo un tubo delgado de gran longitud en la parte superior de un barril lleno de agua. Luego vertió agua dentro del tubo hasta que el barril reventó por el aumento de la presión hidrostática.

## Viscosidad y flujo

En la década de 1680, Isaac Newton estudió la viscosidad de los fluidos: la facilidad con la que fluyen. Casi todos los fluidos son viscosos y ejercen cierta resistencia a la deformación. La viscosidad es una medida de la resistencia interna de los fluidos al movimiento: los menos viscosos son poco resistentes y fluyen con facilidad; los más viscosos presentan gran resistencia a la deformación y no fluyen fácilmente. Según la ley de viscosidad de Newton, la viscosidad de un fluido es la «tensión de cizalla» dividida por la «velocidad de cizalla». No todos los fluidos se rigen por esa ley, pero los que lo hacen se llaman fluidos newtonianos. La tensión y la velocidad de cizalla pueden representarse como un fluido entre dos placas: una inferior, que está fija, y otra superior, que se desplaza lentamente sobre la superficie del fluido. La tensión de cizalla actúa sobre el fluido (el cociente entre la fuerza que mueve la placa superior y la superficie de la placa). La velocidad de cizalla es el cociente entre la velocidad de desplazamiento de la placa móvil y la distancia entre ambas placas.

Estudios posteriores revelaron que existen otros tipos de flujos de fluidos. Un flujo se considera «turbulento» cuando presenta recirculación, remolinos y una aleatoriedad aparente. Los flujos que carecen de esas características se llaman «laminares».

## Principio de Bernoulli

Bernoulli analizó la presión, la densidad y la velocidad de fluidos estáticos y en movimiento. Estaba familiarizado con los *Principia* de Newton y con el hallazgo de Robert Boyle de que, a temperatura constante, la presión de una masa de gas aumenta a medida que disminuye el volumen del recipiente que lo contiene. Bernoulli postuló que los gases se componen de grandes cantidades de moléculas que se mueven aleatoriamente en todas las direcciones y, al impactar en la superficie, generan presión. Escribió que el calor es la energía cinética del movimiento y que –dado el movimiento aleatorio de las moléculas– el movimiento y la presión se incrementan con el aumento de la temperatura. Con esas conclusiones, sentó las bases de la teoría cinética de los gases. No obstante, esta no tuvo gran aceptación cuando se publicó, en 1738, dado que el principio de conservación de la energía no se probaría hasta un siglo después. Bernoulli descubrió que la velocidad del flujo aumenta al disminuir la presión y que, a la inversa, la velocidad del flujo disminuye al aumentar la presión. Este principio, que hoy lleva su nombre, posee diversas aplicaciones, como la sustentación generada por la corriente de aire en la aeronáutica.

## Teoría cinética

Mientras que Bernoulli y otros científicos sentaban las bases de la teoría

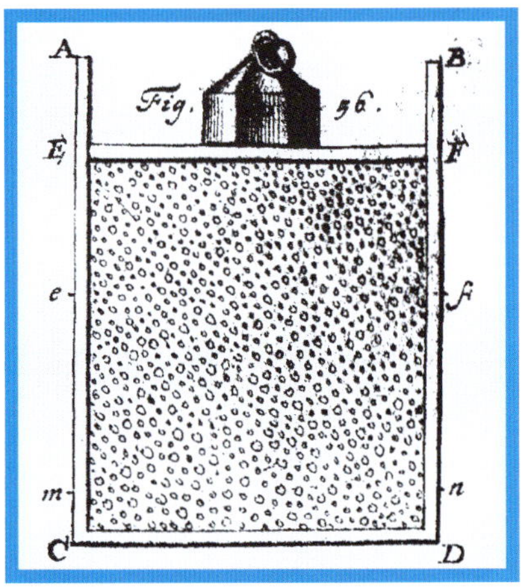


**Diagrama extraído** de ***Hydrodynamica,*** de Bernoulli. El choque de las moléculas de aire contra las paredes del recipiente crea suficiente presión para soportar un peso sustentado sobre una superficie móvil.

> La naturaleza siempre tiende a actuar de la manera más sencilla.
> **Daniel Bernoulli**

cinética de los gases, el científico escocés James Clerk Maxwell intentaba cuantificar la naturaleza del movimiento molecular. Maxwell describió las propiedades macroscópicas de los gases: presión, temperatura, viscosidad y conductividad térmica. Junto con el físico austriaco Ludwig Boltzmann, Maxwell desarrolló un medio estadístico para explicar su teoría.

A mediados del siglo XIX, la mayoría de los científicos creía que todas las moléculas de gas se desplazaban a la misma velocidad, pero Maxwell discrepaba. En su trabajo «Ilustraciones de la teoría dinámica de los gases» (1859), desarrolló una ecuación para describir una curva de distribución, conocida hoy como distribución de Maxwell-Boltzmann, que mostraba el rango de velocidades de las moléculas de gas. Además, Maxwell calculó el recorrido libre medio (la distancia media recorrida por las moléculas de gas entre colisiones) y el número de colisiones, y halló que a mayor temperatura, más rápido era el movimiento molecular y mayor era el número de colisiones. Así, concluyó que la temperatura de un gas es la medida de su energía cinética media. Asimismo, Maxwell confirmó la ley formulada por el científico italiano Amedeo Avogadro en 1811, que establece que volúmenes iguales de distintas sustancias gaseosas, medidos en las mismas condiciones de presión y temperatura, contienen el mismo número de moléculas.

## Descubrimientos sobre superfluidos

Los hallazgos del siglo XX revelaron el comportamiento de los fluidos a muy bajas temperaturas. En 1938, los físicos canadienses John F. Allen y Don Misener y el físico soviético Piotr Kapitsa descubrieron un isótopo de helio que se comportaba de manera extraña cuando se enfriaba a temperaturas próximas al cero absoluto. Por debajo de su punto de ebullición (–268,94 °C), se comportaba como un fluido incoloro normal, pero a menos de –270,97 °C presentaba ausencia total de viscosidad y fluía sin perder energía cinética. A tan bajas temperaturas, los átomos cesan prácticamente su actividad. Habían descubierto un «superfluido».

> A medida que los átomos se enfrían, comienzan a alcanzar el estado de energía más bajo posible.
> **Lene Hau**
> **Física danesa, sobre los superfluidos**

Al agitar un superfluido se forman vórtices que pueden girar indefinidamente. Su conductividad térmica es mayor que la de cualquier sustancia conocida y cientos de veces superior a la del cobre, el cual tiene de por sí una conductividad térmica elevada. Los superfluidos llamados «condensados de Bose-Einstein» se han utilizado experimentalmente como refrigerantes, y, en 1998, la física danesa Lene Hau los usó para reducir la velocidad de la luz a 17 km/h. Esos interruptores ópticos de «luz lenta» podrían reducir drásticamente el consumo de energía. ■

### Dinámica de fluidos aplicada

En muchos procesos tecnológicos modernos es clave la predicción del comportamiento de los fluidos. Así, los sistemas de producción industrial de alimentos están diseñados para transportar desde jarabes aglutinantes hasta sopas por tuberías y conductos. Una parte fundamental de ese proceso es la dinámica de fluidos computacional (DFC), una rama de la dinámica de fluidos que permite maximizar la eficiencia, reducir costes y mantener la calidad. La DFC se basa en el trabajo del ingeniero francés Claude-Louis Navier. En 1822, y a partir del trabajo del físico suizo Leonhard Euler, Navier publicó unas ecuaciones que aplicaban la segunda ley del movimiento de Newton a los fluidos. Estas ecuaciones, llamadas de Navier-Stokes, por las contribuciones que hizo el físico irlandés George Stokes a mediados del siglo XIX, explicaron el movimiento del agua por canales. La DFC usa el modelaje de flujos y otras herramientas para analizar problemas y predecir flujos. Puede contemplar diversas variables, como los cambios de viscosidad causados por la temperatura y las alteraciones de la velocidad de flujo provocadas por cambios de estado, e incluso predecir los efectos de flujos turbulentos en sistemas de tubería.

# INTENTANDO DESENTRAÑAR EL MISTERIO DEL FUEGO

## CALOR Y TRANSFERENCIA DE CALOR

**EN CONTEXTO**

FIGURAS CLAVE
**Joseph Black** (1728–1799),
**James Watt** (1736–1819)

ANTES
**1593** Galileo Galilei inventa el termoscopio para detectar cambios de temperatura.

**1654** Fernando II de Médicis, gran duque de Toscana, fabrica el primer termómetro sellado.

**1714** Daniel Fahrenheit inventa el termómetro de mercurio.

**1724** Fahrenheit desarrolla una escala de temperatura.

**1742** Anders Celsius inventa la escala centígrada.

DESPUÉS
**1777** Carl Scheele descubre el calor radiante.

***C.* 1780** Jan Ingenhousz explica el concepto de conducción de calor.

Los termoscopios empezaron a difundirse en Europa a principios del siglo XVII. Esos tubos de vidrio con líquido en su interior (p. siguiente) fueron los primeros instrumentos que permitieron medir la temperatura. En 1714, el holandés Daniel Fahrenheit inventó el primer termómetro moderno de mercurio y, en 1724, estableció la escala de temperatura que lleva su nombre. Por su parte, el sueco Anders Celsius desarrolló una escala más práctica en 1742, la centígrada.

La fabricación de la primera máquina de vapor operativa por parte del inventor británico Thomas Newcomen en 1712, despertó un enorme interés por el calor. En una conferencia de 1761, el químico escocés Joseph Black explicó que sus experimentos de fusión habían revelado que el hielo, al derretirse, no cambiaba de temperatura. Sin embargo, se requería la misma cantidad de calor para derretir hielo que para calentar agua desde su punto de fusión (0 °C) hasta los 60 °C. Black se dio cuenta de que

Cuando el hielo se derrite, **no se producen cambios de temperatura**.

Se requiere la misma cantidad de calor para **derretir hielo** que para **llevarlo a agua a 60 °C**.

El agua, al derretirse el hielo, debe **absorber el calor** (calor latente).

**El calor y la temperatura deben ser cosas distintas.**

**Véase también:** Las leyes de los gases 82–85 ▪ Energía interna y primer principio de la termodinámica 86–89 ▪ Máquinas térmicas 90–93 ▪ Entropía y segundo principio de la termodinámica 94–99 ▪ Radiación térmica 112–117

> El calor que desaparece en la conversión de agua a vapor no se pierde, se conserva en el vapor.
> **Joseph Black**

el calor debía absorberse al derretirse el hielo, y llamó «calor latente» a ese calor absorbido. El calor latente (escondido) es la energía requerida por una sustancia para cambiar de estado. Black estableció una clara distinción entre calor, que hoy sabemos que es una forma de energía, y temperatura, una medida de la energía térmica.

James Watt también descubrió el concepto de calor latente, pero en 1764. Mientras realizaba experimentos con máquinas de vapor, observó que añadiendo un poco de agua hirviendo a una gran cantidad de agua fría la temperatura apenas fluctuaba, y que inyectándole un poco de vapor enseguida hervía.

**El termoscopio de Galileo** consiste en un tubo con líquido (generalmente etanol) y unos flotadores esféricos en su interior. El calor modifica la densidad del líquido, haciendo ascender o descender los flotadores.

## Cómo se propaga el calor

En 1777, el boticario suizo Carl Scheele hizo unas observaciones simples pero vitales, como la de que, en un día frío, uno puede sentir el calor de una hoguera encendida a pocos metros y, aun así, ver su aliento en el aire gélido. Ese calor es radiante, radiación infrarroja (emitida por una fuente, como el fuego o el Sol). Pero la radiación difiere bastante del calor convectivo. La convección es la forma de propagación del calor en los líquidos y gases; el calor hace que las moléculas y los átomos se dispersen.

Hacia 1780, el neerlandés Jan Ingenhousz identificó un tercer tipo de transferencia de calor: la conducción. Esta se produce cuando los átomos de la parte caliente de un sólido vibran, chocan contra los átomos vecinos y transfieren energía (calor). Ingenhousz recubrió unos alambres de distintos metales con cera, los calentó por uno de sus extremos y registró el tiempo que tardaba la cera en derretirse con cada metal. ▪

## James Watt

El ingeniero escocés James Watt (1736–1819) fue una figura central en la historia de la máquina de vapor. Hijo de un inventor naval, adquirió destreza en la fabricación de instrumentos como aprendiz en el taller de su padre y luego en Londres. Más tarde, trabajó como fabricante de instrumentos para la Universidad de Glasgow.

En 1764 le encargaron la reparación de un modelo de la máquina de vapor de Newcomen. Antes de acometer el trabajo, realizó experimentos científicos con la máquina, y descubrió el calor latente. Watt se percató de que la máquina desperdiciaba mucho vapor, y propuso una mejora revolucionaria: un segundo cilindro; así, uno trabajaría en frío y el otro, en caliente. Gracias a esa mejora, la máquina de vapor dejó de ser una bomba de uso limitado para convertirse en el motor de la Revolución industrial.

### Inventos principales

**1775** Máquina de vapor de Watt.
**1779** Máquina copiadora.
**1782** Caballo de potencia (o de fuerza).

# ENERGIA ELASTICA EN EL AIRE

## LAS LEYES DE LOS GASES

**EN CONTEXTO**

FIGURAS CLAVE
**Robert Boyle** (1627–1691), **Jacques Charles** (1746–1823), **Joseph-Louis Gay-Lussac** (1778–1850)

ANTES
**1618** Isaac Beeckman propone que el aire, al igual que el agua, ejerce presión.

**1643** El físico italiano Evangelista Torricelli inventa el barómetro y mide la presión atmosférica.

**1646** Blaise Pascal demuestra que la presión atmosférica varía con la altura.

DESPUÉS
**1820** John Herapath propone la teoría cinética de los gases.

**1859** Rudolf Clausius demuestra la relación entre la presión y las moléculas de los gases.

Dado que los gases son transparentes y aparentemente insustanciales, los filósofos naturalistas tardaron bastante en percatarse de que poseen propiedades físicas.

Sin embargo, en los siglos XVII y XVIII, los científicos europeos fueron comprendiendo poco a poco que los gases, al igual que los líquidos y los sólidos, tienen propiedades físicas, y descubrieron la relación fundamental entre la temperatura, la presión y el volumen de los gases. En el transcurso de un siglo y medio, el británico Robert Boyle y los franceses Jacques Charles y Joseph-Louis Gay-Lussac centraron sus esfuerzos en estudiar los gases y formular las

**Véase también:** Presión 36 ▪ Modelos de materia 68–71 ▪ Fluidos 76–79 ▪ Máquinas térmicas 90–93 ▪ Cambios de estado y formación de enlaces 100–103 ▪ El desarrollo de la mecánica estadística 104–111

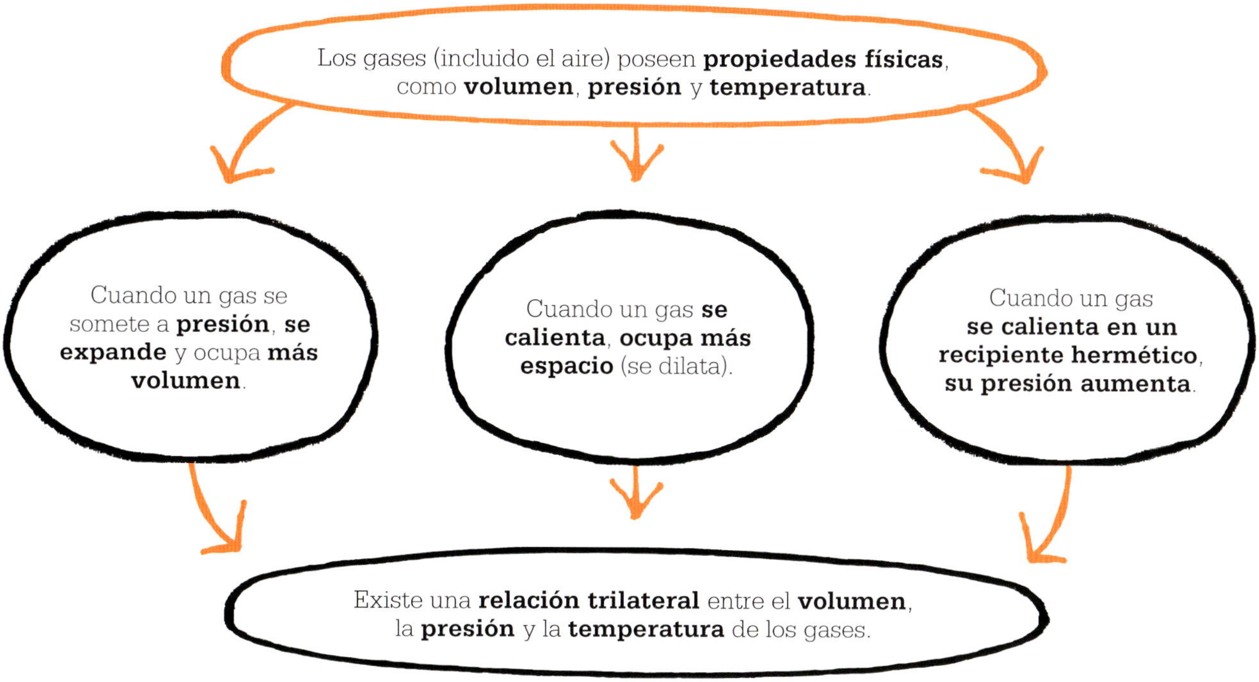


leyes que explican su comportamiento.

## La presión del aire

A principios del siglo XVII, el científico holandés Isaac Beeckman propuso que el aire, al igual que el agua, ejerce presión. El gran científico italiano Galileo Galilei discrepaba, pero su joven protegido, Evangelista Torricelli, no solo demostró que Beeckman estaba en lo cierto, sino que, además, inventó el primer barómetro del mundo y midió la presión atmosférica.

Galileo había observado que los sifones no podían elevar agua a más de 10 metros. En aquella época se creía que el vacío «succionaba» los líquidos, y Galileo dedujo erróneamente que ese era el peso máximo de agua soportado por el vacío. En 1643, Torricelli demostró que el límite equivalía al peso máximo de agua que la presión atmosférica era capaz de soportar.

Para probar su teoría, Torricelli tomó un tubo cerrado por uno de los extremos, lo llenó de mercurio –una sustancia mucho más densa que el agua– y lo puso boca abajo. La columna de mercurio descendió hasta los 76 cm de altura y luego se detuvo. Torricelli concluyó que ese era el peso máximo que la presión del aire exterior podía soportar. La altura de la columna de mercurio variaba ligeramente en función de los cambios de presión atmosférica, por lo que ese se considera el primer barómetro.

## El «resorte del aire» de Boyle

El revolucionario invento de Torricelli allanó el camino para la formulación de la primera ley de los gases, conocida como ley de Boyle. Robert Boyle, hijo menor de Richard Boyle, primer conde de Cork y uno de los hombres más ricos de Irlanda, usó la riqueza heredada de su familia para fundar su propio laboratorio de investigación científica, el primer »

**Evangelista Torricelli** midió la presión atmosférica con una columna de mercurio. Concluyó que la presión atmosférica ejercida sobre el mercurio del recipiente equilibraba la columna del tubo.

> Al reducir el aire a la mitad [de su volumen], se obtiene [...] el doble de resorte [presión].
> **Robert Boyle**

laboratorio privado de la historia. Allí, Boyle, que era un ferviente defensor de la ciencia experimental, llevó a cabo importantes experimentos de presión atmosférica que más tarde se publicaron en *Touching the spring and weight of the air* (El resorte y el peso del aire), en 1662. «Resorte» era el término que Boyle usaba para referirse a la presión, ya que consideraba que el aire se comportaba como si estuviese compuesto por resortes.

Inspirado por el barómetro de Torricelli, Boyle vertió mercurio en un tubo de vidrio en forma de J y observó que el volumen del aire en el extremo inferior, que estaba sellado, variaba según la cantidad de mercurio añadida. En otras palabras, halló una clara relación entre la cantidad de mercurio soportada por el aire y el volumen de este último.

Boyle explicó que, a temperatura constante, el volumen ($v$) y la presión ($p$) de un gas varían en proporción inversa. En términos matemáticos, esto se expresa como $pv = k$, donde $k$ es una constante (un valor que no cambia). Es decir, si el volumen del gas disminuye, su presión aumenta. Algunos adjudican este importante descubrimiento a Richard Townley –amigo de Boyle– y Henry Power –un médico amigo de Townley–, pero fue Boyle quien lo dio a conocer.

## El descubrimiento de Charles

Poco más de un siglo después, el científico francés Jacques Charles, pionero del globo aerostático, añadió un tercer elemento a la relación entre volumen y presión: la temperatura. Charles fue el primero en experimentar con globos llenos de hidrógeno en vez de aire caliente, y, el 27 de agosto de 1783, lanzó el primer gran globo aerostático de hidrógeno en París.

En 1787, Charles realizó un experimento con un contenedor donde el volumen del gas podía variar libremente. Calentó el gas y midió su grado de dilatación a medida que la temperatura aumentaba. Así, halló que, por cada grado centígrado de aumento de la temperatura, el volumen del gas se incrementaba 1/273 con respecto al volumen a 0 °C, y que se contraía al mismo ritmo que se enfriaba. Si ello se representa en un gráfico, se observa que el volumen del gas sería nulo a los –273 °C, el punto cero de la escala Kelvin, lo que hoy se conoce como cero absoluto. Charles había descubierto la ley que explica la variación de volumen y temperatura de un gas a presión constante.

Charles nunca plasmó sus teorías por escrito. El científico francés Joseph-Louis Gay-Lussac las describió y explicó en un ensayo publicado a principios del siglo XIX, en la misma época que el científico inglés John Dalton demostró que esa ley se aplica universalmente a todos los gases.

## Una tercera dimensión

Gay-Lussac añadió una tercera ley a las formuladas por Boyle y Charles. La ley de Gay-Lussac dice que, si la masa y el volumen de un gas se mantienen constantes, la presión aumenta a la par que la temperatura. Como pronto se demostró, existe

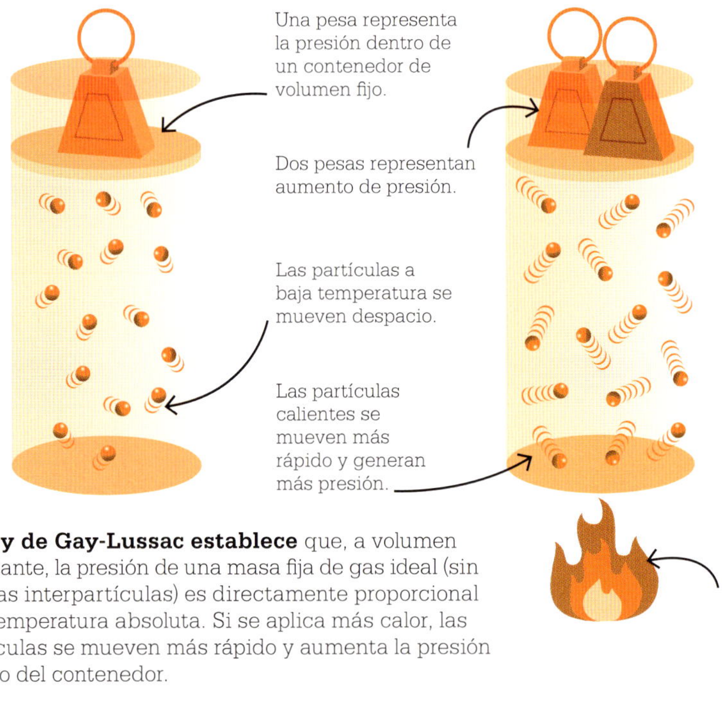


**La ley de Gay-Lussac establece** que, a volumen constante, la presión de una masa fija de gas ideal (sin fuerzas interpartículas) es directamente proporcional a la temperatura absoluta. Si se aplica más calor, las partículas se mueven más rápido y aumenta la presión dentro del contenedor.

**Joseph-Louis Gay-Lussac** experimentó con globos aerostáticos. En el vuelo que realizó en 1804 con Jean-Baptiste Biot, estudió la variación de la intensidad electromagnética terrestre a distintas altitudes.

una relación trilateral entre el volumen, la presión y la temperatura de los gases. La ley de Gay-Lussac se aplica a los gases ideales (gases sin fuerzas interpartículas) y, en líneas generales, a todos los gases.

## Cómo se combinan los gases

Gay-Lussac hizo otra importante contribución a nuestro conocimiento de los gases. En 1808 descubrió que estos se combinan en proporciones simples de volumen y que, cuando dos gases reaccionan, el volumen del compuesto resultante depende de los volúmenes originales. Por lo tanto, dos volúmenes de hidrógeno reaccionan con un volumen de oxígeno en proporción 2:1 y producen dos volúmenes de vapor de agua.

Un par de años después, el científico italiano Amedeo Avogadro relacionó el hallazgo de Gay-Lussac con las nuevas teorías de la época sobre átomos y partículas. Avogadro teorizó que, en las mismas condiciones de presión y temperatura, volúmenes iguales de distintos gases contienen el mismo número de moléculas. De hecho, el número de moléculas varía en función del volumen. Esto, que se conoce como hipótesis de Avogadro, explica el descubrimiento de Gay-Lussac sobre las proporciones de combinación de los gases.

Esencialmente, la hipótesis de Avogadro apuntaba a que el oxígeno existía como molécula diatómica que se disociaba para combinarse con dos átomos de hidrógeno y formar vapor de agua (eso debía ser así para que hubiera tantas moléculas de agua como de hidrógeno y oxígeno).

El trabajo de Avogadro fue muy importante para el desarrollo de la teoría atómica y la relación entre átomos y moléculas, así como para la teoría cinética de los gases formulada por Maxwell y otros. Establece que las partículas se mueven de manera aleatoria y generan calor al colisionar. Asimismo, ayuda a explicar la relación entre presión, volumen y temperatura. ■

> Los compuestos de sustancias gaseosas se forman siempre en relaciones muy simples; la relación de combinación es de 1 a 1, de 1 a 2 o, a lo sumo, de 1 a 3.
> **Joseph-Louis Gay-Lussac**

## Joseph-Louis Gay-Lussac

El químico y físico francés Joseph-Louis Gay era hijo de un acaudalado abogado. Su familia era dueña de gran parte del pueblo de Lussac, en el sudoeste de Francia; tanto es así que, en 1803, padre e hijo añadieron el nombre del pueblo a su apellido. Joseph-Louis estudió química en París y trabajó como investigador en el laboratorio de Claude-Louis Berthollet. A los 24 años, ya había descubierto la ley de los gases que lleva su nombre.

Gay-Lussac fue un pionero de los globos aerostáticos, y, en 1804, ascendió en globo a más de 7.000 m con el físico francés Jean-Baptiste Biot para tomar muestras de aire a distintas alturas. Con esos experimentos, demostró que la composición de la atmósfera no cambia con la altura ni con la disminución de la presión. Además de estudiar los gases, descubrió dos elementos: el boro y el yodo.

### Obras principales

**1802** «Sobre la dilatación de gases y vapores», en *Anales de química*.
**1828** *Lecciones de física*.

# LA ENERGIA DEL UNIVERSO ES CONSTANTE

## ENERGÍA INTERNA Y PRIMER PRINCIPIO DE LA TERMODINÁMICA

**EN CONTEXTO**

FIGURA CLAVE
**William Rankine** (1820–1872)

ANTES
**1749** Émilie du Châtelet introduce implícitamente los conceptos de energía y conversión de energía.

**1798** Benjamin Thompson postula que el calor es una forma de energía cinética.

**1824** Sadi Carnot concluye que no existen procesos reversibles en la naturaleza.

**Década de 1840** James Joule, Herman von Helmholtz y Julius von Mayer presentan la teoría de conservación de la energía.

DESPUÉS
**1854** William Rankine introduce el concepto de energía potencial.

**1854** Rudolf Clausius enuncia el segundo principio de la termodinámica.

Los científicos empezaron a comprender la diferencia entre calor y temperatura a finales del siglo XVIII. Joseph Black y James Watt habían demostrado que el calor era una magnitud (y la temperatura, una medida), y el desarrollo de la máquina de vapor durante el periodo de la revolución industrial centró el interés científico en dilucidar la forma en que el calor proporcionaba semejante potencia a las máquinas.

En aquella época, los científicos seguían el modelo de la teoría calórica, que consideraba el calor como un gas ingrávido, un fluido calórico misterioso que se desplazaba de los cuerpos calientes a los fríos. La

**Véase también:** Energía cinética y energía potencial 54 ▪ Conservación de la energía 55 ▪ Calor y transferencia de calor 80–81 ▪ Máquinas térmicas 90–93 ▪ Entropía y segundo principio de la termodinámica 94–99 ▪ Radiación térmica 112–117

## Generación eléctrica

La quema de combustibles fósiles (carbón, petróleo y gas natural) para la generación de electricidad es un clásico ejemplo de cadena de conversión energética. Todo comienza con la energía que procede de los rayos del sol. A medida que crecen, las plantas transforman la energía solar en energía química y la almacenan en los enlaces químicos en forma de energía potencial. La energía almacenada se concentra cuando las plantas se fosilizan.

Al quemar combustible, la energía calórica se aprovecha para calentar agua y generar vapor; el vapor hace girar unas turbinas (transformando la energía calórica en energía cinética) y genera electricidad (energía potencial eléctrica). Por último, la electricidad se transforma en otras formas útiles de energía, como la luz de las bombillas o el sonido de los altavoces. Durante todas esas conversiones, la energía total es siempre la misma. Pasa de una forma a otra, pero nunca se crea ni se destruye ni se producen pérdidas de energía durante el proceso de conversión.

relación entre calor y movimiento se había descubierto hacía mucho, pero nadie comprendía realmente su importancia. En la década de 1740, la matemática Émilie du Châtelet estudió el momento lineal e introdujo el concepto de energía mecánica, a la que entonces llamó de otra manera. Con todo, empezaba a resultar evidente que los cuerpos en movimiento tenían energía, que posteriormente se llamaría energía cinética.

## El calor es energía

En 1798, el físico estadounidense de origen británico Benjamin Thompson, conde de Rumford, realizó un experimento en una fundición de cañones de Múnich para medir el calor generado por la fricción durante la perforación de los cañones. Tras varias horas de fricción continua ejercida por una máquina perforadora roma, se seguía generando calor, pero no se producían cambios en la estructura metálica del cañón (saltaba a la vista que el metal no perdía propiedades físicas ni fluido calórico). Daba la impresión de que el calor se almacenaba en el movimiento. Dicho de otro modo, el calor es energía cinética, la energía del movimiento. Sin embargo, pocas personas aceptaron esta hipótesis, y la teoría calórica siguió vigente durante medio siglo más.

El gran adelanto llegó en la década de 1840 de la mano de varios científicos, entre ellos el inglés James Joule y los alemanes Hermann von Helmholtz y Julius von Mayer. Todos ellos habían reparado en que el calor era una forma de energía parecida a la fuerza muscular, y acabarían descubriendo que todas las formas de energía son intercambiables.

> Se ve, por tanto, que la fuerza viva puede ser convertida en calor y que el calor puede ser convertido en fuerza viva.
> **James Joule**

En 1840, Julius von Mayer analizó la sangre de un grupo de marineros en los trópicos, y halló que la sangre venosa aún era rica en oxígeno. En cambio, en zonas más frías el contenido de oxígeno de la sangre venosa era muchísimo menor. Ello indicaba que, en los trópicos, el cuerpo necesita quemar menos oxígeno para mantener la temperatura. Mayer concluyó que el calor y todas las formas de energía (incluidas las de sus observaciones: fuerza muscular, calor corporal y calor del sol) son intercambiables; es decir, pueden intercambiarse pero no crearse: la energía total seguirá siendo la misma. Sin embargo, dado que Mayer era médico, los físicos hicieron caso omiso de su trabajo.

## Conversión de energía

Mientras tanto, el joven James Joule comenzó a experimentar en el laboratorio de su casa familiar de Salford, cerca de Manchester. En 1841, calculó la cantidad de calor originada en un conducto por el paso de la » corriente eléctrica. Más tarde, Joule probó diversas formas de convertir el movimiento mecánico en calor, y llevó a cabo un famoso experimento en el que unas pesas descendían lentamente y hacían girar una rueda de paletas en un contenedor de agua (abajo). Al medir el aumento de la temperatura del agua, Joule pudo determinar la cantidad de calor generada por el trabajo mecánico. A partir de esos cálculos, llegó a la conclusión de que, en los procesos de transformación energética, la energía nunca se pierde. Sin embargo, al igual que con la investigación de Mayer, la comunidad científica hizo oídos sordos a las teorías de Joule.

Más tarde, en 1847, Hermann von Helmholtz publicó un artículo clave, basado en estudios propios y de otros científicos –entre ellos, Joule–, en el que resumió la teoría de conservación de la energía. Ese año, Joule presentó su trabajo en unas jornadas de la Asociación Británica para el Avance de la Ciencia, en Oxford. Al final de ese encuentro, Joule conoció a William Thomson (lord Kelvin), y juntos trabajaron en la teoría de los gases y exploraron el modo en que los fluidos gaseosos se enfrían al expandirse (la base de la refrigeración). Además, Joule realizó la primera estimación clara de la velocidad media de las moléculas de gas.

## El primer principio

En el transcurso del decenio siguiente, Helmholtz y Thomson –junto con el alemán Rudolf Clausius y el escocés William Rankine– comenzaron a unificar sus hallazgos. Thomson fue el primero en utilizar el término «termodinámica» en 1849 para referirse a la fuerza del calor. Al año siguiente, Rankine y Clausius formularon (al parecer, cada uno por su cuenta) el primer principio de la termodinámica. Al igual que Joule, ambos se centraron en el trabajo, es decir, en la fuerza necesaria para mover un objeto a una distancia determinada. Durante sus investigaciones, observaron una relación universal entre calor y trabajo. Cabe mencionar que Clausius también empezó a utilizar la palabra «energía» para referirse a la capacidad de realizar trabajo mecánico.

En Gran Bretaña, Thomas Young había acuñado el término «energía» en 1802 para explicar el efecto conjunto de la masa y la velocidad. A finales del siglo XVII, el polímata alemán Gottfried Leibniz había llamado a ese concepto *vis viva*, o fuerza viva, término que Rankine aún empleaba. Sin embargo, no fue hasta la década de 1850 que la palabra «energía» adquirió pleno significado y empezó a usarse en su acepción moderna.

Clausius y Rankine se centraron en el concepto de energía como magnitud de la misma manera que Newton había revolucionado nuestra comprensión de la gravedad al explicarla como una ley matemática universal sin describir realmente cómo funcionaba. Finalmente, Clausius y Rankine consiguieron refutar la teoría calórica según la cual el calor era una sustancia. El calor es energía, la capacidad de realizar trabajo, por lo tanto, debe responder a otro principio matemático simple: la ley de conservación de la energía. Esa ley demuestra que la energía no se crea ni se destruye, solo puede transferirse de un lugar a otro o convertirse en otras formas de energía. En términos generales, el primer principio de la termodinámica es la ley de conservación de la energía aplicada al calor y al trabajo.

Las teorías e investigaciones de Clausius y Rankine surgieron a raíz de sus esfuerzos por compren-

> La ciencia hace de los objetos más comunes algo precioso.
> **William Rankine**

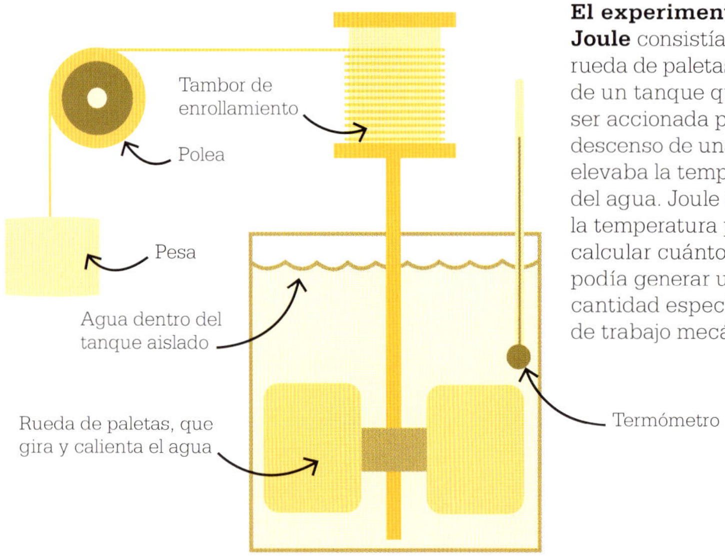


**El experimento de Joule** consistía en una rueda de paletas dentro de un tanque que, al ser accionada por el descenso de unas pesas, elevaba la temperatura del agua. Joule midió la temperatura para calcular cuánto calor podía generar una cantidad específica de trabajo mecánico.

der de manera teórica el funcionamiento de las máquinas. Clausius estudió la energía total de los sistemas cerrados (donde la materia no puede entrar ni salir del sistema pero la energía puede transferirse, como en los cilindros de la máquina de vapor) y hablaba, por lo tanto, de «energía interna». No es posible medir la energía interna de un sistema, pero sí la energía que entra y sale. El calor es una transferencia de energía hacia el interior del sistema, en tanto que la combinación de calor y trabajo es una transferencia hacia el exterior.

Según la ley de conservación de la energía, cualquier cambio en la energía interna de un sistema siempre será igual a la diferencia entre la energía entrante y la energía saliente, lo que equivale a la diferencia total entre calor y trabajo. Si se añade más calor al sistema, se obtendrá más trabajo, y viceversa, por lo que se cumple el primer principio de la termodinámica. Esto es así porque la energía total del universo (toda la energía en torno al sistema) es constante, de manera que las transferencias de entrada y salida deben coincidir.

## Las categorías de Rankine

Rankine era ingeniero mecánico, de ahí su gusto por dar un giro práctico a las cosas. Clasificó la energía en dos tipos: energía almacenada y energía de trabajo. La primera es energía en reposo lista para moverse, como un resorte comprimido o un esquiador en la cima de una montaña. Hoy llamamos «energía potencial» a la energía almacenada. El trabajo, en cambio, es la acción realizada para almacenar energía, o bien el movimiento producido al liberar esa energía. La clasificación de la energía de Rankine constituyó una forma efectiva y duradera de analizar la energía en sus fases de reposo y movimiento.

A finales de la década de 1850, la extraordinaria labor de Du Châtelet, Joule, Helmholtz, Mayer, Thomson, Rankine y Clausius había revolucionado nuestra comprensión del calor. Ese grupo pionero de jóvenes científicos había descubierto la relación recíproca entre calor y movimiento, demostrando su importancia universal. La resumieron en una palabra: termodinámica, la idea de que la energía total del universo es siempre constante y no puede variar. ■

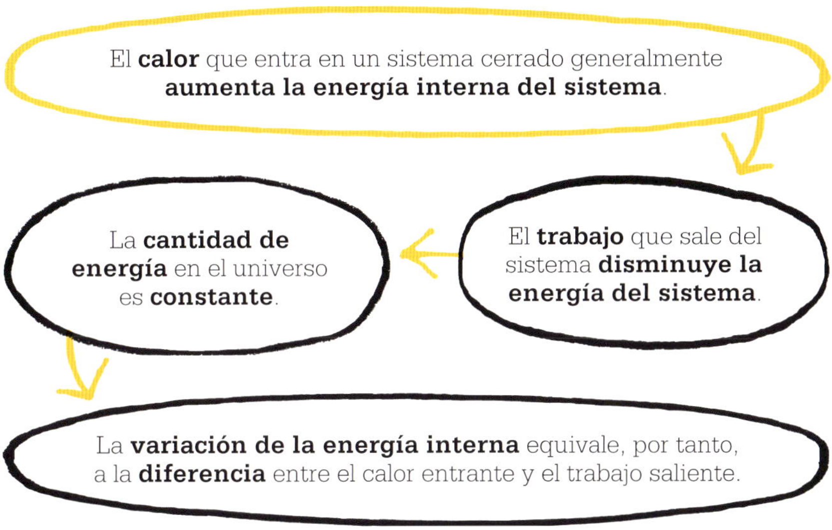

### William Rankine

El escocés William Rankine nació en Edimburgo, en 1820. Era ingeniero ferroviario, como su padre, pero, al descubrir la ciencia de las máquinas de vapor con las que trabajaba, decidió estudiar ciencia.

Junto con los científicos Rudolf Clausius y William Thomson, Rankine fue uno de los padres fundadores de la termodinámica. Contribuyó a formular dos de los principios fundamentales de esa rama de la física, e introdujo el concepto de energía potencial. Rankine y Clausius explicaron cada uno por su cuenta la función de la entropía (que establece que el calor se transmite de manera desordenada). Además, Rankine escribió una teoría completa sobre las máquinas de vapor y las máquinas térmicas, y ayudó a refutar la teoría calórica que consideraba el calor como un fluido. Murió en Glasgow en 1872, a los 52 años.

### Obras principales

**1853** «Sobre la ley general de transformación de la energía».
**1855** «Esbozos para una ciencia de la energía».

# EL CALOR PUEDE CAUSAR MOVIMIENTO

## MÁQUINAS TÉRMICAS

**EN CONTEXTO**

FIGURA CLAVE
**Sadi Carnot** (1796–1832)

ANTES
***C.* 50 D. C.** Herón de Alejandría inventa la eolípila.

**1665** Robert Boyle publica *Historia experimental del frío*, obra que intenta explicar la naturaleza del frío.

**1712** Thomas Newcomen construye la primera máquina de vapor funcional.

**1769** James Watt crea una máquina de vapor mejorada.

DESPUÉS
**1834** Jacob Perkins, inventor angloamericano, inventa el sistema de refrigeración por compresión.

**1859** El ingeniero belga Étienne Lenoir inventa el motor de combustión interna.

Es difícil sobreestimar el impacto que tuvo la aparición de las máquinas de vapor en el siglo XVIII. Esas máquinas prácticas, construidas por ingenieros, proporcionaron una fuente de energía entonces inimaginable, y su uso a gran escala impulsó la revolución industrial. Los científicos estaban fascinados con su formidable potencia, y la curiosidad científica condujo a una verdadera revolución en torno al concepto de calor.

La idea de la fuerza del vapor es antiquísima. Ya en el siglo III a. C., Ctesibio, inventor griego de Alejandría, había reparado en la gran potencia con la que el vapor salía por el pico de un recipiente metálico al calentar agua en su interior. Ctesibio

**Véase también:** Energía cinética y energía potencial 54 ▪ Calor y transferencia de calor 80–81 ▪ Energía interna y primer principio de la termodinámica 86–89 ▪ Entropía y segundo principio de la termodinámica 94–99

> Quitarle hoy a Inglaterra sus máquinas de vapor sería arrebatarle el carbón y el hierro al mismo tiempo.
> **Sadi Carnot**

había barajado la idea de una eolípila, o esfera de aire, una bola hueca apoyada sobre un pivote. Al hervir agua dentro de ella, el vapor salía expulsado por dos tubos curvos y hacía girar la esfera. Unos 350 años después, Herón de Alejandría desarrolló el diseño definitivo de la eolípila, en el que se basó la construcción de modelos posteriores. Hoy sabemos que, cuando el agua se convierte en vapor, los enlaces que mantienen unidas las moléculas se rompen y ello provoca la expansión del vapor.

No obstante, el artefacto de Herón no fue más que un juguete y, aunque muchos inventores lo usaron para experimentar con el vapor, tendrían que transcurrir 1600 años hasta la construcción de la primera máquina de vapor. El gran progreso llegó en el siglo XVII con el descubrimiento del vacío y la fuerza de la presión atmosférica. En una famosa prueba realizada en 1654, el físico alemán Otto von Guericke demostró que la presión atmosférica tenía suficiente fuerza para mantener unidas dos semiesferas que, una vez extraído el aire de su interior y creado el vacío, ni la fuerza de dos recuas de ocho caballos podía separar. Ese descubrimiento permitió vislumbrar una forma de usar el vapor muy diferente de la de Herón. En la década de 1670, el inventor francés Denis Papin se dio cuenta de que si el vapor acumulado en un cilindro se enfriaba y se condensaba, este se contraía drásticamente y creaba un potente vacío con fuerza suficiente para mover un pistón pesado. Así pues, en lugar de utilizar la fuerza de expansión del vapor, el nuevo descubrimiento aprovechaba la enorme contracción provocada por el enfriamiento y la condensación del vapor.

**La primera máquina** de vapor exitosa fue inventada por Thomas Newcomen para extraer agua de las minas. El vapor se enfriaba en un cilindro para crear un vacío parcial y mover el pistón.

## La revolución del vapor

En 1698, el inventor inglés Thomas Savery construyó la primera máquina de vapor basándose en el principio de Papin. Sin embargo, dado que funcionaba con vapor de alta presión, la máquina de Savery era muy peligrosa e inestable. En 1712, Thomas Newcomen construyó un modelo mucho más seguro que funcionaba con vapor de baja presión. A pesar de que tuvo mucho éxito y de que, en torno a 1755, se utilizaba en miles de minas de toda Europa y Gran Bretaña, la máquina de Newcomen era ineficiente porque había que enfriar el cilindro para condensar el vapor, lo que requería una cantidad ingente de energía.

En la década de 1760, con el fin de mejorar la máquina de Newcomen, el ingeniero escocés James Watt realizó los primeros experimentos científicos orientados al estudio del calor en las máquinas de vapor. A raíz de ello descubrió, junto con su colega Joseph Black, que lo que proporcionaba energía de vapor era el calor, no la temperatura. Además, Watt se percató de que la eficiencia de las máquinas podía mejorar bastante usando dos cilindros en lugar de uno (uno funcionaría en caliente, y el otro, en frío). Incorporó asimismo una manivela con el fin de que las carreras ascendente y descendente del pistón proporcionaran el movimiento rotatorio necesario para accionar una rueda. Ello permitió suavizar los impulsos del pistón y mantener una potencia constante. Las innovaciones de Watt fueron sumamente exitosas, y podría decirse que marcaron el inicio de la era del vapor.

## Energía y termodinámica

La eficiencia de las máquinas de vapor intrigó al ingeniero militar francés Sadi Carnot, que visitó fábrica tras fábrica para estudiar no solo las máquinas de vapor, sino también las hidráulicas. En 1824, escribió un breve tratado titulado »

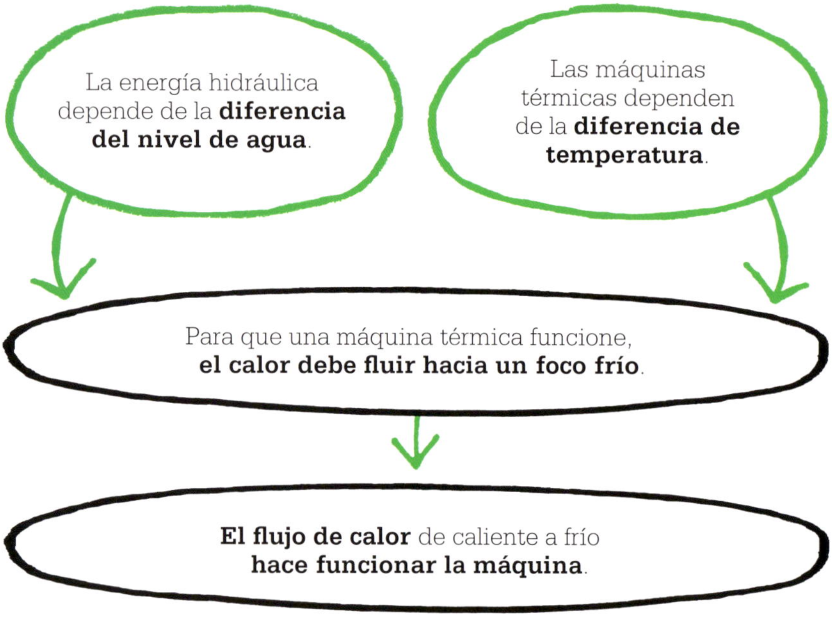


*Reflexiones sobre la fuerza motriz del calor*. Carnot se había percatado de que el calor constituía la base de todo movimiento en la Tierra, como los vientos, las corrientes marinas e incluso los movimientos musculares del cuerpo humano. Consideraba el cosmos como una gigantesca máquina térmica compuesta por una infinidad de otras más pequeñas, un gran conjunto de sistemas regidos por el calor. Era la primera vez que se reconocía la relevancia del calor en el universo y ello marcó el inicio de la ciencia de la termodinámica.

Mediante el estudio de la energía hidráulica y la energía de vapor, Carnot llegó a comprender la naturaleza de las máquinas térmicas. Como la mayoría de sus contemporáneos, Carnot defendía la teoría calórica (la falsa idea de que el calor era un fluido). Sin embargo, ese error le permitió hallar un paralelismo esencial entre energía hidráulica y energía de vapor. La energía hidráulica depende de la carga hidráulica. De modo similar, Carnot observó que la máquina térmica dependía de la carga térmica que permitía una «caída de calórico». Es decir, para que una máquina térmica funcione, además de calor, se necesita un foco frío hacia el cual pueda fluir. Su funcionamiento no se basa en el calor, sino en el flujo de calor de caliente a frío. Por lo tanto, la fuerza motriz es la diferencia entre calor y frío, no el calor en sí.

## Eficiencia perfecta

Carnot descubrió, además, algo fundamental: que para generar la máxima potencia posible no debía haber pérdidas de calor. En una máquina ideal, todo el flujo de calor se convierte en movimiento aprovechable. Cualquier pérdida de calor que no genere fuerza motriz reduce la eficiencia de la máquina térmica.

Para ilustrarlo, Carnot desarrolló el modelo teórico de una máquina térmica ideal. Esa máquina, conocida actualmente como máquina de Carnot, funciona en un ciclo de cuatro etapas. Primero, el gas se

## Sadi Carnot

Sadi Carnot nació en París en 1796, en el seno de una familia de destacados científicos y políticos. Su padre, Lazare, fue un precursor del estudio científico del calor y desempeñó un alto cargo en el ejército revolucionario francés. Sadi siguió los pasos de su padre en la academia militar. Después de graduarse en 1814, sirvió como oficial de ingeniería militar y fue destinado a diversas regiones francesas para informar sobre las fortificaciones. Cinco años después, fascinado por las máquinas de vapor, se retiró del ejército para dedicarse a la ciencia. En 1824, Carnot escribió el ensayo *Reflexiones sobre la fuerza motriz del calor*, en el que destacó la importancia de las máquinas térmicas e introdujo el ciclo de Carnot. Lamentablemente, su trabajo pasó inadvertido en esa época, y, en 1832, antes de que se reconociera como la base de la termodinámica, Carnot murió de cólera.

### Obra principal

**1824** *Reflexiones sobre la fuerza motriz del calor.*

> La producción de calor no basta para generar la potencia impulsora: es necesario que exista también frío.
> **Sadi Carnot**

## Ciclo de Carnot

Depósito caliente · Depósito frío · Aislamiento

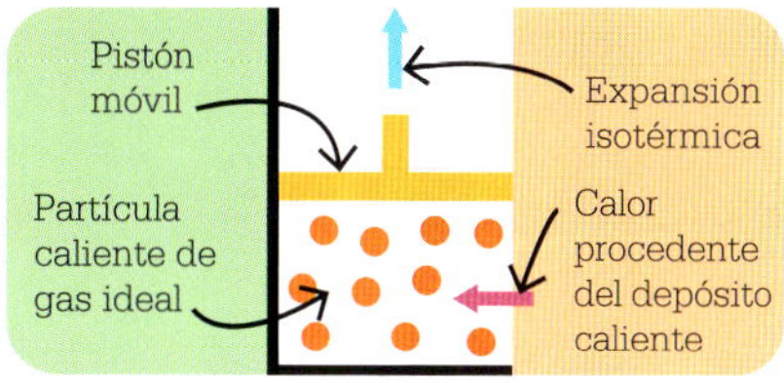


**Etapa 1.** El calor del depósito caliente se transfiere al gas del cilindro, y este se expande, elevando el pistón. Esta etapa es isotérmica porque no se producen cambios de temperatura en el sistema.

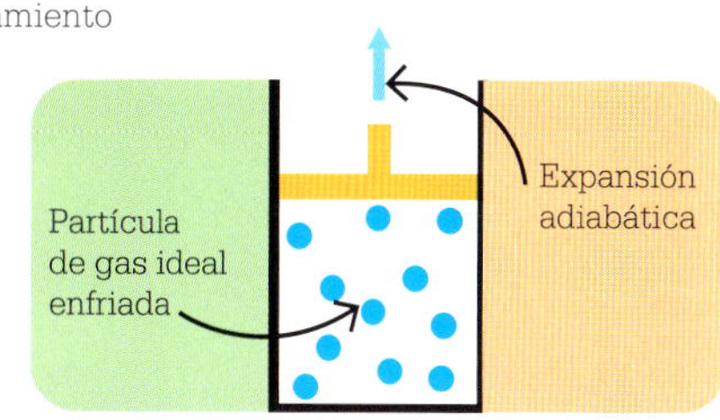


**Etapa 2.** El gas, una vez aislado de los depósitos, continúa expandiéndose y elevando el pistón. El gas se enfría a medida que se expande, aunque el sistema no pierde calor. La expansión es adiabática.

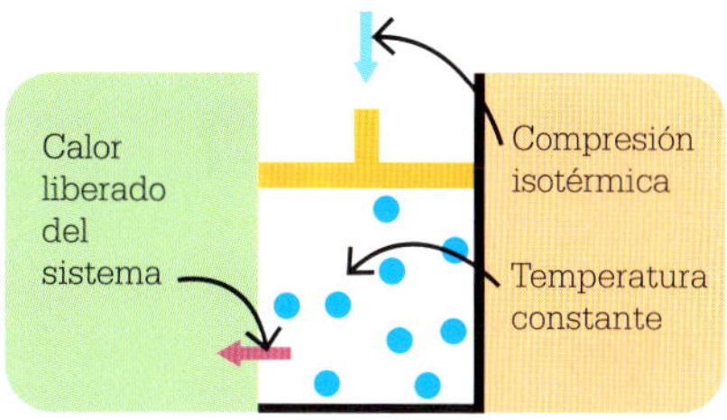


**Etapa 3.** Se añade peso al pistón. Dado que el calor del cilindro puede transferirse al depósito frío, el gas no aumenta su temperatura, por lo que esta etapa es isotérmica.

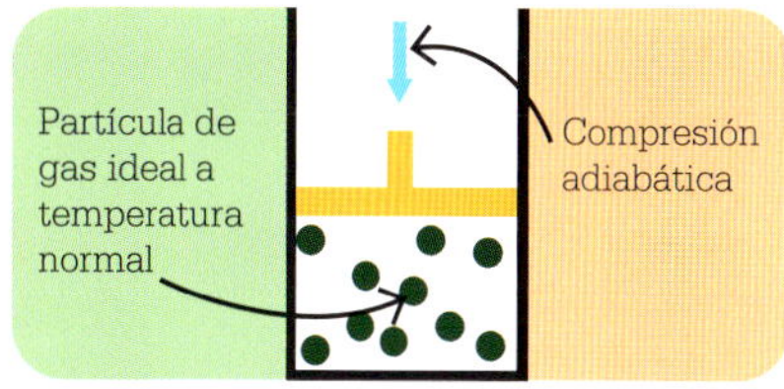


**Etapa 4.** Se añade más peso al pistón, que comprime el gas del cilindro. Dado que el gas vuelve a estar aislado de los depósitos, la compresión provoca el aumento adiabático de la temperatura.

calienta por conducción por medio de una fuente externa (como un depósito de agua caliente) y se expande. Segundo, el gas caliente se aísla (en un cilindro, por ejemplo) y, a medida que se expande, actúa sobre el medio (empujando un pistón, por ejemplo); mientras el gas se expande, se enfría. Tercero, el medio empuja el pistón hacia abajo, comprimiendo el gas; y el calor del sistema se transfiere al depósito frío. Por último, mientras el sistema permanece aislado y el pistón sigue descendiendo, la temperatura del gas vuelve a aumentar.

En las primeras dos etapas, el gas se expande, y en las otras dos, se contrae. Además, la expansión y la contracción constan de dos fases: isotérmica y adiabática. En el ciclo de Carnot, isotérmico significa que se produce intercambio de calor con el medio, pero no hay cambios de temperatura. Adiabático se refiere a que, en el sistema, no entra ni sale calor.

Carnot calculó la eficiencia de su máquina ideal: si $T_H$ representa la temperatura máxima alcanzada, y $T_C$, la mínima, la fracción de energía térmica que sale como trabajo (la eficiencia) se expresa en la fórmula $(T_H - T_C)/T_H = 1 - (T_C / T_H)$. La máquina ideal de Carnot dista mucho de ser 100 % eficiente, pero su grado de eficiencia es muy superior al de las máquinas reales. Estas difieren de la máquina ideal en cuanto a que sus procesos son irreversibles. Una vez quemado el combustible, no hay vuelta atrás. Por lo tanto, el calor disponible para transferencia se reduce continuamente. Además, una parte del trabajo generado por la máquina se pierde en forma de calor por la fricción de las piezas móviles. Por ejemplo, la eficiencia de la mayoría de los motores de automóviles es apenas del 25 %, y la de las turbinas de vapor, del 60 % en el mejor de los casos, lo que supone un gran desperdicio de calor.

Carnot murió de cólera a los 36 años, cuando su trabajo aún se hallaba en una etapa incipiente. Desafortunadamente, sus copiosos apuntes fueron quemados para prevenir el contagio de la enfermedad, así que nunca sabremos cuán lejos habría llegado. Dos años después de la muerte de Carnot, Benoît Paul Émile Clapeyron publicó un resumen de su trabajo, al que añadió gráficos para aclarar algunos conceptos, y en el cual eliminó el elemento calórico. El estudio de Carnot sobre máquinas térmicas revolucionó nuestra comprensión del papel esencial del calor en el universo y sentó las bases de la termodinámica. ■

# LA ENTROPIA DEL UNIVERSO TIENDE A UN MAXIMO

## ENTROPÍA Y SEGUNDO PRINCIPIO DE LA TERMODINÁMICA

**EN CONTEXTO**

FIGURA CLAVE
**Rudolf Clausius** (1822–1888)

ANTES
**1749** La matemática y física francesa Émilie du Châtelet introduce los conceptos de energía y conservación de la energía.

**1777** En Suecia, el boticario Carl Scheele descubre la transferencia de calor por radiación.

**1780** El científico neerlandés Jan Ingenhousz descubre la transferencia de calor por conducción.

DESPUÉS
**1876** Josiah Gibbs, científico estadounidense, introduce el concepto de energía libre.

**1877** El físico austriaco Ludwig Boltzmann establece la relación entre entropía y probabilidad.

A mediados del siglo XIX, un grupo internacional de físicos revolucionó nuestra concepción del calor. Ese grupo, formado por los británicos William Thomson y William Rankine, los alemanes Hermann von Helmholtz, Julius von Mayer y Rudolf Clausius y el francés Sadi Carnot, demostró que el calor y el trabajo mecánico son intercambiables. Ambos son manifestaciones de lo que se llamó transferencia de energía.

Esos físicos descubrieron además un perfecto equilibrio en el intercambio de calor y trabajo mecánico: cuando una forma de energía aumenta, otra debe disminuir. La energía total nunca se pierde, solo cambia de forma. Esto se conoce como ley de conservación de la energía y constituye el primer principio de la termodinámica, que más tarde Rudolf Clausius amplió y reformuló como «la energía del universo es constante».

> Ninguna disciplina científica ha contribuido tanto a la liberación del espíritu humano como el segundo principio de la termodinámica.
> **Peter William Atkins**
> **Químico inglés**

## Flujo de calor

Los científicos pronto descubrieron otro principio de la termodinámica aplicable al flujo de calor. En 1824, el científico militar francés Sadi Carnot había imaginado una máquina térmica ideal en la que, a diferencia de lo que sucede en la naturaleza, los procesos de intercambio de energía eran reversibles: cuando una forma de energía se convertía en otra, podía regresar a la forma inicial sin perder energía. En la práctica, sin embargo, gran parte de la energía de las máquinas de vapor no se traducía en movimiento mecánico, pues se perdía en forma de calor. Si bien las máquinas de mediados del siglo XIX eran más eficientes que las del siglo XVIII, su tasa de conversión se hallaba muy por debajo del 100 %. En parte, los esfuerzos científicos por explicar esa

**Rudolf Clausius**

Rudolf Clausius nació en 1822 en Pomerania (Prusia, actual Polonia), y era hijo de un director de escuela y pastor. Después de cursar estudios en la Universidad de Berlín, impartió clases en la Escuela de Artillería e Ingeniería de Berlín. En 1855 comenzó a trabajar de profesor de física en la Escuela Politécnica Federal de Zúrich, en Suiza. Regresó a Alemania en 1867.

La publicación de su artículo «Sobre la fuerza motriz del calor», en 1850, resultó crucial para el desarrollo de la termodinámica. En 1856 introdujo el concepto de entropía y elaboró los célebres enunciados de los principios de la termodinámica: «La energía del universo es constante» y «La entropía del universo tiende a un máximo». Murió en 1888 en la ciudad alemana de Bonn.

**Obras principales**

**1850** «Sobre la fuerza motriz del calor».
**1856** «Sobre la modificación del segundo teorema fundamental de la teoría mecánica del calor».
**1867** *Teoría mecánica del calor.*

**Véase también:** Energía cinética y energía potencial 54 ▪ Calor y transferencia de calor 80–81 ▪ Energía interna y primer principio de la termodinámica 86–89 ▪ Máquinas térmicas 90–93 ▪ Radiación térmica 112–117

**Clausius observó que en una máquina térmica real** es imposible extraer una cantidad de calor ($Q_H$) de un depósito caliente y convertir todo ese calor en trabajo ($W$). Una parte del calor ($Q_C$) debe transferirse a un depósito frío. De acuerdo con el segundo principio de la termodinámica, es imposible construir una máquina térmica ideal que aproveche todo el calor extraído ($Q_H$) para generar trabajo ($W$).

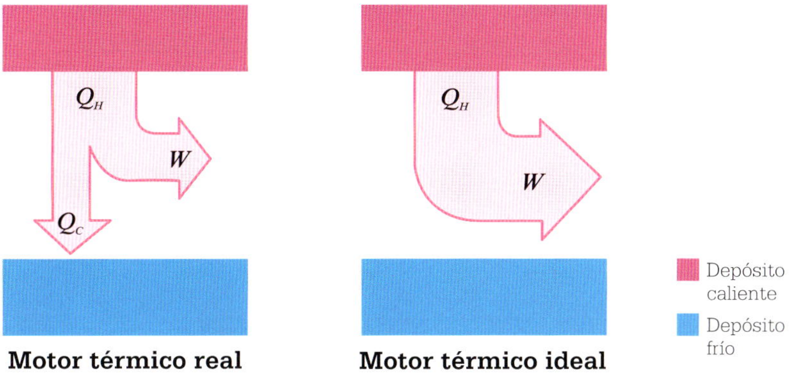


pérdida energética llevaron al hallazgo del segundo principio de la termodinámica. Clausius concluyó, como Thomson y Rankine, que el calor fluía en una única dirección: de caliente a frío, nunca de frío a caliente.

## Ayuda externa

En 1850, Clausius escribió la primera formulación del segundo principio de la termodinámica: «El calor por sí solo no puede fluir de un cuerpo más frío a uno más caliente». No dijo que el calor no pudiera fluir de frío a caliente, sino que, para hacerlo, necesita ayuda externa. Debe realizar trabajo. Así funcionan las neveras modernas. A la inversa de los motores térmicos, estas transfieren calor de las zonas frías del interior a las zonas calientes del exterior, lo que hace descender aun más la temperatura de las zonas frías. Esa transferencia requiere trabajo, que es suministrado por la expansión de un refrigerante.

Clausius enseguida se percató de que las implicaciones del flujo de calor unidireccional eran mucho más complejas de lo que se creía en un principio. Pronto resultó evidente que las máquinas térmicas estaban condenadas a la ineficiencia. Por muy ingenioso que fuera su diseño, siempre habría pérdidas de energía en forma de calor, ya fuera por fricción, escape (de gas o vapor) o radiación, que no se convertirían en trabajo.

El trabajo se origina por el movimiento del flujo de calor de un lugar a otro. Para Clausius y otros estudiosos de la materia, era obvio que, si el trabajo dependía del flujo de calor, debía haber una concentración de energía almacenada en algún sitio para iniciar el movimiento del flujo: una zona debía estar a mayor temperatura que otra. Pero si se pierde calor cada vez que se realiza trabajo, el calor se disipa poco a poco. Las concentraciones de calor son cada vez más pequeñas y exiguas hasta que no pueden generar más trabajo. Los suministros de energía disponibles para el trabajo mecánico no son inagotables: con el tiempo, todo se reduce a calor y tiene una vida útil limitada.

## La energía del universo

A inicios de la década de 1850, Clausius y Thomson especularon con la posibilidad de que la Tierra fuera una máquina térmica con una vida útil limitada, y se preguntaron si ello podía aplicarse a todo el universo. En 1852, Thomson teorizó que la energía del Sol se agotaría en algún momento, lo cual implicaba que la Tierra debía tener un principio y un fin, un nuevo concepto. Así pues, intentó determinar la edad de la Tierra calculando el tiempo que esta habría tardado en enfriarse hasta su temperatura actual, teniendo en cuenta cuánto tiempo el Sol podría generar calor.

Thomson estimó que la Tierra tenía unos pocos millones de años, y ello lo sumió en una contienda con geólogos y evolucionistas, que estaban convencidos de que la Tierra tenía muchos más años. Esa discrepancia de opiniones se explica por el hecho de que, en esa época, se desconocía la radiactividad, así como »

**Erupción del volcán Sakurajima**, en Japón. La energía térmica del interior de la Tierra se transfiere hacia el exterior, donde la temperatura es menor, ejemplificando el segundo principio de la termodinámica.

la conversión de la materia en energía, un hallazgo hecho por Einstein en 1905. La energía de la materia conservó el calor de la Tierra durante mucho más tiempo del que habría sido posible solo con la radiación solar. De modo que, la historia de nuestro planeta se remonta a más de 4.500 millones de años.

Thomson fue más lejos: propuso que toda la energía del universo se disiparía en forma de calor con el tiempo. Se esparciría como una masa de calor en equilibrio uniforme sin concentraciones de energía. Llegado ese punto, nada podría cambiar, y el universo estaría efectivamente muerto. Sin embargo, Thomson afirmó también que la teoría de «la muerte térmica» se basaba en el supuesto de que el universo se componía de una cantidad finita de materia, algo que él mismo juzgaba imposible. Por ello dijo que los procesos dinámicos del universo continuarían. Hoy, los cosmólogos poseen muchos más conocimientos sobre el universo que Thomson y han descartado la teoría de la muerte térmica, aunque el destino del universo sigue siendo incierto.

## Formulación del segundo principio

En 1865, Clausius acuñó la palabra entropía (del griego «intrínseco» y «dirección») para describir el flujo unidireccional de calor. El concepto de entropía unificó el trabajo que Clausius, Thomson y Rankine habían realizado los 15 años anteriores, mientras desarrollaban lo que más tarde se conocería como segundo principio de la termodinámica. No obstante, el significado de entropía abarcaría mucho más que un flujo unidireccional. A medida que las ideas de Clausius cobraron forma, la entropía pasó a ser una magnitud de la cantidad de energía disipada.

Según Clausius, ya que se necesita concentración de energía para mantener la forma y el orden del universo, la disipación produciría un desorden aleatorio de energía de bajo nivel. Por ello, la entropía hoy se considera una medida del grado de disipación energética o, más precisamente, del grado de aleatoriedad. Sin embargo, Clausius y sus colegas se referían concretamente al calor. De hecho, Clausius definió la entropía como una magnitud del calor que transfiere un cuerpo por unidad de temperatura. Cuando un cuerpo contiene mucho calor pero su temperatura es baja, el calor debe ser disipado.

> He acuñado deliberadamente la palabra entropía para que sea lo más parecida posible a la palabra energía.
> **Rudolf Clausius**

## El destino de todas las cosas

Clausius resumió el segundo principio de la termodinámica con la frase: «La entropía del universo tiende a un máximo». Dada la vaguedad del enunciado, hoy muchos creen que es válido para todo. Se ha convertido en una metáfora del destino de todas las cosas, que a la larga serán consumidas por el caos. Sin embargo, en 1854, Clausius se refería al calor y a la energía. Su definición constituye la primera formulación matemática de la entropía, aunque en aquel momento Clausius la llamó «valor de equi-

**La nebulosa del Cangrejo** es una supernova, una estrella que explotó. Según la teoría de la muerte térmica, el calor liberado al espacio por esas explosiones conduce al equilibrio térmico.

Cuando **se almacena una gran cantidad de calor interno**, la temperatura es **alta**.

Cuando el **calor interno** de un sistema es **bajo**, la temperatura es **baja**.

↓

El calor **fluye** de las zonas **de mayor temperatura** a las de **menor temperatura**.

↓

El calor **se disipa** naturalmente con el tiempo.

↓

**El grado de disipación o entropía del universo tiende a un máximo.**

valencia». De ella se desprenden dos ecuaciones de entropía (***S***), una para los sistemas cerrados y otra para los sistemas abiertos. Un sistema energético es un sistema por el que fluye energía, ya sea el motor del coche o la atmósfera. Un sistema abierto puede intercambiar tanto energía como materia con el exterior; un sistema cerrado solo puede intercambiar energía (en forma de calor o trabajo).

> Dentro de un periodo finito de tiempo, la Tierra volverá a ser inhabitable para la especie humana.
> **William Thomson**

Thompson propuso otro enunciado del segundo principio de la termodinámica para los límites de los motores térmicos que se convertiría en la base de lo que hoy conocemos como enunciado de Kelvin-Planck (lord Kelvin fue el nombre adoptado por Thomson en 1892 al recibir un título nobiliario). El físico alemán Max Planck perfeccionó el enunciado de Kelvin así: «Es imposible construir una máquina térmica que, funcionando en un ciclo, produzca como único resultado la absorción de calor procedente de un foco y la conversión de una cantidad equivalente de trabajo». En otras palabras: es imposible construir una máquina térmica 100 % eficiente. No es tan fácil percatarse de que eso es justamente lo que dice el enunciado de Clausius y que tanta confusión ha generado. En esencia, todas esas teorías se basan en el mismo principio termodinámico: la inevitable pérdida de calor cuando este fluye en una sola dirección. ■

## La flecha del tiempo

A menudo no se repara en la importancia del hallazgo del segundo principio de la termodinámica, ya que otros científicos enseguida ampliaron el trabajo de Clausius y sus colegas. Sin embargo, para la física, es tan esencial como las leyes del movimiento de Newton, y contribuyó a cambiar la cosmovisión del universo.

En el universo de Newton, todas las acciones suceden en todas las direcciones por igual, de modo que el tiempo no tiene dirección, es como un mecanismo eterno que puede funcionar hacia delante o hacia atrás. El segundo principio de la termodinámica de Clausius invalidó esa visión. Si el calor fluye en una sola dirección, el tiempo también. Las cosas se descomponen, se agotan, llegan a su fin; la flecha del tiempo apunta en una sola dirección: hacia el final. Las implicaciones de este hallazgo conmocionaron a muchas personas religiosas que creían que el universo era eterno.

**Cuando una vela se consume**, no se puede recuperar la cera quemada. La flecha termodinámica del tiempo apunta en una sola dirección: hacia el final.

# EL FLUIDO Y SU VAPOR SE VUELVEN UNO

## CAMBIOS DE ESTADO Y FORMACIÓN DE ENLACES

**EN CONTEXTO**

FIGURA CLAVE
**Johannes Diderik van der Waals** (1837–1923)

ANTES
***C.* 75 A. C.** El filósofo romano Lucrecio postula que los líquidos se componen de átomos redondos y lisos, y los sólidos, de átomos en forma de gancho.

**1704** Isaac Newton teoriza que los átomos están unidos por una fuerza de atracción invisible.

**1869** El químico y físico irlandés Thomas Andrews descubre la continuidad entre los estados fluidos de la materia (líquido y gaseoso).

DESPUÉS
**1898** El químico escocés James Dewar licúa hidrógeno.

**1908** El físico neerlandés Heike Kamerlingh Onnes licúa helio.

Se sabe desde hace tiempo que una misma sustancia puede existir por lo menos en tres estados: sólido, líquido y gaseoso. El agua, por ejemplo, puede encontrarse en forma de hielo, agua líquida y vapor de agua. Sin embargo, durante gran parte del siglo XIX, los cambios de estado representaron un impedimento para las leyes de los gases formuladas a finales del siglo XVIII.

De particular interés eran los dos estados fluidos de la materia: líquido y gaseoso. En ambos casos, la sustancia fluye y adopta la forma del recipiente, ya que no puede mantener forma propia como los sólidos. Los científicos habían demostrado que si

**Véase también:** Modelos de materia 68–71 ▪ Fluidos 76–79 ▪ Calor y transferencia de calor 80–81 ▪ Las leyes de los gases 82–85 ▪ Entropía y segundo principio de la termodinámica 94–99 ▪ El desarrollo de la mecánica estadística 104–111

> ¿Cómo voy a llamar a ese punto en que el fluido y su vapor se vuelven uno de acuerdo con la ley de continuidad?
>
> **Michael Faraday**
> **en una carta al científico William Whewell (1844)**

un gas se comprimía cada vez más, la presión no aumentaba de manera indefinida, sino que el gas acababa convirtiéndose en un líquido. De modo similar, si se calienta un líquido, al principio se evapora un poco, y después se evapora por completo. El punto de ebullición del agua –la temperatura máxima que puede alcanzar– es fácil de medir y aumenta sustancialmente con la presión, lo cual es el principio de la olla a presión.

## Puntos de cambio

Los científicos se propusieron ir más allá de las observaciones para determinar qué sucedía con las sustancias al cambiar del estado líquido al gaseoso. En 1822, el barón, ingeniero y físico francés Charles Cagniard de la Tour experimentó con un digestor de vapor, un artefacto presurizado que generaba vapor calentando agua por encima de su punto normal de ebullición. De la Tour llenó parcialmente el cilindro del digestor con agua y dejó caer en él una bola de pedernal. Al hacer rodar el cilindro, pudo oír el sonido de la bola contra el agua. Luego calentó el cilindro a una temperatura de unos 362 °C y, acto seguido, dejó de oír el sonido. El límite entre el gas y el líquido había desaparecido.

Entonces ya se sabía que para impedir que un líquido se convirtiera en gas había que aumentar la presión, pero De la Tour reveló que existía una temperatura a la que los líquidos se convertían indefectiblemente en gas, al margen de la presión a la que se los sometiera. A esa temperatura, no se puede distinguir el estado líquido del gaseoso: ambos se tornan igual de densos. La diferencia entre ambos estados se restablece al disminuir la temperatura.

El punto de equilibrio entre líquido y gas fue un concepto vago hasta la década de 1860, cuando el físico Thomas Andrews investigó el fenómeno. Andrews estudió la relación entre la temperatura, la presión y el volumen, y cómo estos afectaban los estados de las sustancias. En 1869 describió unos experimentos con dióxido de carbono en los que almacenó ese gas sobre una columna de mercurio en un tubo de ensayo. Al llevar el mercurio hacia arriba, consiguió aumentar la presión del gas hasta convertirlo en un líquido. Sin embargo, por mucha presión que aplicara, el gas nunca se licuaba a más de 32,92 °C, temperatura que denominó «punto crítico» del dióxido de carbono. Andrews concluyó: «Hemos observado que las fases gaseosa y líquida son esencialmente distintas etapas de un mismo estado de la materia y que pueden pasar de una a la otra por el cambio continuo». »

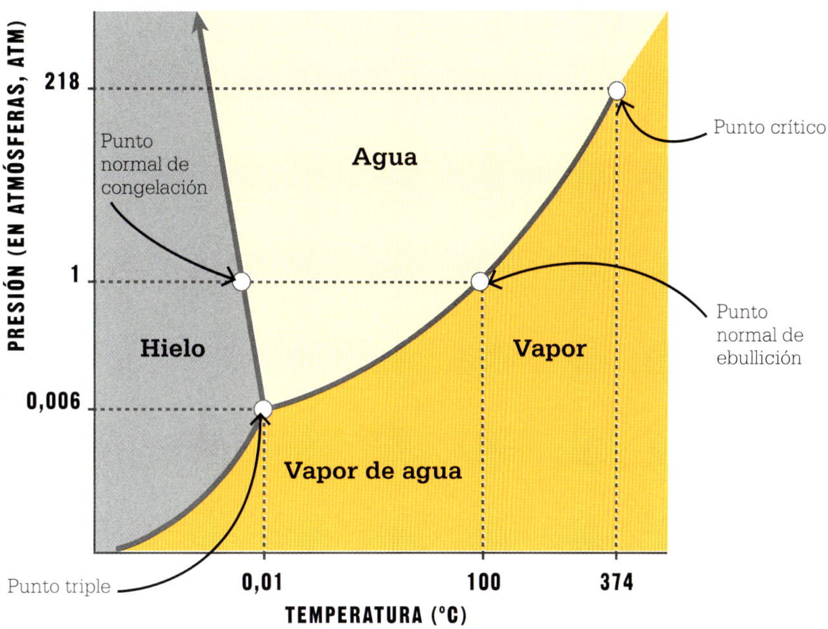


**El diagrama de fase** muestra la temperatura y la presión a las que una sustancia –en este caso, el agua– es sólida, líquida y gaseosa. En el punto triple, la sustancia existe simultáneamente en los tres estados. En el punto crítico, el líquido y su vapor son idénticos.

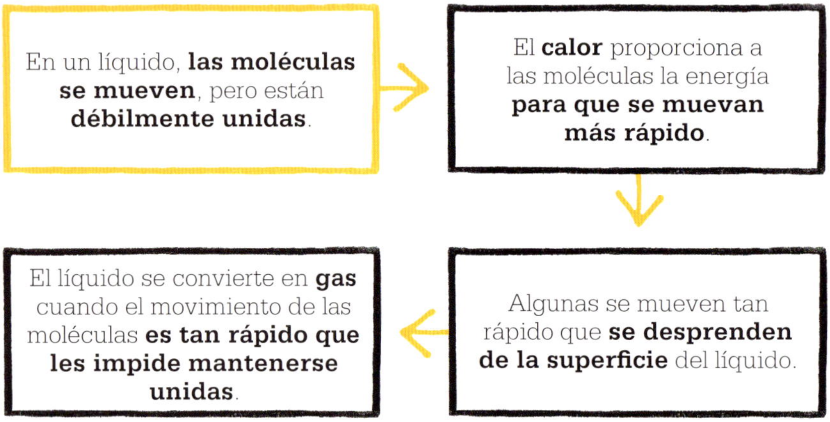


La idea de continuidad entre los estados líquido y gaseoso fue fundamental, ya que puso de relieve la similitud entre ambos. No obstante, aún quedaban por descubrir las fuerzas subyacentes en los estados de la materia y su interacción.

## Uniones moleculares

A principios del siglo XIX, el científico británico Thomas Young propuso que la superficie de un líquido se mantiene unida por medio de enlaces intermoleculares. La tensión superficial atrae gotas de agua y forma una curva en la parte superior del vaso de agua a medida que las moléculas se unen. El físico holandés Johannes Diderik van der Waals profundizó en el tema, y analizó lo que sucedía cuando la tensión superficial se rompía, las moléculas se separaban y el agua se convertía en vapor.

Van der Waals sugirió que el cambio de estado forma parte de un continuo y que no existe una división clara entre líquido y gas. Existe, sin embargo, una capa de transición en la que el agua no es exclusivamente líquida ni gaseosa. Van der Waals descubrió que con el aumento de la temperatura, la tensión superficial disminuye y que, al alcanzar la temperatura crítica, la tensión superficial desaparece, engrosando infinitamente la capa de transición. Así, desarrolló una ecuación de estado de los gases y los líquidos para describir el comportamiento de los gases y su condensación, que puede aplicarse a varias sustancias.

El trabajo de Van der Waals contribuyó a determinar la realidad de las moléculas y los enlaces intermoleculares. Estos son mucho más débiles que los enlaces entre átomos, en los que intervienen fuerzas electrostáticas. Las moléculas de la misma sustancia se mantienen unidas de manera distinta, tanto en el estado líquido como en el gaseoso. Por ejemplo, los enlaces que unen moléculas de agua difieren de los que unen los átomos de hidrógeno y oxígeno de la molécula de agua.

Para que un líquido se convierta en gas, las fuerzas entre moléculas deben vencerse para que estas puedan moverse libremente. El calor proporciona energía y hace vibrar las moléculas. Cuando la vibración es lo bastante fuerte, las moléculas se liberan de las fuerzas que las unen entre sí, y el líquido se convierte en gas.

## Fuerzas de atracción

Las principales fuerzas de atracción intermolecular (dipolo-dipolo, dispersión de London y enlace de hidrógeno) se conocen como fuerzas de Van der Waals. La interacción dipolo-dipolo se da en moléculas polares, en las que los electrones se comparten de forma desigual entre los átomos. En el ácido clorhídrico, por ejemplo, el átomo de cloro toma un electrón extra del átomo de hidrógeno, lo que concede una ligera carga negativa a esa parte de la molécula, a diferencia de la parte del hidrógeno. Como resultado, en una solución de ácido clorhídrico, las partes negativas de algunas moléculas son atraídas por las partes positivas de otras y, de ese modo, se unen.

La fuerza de dispersión de London (llamada así por el científico estadounidense de origen alemán Fritz London, que la descubrió en 1930) se da entre moléculas no polares. Por ejemplo, una molécula de gas cloro (o cloro diatómico) se compone de dos átomos de cloro con idéntica carga. No obstante, los electrones del átomo se mueven constantemente. Ello implica que una parte de la molécula puede ser negativa y luego positiva. En este caso, los enlaces se forman y se rompen de manera continua.

La tercera fuerza, el enlace de hidrógeno, es un tipo específico de enlace dipolo-dipolo. Consiste en la interacción entre un átomo de hidrógeno y un átomo de oxígeno, flúor o nitrógeno. Este tipo de enlace intermolecular es especialmente fuerte,

> Yo estaba muy convencido de la existencia real de las moléculas.
> **Johannes Diderik van der Waals**

pues los átomos de oxígeno, flúor y nitrógeno son potentes atractores de electrones, mientras que el hidrógeno tiende a perderlos. Así pues, las moléculas que combinan esos elementos presentan un alto grado de polaridad y enlaces muy resistentes, como los del agua ($H_2O$).

Los enlaces de dispersión son los más débiles. Algunos elementos unidos por ese tipo de enlace, como el cloro y el flúor, permanecen en estado gaseoso a menos que se sometan a temperaturas extremadamente bajas (de –188 °C y –186 °C, respectivamente); en esas condiciones, los enlaces se tornan lo suficientemente fuertes como para pasar al estado líquido. Los enlaces de hidrógeno, por su parte, son los más fuertes, por ello el punto de ebullición del agua es excepcionalmente alto.

## Descubrimientos decisivos

Al demostrar que las fuerzas de atracción entre las moléculas de los gases no son nulas, sino que, bajo presión, pueden dar lugar a enlaces que producen cambios de estado, Van der Waals sentó las bases para la comprensión del cambio del estado líquido al gaseoso, y viceversa. Su ecuación permitió determinar el punto crítico de diversas sustancias, posibilitó la licuefacción de gases como el oxígeno, el nitrógeno y el helio y, además, contribuyó al hallazgo de los superconductores, sustancias que pierden toda resistencia eléctrica al enfriarse a temperaturas ultrabajas. ■

> No cabe duda de que el nombre Van der Waals pronto estará entre los más destacados de la ciencia molecular.
> **James Clerk Maxwell**

**En las plantas de oxígeno líquido**, el oxígeno se extrae del aire en columnas de separación y se enfría en intercambiadores de calor hasta su temperatura de licuefacción (–186 °C).

## Johannes Diderik van der Waals

Johannes Diderik van der Waals nació en la ciudad holandesa de Leiden, en 1837. Era hijo de un carpintero y carecía de la formación necesaria para cursar estudios superiores. Sin embargo, más tarde trabajó como profesor de matemáticas y física y estudió a tiempo parcial en la Universidad de Leiden, donde, en 1873, se doctoró en atracción molecular.

Van der Waals no tardó en ser aclamado como uno de los físicos más destacados de la época, y en 1876 se convirtió en el primer profesor de física de la Universidad de Ámsterdam, donde desarrolló su carrera hasta ser sucedido en el cargo por su hijo, también llamado Johannes Diderik. En 1910, fue galardonado con el Nobel de Física «por su trabajo con la ecuación de estado de los gases y los líquidos». Murió en Ámsterdam, en 1923.

### Obras principales

**1873** *Sobre la continuidad de los estados líquido y gaseoso.*
**1880** *Ley de estados de correspondencia.*
**1890** *Teoría de soluciones binarias.*

# CHOQUES DE BOLAS DE BILLAR EN UNA CAJA

## EL DESARROLLO DE LA MECÁNICA ESTADÍSTICA

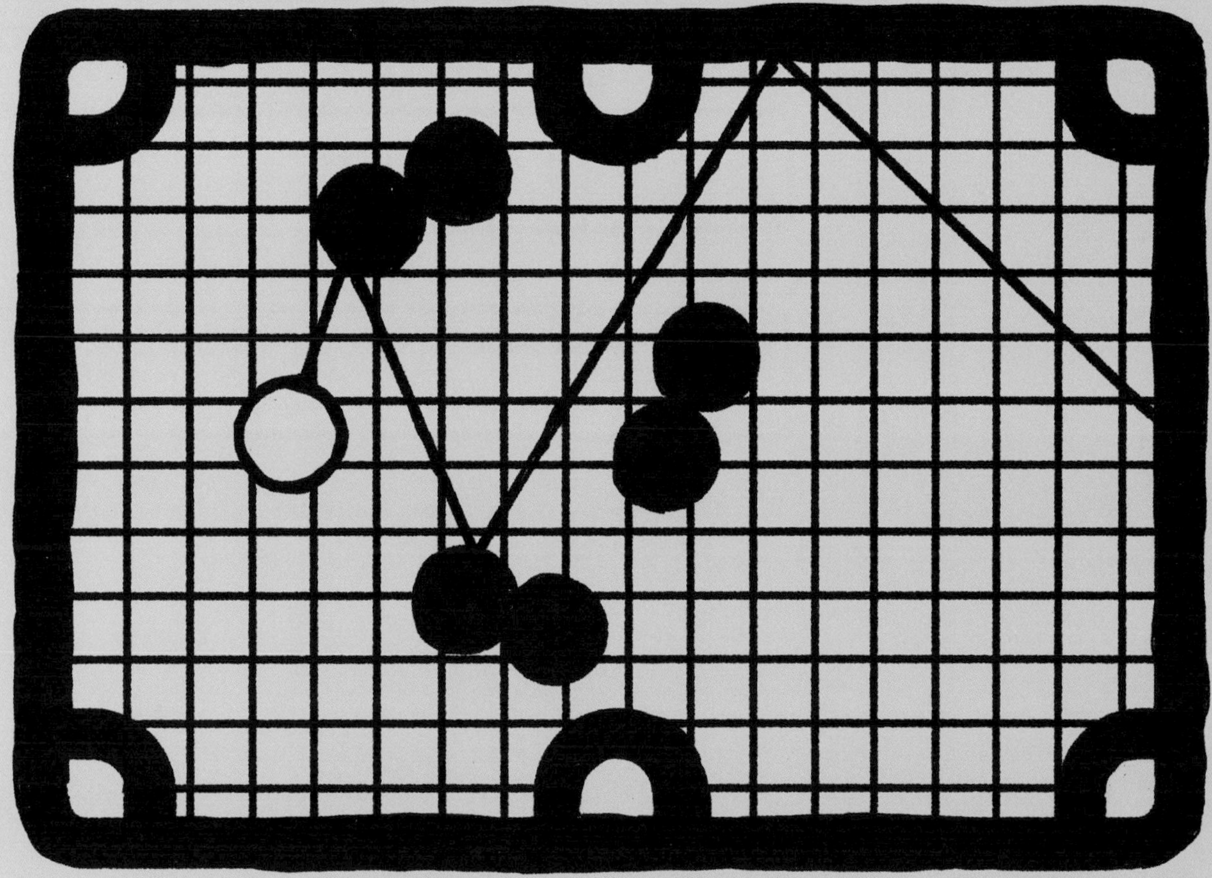

**EN CONTEXTO**

FIGURA CLAVE
**Ludwig Boltzmann**
(1844–1906)

ANTES
**1738** Daniel Bernoulli realiza el primer análisis estadístico del movimiento de partículas.

**1821** John Herapath presenta el primer enunciado claro de la teoría cinética.

**1845** John Waterston calcula la velocidad media de las moléculas de gas.

**1859** James Clerk Maxwell expone su teoría cinética.

DESPUÉS
**1902** Willard Gibbs publica la primera obra importante sobre mecánica estadística.

**1905** Marian von Smoluchowski y Albert Einstein explican el movimiento browniano como mecánica estadística en acción.

**Un gas** se compone **de un gran número de moléculas**.

↓

Las moléculas se mueven a **altas velocidades** y en **direcciones infinitamente variadas**.

↓

Es **imposible** calcular el movimiento de **una molécula individual**.

↓

Los **promedios estadísticos** y las **probabilidades matemáticas** pueden ayudarnos a comprender el **movimiento de la suma de las moléculas** de un sistema.

Hoy es un hecho científico que las propiedades de la materia y, en particular, de los gases dependen del comportamiento de los átomos y las moléculas. Pero esa teoría dio lugar a prolongadas y amargas disputas en el pasado, sobre todo en el siglo XIX. Los pioneros que la postularon fueron, en el mejor de los casos, desdeñados y, en el peor de ellos, sometidos al escarnio. Tuvo que transcurrir mucho tiempo para que la teoría cinética (la idea de que el calor es el movimiento rápido de las moléculas) fuera realmente aceptada.

En el siglo XVII, Robert Boyle demostró que el aire es elástico, que se expande y se contrae. Especuló que ello podría deberse a la repulsión de las partículas que lo componen. Isaac Newton, por su parte, demostró matemáticamente que si la elasticidad del aire –su presión– proviene de la repulsión de las partículas, entonces la fuerza de repulsión debe ser inversamente proporcional a la distancia entre ellas. No obstante, Newton estaba convencido de que las partículas mantenían una posición fija y vibraban siempre en el mismo lugar.

## Gases y calor

El matemático suizo Daniel Bernoulli fue el primero en exponer formalmente la teoría cinética de los gases en 1738. Los científicos ya sabían que el aire ejercía presión, al menos la suficiente para sostener una pesada columna de mercurio, como había demostrado Evangelista Torricelli con su barómetro en la década de 1640. La explicación aceptada era que el aire se componía de partículas que, según se creía, flotaban en una sustancia invisible llamada éter.

Motivado por el reciente invento de la máquina de vapor, Bernoulli propuso una idea nueva. Pidió a sus lectores que imaginasen un pistón dentro de un cilindro con diminutas partículas redondas en movimiento.

> Vivimos sumergidos en el fondo de un océano del elemento aire.
> **Evangelista Torricelli**

**Véase también:** Energía cinética y energía potencial 54 ▪ Fluidos 76–79 ▪ Máquinas térmicas 90–93 ▪ Entropía y segundo principio de la termodinámica 94–99

> No cabe duda de que una teoría bien fundada es, en algunos aspectos, una producción artística. Un buen ejemplo es la famosa teoría cinética.
> **Ernest Rutherford**

Luego señaló que el choque de las partículas contra el pistón creaba presión. Al calentar el aire, las partículas se aceleraban y chocaban más veces contra el pistón, empujándolo hacia arriba. En ese ejercicio condensó la teoría cinética de los gases y el calor; no obstante, sus ideas cayeron en saco roto; la atención se centró primero en la teoría del flogisto, según la cual todo combustible contenía esa sustancia, y luego en la teoría calórica, que consideraba el calor como un tipo de fluido. Ambas predominaron durante 130 años, hasta que Ludwig Boltzmann las refutó en su análisis estadístico de 1868.

## Calor y movimiento

Hubo otros pioneros no reconocidos, como el científico ruso Mijaíl Lomonósov que, en 1745, propuso que el calor era una medida del movimiento de las partículas; es decir, la teoría cinética del calor. Además, Lomonósov afirmó que el cero absoluto se alcanzaría con el cese del movimiento de las partículas, conclusión a la que William Thomson (más tarde lord Kelvin, nombre que quedó inmortalizado en la escala de temperatura) llegó en 1848.

En 1821, el físico británico John Herapath formuló el primer enunciado claro de la teoría cinética. Entonces, el calor se consideraba un fluido, y los gases, sustancias compuestas por partículas repelentes, como Newton había conjeturado. Sin embargo, Herapath rechazó esas ideas y señaló que los gases se componían de «átomos chocando entre sí». De ser esas partículas infinitamente pequeñas, pensó, las colisiones aumentarían con la compresión del gas y, en consecuencia, la presión se incrementaría y se generaría calor. Por desgracia, la Royal Society de Londres descartó el trabajo de Herapath por considerarlo arbitrario e infundado.

En 1845, la Royal Society también descartó un estudio sobre la teoría cinética del químico escocés John Waterston, que explicaba la distribución de la energía en los átomos y las moléculas de los gases mediante normas estadísticas. Waterston comprendía que las moléculas no se movían todas a la misma velocidad, sino en un rango de velocidades en torno a una media. Como había ocurrido con Herapath, la Royal Society hizo caso omiso de la importante contribución de Waterston y perdió el único ejemplar de su innovador estudio. Su trabajo fue redescubierto en 1891, aunque para entonces Waterston había desaparecido. Más tarde se supo que se había ahogado en un canal próximo a su casa de Edimburgo.

## Universo desordenado

El trabajo de Waterston fue especialmente notable porque la física rechazaba por primera vez el mecanismo de relojería perfecto del universo newtoniano. Waterston analizó valores en un rango tan desordenado que la única forma de entenderlos era en términos de promedios estadísticos »

## Movimiento browniano

En 1827, el botánico escocés Robert Brown describió el errático movimiento de los granos de polen suspendidos en agua. Otros ya habían observado ese fenómeno, pero Brown fue el primero en estudiarlo a fondo. La investigación reveló que el diminuto movimiento oscilatorio de los granos se aceleraba con el aumento de la temperatura del fluido.

La existencia de átomos y moléculas aún suscitaba acalorados debates a inicios del siglo XX; sin embargo, en 1905, Einstein postuló que el movimiento browniano podía explicarse como un bombardeo de átomos y moléculas invisibles contra las partículas en suspensión que, a raíz de ello, vibraban de un lado a otro. Un año después, el físico polaco Marian Smoluchowski publicó una teoría similar, y el francés Jean Baptiste Perrin realizó experimentos que confirmaron esa teoría en 1908.

**El movimiento browniano** de las partículas se debe a las colisiones con las moléculas en rápido movimiento del fluido. Al final se explicó mediante la mecánica estadística.

y probabilidades, no de certezas. Si bien su trabajo fue rechazado en un principio, la noción del gas y el calor como veloces movimientos de diminutas partículas finalmente empezó a cobrar fuerza. Los trabajos de los físicos británicos James Joule y William Thomson, así como del alemán Rudolf Clausius y otros, demostraron que el calor y el movimiento son formas intercambiables de energía e invalidaron la teoría según la cual el calor era un fluido calórico.

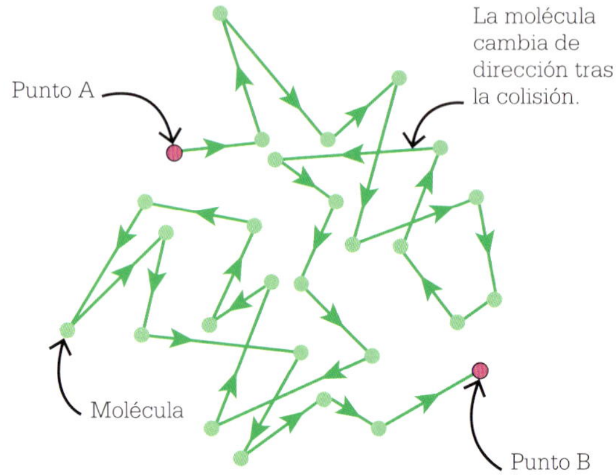


**Una molécula de gas** colisiona repetidas veces con otras moléculas y, al hacerlo, cambia de dirección. La molécula aquí ilustrada ha colisionado 25 veces y la distancia media recorrida entre colisiones es lo que Rudolf Clausius llamó «trayecto libre medio». Compárese la distancia más corta entre los puntos A y B con la distancia realmente recorrida.

## Movimiento molecular

Joule había calculado con bastante precisión las altas velocidades de las moléculas de gas en 1847, pero lo hizo suponiendo que todas se movían a la misma velocidad. Un decenio después, Clausius profundizó en el tema e introdujo el concepto de trayecto libre medio. En su opinión, las moléculas chocan y rebotan en distintas direcciones. El trayecto libre medio sería la distancia media que debe recorrer una molécula antes de colisionar con otra. Clausius calculó que esa distancia era de tan solo una millonésima de milímetro a temperatura ambiente, lo cual implica que cada molécula choca contra otra más de 8000 millones de veces por segundo. La escala sumamente pequeña y la frecuencia de las colisiones hacen que el gas parezca una sustancia fluida y serena, más que un mar embravecido.

> La energía disponible es el principal objeto en juego en la lucha por la existencia y la evolución del mundo.
> **Ludwig Boltzmann**

James Clerk Maxwell desarrolló un argumento tan sólido a favor de la teoría cinética que acabó por aceptarse. Cabe señalar que, en 1859, introdujo la primera ley estadística de la física, que determina la proporción probable de moléculas que se mueven a una velocidad determinada en un gas ideal. Además, estableció que el número de colisiones moleculares está en correspondencia con la temperatura: cuanto más frecuentes son las colisiones, mayor es la temperatura. En 1873, Maxwell estimó que en un centímetro cúbico de gas en condiciones ideales hay 19 billones de moléculas, cifra que no dista mucho del cálculo moderno de 26,9 billones.

Asimismo, Maxwell comparó el análisis molecular con la ciencia de la estadística demográfica, que clasifica a las personas en grupos según factores como el nivel educativo, el color de cabello y la constitución, entre otros, para determinar las características medias de cada grupo. Maxwell observó que la mayoría de los átomos contenidos en un centímetro cúbico de gas eran, en efecto, mucho menos variados que los grupos demográficos, de modo que la labor estadística de análisis resultó bastante más simple de lo previsto.

## El hallazgo de Boltzmann

La figura más destacada en lo que concierne al desarrollo del análisis estadístico molecular fue el físico austriaco Ludwig Boltzmann. En los importantes trabajos de 1868 y 1877, Boltzmann convirtió el enfoque estadístico de Maxwell en una disciplina científica: la mecánica estadística. Curiosamente, esa nueva rama de la física permitió explicar y predecir las propiedades de los gases y el calor en términos mecánicos simples, como la masa, el momento y la velocidad. Las partículas, aunque diminutas, se regirían por la segunda ley del movimiento de Newton, y la variedad de su movimiento respondería sencillamente al azar. El calor, que era considerado un fluido calórico misterioso e intangible, pudo entenderse como el rápido movimiento de las partículas, un fenómeno completamente mecánico.

Boltzmann se enfrentó a un peculiar reto a la hora de poner a prueba su teoría: el número de moléculas era tan inmenso y su tamaño, tan pequeño, que resultaba imposible hacer cálculos individuales. Además, el movimiento de las partículas variaba enormemente en cuanto a velocidad e infinitamente en cuanto a dirección. Boltzmann se dio cuenta de que la única forma de explorar esa teoría con rigor y practicidad era haciéndolo por medio de las matemáticas de la estadística y la probabilidad. Así pues, se vio obligado a renunciar a las certezas y la precisión del mecanismo de relojería newtoniano para adentrarse en un mundo más caótico, el de las estadísticas y los promedios.

### Micro y macroestados

La ley de conservación de la energía establece que la energía total *(E)* en un volumen de gas aislado debe ser constante. Sin embargo, la energía de las moléculas individuales puede variar. Por tanto, la energía de cada molécula no puede equivaler al cociente entre la energía total y el número total de moléculas *(E/N),* por ejemplo, 19 billones, como si todas tuvieran la misma energía. Por ese motivo, Boltzmann estudió el rango de energía posible de las moléculas individuales teniendo en cuenta factores como la posición y la velocidad. Ese rango de energía se llamó «microestado».

Debido a la interacción entre los átomos de las moléculas, el microestado fluctúa billones de veces por segundo, si bien las condiciones generales del gas (es decir, su presión, temperatura y volumen, lo que Boltzmann llamó «macroestado») permanecen estables. Boltzmann se dio cuenta de que el macroestado podía calcularse promediando los microestados.

Para calcular el promedio de los microestados que componen el macroestado, Boltzmann tuvo que suponer que todos los microestados son igual de probables, suposición que justificó con lo que más tarde se llamó hipótesis ergódica (según la cual, al cabo de un periodo muy prolongado, todo sistema dinámico habrá permanecido, en promedio, la misma cantidad de tiempo en cada microestado). La idea de que a la larga todo se termina compensando era fundamental para Boltzmann.

### Termodinámica estadística

El enfoque estadístico de Boltzmann ha tenido enormes repercusiones. Se ha convertido en el principal medio para comprender el calor y la energía, y ha hecho de la termodinámica –el estudio de las relaciones entre el calor y otras formas de energía– el pilar central de la física. Además de ser una herramienta sumamente útil y valiosa para el estudio del mundo subatómico, ha allanado el camino para el desarrollo de la ciencia cuántica, y constituye la base sobre la que se sustentan muchas tecnologías modernas.

> Vamos a tener campo libre para todas las direcciones de la investigación; acabad con el dogmatismo, ya sea atomista o antiatomista.
> **Ludwig Boltzmann**

Los científicos saben hoy que el mundo subatómico puede explorarse a través de probabilidades y promedios no solo como una vía para estudiarlo o medirlo, sino como un modo de vislumbrar su realidad: la aparente solidez del mundo en que vivimos es, en esencia, un mar de probabilidades subatómicas. En la década de 1870, sin embargo, Boltzmann encontró una fuerte oposición al exponer los fundamentos »

### Ludwig Boltzmann

Boltzmann nació en Viena en 1844, durante el apogeo del Imperio austrohúngaro. Estudió física en la Universidad de Viena, y basó su tesis doctoral en la teoría cinética de los gases. A los 25 años se convirtió en catedrático de la Universidad de Graz, y después trabajó como profesor en Viena y Múnich, antes de volver a Graz. En 1900, se trasladó a la Universidad de Leipzig para librarse de su viejo e implacable rival, Ernst Mach.

Boltzmann concluyó su trabajo sobre mecánica estadística en Graz. Estableció la teoría cinética de los gases y los fundamentos matemáticos de la termodinámica en relación con los movimientos probables de los átomos. Sus ideas le valieron numerosos enemigos. Boltzmann sufría de ataques de depresión. Se suicidó en 1906.

**Obras principales**

**1871** Estudio sobre la distribución de Maxwell-Boltzmann.
**1877** «Sobre la relación entre la segunda ley de la termodinámica y la teoría de la probabilidad con respecto a las leyes del equilibrio térmico».

matemáticos de la termodinámica. Escribió dos ensayos fundamentales sobre el segundo principio de la termodinámica (desarrollado previamente por Rudolf Clausius, William Thomson y William Rankine) y demostró que el calor fluye en una única dirección, de caliente a frío. Boltzmann explicó que ese principio podría comprenderse aplicando al movimiento de los átomos las leyes básicas de la mecánica (es decir, las leyes del movimiento de Newton), así como la teoría de la probabilidad.

En otras palabras, el segundo principio de la termodinámica es una ley estadística. Establece que los sistemas tienden hacia el equilibrio o la máxima entropía (el estado de mayor desorden de un sistema físico) por ser, con mucho, el resultado más probable del movimiento atómico: a la larga, todo se termina equilibrando. En 1871, Boltzmann había contribuido a la ley de distribución formulada en 1859 por Maxwell con el desarrollo de una regla que determina la distribución de las velocidades de las moléculas de gas a una temperatura dada. Hoy, la distribución de Maxwell-Boltzmann constituye un elemento clave de la teoría cinética de los gases. Se utiliza para determinar la velocidad media y la velocidad más probable de las moléculas. Hace hincapié en el concepto de equipartición de la energía, según el cual la energía de los átomos en movimiento se reparte y es igual en todas las direcciones.

## Negación atómica

El enfoque de Boltzmann generó una férrea oposición por parte de algunos de sus contemporáneos. Muchos tacharon sus ideas de descabelladas, y puede que la hostilidad hacia su trabajo pesara en su decisión de suicidarse. Los científicos de la época se oponían a las teorías de Boltzmann porque no estaban convencidos de la existencia de los átomos. Algunos, como el físico austriaco Ernst Mach, acérrimo rival de Boltzmann y famoso por su trabajo sobre ondas de choque, creían que los científicos solo debían aceptar aquello constatable mediante la observación directa, pero entonces no existían los medios para hacerlo.

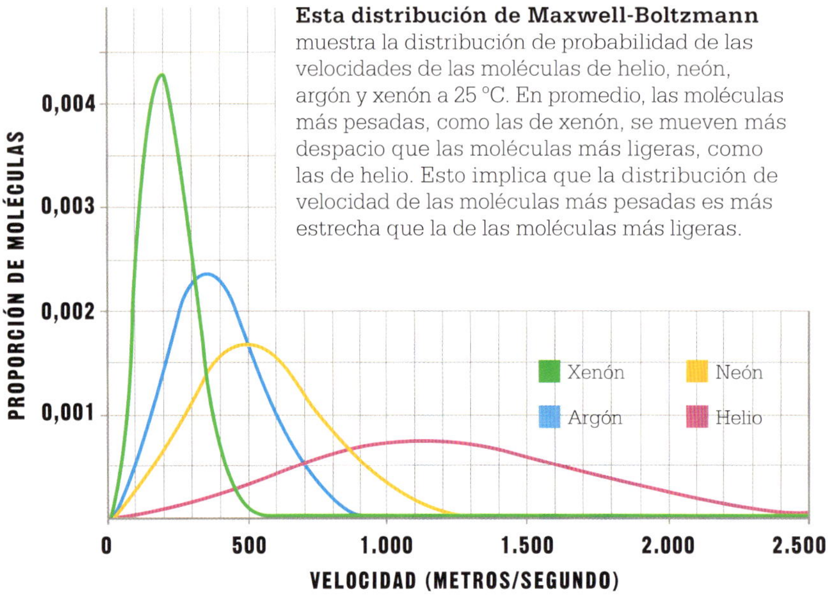


**Esta distribución de Maxwell-Boltzmann** muestra la distribución de probabilidad de las velocidades de las moléculas de helio, neón, argón y xenón a 25 °C. En promedio, las moléculas más pesadas, como las de xenón, se mueven más despacio que las moléculas más ligeras, como las de helio. Esto implica que la distribución de velocidad de las moléculas más pesadas es más estrecha que la de las moléculas más ligeras.

**En la Exposición Universal de San Luis** (1904), Boltzmann dio una charla sobre matemáticas aplicadas. Su ciclo de conferencias por EE UU incluyó visitas a las universidades de Stanford y Berkeley.

La mayoría de los científicos solo aceptaron la existencia de los átomos a raíz de las contribuciones de Albert Einstein y Marian Smoluchowski. Ambos exploraron de modo independiente el movimiento browniano, el inexplicable movimiento aleatorio de las diminutas partículas suspendidas en un medio fluido. Einstein, en 1905, y Smoluchowski, en 1906, demostraron que el movimiento browniano podía explicarse mediante la mecánica estadística como el resultado de colisiones entre las partículas y las moléculas en rápido movimiento del propio fluido.

## Mayor aceptación

Pese a que Boltzmann era un gran profesor y querido por sus alumnos, su trabajo no gozó de reconocimiento, quizá por falta de difusión. La aceptación generalizada de su enfoque teórico se debe en gran parte al físico estadounidense Willard Gibbs, autor de la principal obra sobre el tema,

*Statistical mechanics* (1902). Gibbs acuñó el término «mecánica estadística» para englobar el estudio del movimiento mecánico de las partículas. Además, introdujo el concepto de conjunto estadístico (*ensemble*): un conjunto de microestados similares que se combinan para formar un macroestado, principio fundamental de la termodinámica que hoy tiene aplicaciones en otros ámbitos de la ciencia, desde el estudio de las vías neuronales hasta la predicción de las condiciones meteorológicas.

> ¿Átomos? ¿Acaso has visto alguno?
> **Ernst Mach**

## Reivindicación final

Gracias a Gibbs, Boltzmann fue invitado a participar en un ciclo de conferencias en EE UU en 1904. Para entonces, la hostilidad hacia su trabajo de toda una vida empezaba a pasarle factura. Tenía antecedentes médicos de trastorno bipolar y, en 1906, durante unas vacaciones en Trieste (Italia), se ahorcó. En un amargo giro del destino, su muerte se produjo el mismo año en que el trabajo de Einstein y Smoluchowski empezaba a ganar aceptación y a reivindicar la figura de Boltzmann. Su idea primordial era que la materia y todos los fenómenos complejos se rigen por la probabilidad y la entropía. Es imposible sobreestimar el gran cambio de mentalidad y enfoque que sus ideas suscitaron entre los físicos. Las certezas de la física newtoniana habían sido reemplazadas por una cosmovisión en la que solo existe un mar efervescente de probabilidades y lo único seguro son la desintegración y el desorden. ■

**Un tornado** es un sistema caótico que puede analizarse a través de la mecánica estadística. La proyección de la distribución de las moléculas atmosféricas ayuda a determinar su temperatura e intensidad.

## Pronósticos meteorológicos

Los métodos desarrollados en la mecánica estadística para el análisis y la predicción de los movimientos masivos de partículas poseen múltiples aplicaciones más allá de la termodinámica.

Una de ellas es el cálculo de pronósticos por conjuntos. Los métodos más tradicionales, como el modelo numérico de predicción, recogen datos de las estaciones meteorológicas de todo el mundo para simular las condiciones climáticas futuras. Por el contrario, el pronóstico por conjuntos se basa en un gran número de predicciones en vez de en una sola. Las probabilidades de que un pronóstico sea erróneo son relativamente altas, pero los meteorólogos pueden confiar en que las condiciones climáticas oscilarán en un rango dado.

La idea del pronóstico por conjuntos fue propuesta en 1963 por Edward Lorenz, matemático estadounidense, en un ensayo en el que además esbozaba la teoría del caos. Famoso por el llamado «efecto mariposa», su teoría explora cómo ocurren los sucesos en un sistema caótico como la atmósfera terrestre. Según Lorenz, una mariposa agitando sus alas puede desencadenar una serie de sucesos que acabe por desatar un huracán.

Las posibilidades del enfoque estadístico son inmensas. Al permitir que la incertidumbre tenga un papel, la fiabilidad de los pronósticos ha aumentado muchísimo. Los meteorólogos pueden predecir hoy en día el tiempo local con semanas de antelación; eso sí, dentro de un rango dado.

# EXTRAER UN POCO DE ORO DEL SOL

## RADIACIÓN TÉRMICA

## EN CONTEXTO

FIGURA CLAVE
**Gustav Kirchhoff** (1824–1887)

ANTES
**1798** Benjamin Thompson, conde de Rumford, afirma que el calor se relaciona con el movimiento.

**1844** Según James Joule, el calor es una forma de energía y otras formas de energía se pueden convertir en calor.

**1848** William Thomson (lord Kelvin) define el cero absoluto de temperatura.

DESPUÉS
**1900** El físico alemán Max Planck enuncia una nueva teoría de radiación de cuerpo negro y presenta el concepto de cuanto.

**1905** Albert Einstein usa la teoría de radiación de cuerpo negro de Planck para resolver el problema del efecto fotoeléctrico.

Un material que **absorbe energía** en una longitud de onda específica **emite energía en la misma longitud de onda**.

Un cuerpo negro **absorbe toda la energía** que incide sobre él.

**La energía de radiación emitida** por un cuerpo negro depende exclusivamente de **su temperatura**.

Cuando el cuerpo negro está **en equilibrio con su entorno**, la **radiación absorbida** es igual a la **radiación emitida**.

La energía calorífica se puede transferir de un lugar a otro de una de estas tres formas: por conducción en los sólidos, por convección en los líquidos y gases o por radiación. Esta última, llamada también radiación térmica o calorífica, no requiere contacto físico. Junto con las ondas de radio, la luz visible y los rayos X, constituye una forma de radiación electromagnética que viaja en ondas a través del espacio.

James Clerk Maxwell fue el primero en proponer la existencia de ondas electromagnéticas en 1865. Predijo que existiría todo un rango o espectro de ondas electromagnéticas, y experimentos posteriores demostraron que estaba en lo cierto. Todo lo que tiene una temperatura superior al cero absoluto (–273,15 °C) emite radiación. Todos los cuerpos del universo intercambian constantemente radiación electromagnética entre sí. Ese flujo constante de energía de un cuerpo a otro impide que se enfríen hasta el cero absoluto, la temperatura mínima teórica a la que dejarían de transferir energía.

### Calor y luz

El astrónomo británico de origen alemán William Herschel fue uno de los primeros científicos que reparó en la relación entre calor y luz. En 1800 descompuso la luz con un prisma y midió la temperatura en diversos puntos del espectro. Notó que la temperatura aumentaba a medida que movía el termómetro de la parte violeta a la parte roja del espectro.

Para su sorpresa, Herschel descubrió que la temperatura continuaba aumentando más allá del extremo rojo del espectro, donde no había luz visible. Había descubierto la radiación infrarroja, un tipo de energía invisible que puede detectarse como calor. Las tostadoras modernas, por ejemplo, utilizan radiación infrarroja para transferir energía calorífica al pan.

La cantidad de radiación térmica cedida por un cuerpo depende de su temperatura. Cuanto más caliente esté, más energía emitirá. De estar lo suficientemente caliente,

**Véase también:** Conservación de la energía 55 ▪ Calor y transferencia de calor 80–81 ▪ Energía interna y primer principio de la termodinámica 86–89 ▪ Máquinas térmicas 90–93 ▪ Ondas electromagnéticas 192–195 ▪ Cuantos de energía 208–211

**Gas y polvo helados** de la nebulosa del Águila representados en rojo (–263 °C) y azul (–205 °C) en esta imagen captada por el telescopio de infrarrojo lejano del Observatorio Herschel.

gran parte de la radiación emitida se percibirá como luz visible. Así, por ejemplo, una barra de metal que se calienta a alta temperatura emitirá primero un brillo rojo oscuro, luego amarillo y, por último, blanco resplandeciente. La barra metálica desprenderá brillo rojo al superar los 700 °C. Los cuerpos con las mismas propiedades de radiación emiten luz del mismo color al alcanzar esa temperatura.

## La absorción es igual a la emisión

En 1858, el físico escocés Balfour Stewart presentó un estudio titulado «Informe acerca de algunos experimentos sobre calor radiante». Mientras investigaba la absorción y emisión de calor en placas delgadas de diversos materiales, descubrió que, a todas las temperaturas, las longitudes de onda de la radiación emitida y absorbida eran idénticas. Un material que tiende a absorber energía en determinada longitud de onda tiende a emitir energía en esa misma longitud de onda. Así, Stewart se dio cuenta de que «la absorción de una placa es igual a su radiación [emisión] y lo mismo para cada descripción [longitud de onda] del calor».

Dos años después de la publicación de la obra de Stewart, el físico alemán Gustav Kirchhoff, quien desconocía el trabajo de su homólogo escocés, publicó conclusiones similares. En aquel momento, la comunidad académica juzgó más riguroso el trabajo de Kirchhoff que el de Stewart, y encontró aplicaciones inmediatas en otros campos, como la astronomía. A pesar de que su descubrimiento precede al de Kirchhoff, la contribución de Stewart a la teoría de la radiación térmica cayó en el olvido. »

> Es posible imaginar cuerpos que [...] absorben completamente todos los rayos incidentes y no reflejan ni emiten ninguno. Los llamaré [...] cuerpos negros.
>
> **Gustav Kirchhoff**

## Gustav Kirchhoff

Nació en 1824 y estudió en la ciudad prusiana de Königsberg, actual Kaliningrado (Rusia). Como estudiante, demostró sus dotes para las matemáticas en 1845, cuando aplicó la ley de Ohm de la corriente eléctrica a una fórmula para el cálculo de corrientes, tensiones y resistencias en circuitos eléctricos. En 1857 halló que la velocidad de la electricidad en un cable altamente conductor era casi idéntica a la velocidad de la luz, hallazgo que descartó por creer que se trataba de una casualidad, en vez de deducir que la luz era un fenómeno electromagnético. En 1860 demostró que cada elemento químico produce un espectro único. En 1861, junto con Robert Bunsen, estudió el espectro de la atmósfera solar para identificar los elementos que la componen.

Aunque en sus últimos años debió alejarse del laboratorio por motivos de salud, siguió dando clases. Murió en Berlín, en 1887.

### Obra principal

**1876** *Vorlesungen über mathematische Physik (Conferencias sobre física matemática).*

> Dado que podemos producir todo tipo de luz por medio de cuerpos calientes, podemos adjudicar la temperatura de esos cuerpos a la radiación en equilibrio térmico.
> **Wilhelm Wien**

## Radiación de cuerpo negro

Los hallazgos de Kirchhoff pueden explicarse de la siguiente manera. Imaginemos un cuerpo que absorbe toda la radiación electromagnética que incide sobre él. Dado que el cuerpo no refleja la radiación, toda la energía que emite depende únicamente de su temperatura, no de su composición química o forma física. En 1862, Kirchhoff acuñó el término «cuerpo negro» para referirse a esos cuerpos hipotéticos. Cabe mencionar que los cuerpos negros perfectos no existen en la naturaleza.

Un cuerpo negro ideal absorbe y emite energía con una eficiencia del 100 %. La mayor parte de la energía producida se concentra en torno a una frecuencia máxima que aumenta con la temperatura $\lambda_{MAX}$, donde $\lambda$ es la longitud de onda de la radiación emitida. Representada en un gráfico, la amplitud de las longitudes de onda de la energía emitida en torno a la frecuencia máxima del cuerpo adquiere un perfil característico denominado «curva de cuerpo negro». La curva de cuerpo negro del Sol, por ejemplo, tiene su punto máximo en el centro del rango de luz visible. Como no existen los cuerpos negros perfectos, para explicar su teoría, Kirchhoff imaginó un contenedor hueco provisto de un diminuto agujero. La radicación solo puede acceder al contenedor a través del agujero, y luego es absorbida hacia el interior de la cavidad, de modo que el agujero actúa como un perfecto absorbente. Una parte de la radiación se emitirá a través del agujero y de la superficie de la cavidad. Kirchhoff demostró que la radiación dentro de la cavidad depende únicamente de la temperatura del cuerpo, no de su forma, tamaño o material.

## Ley de radiación térmica

La ley de radiación térmica enunciada por Kirchhoff en 1860 establece que, cuando un cuerpo se encuentra en equilibrio termodinámico –es decir, a la misma temperatura que los cuerpos que lo rodean–, la cantidad de radiación absorbida por la superficie es igual a la cantidad de radiación emitida, a cualquier temperatura y longitud de onda. Por lo tanto, la eficiencia con la que el cuerpo absorbe la radiación en una longitud de onda dada es la misma que aquella con la que emite energía en esa longitud de onda. En resumen: la capacidad de absorción es igual a la emisividad.

En 1893, el físico alemán Wilhelm Wien descubrió la relación matemática entre el cambio de temperatura y la forma de la curva de cuerpo negro. Halló que, cuando la longitud de onda en la que se emite la máxima cantidad de radiación se multiplica por la temperatura del cuerpo negro, el valor resultante es siempre una constante.

Ese descubrimiento permitió calcular la longitud de onda máxima a cualquier temperatura y explicar por qué los cuerpos cambian de color

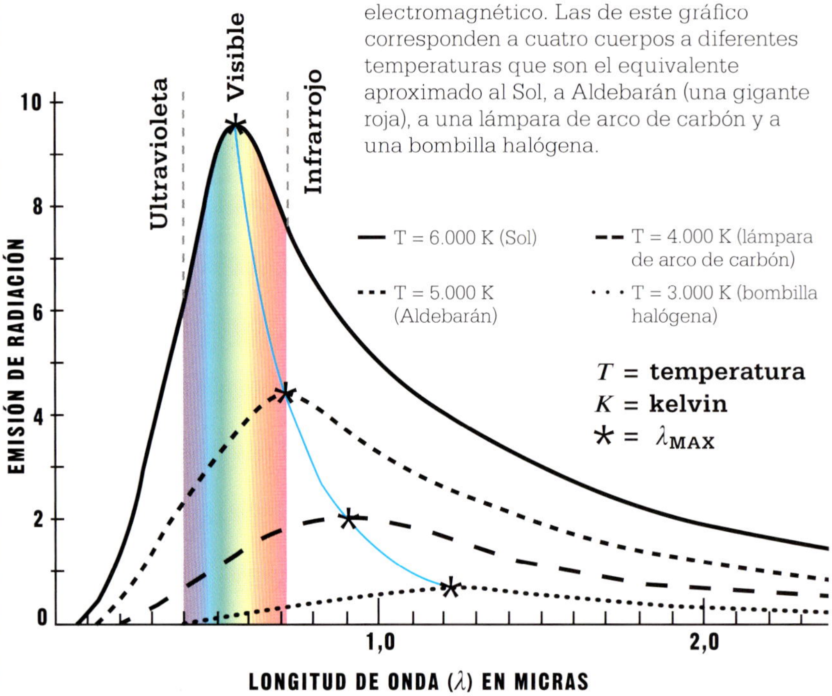


**Las curvas de cuerpo negro** representan la radiación emitida por los cuerpos en diferentes longitudes de onda del espectro electromagnético. Las de este gráfico corresponden a cuatro cuerpos a diferentes temperaturas que son el equivalente aproximado al Sol, a Aldebarán (una gigante roja), a una lámpara de arco de carbón y a una bombilla halógena.

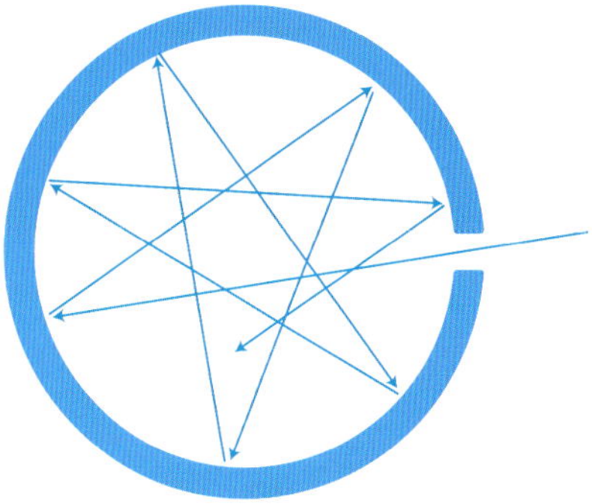

**Kirchhoff imaginó** un cuerpo negro como un recipiente con una pequeña abertura. La mayor parte de la radiación que entre quedará atrapada en el interior. La cantidad de radiación emitida depende del entorno.

según la temperatura. A medida que la temperatura aumenta, la longitud de onda máxima disminuye, pasando de las ondas infrarrojas más largas a las ondas ultravioletas más cortas. Ahora bien, en 1899, unos minuciosos experimentos demostraron que las predicciones de Wien eran incorrectas para las longitudes de onda del rango infrarrojo.

## Catástrofe ultravioleta

En 1900, los físicos británicos lord Rayleigh y sir James Jeans publicaron una ecuación que parecía explicar lo observado en el extremo infrarrojo del espectro. Sin embargo, sus hallazgos pronto se pusieron en entredicho. Según su teoría, en la práctica no existía un límite superior para las frecuencias más altas de energía ultravioleta generadas por la radiación del cuerpo negro, lo cual implicaba la producción de un número infinito de ondas altamente energéticas. De ser ese el caso, al abrir la puerta del horno para comprobar la cocción de un pastel, por ejemplo, se produciría una destrucción instantánea y un estallido de intensa radiación. A esto se lo llamó «catástrofe ultravioleta», un concepto claramente erróneo. Sin embargo, se requería una física teórica audaz para explicar por qué los cálculos de Rayleigh-Jeans eran incorrectos, algo que nunca se había intentado.

## Inicios cuánticos

Al mismo tiempo que se anunciaron los hallazgos de Rayleigh y Jeans, Max Planck desarrollaba su propia teoría de la radiación de cuerpo negro en Berlín. En octubre de 1900, Planck propuso una explicación para la curva de cuerpo negro que concordaba con todas las medidas experimentales tomadas hasta la fecha y excedía el marco de la física clásica. Su solución era radical e implicaba una nueva forma de contemplar el mundo.

Planck descubrió que la catástrofe ultravioleta podía evitarse si se entendía que la emisión energética de un cuerpo negro no se producía en ondas continuas, sino en paquetes discretos a los que llamó «cuantos». El 19 de diciembre de 1900, Planck presentó sus hallazgos en un congreso de la Sociedad Alemana de Física celebrado en Berlín. Por lo general, se considera que esa fecha marca el nacimiento de la mecánica cuántica y el inicio de una nueva era para la física. ■

> Estas leyes de la luz [...] puede que se hayan observado antes, pero creo que ahora están por primera vez conectadas con la teoría de la radiación.
> **Gustav Kirchhoff**

## Temperaturas estelares

La temperatura superficial de un cuerpo negro puede calcularse midiendo la energía emitida en una longitud de onda específica. Dado que las estrellas producen espectros de luz que se aproximan bastante al espectro de un cuerpo negro, se puede calcular la temperatura de una estrella lejana.

La temperatura de un cuerpo negro viene dada por la siguiente fórmula: $T = 2.898/\lambda_{MAX}$, donde $T$ es la temperatura del cuerpo negro (medida en kelvins), y $\lambda_{MAX}$, la longitud de onda (en micras) de la máxima emisión del cuerpo negro.

Esta fórmula puede usarse para determinar la temperatura de la fotosfera (superficie luminosa) de una estrella a partir de la longitud de onda en la que emite la máxima cantidad de luz. Las estrellas frías emiten mayor luz en el extremo rojo anaranjado del espectro; las más calientes, en el azul. Así, por ejemplo, las supergigantes azules, como la de esta representación artística, pueden tener temperaturas hasta ocho veces más altas que la del Sol.

# ELECTRICI
# Y MAGNET
## DOS FUERZAS SE UNEN

# DAD
# ISMO

**Siglo VI a. C.**

Los antiguos griegos **cargan eléctricamente el ámbar** frotándolo contra una piel de conejo para atraer cuerpos ligeros.

**Siglo II d. C.**

Estudiosos chinos utilizan **fragmentos de calamita** como simples indicadores de dirección.

**1600**

El físico y médico inglés William Gilbert publica *De magnete (Sobre los imanes)*, la primera obra sistemática sobre **electricidad** y **magnetismo** desde la antigüedad, y acuña la palabra latina *electrum*, del griego *élektron* («ámbar»).

**1745**

El clérigo alemán Ewald Georg von Kleist y el científico neerlandés Pieter van Musschenbroek inventan la **botella de Leiden** para **almacenar carga eléctrica**.

**1747**

Benjamin Franklin desarrolla la **teoría del fluido eléctrico único** e introduce los conceptos de **carga positiva y carga negativa**.

**1785**

Charles-Augustin de Coulomb descubre una ley para determinar la **fuerza de atracción o repulsión** entre dos cuerpos cargados.

**1800**

Alessandro Volta desarrolla la primera pila eléctrica, o **batería**, que proporciona por primera vez **corriente eléctrica** continua.

En la antigua Grecia, los eruditos repararon en que algunas piedras procedentes de Magnesia (actual Tesalia) se comportaban de forma extraña cerca de determinados metales y piedras ricas en hierro. Una fuerza de atracción invisible impelía los metales hacia ellas. Al disponerlas de una forma específica, se observaba atracción entre las piedras y, al girar una de ellas, repulsión.

Los eruditos de la antigua Grecia observaron también un comportamiento similar, aunque sutilmente distinto, al frotar ámbar (savia fosilizada de los árboles) contra pieles de animales. Tras frotar durante unos instantes, el ámbar adquiría la misteriosa capacidad de mover cuerpos ligeros, entre ellos plumas, pimienta molida o cabellos. El matemático Tales de Mileto creía que la fuerza invisible responsable de esos fenómenos evidenciaba que las piedras y el ámbar tenían alma.

Las extrañas fuerzas de las piedras procedentes de Magnesia se conocen hoy como magnetismo, por la región donde fueron descubiertas. Las fuerzas presentes en el ámbar se llamaron electricidad, palabra derivada del griego clásico *élektron* («ámbar»). Los estudiosos chinos y, más tarde, los marineros y viajeros utilizaron pequeños fragmentos de piedra de Magnesia sumergidos en agua a modo de brújula primitiva, ya que estas se orientaban automáticamente en dirección norte-sur.

## Atracción y repulsión

No se hallaron otros usos para la electricidad hasta el siglo XVIII. Para entonces se había descubierto que al frotar otros materiales se obtenían resultados similares al del ámbar y la piel. Por ejemplo, un vidrio frotado con seda también hacía danzar cosas pequeñas. El ámbar y el vidrio, una vez frotados, se atraían; sin embargo, dos fragmentos de ámbar o de vidrio se repelían. Así pues, se identificaron dos tipos de electricidad: la electricidad vítrea (la del vidrio) y la resinosa (la del ámbar).

El polímata estadounidense Benjamin Franklin decidió diferenciar esos dos tipos de electricidad con números positivos y negativos, con una magnitud que se llamó carga eléctrica. Por su parte, el físico e ingeniero francés Charles-Augustin de Coulomb, alejado de París durante el periodo dominado por los jacobinos más radicales, llevó a cabo una serie de experimentos que revelaron que la fuerza de atracción o repulsión entre dos cuerpos eléctricos se

**1820**

El físico danés Hans Christian Ørsted descubre que un cable con corriente eléctrica genera un **campo magnético**.

**1825**

El físico francés André-Marie Ampère obtiene una derivación matemática de la **fuerza magnética** entre dos cables paralelos con corriente eléctrica.

**1827**

El físico alemán Georg Ohm publica la **ley** que establece la relación entre **corriente**, **tensión** y **resistencia**.

**1831**

Michael Faraday genera **corriente eléctrica** a partir de un campo magnético oscilante y descubre la **inducción**.

**1865**

James Clerk Maxwell combina todos los conocimientos sobre electricidad y magnetismo en unas pocas **ecuaciones**.

**1882**

Comienza a funcionar la primera **central eléctrica** del inventor estadounidense Thomas Edison en Londres.

**1911**

El físico neerlandés Heike Kamerlingh Onnes descubre la **superconductividad** del mercurio a temperaturas cercanas al cero absoluto.

**1999**

El químico estadounidense Chad Mirkin inventa la **nanolitografía** para grabar nanocircuitos en **láminas de silicio**.

debilitaba al aumentar la distancia entre ellos.

Asimismo, se observó que la electricidad fluía. Las chispas saltaban de un cuerpo con carga eléctrica a otro sin carga en un intento por compensar o neutralizar la carga. Si un cuerpo tenía una carga distinta respecto de otros de su entorno, se decía que tenía distinto potencial. Cualquier diferencia de potencial puede inducir un flujo de electricidad llamado corriente. Se descubrió que las corrientes eléctricas fluían con facilidad por la mayoría de los metales, y que los materiales orgánicos oponían bastante resistencia al flujo de la corriente.

En 1800, el físico italiano Alessandro Volta observó que las diferencias de reactividad química de los metales producían una diferencia de potencial eléctrico. Hoy sabemos que las reacciones químicas y el flujo de electricidad en los metales están vinculados de modo inextricable, ya que ambos resultan del movimiento de los electrones subatómicos.

## Fuerza combinada

En la Gran Bretaña de mediados del siglo XIX, Michael Faraday y James Clerk Maxwell establecieron una relación entre dos fuerzas aparentemente distintas: la electricidad y el magnetismo, lo cual dio lugar al electromagnetismo. Faraday concibió el concepto de campos, unas líneas de influencia que se extienden desde un imán o una carga eléctrica y delimitan la región donde se experimentan las fuerzas eléctrica y magnética. Faraday también demostró que los campos magnéticos en movimiento pueden inducir corriente eléctrica y que esta genera campos magnéticos. Por su parte, Maxwell unificó en cuatro ecuaciones los hallazgos de Faraday y de otros científicos que le precedieron. Así, descubrió que la luz era una perturbación de los campos eléctrico y magnético. Faraday realizó experimentos que revelaron que los campos magnéticos influían en el comportamiento de la luz.

La comprensión del electromagnetismo por parte de los físicos ha revolucionado el mundo moderno mediante el desarrollo de tecnologías que utilizan la electricidad y el magnetismo de maneras innovadoras. El estudio del electromagnetismo abrió campos de estudio inimaginables que han tenido profundas repercusiones en la ciencia fundamental y nos han guiado hacia el interior del átomo y las profundidades del cosmos. ■

# FUERZAS MARAVILLOSAS

## MAGNETISMO

**EN CONTEXTO**

FIGURA CLAVE
**William Gilbert** (1544–1603)

ANTES
**Siglo VI A. C.** Tales de Mileto afirma que el «alma» de la calamita atrae el hierro.

**1086** El astrónomo Shen Kuo (Meng Xi Weng) describe la brújula magnética.

**1269** El estudioso francés Petrus Peregrinus describe los polos magnéticos y las leyes de atracción y repulsión.

DESPUÉS
**1820** Hans Christian Ørsted descubre que la corriente que circula por un cable desvía una aguja imantada.

**1831** Michael Faraday describe «líneas de fuerza» invisibles en torno a los imanes.

**1906** El físico francés Pierre-Ernest Weiss propone la teoría de los dominios magnéticos para explicar el ferromagnetismo.

Las portentosas propiedades de la calamita (minerales de hierro llamados magnetitas) fascinaron a las antiguas culturas de Grecia y China. Los primeros escritos de esas civilizaciones describen cómo las piedras atraen el hierro y ejercen una influencia sobre él a distancia y sin ningún mecanismo aparente.

Ya en el siglo XI, los chinos habían descubierto que las piedras de calamita se orientaban de manera espontánea en dirección norte-sur si se les permitía moverse libremente (por ejemplo, al colocarlas en un recipiente flotando en un cuenco con agua). Es más, al frotar una aguja de hierro contra una de esas piedras, la aguja adquiría las propiedades de la piedra y servía de brújula. La aguja náutica, un invento traído a Europa por los navegantes chinos, hizo posible la navegación en alta mar. En el siglo XVI, las brújulas impulsaron la expansión imperial europea y se usaron ampliamente en la agrimensura y la minería.

Pese a sus siglos de aplicación práctica, se sabía muy poco acerca del mecanismo físico del magnetismo. La primera explicación la proporcionó Petrus Peregrinus en un texto del siglo XIII que describe la

La aguja de una brújula **apunta aproximadamente al norte**, pero muestra además una **declinación** (desviación del verdadero norte) y una **inclinación** (respecto de la superficie terrestre).

La aguja de una brújula **se comporta exactamente igual** sobre la superficie de una **roca magnética esférica**, o calamita.

**La Tierra es un imán gigante.**

**Véase también:** Creación de imanes 134–135 ▪ El efecto motor 136–137 ▪ Inducción y efecto generador 138–141 ▪ Monopolos magnéticos 159

> Los polos de las barras de hierro cambian cuando una piedra de imán presenta simplemente su polo, incluso desde cierta distancia.
> **William Gilbert**

polaridad (la existencia de los polos magnéticos norte y sur en pares). Además, Peregrinus descubrió que los fragmentos de piedra de imán «heredaban» las propiedades magnéticas.

## Las pequeñas Tierras de Gilbert

Quien disipó las antiguas supersticiones acerca del magnetismo fue el astrónomo inglés William Gilbert. La clave de su trabajo radicó en simular la naturaleza en el laboratorio.

Valiéndose de una esfera de magnetita a la que llamó *terella* («pequeña Tierra»), demostró que la aguja de la brújula se desviaba de igual modo sobre las esferas que sobre las correspondientes regiones de nuestro planeta. Así, después de concluir que la Tierra era un imán gigante, en 1600 publicó sus hallazgos en la revolucionaria obra *De magnete (Sobre los imanes)*.

## Una nueva concepción

El magnetismo de la magnetita se llama ferromagnetismo, una propiedad observada también en el hierro, el cobalto, el níquel y sus aleaciones. Al acercar un imán a un cuerpo de material ferromagnético, este se magnetiza o imanta. El polo del imán más próximo al cuerpo crea el polo opuesto en el cuerpo ferromagnético y lo atrae. Dependiendo de su composición exacta e interacción con el imán, el cuerpo ferromagnético puede imantarse de manera permanente y conservar esa propiedad incluso una vez retirado el imán.

En el siglo XIX, cuando los físicos finalmente relacionaron la electricidad con el magnetismo y empezaron a comprender de la estructura atómica, comenzó a surgir una teoría razonable del ferromagnetismo.

La idea consiste en que el movimiento de los electrones convierte el átomo en un dipolo magnético en miniatura (con polos norte y sur). En materiales ferromagnéticos como el hierro, los grupos de átomos vecinos se combinan para formar dominios magnéticos.

Esos dominios suelen estar dispuestos en bucles cerrados; sin embargo, cuando un fragmento de hierro se magnetiza, los dominios se alinean sobre un único eje, creando los polos norte y sur en los extremos opuestos. ■

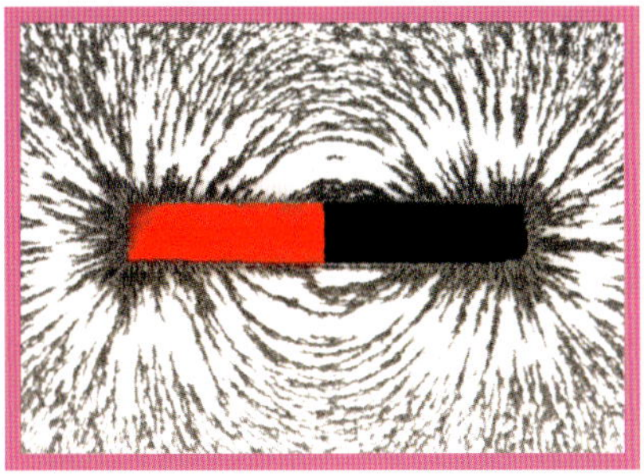

**Un imán simple**, con polos norte y sur, crea líneas de fuerza a su alrededor. Las limaduras de hierro esparcidas en torno al imán se agrupan sobre las líneas de fuerza, que son más fuertes en los polos.

## William Gilbert

William Gilbert nació en 1544 en el seno de una próspera familia inglesa. Tras licenciarse en Cambridge, se convirtió en un prestigioso médico de Londres. Se relacionó con destacados oficiales de la marina –entre ellos, Francis Drake–, y frecuentó la corte de Isabel I. Descubrió las agujas imantadas y consiguió muestras de calamita gracias a sus contactos y visitas a los puertos. Su obra maestra, *De magnete*, está inspirada en el trabajo llevado a cabo con esas piedras.

En 1600 fue nombrado presidente del Royal College of Physicians (Real Colegio de Médicos) y médico personal de la reina Isabel I. Además, inventó el electroscopio para la detección de cargas eléctricas y estableció diferencias entre la fuerza de la electricidad estática y la del magnetismo. Murió en 1603, posiblemente de peste bubónica.

### Obras principales

**1600** *De magnete (Sobre los imanes).*
**1651** *De mundo nostro sublunari philosophia nova.*

# LA ATRACCION DE LA ELECTRICIDAD

## CARGA ELÉCTRICA

**EN CONTEXTO**

FIGURA CLAVE
**Charles-Augustin de Coulomb** (1736–1806)

ANTES
**Siglo VI A.C.** Tales de Mileto observa los efectos electrostáticos de la fricción del *élektron* («ámbar»).

**1747** Benjamin Franklin identifica las cargas positiva y negativa.

DESPUÉS
**1832** Michael Faraday demuestra que los efectos de la electricidad estática y de la corriente eléctrica son manifestaciones de un único fenómeno.

**1891** George J. Stoney afirma que la carga eléctrica se da en unidades discretas.

**1897** J. J. Thomson descubre que los rayos catódicos son corrientes de partículas subatómicas cargadas.

**1909** Robert Millikan estudia la carga del electrón.

Durante milenios, las personas han observado diversos fenómenos eléctricos en la naturaleza, como los rayos, las intensas descargas de las rayas eléctricas o las fuerzas de atracción entre algunos materiales.

Sin embargo, en los últimos siglos hemos comenzado a entenderlos como manifestaciones de un mismo fenómeno: la electricidad. Más concretamente, como fenómenos electrostáticos producidos por fuerzas eléctricas resultantes de cargas eléctricas estáticas (estacionarias). Los fenómenos eléctricos, en cambio,

**Véase también:** Leyes de la gravedad 46–51 ▪ Potencial eléctrico 128–129 ▪ Corriente y resistencia eléctrica 130–133 ▪ Bioelectricidad 156 ▪ Partículas subatómicas 242–243

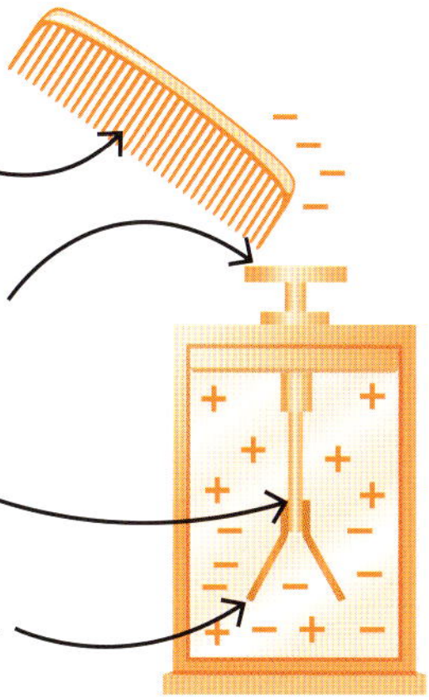


**El electroscopio de panes de oro** detecta la electricidad estática mediante el principio de repulsión de cargas similares. Al acercar un peine con carga negativa a la placa metálica, los electrones (portadores de carga negativa) son repelidos hacia los panes de oro, lo cual provoca que se separen.

se originan a partir del movimiento de la carga eléctrica. El concepto de carga eléctrica, así como la descripción matemática de las fuerzas entre cargas, apareció en el siglo XVIII. Con anterioridad, los antiguos griegos habían descubierto que frotando un fragmento de ámbar *(élektron)* con lana, el ámbar atraía cuerpos ligeros, como plumas y cabellos.

En la obra *De magnete (Sobre los imanes)*, publicada en 1600, William Gilbert se refirió a ello como «fenómeno *electricus*» y explicó los experimentos realizados con el instrumento que había inventando para detectar esa fuerza, el versorio. Gilbert reparó en que la fuerza ejercía un efecto instantáneo a distancia, y conjeturó que debía ser conducida por un «fluido eléctrico» en rápido movimiento liberado al frotar el ámbar, y no por un «efluvio» de lenta difusión, como se creía antes.

En 1733, el químico francés Charles François du Fay descubrió que las fuerzas eléctricas podían ser repulsivas o atractivas, y clasificó los fluidos eléctricos en dos tipos: el vítreo y el resinoso. Los fluidos del mismo tipo (por ejemplo, los vítreos) se repelían, y los de distinto tipo se atraían.

En 1747, el polímata y estadista estadounidense Benjamin Franklin simplificó esa teoría al sostener que solo existía un tipo de fluido eléctrico y que los cuerpos podían presentar un exceso o un déficit del mismo. En opinión de Franklin, el exceso de fluido (carga, en términos actuales) era positivo; el déficit era negativo, y la cantidad total de fluido se conservaba en el universo (era constante). Además, Franklin diseñó (y probablemente llevó a cabo) un experimento que consistía en hacer volar una cometa durante una tormenta con el propósito de demostrar que los rayos eran flujos de fluido eléctrico. La carga eléctrica todavía hoy se clasifica en positiva y negativa, pero se trata de una mera convención: ni el protón es positivo por tener un exceso de «fluido» ni el electrón es negativo por carecer de él. »

> Los cuerpos electrificados con el mismo tipo de electricidad se repelen.
> **Charles-Augustin de Coulomb**

## Descarga electrostática

Las descargas electrostáticas ocurren cuando los portadores de carga eléctrica (normalmente los electrones) de una región o un cuerpo cargado se alejan bruscamente. Los rayos constituyen una forma especialmente potente de descarga electrostática, y se producen cuando, debido a una acumulación excesiva de carga eléctrica en zonas de la atmósfera, el espacio intermedio se ioniza (los electrones se separan de sus átomos) y puede conducir corriente.

La corriente se torna visible porque los electrones calientan tanto el aire que este emite luz. La ionización se produce a corta distancia, por ello los rayos se bifurcan y cambian de dirección cada pocos metros. Las descargas electrostáticas tienen lugar primero en los extremos, lo que explica por qué el pelo se eriza con la carga estática (las puntas se repelen) y por qué son puntiagudos los pararrayos y los descargadores de estática de las alas de los aviones.

## Ley de Coulomb

Durante el siglo XVIII, los científicos propusieron unas leyes matemáticas que podían regir la intensidad de la fuerza eléctrica a partir de la ley del cuadrado inverso de la gravitación que Newton había formulado en su obra maestra *Principios* (1687).

En 1785, Charles-Augustin de Coulomb, ingeniero francés, desarrolló una balanza de torsión suficientemente sensible para medir la fuerza eléctrica entre cargas. El instrumento consistía en una serie de esferas metálicas conectadas por una barra, una aguja y un hilo de seda. Al sostener un cuerpo cargado cerca de la esfera externa, la carga se transfería a la esfera interna y la aguja. La aguja, suspendida de un hilo de seda, se alejaba de la esfera cargada, y ello producía la torsión del hilo. El grado de torsión se medía en una escala.

Coulomb publicó varios trabajos en los que detalló sus experimentos y estableció que la fuerza entre dos cuerpos estacionarios cargados era inversamente proporcional a la distancia entre ellos. Además, formuló la hipótesis de que la fuerza era proporcional al producto de las cargas de los cuerpos. En la actualidad, esto se conoce como ley de Coulomb.

> Las ciencias son monumentos dedicados al bien público; cada ciudadano les debe un tributo proporcional a sus talentos.
> **Charles-Augustin de Coulomb**

Dos cuerpos con **carga eléctrica** experimentan una pequeña fuerza mutua.

→ Una **balanza de torsión mide esa fuerza** según el grado de torsión de un hilo de seda.

↓ Cuando **la distancia entre los cuerpos cargados se duplica**, la cantidad de torsión **se reduce a una cuarta parte**.

↓ **La fuerza eléctrica** entre los cuerpos cargados **varía inversamente** con el **cuadrado de la distancia** entre ellos.

Coulomb determinó que, cuando las cargas eléctricas se atraen o repelen, existe una relación entre la distancia y la fuerza de atracción o repulsión. Sin embargo, los científicos tardarían más de un siglo en comprender la naturaleza exacta de la carga eléctrica.

## En busca del portador de carga

En la década de 1830, el científico británico Michael Faraday realizó una serie de experimentos de electrólisis (usando la electricidad para producir reacciones químicas) y descubrió que, para generar una cantidad determinada de un compuesto o elemento químico, se requería una cantidad específica de electricidad. Aunque no estaba convencido de que la materia se compusiera de átomos (partes indivisibles), los resultados apuntaron a que la electricidad podría transferirse en «paquetes». En 1874, el físico irlandés George Stoney sugirió la existencia de paquetes o unidades indivisibles de carga eléctrica –es decir, la carga se cuantificó–; más tarde, en 1891, acuñó un término para referirse a esa unidad: electrón.

En 1897, el físico británico J. J. Thomson demostró que los rayos catódicos –los «rayos» eléctricos que podían viajar entre dos placas cargadas en un tubo de vidrio sellado con una pequeña cantidad de gas, casi en condición de vacío– se componían, en efecto, de partículas con carga eléctrica. Aplicando fuerzas eléctricas y magnéticas de intensidad conocida a los rayos catódicos, Thomson los curvó en una cantidad mensurable; y después calculó la cantidad de carga de las partículas por unidad de masa.

Thomson dedujo, además, que esos portadores de carga eran mucho más ligeros que el más pequeño de los átomos. Eran comunes a toda la materia, porque el comportamiento de los rayos no variaba aunque se usaran placas de otros materiales. Esa partícula subatómica, la primera en ser descubierta, recibió el nombre que Stoney había dado a la unidad básica de carga: electrón; y se le asignó carga negativa. El descubrimiento del portador de carga positiva, el protón, tendría lugar unos años más tarde.

## La carga del electrón

Si bien Thomson había calculado la relación carga-masa del electrón, en realidad se desconocía tanto la masa como la carga. Entre 1909 y 1913, el físico estadounidense Robert Millikan llevó a cabo una serie de experimentos para determinar esos valores. Valiéndose de un dispositivo especial, midió el campo eléctrico necesario para mantener en suspensión una gota de aceite cargada. A partir del radio de la gota, calculó su peso. Cuando esta permanecía inmóvil, la fuerza eléctrica ascendente se equilibraba con la fuerza gravitatoria descendente, lo cual permitía calcular la carga de la gota.

Tras repetir el experimento varias veces, Millikan descubrió que todas las gotas tenían cargas que eran múltiplos enteros de un valor mínimo común. Pensó entonces que ese valor debía corresponder a la carga de un solo electrón (la carga elemental, $e$) que calculó en $-1{,}6 \times 10^{-19}$ C (culombios), cifra muy próxima al valor actualmente aceptado. Casi un siglo después de que Franklin afirmara que la cantidad total de «fluido» eléctrico es constante, Faraday realizó experimentos que demostraron que la carga se conserva: la cantidad total de carga eléctrica en el universo es invariable.

## Equilibrio de carga

El principio de conservación de la carga eléctrica es clave para la física moderna, si bien hay situaciones –por ejemplo, las colisiones de alta energía en los aceleradores de partículas– en que la carga se genera mediante la división de una partícula neutra en partículas positivas y negativas. Sin embargo, en esos casos, la carga neta es constante: se crea un número igual de partículas positivas y negativas con cantidades iguales de cargas negativas y positivas.

El equilibrio entre cargas no sorprende, dada la intensidad de la fuerza eléctrica. El cuerpo humano no posee carga neta y contiene cantidades iguales de carga positiva y negativa; sin embargo, de producirse un desequilibrio de tan solo el 1 %, experimentaríamos fuerzas devastadoras. Nuestra comprensión de la carga eléctrica y sus portadores no ha evolucionado demasiado desde los descubrimientos del electrón y del protón. Sabemos que existen otros portadores de carga, como el positrón (de carga positiva) y el antiprotón (de carga negativa), los cuales conforman una extraña forma de materia: la antimateria.

En términos actuales, la carga eléctrica constituye una propiedad fundamental de la materia que está presente en todas partes: en los relámpagos, en las estrellas e incluso en nuestro propio cuerpo. Las cargas estáticas crean campos eléctricos en torno a ellas, regiones en las que otras cargas eléctricas «experimentan» una fuerza. Las cargas en movimiento crean campos eléctricos y magnéticos, y la sutil interacción entre ambos produce radiación electromagnética, o luz.

Gracias al desarrollo de la mecánica cuántica y la física de partículas del siglo XX, hoy sabemos que muchas de las propiedades de la materia están intrínsecamente relacionadas con el electromagnetismo. De hecho, la fuerza electromagnética es una de las fuerzas fundamentales de la naturaleza. ■

## Charles-Augustin de Coulomb

Coulomb nació en Angulema (Francia) en 1736, en el seno de una familia relativamente próspera, y se graduó en ingeniería militar. Vivió nueve años en la colonia francesa de Martinica y, afectado por una enfermedad, regresó a Francia en 1773.

Mientras construía un fuerte de madera en Rochefort (Francia), realizó un trabajo pionero sobre la fricción que le valió el Gran Premio de la Academia de Ciencias en 1781. Después se trasladó a París, donde se dedicó a la investigación. Además de desarrollar la balanza de torsión, escribió memorias en las que formuló la ley del cuadrado inverso. Además, trabajó como asesor en proyectos de ingeniería civil y supervisó la construcción de escuelas secundarias. Murió en París en 1806. La unidad de carga eléctrica del SI, el culombio, se llamó así en su honor.

**Obras principales**

**1784** *Investigación teórica y experimentos sobre la fuerza de torsión y la elasticidad de los alambres metálicos.*
**1785** *Memorias sobre electricidad y magnetismo.*

# LA ENERGIA POTENCIAL SE VUELVE MOVIMIENTO EVIDENTE

## POTENCIAL ELÉCTRICO

### EN CONTEXTO

FIGURA CLAVE
**Alessandro Volta** (1745–1827)

ANTES
**1745** Los físicos Pieter van Musschenbroek y E. Georg von Kleist inventan la botella de Leiden, primer dispositivo capaz de almacenar carga eléctrica.

**1780** Luigi Galvani describe la «electricidad animal».

DESPUÉS
**1813** El matemático y físico francés Siméon-Denis Poisson formula una ecuación general para el potencial.

**1828** El matemático británico George Green desarrolla las teorías de Poisson e introduce el término «potencial».

**1834** Michael Faraday explica la base química de la celda voltaica (galvánica).

**1836** El químico británico John Daniell inventa la celda de Daniell.

Durante los siglos XVII y XVIII, un creciente número de investigadores empezaron a estudiar la electricidad, que seguía siendo un fenómeno efímero.

La botella de Leiden, inventada de modo independiente por un químico neerlandés y otro alemán en 1745, posibilitó la acumulación y el almacenamiento de la carga eléctrica. Sin embargo, la botella se descargaba (liberaba la carga) muy rápidamente. Hubo que esperar hasta finales del siglo XVIII, y después de que el químico Alessandro Volta desarrollara la primera celda electroquímica, para que los científicos dispusieran de un suministro moderado de carga eléctrica constante: la corriente eléctrica.

### Energía y potencial

Tanto la rápida descarga de la botella de Leiden como la paulatina descarga (corriente) de una pila se producen como consecuencia de una diferencia de potencial eléctrico entre el medio y su entorno. Hoy, el potencial eléctrico se considera una propiedad del campo eléctrico que existe en torno a las cargas eléctricas. El potencial eléctrico en un punto se mide siempre en relación con el de

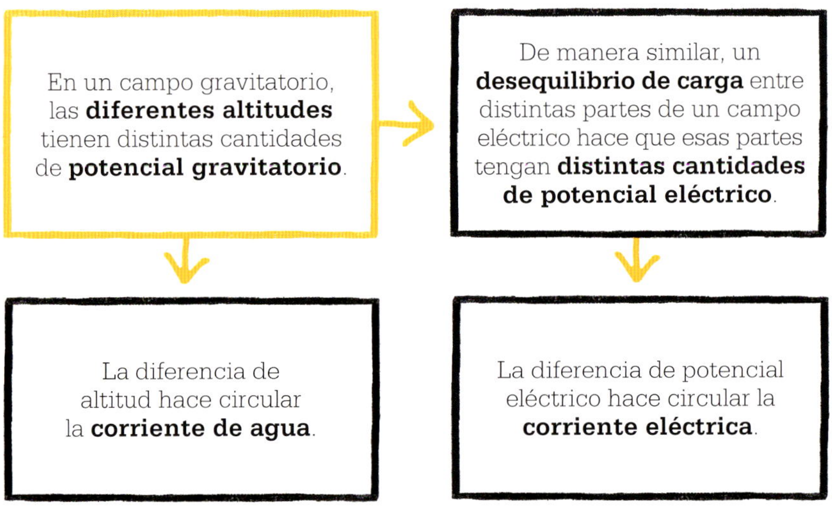

**Véase también:** Energía cinética y energía potencial 54 ▪ Carga eléctrica 124–127 ▪ Corriente y resistencia eléctrica 130–133 ▪ Bioelectricidad 156

otro punto. Un desequilibrio de carga entre dos puntos da lugar a una diferencia de potencial entre ellos. La diferencia de potencial, o tensión eléctrica, se mide en voltios (V), en honor a Volta, e informalmente se la llama también voltaje. El trabajo de Volta allanó el camino para la consecución de progresos cruciales en el conocimiento de la electricidad.

## De la electricidad animal a las pilas

En 1780, el médico italiano Luigi Galvani había reparado en que al tocar la pata de una rana muerta con dos metales diferentes, o al aplicarle una chispa eléctrica, la pata se movía. Dedujo que la fuente del movimiento era el cuerpo del anfibio, que contenía un fluido eléctrico. Por su parte, Volta realizó experimentos similares, pero sin animales, y concluyó que la fuente de la electricidad eran los distintos metales usados en el circuito.

La celda electroquímica simple de Volta consta de dos piezas de metal (electrodos) separadas por una solución salina (un electrolito). Allí donde entra en contacto con el electrolito, el metal produce una reacción química que crea unos «portadores de carga» llamados iones (átomos que han ganado o perdido electrones y que, por lo tanto, tienen carga positiva o negativa). En los dos electrodos aparecen entonces iones con carga opuesta. Dado que las cargas de signo contrario se atraen, es necesaria energía para mantenerlas separadas (como ocurre cuando se mantienen separados los polos opuestos de dos imanes). Esa energía procede de las reacciones químicas de la celda. Cuando la celda está conectada a un circuito externo, la energía «almacenada» en la diferencia de potencial aparece como energía eléctrica que hace circular la corriente por el circuito.

Volta construyó su pila conectando celdas individuales hechas de discos de plata y cinc, separadas por una tela empapada en salmuera, y presentó el resultado a la Royal Society de Londres en 1800. Las celdas voltaicas solo suministran corriente durante un breve periodo antes de que las reacciones químicas cesen. Avances posteriores, como la celda de Daniell, la pila seca de cinc y carbono o la pila alcalina, han mejorado su durabilidad. Las pilas voltaicas, como las alcalinas, no pueden recargarse, por ello se llaman pilas o celdas primarias. Las secundarias, como las baterías de polímero de litio de los teléfonos móviles, se recargan aplicando una diferencia de potencial a través de los electrodos para revertir la reacción química. ■

**La pila voltaica** consta de unos discos metálicos separados por una tela empapada en salmuera. Una reacción química entre ellos crea una diferencia de potencial que impulsa la corriente eléctrica.

## Alessandro Volta

Alessandro Volta nació en 1745 en Como (Italia), en el seno de una familia aristocrática. A los siete años quedó huérfano de padre. Su familia se encargó de que recibiera una educación religiosa; sin embargo, él cursó estudios en electricidad y compartió sus teorías con destacados científicos.

Tras publicar sus primeros trabajos sobre electricidad, empezó a enseñar en Como en 1774. Al año siguiente desarrolló el electróforo (un instrumento para generar carga eléctrica), y en 1776 descubrió el metano. En 1779 fue nombrado titular de la cátedra de física de la Universidad de Pavía, desde donde entabló una amistosa rivalidad con Luigi Galvani, de la Universidad de Bolonia. Sus dudas sobre la teoría de la «electricidad animal» de Galvani lo llevaron a inventar la pila voltaica. Distinguido por Napoleón y por el emperador de Austria Francisco I, Volta gozó de prosperidad económica en sus últimos años. Murió en 1827.

### Obra principal

**1769** *Sobre la fuerza atractiva del fuego eléctrico.*

# UN IMPUESTO SOBRE LA ENERGIA ELECTRICA

## CORRIENTE Y RESISTENCIA ELÉCTRICA

**EN CONTEXTO**

FIGURA CLAVE
**Georg Simon Ohm**
(1789–1854)

ANTES
**1775** Henry Cavendish anuncia la relación entre diferencia de potencial y corriente.

**1800** Alessandro Volta inventa la primera fuente de corriente continua, la pila voltaica.

DESPUÉS
**1840** El físico británico James Joule estudia cómo la resistencia convierte la energía eléctrica en calor.

**1845** Gustav Kirchhoff, físico alemán, formula reglas que rigen la diferencia de corriente y de potencial en los circuitos.

**1911** El físico neerlandés Heike Kamerlingh Onnes descubre la superconductividad.

Ya en 1600, los científicos habían trazado una distinción entre las sustancias «eléctricas», como el ámbar y el vidrio, y las «no eléctricas», como los metales, basada en que solo las primeras podían contener carga eléctrica. En 1729, el astrónomo británico Stephen Gray dio un nuevo enfoque a esa división de sustancias al reconocer que la electricidad (entonces considerada un tipo de fluido) podía desplazarse de una sustancia eléctrica a otra a través de una sustancia no eléctrica.

Al plantearse si la electricidad podía fluir a través de una sustancia en vez de almacenarse, Gray estableció la distinción moderna entre conductores y aislantes. En 1800, el invento de la celda electroquímica (pila) de Alessandro Volta propor-

**Véase también:** Carga eléctrica 124–127 ▪ Potencial eléctrico 128–129 ▪ Creación de imanes 134–135 ▪ El efecto motor 136–137 ▪ Inducción y efecto generador 138–141 ▪ Ondas electromagnéticas 192–195 ▪ Partículas subatómicas 242–243

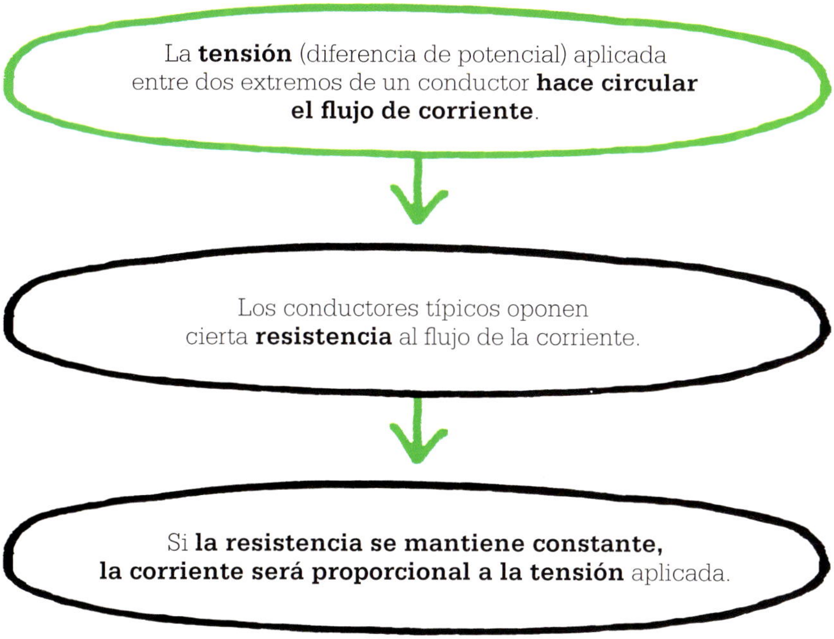


cionó a los científicos una fuente de flujo continuo de carga eléctrica –la corriente eléctrica– para el estudio de la conductancia y la resistencia.

## Conducir y aislar

Como demostró el invento de Volta, la corriente eléctrica solo puede fluir por un material conductor. Los metales suelen ser buenos conductores eléctricos; la cerámica suele ser un buen aislante, y otras sustancias como las soluciones salinas, el agua o el grafito se sitúan en un punto intermedio.

Los portadores de carga eléctrica en los metales son los electrones, que fueron descubiertos un siglo después. En los átomos, los electrones se encuentran en orbitales situados a distintas distancias del núcleo, que se corresponden con distintos niveles de energía. En los metales hay relativamente pocos electrones en los orbitales más externos, y esos electrones son fácilmente «deslocalizables», por lo que se desplazan de manera libre y aleatoria por el metal. El oro, la plata y el cobre son excelentes conductores porque sus átomos solo tienen un electrón externo, que se deslocaliza con facilidad. Los electrolitos (soluciones como el agua salada) contienen iones cargados que pueden moverse con bastante facilidad. En los aislantes, en cambio, los portadores de carga permanecen localizados (unidos a determinados átomos).

## Flujo de carga

La definición moderna de corriente eléctrica se desarrolló a finales del siglo XIX, cuando finalmente se comprendió que se trataba de un flujo de partículas con carga positiva o negativa. Para que circule corriente entre dos puntos, estos deben estar conectados por un conductor –como un cable metálico– y entre ellos debe existir una diferencia de potencial eléctrico (un desequilibrio de carga). La corriente fluye del potencial más alto al más bajo (por convención científica, de positivo a negativo).

En los metales, los portadores de carga tienen carga negativa, así que la corriente que fluye por un metal del punto A al B es equivalente a los electrones con carga negativa que fluyen en la dirección contraria (hacia el potencial más alto, o relativamente positivo). En otros materiales, los portadores de carga pueden ser positivos. Así, el agua salada contiene iones de sodio con carga positiva y su movimiento seguiría la misma dirección que el flujo de la corriente. La corriente eléctrica se mide en amperios (A). Una corriente de 1 A implica el movimiento de aproximadamente 6 billones de electrones por segundo.

En un cable de cobre, los electrones deslocalizados se mueven de modo aleatorio a más de 1.000 km/s. Dado que lo hacen en direcciones aleatorias, la velocidad neta (media) es cero, por lo que no hay corriente neta. Aplicando una diferencia de potencial por los extremos del cable, se crea un campo eléctrico. Ese campo hace que los electrones »

> La belleza de la electricidad […] no radica en su carácter misterioso e inesperado […], sino en que responde a ciertas leyes.
>
> **Michael Faraday**

> La corriente tiene la misma intensidad en todas las partes del circuito.
> **Georg Ohm**

libres deslocalizados experimenten una fuerza neta hacia el extremo de mayor potencial (por tener carga negativa), se aceleren y se desplacen por el cable. La velocidad de deriva (o de desplazamiento) constituye la corriente, y suele ser muy pequeña, normalmente de una fracción de milímetro por segundo en un cable.

Si bien los portadores de carga se mueven relativamente despacio en un cable, interactúan entre sí mediante un campo eléctrico (debido a su carga) y un campo magnético (creado por su movimiento). Esa interacción es una onda electromagnética que viaja extremadamente rápido. El cable de cobre actúa como una «guía de ondas», y la energía electromagnética viaja a través de él (normalmente) a un 80 % o 90 % de su velocidad en el vacío; por lo tanto, todos los electrones del circuito comienzan a desplazarse de manera casi instantánea, generando corriente.

## Resistencia eléctrica

La capacidad de un cuerpo de oponerse a la corriente eléctrica se denomina resistencia. La resistencia (y su opuesto, la conductancia) no solo depende de las propiedades intrínsecas del cuerpo (cómo están dispuestas las partículas que lo componen y, en particular, si los portadores de carga están deslocalizados), sino también de factores extrínsecos, como su forma, y de si está sometido a una temperatura o presión elevada. Un alambre de cobre grueso, por ejemplo, es mejor conductor que uno más delgado de la misma longitud. Estos factores son comparables a los de los sistemas hidráulicos. Por ejemplo, es más difícil impulsar agua por un tubo estrecho que por uno más ancho.

La temperatura desempeña también un papel importante en la resistencia de los materiales. En muchos metales, la resistencia disminuye con la temperatura. Algunos materiales no presentan resistencia por debajo de una temperatura específica muy baja, propiedad que se conoce como superconductividad.

La resistencia de un conductor puede variar con la diferencia de potencial (tensión) aplicada o la corriente que circula por él. Por ejemplo, la resistencia de un filamento de tungsteno en una bombilla incandescente aumenta con la corriente. Con todo, la resistencia de muchos conductores se mantiene constante aunque la corriente o la tensión fluctúen. Estos se llaman conductores óhmicos, en honor a Georg Ohm, quien formuló la ley que relaciona la tensión con la corriente eléctrica.

## Ley de Ohm

La ley de Ohm establece que la corriente que circula por un conductor es proporcional a la tensión entre sus extremos. Dividiendo la tensión (en voltios) por la corriente (en amperios) se obtiene un número constante equivalente a la resistencia del conductor (en ohmios).

Los cables de cobre son conductores óhmicos, ya que obedecen a la ley de Ohm siempre y cuando su temperatura no varíe drásticamente. La resistencia de los conductores

## Georg Simon Ohm

Ohm nació en Erlangen (en la actual Alemania) en 1789. Su padre era cerrajero y le enseñó matemáticas y ciencias. Estudió en la Universidad de Erlangen, y allí conoció al matemático Karl Christian von Langsdorf. En 1806, el padre de Ohm, preocupado de que este estuviera desperdiciando su talento, lo mandó a Suiza, donde impartió clases de matemáticas y prosiguió sus estudios.

En 1811, Ohm volvió a Erlangen y se doctoró, y en 1817 se trasladó a Colonia para dedicarse a la docencia. Tras enterarse de los hallazgos de Hans Christian Ørsted, empezó a experimentar con la electricidad. Al principio sus publicaciones no fueron bien recibidas, en parte por su enfoque matemático, pero también por las rencillas acerca de sus errores científicos. En 1841, no obstante, obtuvo la Medalla Copley de la Royal Society, y en 1852, dos años antes de su muerte, fue nombrado titular de la cátedra de física de la Universidad de Múnich.

### Obra principal

**1827** *El circuito galvánico estudiado matemáticamente.*

**La ley de Ohm** sintetiza la relación entre tensión (diferencia de potencial), corriente y resistencia. Su fórmula (dcha.) puede usarse para calcular la cantidad de corriente (en amperios) que circula por un conductor en función de la tensión (V) de la fuente de alimentación y de la resistencia (en ohmios) de los componentes del circuito.

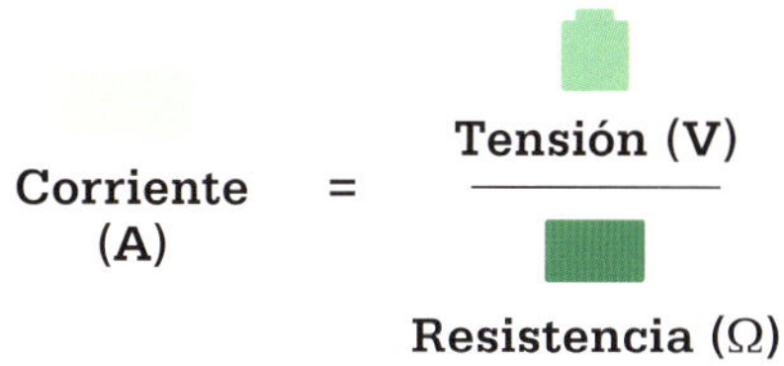


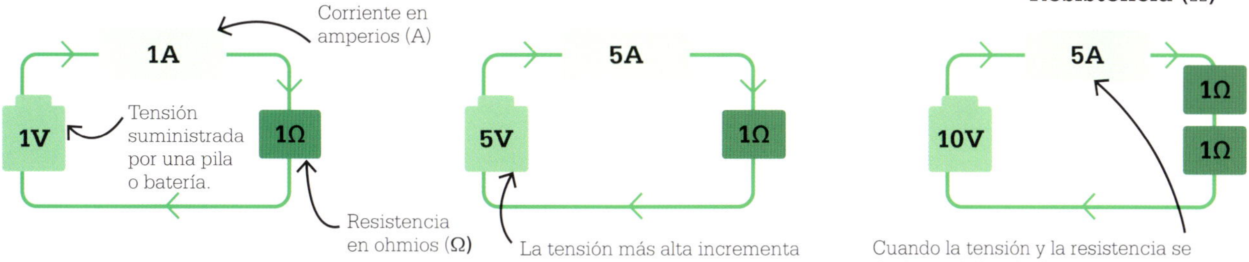


La tensión más alta incrementa el flujo de corriente siempre que la resistencia permanezca constante.

Cuando la tensión y la resistencia se duplican, la ley de Ohm indica que la corriente se mantiene constante.

óhmicos depende de factores físicos, como la temperatura, y no de la diferencia de potencial aplicada o el flujo de corriente.

Ohm desarrolló su ley por medio de una combinación de experimentos y teorías matemáticas. En algunos de sus experimentos, Ohm construyó circuitos con celdas electroquímicas para proporcionar tensión y usó una balanza de torsión para medir la corriente. Utilizó cables de distintas longitudes y espesores para conducir la electricidad y estudió las diferencias de corriente y resistencia resultantes. Su trabajo teórico se basó en métodos geométricos para el análisis de los conductores y los circuitos eléctricos.

Además, Ohm comparó el flujo de corriente con la teoría de la conducción del calor postulada por el matemático francés Joseph Fourier. Según esa teoría, la energía calorífica se transmite de una partícula a otra en la dirección de un gradiente de temperatura. Al describir el flujo de la corriente eléctrica, la diferencia de potencial en un conductor eléctrico se asemeja a la diferencia de temperatura entre los dos extremos de un conductor térmico.

No obstante, la ley de Ohm no es universal, pues no es aplicable a todos los conductores ni en todas las condiciones. Entre los llamados materiales no óhmicos se encuentran los diodos y los filamentos de tungsteno de las bombillas incandescentes. En estos casos, la resistencia depende de la diferencia de potencial aplicada (o el flujo de corriente).

**Las bombillas de filamento** (incandescente) funcionan proporcionando una alta resistencia al paso de la corriente eléctrica porque el hilo (filamento) es muy delgado. La resistencia convierte la energía eléctrica en calor y luz.

## El efecto Joule

Cuanta más corriente circule por un conductor metálico, más colisiones se producirán entre los electrones y la red iónica. Como resultado de esas colisiones, la energía cinética de los electrones se convierte en calor. La ley de Joule-Lenz (así llamada en honor a James Prescott Joule, quien descubrió en 1840 que la electricidad podía generar calor, y a Emil Lenz) establece que la cantidad de calor generada por un conductor por el que circula corriente es proporcional a su resistencia multiplicada por el cuadrado de la corriente.

El efecto Joule (calentamiento óhmico o calentamiento por efecto Joule) tiene varias aplicaciones. Así, es el responsable del brillo de los filamentos de las lámparas incandescentes. No obstante, puede constituir un grave problema. Por ejemplo, en las redes de transmisión eléctrica causa grandes pérdidas de energía. Con todo, las pérdidas pueden minimizarse manteniendo la corriente de la red relativamente baja y la diferencia de potencial (la tensión) relativamente alta. ■

# CADA METAL TIENE DETERMINADO PODER

## CREACIÓN DE IMANES

**EN CONTEXTO**

FIGURA CLAVE
**Hans Christian Ørsted**
(1777–1851)

ANTES
**1600** El astrónomo inglés William Gilbert descubre que la Tierra es un imán gigante.

**1800** Alessandro Volta construye la primera pila y crea por primera vez un flujo de corriente constante.

DESPUÉS
**1820** André-Marie Ampère desarrolla una teoría matemática del electromagnetismo.

**1821** Michael Faraday construye el primer motor eléctrico y muestra la rotación electromagnética en acción.

**1876** Alexander Graham Bell, físico estadounidense de origen escocés, inventa un teléfono provisto de electroimanes y un imán permanente en herradura para transmitir vibraciones sonoras.

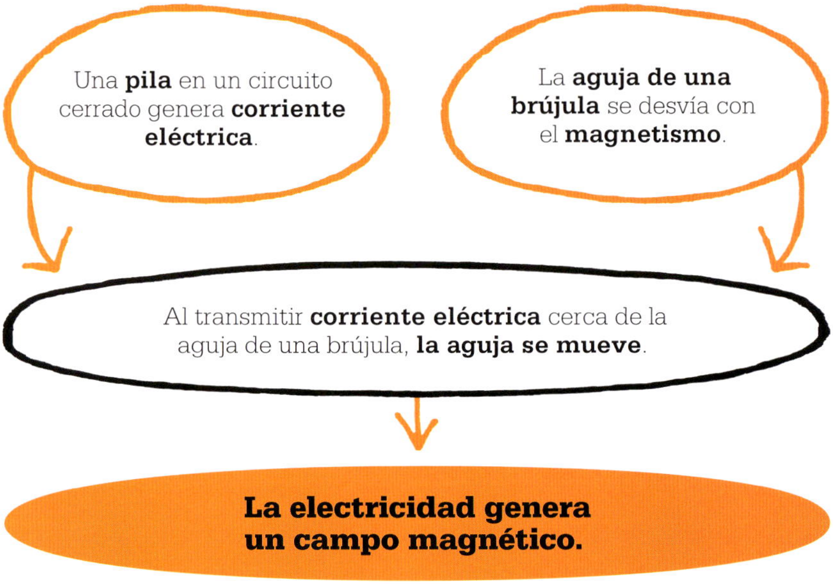


A fines del siglo XVIII, los científicos habían estudiado diversos fenómenos magnéticos y eléctricos. No obstante, la mayoría creía que la electricidad y el magnetismo eran fuerzas completamente distintas. Hoy sabemos que el flujo de electrones crea un campo magnético y que el movimiento de rotación de los imanes hace circular la corriente eléctrica por un circuito cerrado. La relación entre electricidad y magnetismo es esencial para casi todos los aparatos electrónicos modernos, desde los auriculares hasta los coches; sin embargo, fue descubierta por pura casualidad.

### El hallazgo casual de Ørsted

La invención de la celda voltaica (la primera pila) por Alessandro Volta en 1800 había abierto un campo de estudio científico nuevo. Por primera vez, los físicos pudieron generar una corriente eléctrica estable. En 1820, durante una clase impartida

**Véase también:** Magnetismo 122–123 ▪ Carga eléctrica 124–127 ▪ Inducción y efecto generador 138–141 ▪ Campos de fuerza y ecuaciones de Maxwell 142–147

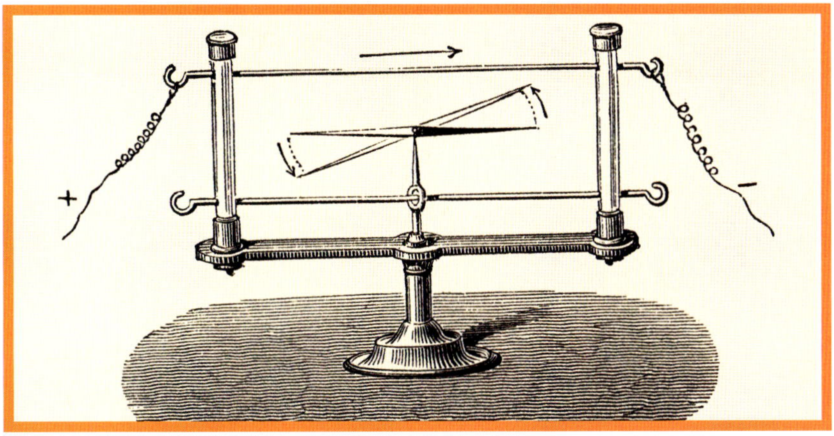


**Al pasar corriente eléctrica** por un cable, Ørsted creó un campo magnético en torno al cable que desvió la aguja de una brújula.

a los estudiantes de la Universidad de Copenhague, el físico danés Hans Christian Ørsted observó que la aguja de una brújula se desviaba del norte magnético cuando conectaba o desconectaba una corriente eléctrica. Ørsted llevó a cabo más experimentos y descubrió que la corriente creaba un campo magnético concéntrico alrededor del cable por el que circulaba.

## Construcción de electroimanes

Cuatro años después del descubrimiento de Ørsted, el inventor británico William Sturgeon construyó un imán a partir de una pieza de hierro en forma de herradura sobre la que enrolló 18 vueltas de alambre de cobre. Luego hizo circular corriente eléctrica por el alambre con el propósito de imantar la herradura para que atrajera otras piezas de hierro.

En la década de 1830, el científico estadounidense Joseph Henry perfeccionó el electroimán: aisló el alambre de cobre con hilo de seda y enrolló múltiples capas alrededor de los núcleos de hierro. Uno de sus imanes consiguió elevar un peso de 936 kg. En la década de 1850, los pequeños electroimanes se usaban en los receptores de la red de telégrafos eléctricos de EE UU. La ventaja de un electroimán es que su campo magnético puede controlarse. La fuerza del imán es constante, pero la del electroimán varía si se modifica el flujo de corriente que circula por la bobina de alambre (llamada solenoide). Con todo, los electroimanes solo funcionan con un suministro continuo de energía eléctrica. ▪

“

La concordancia de esta ley con la naturaleza se apreciará mejor con la repetición de los experimentos que con una larga explicación.

**Hans Christian Ørsted**

”

## Hans Christian Ørsted

Nacido en 1777 en Rudkøbing (Dinamarca), Ørsted se educó en casa antes de empezar a estudiar en la Universidad de Copenhague, en 1793. Tras doctorarse en física y estética, obtuvo una beca de viaje y conoció al investigador alemán Johann Ritter, quien despertó su interés por la posible relación entre electricidad y magnetismo.

En 1806, Ørsted regresó a Copenhague para dedicarse a la docencia. En 1820 descubrió la relación entre las fuerzas eléctrica y magnética, lo cual le valió el reconocimiento internacional. Fue distinguido con la Medalla Copley de la Royal Society de Londres y nombrado miembro de la Real Academia de las Ciencias de Suecia y de la Academia Estadounidense de las Artes y las Ciencias. En 1825 se convirtió en el primer químico en producir aluminio puro. Murió en Copenhague, en 1851.

### Obras principales

**1820** «Experimentos sobre el efecto de la corriente eléctrica en agujas magnéticas».
**1821** «Observaciones sobre electromagnetismo».

# ELECTRICIDAD EN MOVIMIENTO

## EL EFECTO MOTOR

**EN CONTEXTO**

FIGURA CLAVE
**André-Marie Ampère**
(1775–1836)

ANTES
**1600** William Gilbert realiza los primeros experimentos de electricidad y magnetismo.

**1820** Hans Christian Ørsted prueba que la corriente eléctrica genera un campo magnético.

DESPUÉS
**1821** Michael Faraday construye el primer motor eléctrico.

**1831** Joseph Henry y Faraday usan la inducción electromagnética para crear el primer generador eléctrico y convertir el movimiento en electricidad.

**1839** Moritz von Jacobi hace una demostración del primer motor eléctrico rotativo.

**1842** Robert Davidson construye un motor eléctrico para propulsar una locomotora.

A partir del descubrimiento de la relación entre electricidad y magnetismo por parte de Hans Christian Ørsted, el físico francés André-Marie Ampère realizó sus propios experimentos. Ørsted había descubierto que la corriente que circula por un cable crea un campo magnético a su alrededor. Ampère, por su parte, se dio cuenta de que dos cables paralelos por los que circula corriente pueden atraerse o repelerse, dependiendo de la dirección del flujo de la corriente. Si la corriente fluye en la misma dirección en ambos cables, estos se atraen; si fluyen en direcciones opuestas, se repelen.

El trabajo de Ampère dio lugar a la ley que lleva su nombre, que establece que la acción mutua de dos cables con corriente eléctrica

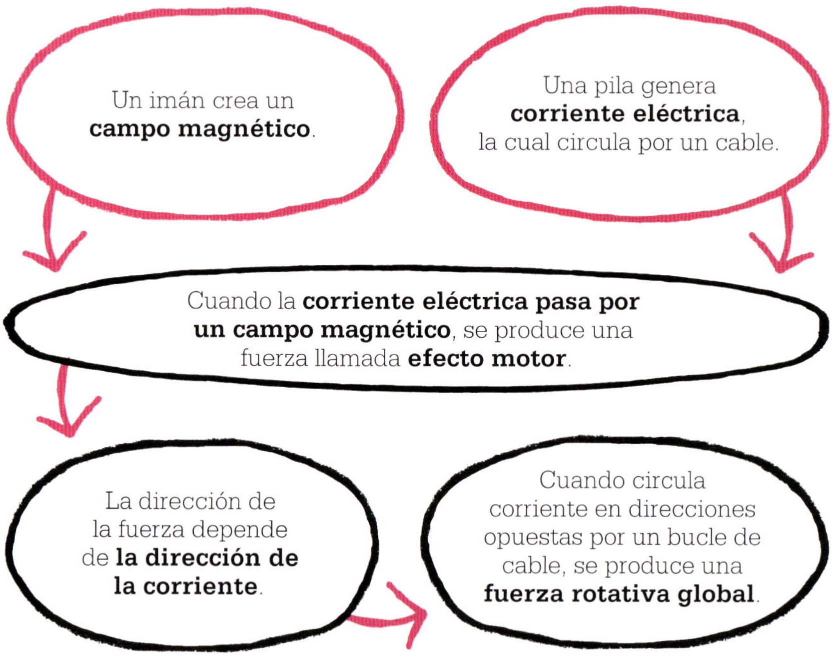

**Véase también:** Potencial eléctrico 128–129 ▪ Creación de imanes 134–135 ▪ Inducción y efecto generador 138–141 ▪ Campos de fuerza y ecuaciones de Maxwell 142–147 ▪ Generación eléctrica 148–151

es proporcional a sus longitudes y a la magnitud de sus corrientes. Ese descubrimiento sentó las bases de una nueva rama de la ciencia: la electrodinámica.

## Fabricación de motores

Al colocar un cable conductor de corriente en un campo magnético, este queda sometido a una fuerza, ya que el campo magnético interactúa con el campo creado por la corriente. Si la interacción es lo suficientemente fuerte, el cable se mueve. La fuerza es máxima cuando la corriente fluye en ángulo recto respecto de las líneas del campo magnético.

Si se coloca un bucle de cable, con dos extremos paralelos, entre los polos de un imán en herradura, la interacción de la corriente crea una fuerza descendente en un extremo y una fuerza ascendente en el otro, lo cual hace girar el bucle. Es decir, la energía potencial eléctrica se convierte en energía cinética, y esta, a su vez, genera trabajo mecánico. Sin embargo, una vez que el bucle ha girado 180 grados, la fuerza se invierte y el bucle se detiene.

El fabricante francés de instrumentos Hippolyte Pixii halló la solución a este problema en 1832, al unir un anillo metálico partido en dos mitades a los extremos de una bobina con núcleo de hierro. Este dispositivo, llamado conmutador, invierte la corriente de la bobina cada vez que completa media vuelta, de modo que el bucle sigue girando en la misma dirección.

Ese mismo año, el británico William Sturgeon inventó el primer motor eléctrico conmutador capaz de accionar máquinas. Cinco años después, el ingeniero estadounidense Thomas Davenport inventó un potente motor que giraba a 600 revoluciones por minuto y que se usó en prensas y máquinas herramientas.

## Un mundo electrodinámico

Con los años, la tecnología electrodinámica posibilitó el desarrollo de motores más potentes y eficientes. Los pares de torsión (fuerzas de giro que crean movimiento rotatorio) se reforzaron mediante el uso de imanes más potentes, el aumento de la corriente o el uso de alambres muy finos para aumentar el número de bucles. Cuanto menor es la distancia entre el imán y la bobina, mayor es la fuerza motriz.

Los motores de corriente continua (CC) se siguen utilizando en pequeños dispositivos que funcionan con pilas; los motores universales, que usan electroimanes en lugar de imanes permanentes, se utilizan en muchos electrodomésticos. ■

> “La investigación experimental por la que Ampère estableció la ley de la acción mecánica entre corrientes eléctricas es uno de los logros más brillantes de la ciencia.”
> **James Clerk Maxwell**

## André-Marie Ampère

Nacido en el seno de una familia adinerada en Lyon (Francia), en 1775, André-Marie Ampère se educó en casa, con una biblioteca bien surtida. A pesar de no haber cursado estudios formales, en 1804 se incorporó como profesor de la Escuela Politécnica de París y, cinco años después, fue nombrado titular de la cátedra de física.

Tras enterarse del hallazgo del electromagnetismo hecho por Ørsted, Ampère se dedicó a convertir ese descubrimiento en una nueva rama de la física. Además, Ampère especuló sobre la existencia de «moléculas electrodinámicas», anticipándose al descubrimiento del electrón. En reconocimiento a su labor, la unidad estándar de corriente eléctrica, el amperio, fue bautizada en su honor. Murió en Marsella, en 1836.

**Obra principal**

**1827** *Memoria sobre la teoría matemática de los fenómenos electrodinámicos, deducida exclusivamente de la experiencia.*

# DOMINIO DE LAS FUERZAS MAGNETICAS

## INDUCCIÓN Y EFECTO GENERADOR

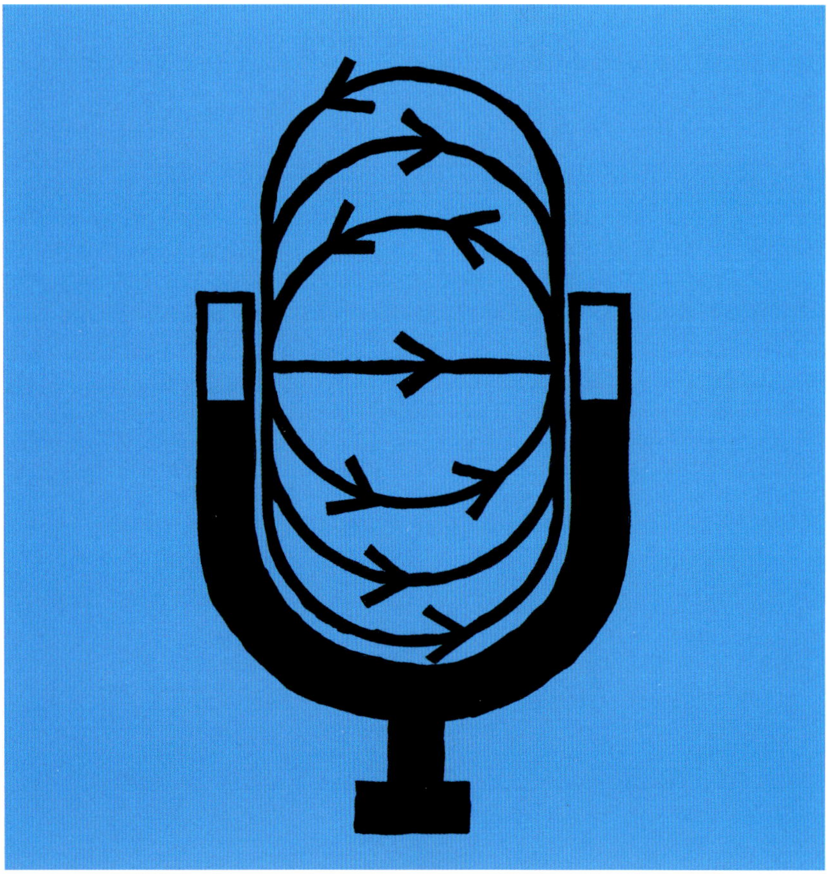

**EN CONTEXTO**

FIGURA CLAVE
**Michael Faraday** (1791–1867)

ANTES
**1820** Hans Christian Ørsted descubre la relación entre electricidad y magnetismo.

**1821** Michael Faraday inventa un dispositivo que, mediante la interacción entre electricidad y magnetismo, genera movimiento mecánico.

**1825** William Sturgeon, fabricante de instrumentos alemán, construye el primer electroimán.

DESPUÉS
**1865** James Clerk Maxwell describe las ondas electromagnéticas, incluidas las ondas luminosas.

**1882** En Londres y Nueva York, comienzan a operar las primeras centrales provistas de generadores eléctricos.

La inducción electromagnética consiste en la generación de fuerza electromotriz (FEM, o diferencia de potencial) a través de un conductor eléctrico como resultado de las variaciones del campo magnético. Su hallazgo transformaría el mundo. No solo constituye el pilar de la industria de la energía eléctrica; también posibilitó la invención de generadores y transformadores eléctricos, que son la esencia de la tecnología moderna.

En 1821, inspirado por el descubrimiento de la relación entre electricidad y magnetismo realizado por Hans Christian Ørsted un año antes, el físico Michael Faraday construyó dos dispositivos que también apro-

**Véase también:** Potencial eléctrico 128–129 ▪ El efecto motor 136–137 ▪ Campos de fuerza y ecuaciones de Maxwell 142–147 ▪ Generación eléctrica 148–151

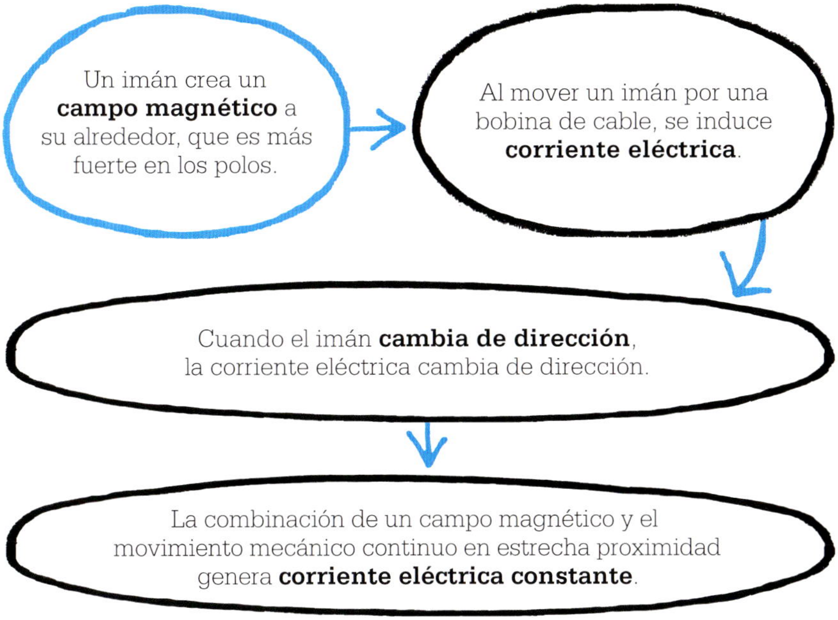


vechaban el llamado efecto motor (la creación de una fuerza cuando la corriente pasa por el campo magnético de un conductor). Esos dispositivos convertían la energía mecánica en energía eléctrica. Para estudiar la interacción de las corrientes eléctricas, los imanes y el movimiento mecánico, Faraday realizó numerosos experimentos. Estos culminaron con una serie de pruebas realizadas entre julio y noviembre de 1831 y que tendrían un impacto extraordinario.

## El anillo de inducción

Uno de esos primeros experimentos, en 1831, consistió en construir un dispositivo con dos bobinas de cable aislado enrolladas alrededor de un anillo de hierro. Al hacer circular corriente por una de las bobinas, el galvanómetro –instrumento que acababa de inventarse– mostraba un flujo temporal de corriente en la otra. Ese efecto se llamó inducción mutua; y el invento de Faraday, llamado anillo de inducción, se considera el primer transformador (un dispositivo que transfiere energía eléctrica entre dos conductores) del mundo.

Faraday pasó un imán por la bobina, y ello hizo circular el flujo de corriente. No obstante, al cesar el movimiento del imán, el galvanómetro no detectó corriente: el campo del imán solo permitía la circulación de »

> Ahora estoy ocupado de nuevo con el electromagnetismo, y creo que he dado con algo bueno.
> **Michael Faraday**

## Michael Faraday

Hijo de un herrero londinense, Michael Faraday recibió una educación formal limitada. A los veinte años de edad, asistió a las conferencias del destacado químico Humphry Davy en la Royal Society de Londres y le envió sus notas. Davy le ofreció trabajo como asistente y, entre 1813 y 1815, recorrieron juntos Europa.

Además de inventar el motor eléctrico en 1821, Faraday desarrolló una forma incipiente del mechero de Bunsen, descubrió el benceno y formuló las leyes de la electrólisis. Pionero en la ciencia medioambiental, advirtió sobre los peligros de la contaminación del río Támesis. Hombre de firmes principios, rechazó los cultos pseudocientíficos, ofreció conferencias de Navidad para el público, rechazó el título de caballero y se negó a asesorar al gobierno en asuntos militares. Murió en 1867.

### Obras principales

**1832** *Investigaciones experimentales en electricidad.*
**1859** *Curso de seis conferencias sobre las diversas fuerzas de la materia.*

corriente cuando el campo aumentaba o disminuía. Al mover el imán en la dirección contraria, la corriente volvió a circular por la bobina, pero esta vez en la dirección opuesta. Además, Faraday descubrió que la corriente circulaba si movía la bobina sobre un imán estacionario.

## Ley de inducción

Como otros físicos de la época, Faraday no comprendía la verdadera naturaleza de la electricidad, es decir, que la corriente es un flujo de electrones; no obstante, se dio cuenta de que la corriente que circula por una bobina produce un campo magnético. Si la corriente se mantiene constante, el campo magnético también, y no se induce diferencia de potencial (ni corriente) en la segunda bobina. Sin embargo, si la corriente de la primera bobina fluctúa, el cambio del campo magnético inducirá una diferencia de potencial en la otra bobina y hará que la corriente circule.

Faraday concluyó que la variación del entorno magnético de la bobina, al margen de cómo se produzca, provoca la inducción de corriente. Podría ocurrir como resultado de un cambio en la intensidad del campo magnético, del alejamiento o la aproximación del imán y la bobina entre sí o de la rotación de la bobina o del imán.

El estadounidense Joseph Henry también había descubierto la inducción electromagnética en 1831, pero Faraday publicó primero sus hallazgos, que hoy conocemos como ley de inducción de Faraday. Esta ley es el principio en el que se basan los generadores, los transformadores y muchos otros dispositivos.

En 1834, el físico estonio Emil Lenz profundizó en el principio de inducción y estableció que la diferencia de potencial inducida en un conductor por un campo magnético variable se opone a la variación de ese campo magnético. La corriente resultante de la diferencia de potencial genera un campo magnético que potenciará el campo magnético original si su intensidad se reduce, y lo debilitará si su intensidad aumenta. Este principio se conoce como ley de Lenz. Un efecto de la ley de Lenz es que una parte de la corriente eléctrica se pierde en forma de calor.

Más tarde, en la década de 1880, el físico británico John Ambrose Fleming desarrolló un método simple para determinar la dirección del flujo de la corriente inducida: la regla de la mano derecha. Para ello, se utilizan los dedos pulgar, índice y corazón (en posición perpendicular entre sí) como indicadores de la dirección del flujo de corriente procedente de la diferencia de potencial inducida al mover el cable por un campo magnético (arriba).

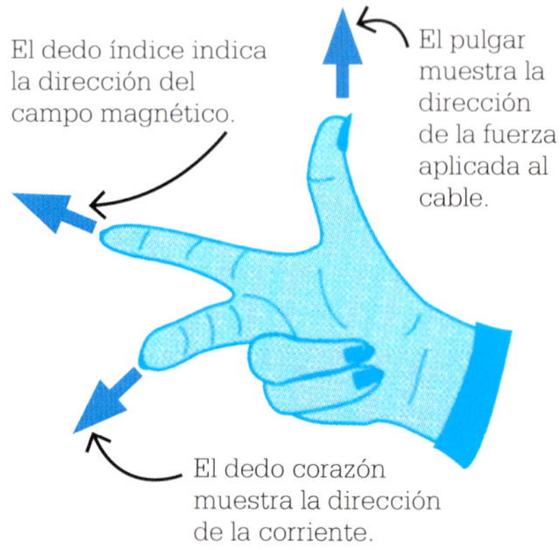


**La regla de la mano derecha** muestra la dirección de circulación de la corriente en un cable que se mueve en un campo magnético.

## La dinamo de Faraday

En 1831, el mismo año en que experimentó con el anillo de inducción, Faraday inventó la primera dinamo eléctrica, un disco montado sobre unos ejes de latón que giraba libremente entre los polos de un imán permanente. Faraday conectó el disco a un galvanómetro y observó que, cuando el disco giraba, el instrumento detectaba corriente, la cual salía del centro del disco y fluía a través de un contacto de resorte hacia un circuito. Este invento se conoce como disco de Faraday.

Ese experimento demostró que la suma de un campo magnético y el movimiento mecánico continuo en estrecha proximidad generaba corriente eléctrica constante. En un motor, el flujo de electrones que circula por un cable a través de un campo magnético induce una fuer-

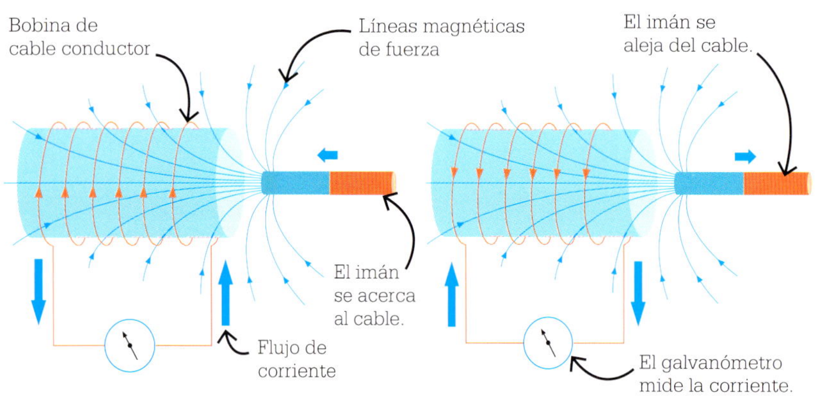


**Cuando una barra imantada** se acerca y se aleja de una bobina, se genera corriente eléctrica. La dirección de la corriente varía según la dirección del movimiento del imán. La corriente será mayor si se utilizan más bobinas o un imán más potente.

za sobre los electrones y, por lo tanto, sobre el cable, haciendo que este se mueva. Sin embargo, en el disco de Faraday (y en otros generadores) se aplica la ley de inducción: la corriente se genera como resultado del movimiento de un conductor (el disco) en un campo magnético. Mientras que el efecto motor se caracteriza por la conversión de energía eléctrica en energía mecánica, en el efecto generador, la energía mecánica se convierte en energía eléctrica.

## Usos prácticos

Los hallazgos de Faraday requirieron una laboriosa experimentación, pero produjeron resultados sumamente prácticos. Permitieron comprender cómo producir electricidad a una escala hasta entonces inimaginable.

Aunque el diseño de Faraday era ineficiente, otros enseguida lo adaptaron hasta convertirlo en prácticos generadores eléctricos. En pocos meses, el fabricante de instrumentos francés Hippolyte Pixii había construido un generador de manivela basado en el diseño de Faraday. Sin embargo, la corriente que producía se invertía cada media vuelta, y nadie había descubierto aún la forma de aprovechar esa corriente alterna (CA) para el funcionamiento de dispositivos electrónicos. La solución de Pixii consistió en el uso de un dispositivo denominado conmutador para convertir la corriente alterna en corriente unidireccional. Más tarde, a principios de la década de 1880, el ingeniero eléctrico británico James Gordon construyó los primeros grandes generadores de CA.

La primera dinamo industrial se construyó en 1844, en Birmingham (Reino Unido), y se usó para la galvanoplastia. En 1858 se instaló el primer generador eléctrico de vapor en un faro del condado de Kent, en el sureste de Inglaterra. El acoplamiento de dinamos a las turbinas de vapor hizo posible la producción comercial de electricidad. Los primeros generadores eléctricos prácticos se fabricaron en 1870, y algunas áreas de Nueva York y Londres estaban iluminadas mediante electricidad así producida ya en la década de 1880.

## Trampolín científico

El trabajo de Faraday sobre la relación entre movimiento mecánico, magnetismo y electricidad sirvió de trampolín para futuros descubrimientos científicos. En 1861, el físico escocés James Clerk Maxwell simplificó todos los conocimientos sobre electricidad y magnetismo desarrollados hasta la fecha en veinte ecuaciones. Cuatro años después, en un trabajo presentado a la Royal Society de Londres *(Una teoría dinámica del campo electromagnético)*, Maxwell unificó los campos eléctricos y magnéticos en un solo concepto: la radiación electromagnética, propagada en ondas a una velocidad muy próxima a la de la luz. Ese estudio allanó el camino para el descubrimiento de las ondas de radio y las teorías de la relatividad de Einstein. ■

> Ahora hemos descubierto que la materia está sometida al dominio de fuerzas magnéticas, como antes sabíamos que lo estaba a la gravitación, la electricidad y la cohesión.
> **Michael Faraday**

> Finalmente he logrado iluminar una curva magnética [...] y magnetizar un rayo de luz.
> **Michael Faraday**

## Carga inalámbrica

Muchos dispositivos que funcionan con baterías, como móviles, cepillos de dientes eléctricos y marcapasos, usan cargadores de inducción que eliminan la electricidad expuesta y reducen la dependencia de enchufes y cables. Dos bobinas de inducción próximas entre sí forman un transformador eléctrico que carga la batería. La bobina de inducción de la base de carga crea un campo electromagnético alterno, y la bobina receptora del interior del dispositivo toma la energía del campo y la convierte en corriente eléctrica. En los pequeños electrodomésticos, las bobinas son pequeñas, por lo que deben estar en estrecho contacto para funcionar.

La carga inductiva es una alternativa a la carga mediante enchufe en vehículos eléctricos. En este caso pueden usarse bobinas de mayor tamaño. Los vehículos robotizados, por ejemplo, no necesitan estar en contacto con la unidad de carga; basta con que se acerquen a ella.

# LA LUZ EN SI MISMA ES UNA PERTURBACION ELECTROMAGNETICA

## CAMPOS DE FUERZA Y ECUACIONES DE MAXWELL

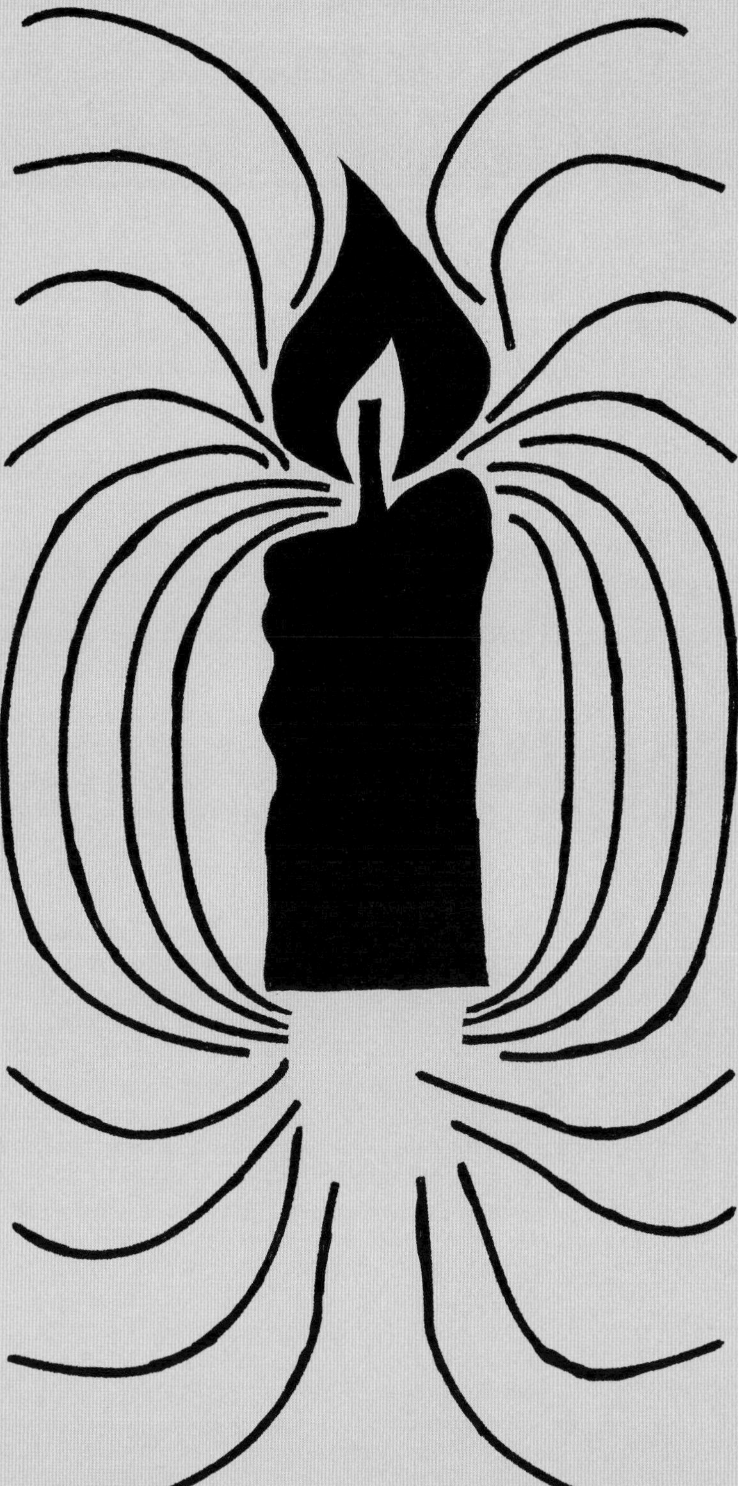

**EN CONTEXTO**

FIGURA CLAVE
**James Clerk Maxwell**
(1831–1879)

ANTES
**1820** Hans Christian Ørsted descubre que un cable con corriente eléctrica desvía la aguja magnética de una brújula.

**1825** André-Marie Ampère sienta las bases para el estudio del electromagnetismo.

**1831** Michael Faraday descubre la inducción electromagnética.

DESPUÉS
**1892** El físico neerlandés Hendrik Lorentz investiga las ecuaciones de Maxwell en función del observador, lo que conduce a la teoría de la relatividad especial de Einstein.

**1899** El alemán Heinrich Hertz descubre las ondas de radio mientras estudia la teoría del electromagnetismo de Maxwell.

**Cuatro ecuaciones** describen la relación entre **campos eléctricos, campos magnéticos, cargas eléctricas** y **corrientes.**

↓

Una **ecuación** derivada de las cuatro anteriores describe **el movimiento de una onda electromagnética**.

↓

Esa onda electromagnética viaja a una **velocidad constante muy alta** que se aproxima bastante a la **velocidad de la luz**.

↓

**Las ondas electromagnéticas y la luz son el mismo fenómeno.**

El siglo XIX estuvo marcado por una serie de logros, tanto experimentales como deductivos, que posibilitarían el mayor avance científico desde las leyes del movimiento y la gravitación de Isaac Newton: la teoría del electromagnetismo. El principal artífice de esa teoría fue el físico escocés James Clerk Maxwell, quien formuló ecuaciones basadas en los trabajos de Carl Gauss, Michael Faraday y André-Marie Ampère, entre otros.

La genialidad de Maxwell radicó en proporcionar una rigurosa base matemática al trabajo de sus predecesores, en reconocer las simetrías entre ecuaciones y en deducir su importancia a la luz de los resultados experimentales.

Publicada en 1861 como una veintena de ecuaciones, la teoría del electromagnetismo de Maxwell describe con precisión el vínculo entre electricidad y magnetismo y cómo esa relación produce movimiento ondulatorio. Pese a tratarse de una teoría fundamental correcta, los físicos tardaron en comprenderla debido a la complejidad de las ecuaciones (y, quizá, a su naturaleza revolucionaria).

En 1873, Maxwell condensó las veinte ecuaciones en solo cuatro. Más tarde, en 1885, el matemático británico Oliver Heaviside ideó una presentación mucho más accesible que permitió a la comunidad científica apreciar su relevancia. Incluso hoy en día, las ecuaciones de Maxwell son válidas y aplicables en todas las escalas, excepto en las más pequeñas, donde los efectos cuánticos requieren su modificación.

### Líneas de fuerza

En varios experimentos realizados en 1831, Michael Faraday descubrió el fenómeno de la inducción electromagnética, es decir, la generación de un campo eléctrico por medio de un campo magnético variable. Faraday propuso de modo intuitivo un modelo de inducción muy cercano a nuestra concepción teórica actual, pero, como no pudo expresarlo en términos matemáticos, muchos de

“No percibo en ninguna parte del espacio [...], ya sea que esté vacío o repleto de materia, nada más que fuerzas y las líneas sobre las que se ejercen esas fuerzas.
**Michael Faraday**”

**Véase también:** Magnetismo 122–123 ▪ Carga eléctrica 124–127 ▪ Creación de imanes 134–135 ▪ El efecto motor 136–137 ▪ Monopolos magnéticos 159 ▪ Ondas electromagnéticas 192–195 ▪ La velocidad de la luz 275 ▪ Relatividad especial 276–279

sus colegas lo desdeñaron. Paradójicamente, cuando Maxwell tradujo lo intuido por Faraday en ecuaciones, su trabajo también fue descartado inicialmente debido a la profundidad de su estructura matemática.

Faraday era consciente de un antiguo problema de la física: cómo una fuerza podía transmitirse instantáneamente entre dos cuerpos a través del «vacío». En nuestra experiencia cotidiana, no hay nada que apunte a una «acción a distancia». Inspirado por los patrones de las limaduras de hierro en torno a los imanes, Faraday señaló que los efectos magnéticos son transmitidos por líneas invisibles de fuerza que impregnan el espacio en torno al imán. Esas líneas apuntan en la dirección en la que actúa una fuerza, y la densidad de las líneas corresponde a la intensidad de la fuerza.

El físico británico J.J. Thomson interpretó matemáticamente los resultados experimentales de Faraday por primera vez en 1845; no obstante, en 1862, Maxwell, que había asistido a las conferencias de Faraday en Londres, hizo de las descriptivas «líneas de fuerza» un formalismo matemático: el campo. Cualquier magnitud que varíe en función de la posición puede representarse como un campo. La temperatura de una habitación, por ejemplo, puede considerarse un campo, ya que cada punto del espacio se define por tres coordenadas y se asocia a un valor, que corresponde a la temperatura en ese punto.

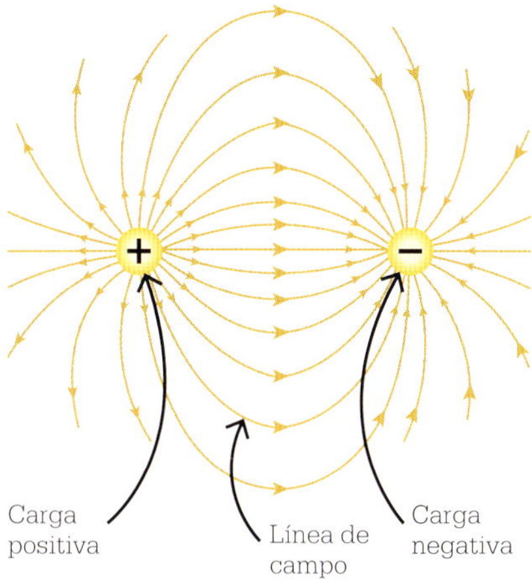


**Las líneas de campo eléctrico** muestran la dirección del campo entre cargas. Estas convergen (se unen) en la carga negativa, divergen (se alejan) de la carga positiva y nunca se cruzan.

## Campos de fuerza

En conjunto, el «campo» magnético o las líneas «de flujo» describen la zona en torno a un imán en que los cuerpos magnetizables experimentan una fuerza. En ese campo magnético, la magnitud de la fuerza en cualquier punto del espacio guarda relación con la densidad de las líneas de campo. A diferencia de un campo de temperatura, los puntos de un campo magnético poseen dirección, dada por la dirección de la línea de campo. Un campo magnético, por tanto, es un campo vectorial en el que cada punto espacial tiene una intensidad y una dirección asociadas, como el campo de velocidad de un fluido en movimiento. De modo similar, en un campo eléctrico, la línea de campo indica la dirección de la fuerza experimentada por una carga positiva, y la concentración de esas líneas determina la intensidad del campo. Como los típicos flujos de fluidos, los campos eléctrico y magnético fluctúan (debido, por ejemplo, a cambios en los patrones climáticos), de modo que el vector en cada punto depende del tiempo. Las »

## James Clerk Maxwell

Nacido en Edimburgo en 1831, James Clerk Maxwell fue un niño prodigio; a los 14 años presentó un trabajo sobre curvas matemáticas. Estudió en las universidades de Edimburgo y Cambridge. En 1856 se incorporó como profesor al Colegio Marischal, en Aberdeen, donde teorizó que los anillos de Saturno se componían de múltiples partículas sólidas.

Sus años más fecundos transcurrieron en el King's College de Londres, a partir de 1860, y en Cambridge, a partir de 1871, donde fue nombrado titular de la cátedra de física experimental del Laboratorio Cavendish. En el curso de su breve vida, realizó importantes contribuciones al estudio del electromagnetismo, la termodinámica, la teoría cinética de los gases y la teoría de la luz y del color. Murió de cáncer en 1879.

### Obras principales

**1861** *Sobre las líneas físicas de fuerza.*
**1864** *Una teoría dinámica del campo electromagnético.*
**1870** *Teoría del calor.*
**1873** *Tratado sobre electricidad y magnetismo.*

primeras dos ecuaciones de Maxwell establecen las leyes de Gauss para los campos eléctrico y magnético. Las leyes de Gauss se basan en el teorema de Gauss (o teorema de la divergencia) formulado en primer lugar por Joseph-Louis Lagrange en 1762 y redescubierto por Gauss en 1813. En su forma más general, es un enunciado de campos vectoriales, como los flujos de fluidos, sobre superficies.

Gauss formuló la ley de campos eléctricos hacia 1835, pero su publicación fue póstuma. Relaciona la «divergencia» de un campo eléctrico en un único punto con la presencia de una carga eléctrica estática. La divergencia es cero si no hay carga en ese punto, positiva (las líneas de campo divergen) si la carga es positiva, y negativa (las líneas de campo convergen) si la carga es negativa. La ley de Gauss para los campos magnéticos establece que la divergencia de un campo magnético es cero en todas partes; a diferencia de los campos eléctricos, no puede haber puntos aislados de los que fluyan líneas de campo hacia el interior o el exterior. En otras palabras, no existen los monopolos magnéticos; todo imán tiene un polo norte y un polo sur. En consecuencia, las líneas de campo magnético se dan siempre en circuitos cerrados: la línea que emana del polo norte del imán regresa al polo sur y continúa su trayectoria por el imán para cerrar el circuito.

## Las leyes de Faraday y Ampère-Maxwell

La tercera de las ecuaciones de Maxwell es una rigurosa formulación de la ley de inducción deducida por Faraday en 1831. Relaciona la tasa de cambio del campo magnético $\boldsymbol{B}$ en el tiempo con el «rizo» del campo eléctrico. El rizo describe cómo las líneas de campo eléctrico circulan alrededor de un punto. A diferencia de los campos eléctricos generados por cargas estáticas puntuales, que presentan divergencia pero no rizo, los campos eléctricos inducidos por variaciones del campo magnético tienen naturaleza circulante pero carecen de divergencia, y pueden hacer circular corriente por una bobina.

La cuarta ecuación de Maxwell consiste en una versión modificada de la ley circuital de André-Marie Ampère, formulada originalmente en 1826. Establece que un flujo de corriente constante que circula por un conductor crea un campo magnético circulante en el conductor.

Guiado por su sentido de la simetría, Maxwell afirmó que, así como un campo magnético variable genera un campo eléctrico (ley de Faraday), un campo eléctrico variable debía generar un campo magnético. Para desarrollar esa hipótesis, añadió el término $\partial \boldsymbol{E}/\partial t$ (la variación de un campo eléctrico, $\boldsymbol{E}$, en el tiempo, $t$) a la ley de Ampère, y ello derivó en lo que hoy conocemos como ley de

> La teoría de la relatividad especial debe sus orígenes a las ecuaciones del campo electromagnético de Maxwell.
> **Albert Einstein**

### Las ecuaciones de Maxwell

**Las cuatro ecuaciones de Maxwell** contienen las variables $\boldsymbol{E}$ y $\boldsymbol{B}$, las intensidades de los campos eléctrico y magnético, que varían con la posición y el tiempo. Pueden expresarse como un sistema de ecuaciones diferenciales parciales acopladas. Son «diferenciales» porque comportan diferenciación, operación que determina la tasa de cambio en una función matemática dada. Son «parciales» porque las magnitudes dependen de diversas variables, pero cada término de la ecuación contempla solo una parte de la variación, como la dependencia del tiempo. Y son «acopladas» porque implican las mismas variables y todas son ciertas.

| Nombre | Ecuación |
|---|---|
| Ley de Gauss para campos eléctricos | $\nabla \cdot \boldsymbol{E} = \rho/\varepsilon_0$ |
| Ley de Gauss para campos magnéticos | $\nabla \cdot \boldsymbol{B} = 0$ |
| Ley de Faraday | $\nabla \times \boldsymbol{E} = -\partial \boldsymbol{B}/\partial t$ |
| Ley de Ampère-Maxwell | $\nabla \times \boldsymbol{B} = \mu_0 \boldsymbol{J} + \mu_0 \varepsilon_0 (\partial \boldsymbol{E}/\partial t)$ |

$\boldsymbol{J}$ = densidad de la corriente eléctrica (corriente que fluye en una dirección dada por unidad de superficie)

$\partial t$ = derivada parcial respecto al tiempo

$\boldsymbol{B}$ = campo magnético

$\boldsymbol{E}$ = campo eléctrico

$\rho$ = densidad de la carga eléctrica (carga por unidad de volumen)

$\nabla$ = operador diferencial

$\varepsilon_0$ = constante eléctrica

$\mu_0$ = constante magnética

Ampère-Maxwell. La contribución de Maxwell no se basó en resultados experimentales, pero fue confirmada por experimentos y avances teóricos posteriores. Su relevancia radicó en la idea de que los campos eléctrico y magnético se asociaban comúnmente a una onda.

## Ondas electromagnéticas y luz

En 1845, Faraday descubrió que los campos magnéticos afectaban al plano de polarización de la luz (lo que se conoce como efecto Faraday). El fenómeno de polarización había sido descubierto por Christiaan Huygens en 1690, pero los físicos no comprendían cómo funcionaba. Aunque el hallazgo de Faraday no explicaba directamente la polarización, estableció un vínculo entre luz y electromagnetismo al que Maxwell dotaría de un sólido fundamento matemático años más tarde.

A partir de sus múltiples ecuaciones, Maxwell desarrolló una que describía el movimiento de las ondas en el espacio tridimensional: la ecuación de onda electromagnética. La velocidad de la onda descrita por la ecuación viene dada por el término $1/\sqrt{(\mu_0\varepsilon_0)}$. Además de establecer la naturaleza ondulatoria de los fenómenos electromagnéticos (al deducir que las perturbaciones del campo electromagnético se propagan como ondas), Maxwell había determinado que la velocidad de la onda, calculada de manera teórica por comparación con la ecuación estándar de onda, se aproximaba bastante al valor experimental de la velocidad de la luz.

> Resulta que las fuerzas magnética y eléctrica [...] a fin de cuentas es la cosa más profunda [...] con la que podemos empezar a explicar muchas otras cosas.
> **Richard Feynman**

**Los experimentos de Heinrich Hertz** de finales del siglo XIX confirmaron las predicciones de Maxwell y la existencia de ondas electromagnéticas, incluidas las ondas de radio.

Como sabía que solo la luz era capaz de viajar a velocidades tan altas, Maxwell concluyó que la luz y el electromagnetismo debían ser dos aspectos del mismo fenómeno.

## El legado de Maxwell

El hallazgo de Maxwell animó a otros científicos, como el físico estadounidense Albert Michelson, a buscar un método más preciso para medir la velocidad de la luz en la década de 1880. Sin embargo, la teoría de Maxwell predice un espectro completo de ondas, de las cuales la luz visible es solo la que más fácilmente perciben los seres humanos. El alcance y la validez de la teoría resultaron evidentes en 1899, cuando el físico alemán Heinrich Hertz, empeñado en probar la teoría del electromagnetismo de Maxwell, descubrió las ondas de radio.

Hoy, las cuatro ecuaciones de Maxwell son la base de un amplio abanico de tecnologías, entre ellas, el radar, los teléfonos móviles, los microondas y la astronomía infrarroja. Cualquier dispositivo que funcione con electricidad o imanes depende fundamentalmente de ellas. Es imposible exagerar las repercusiones del electromagnetismo clásico; la teoría de Maxwell no solo abarca los fundamentos de la teoría de la relatividad especial de Einstein, sino que, además, como primer ejemplo de una teoría de campo, ha servido como modelo de numerosas teorías físicas posteriores. ■

# EL HOMBRE CAPTURARÁ LA ENERGÍA DEL SOL

## GENERACIÓN ELÉCTRICA

**EN CONTEXTO**

FIGURA CLAVE
**Thomas Edison** (1847–1931)

ANTES
**1831** Michael Faraday prueba que la interacción de un campo magnético variable con un circuito eléctrico produce fuerza electromagnética.

**1832** Hippolyte Pixii desarrolla un prototipo de generador de corriente continua basado en los principios de Faraday.

**1878** El ingeniero eléctrico alemán Sigmund Schuckert construye una pequeña central eléctrica de vapor para iluminar un palacio bávaro.

DESPUÉS
**1884** El ingeniero Charles Parsons inventa una turbina de vapor compuesta más eficiente.

**1954** Se pone en marcha la primera central nuclear, en Rusia.

El 12 de enero de 1882, la central eléctrica Edison Electric Light Station, en el viaducto de Holborn, en Londres, empezó a generar electricidad por vez primera. La instalación, obra del prolífico inventor estadounidense Thomas Edison, fue la primera central de carbón que produjo electricidad para uso público. Unos meses después, Edison inauguró una central de mayor envergadura en Nueva York, situada en Pearl Street. La capacidad de generación eléctrica a gran escala sería uno de los principales impulsores de la segunda revolución industrial, entre 1870 y 1914.

Hasta la década de 1830, la única forma de producir electricidad era mediante las reacciones químicas

**Véase también:** Magnetismo 122–123 ▪ Potencial eléctrico 128–129 ▪ Corriente y resistencia eléctrica 130–133 ▪ Creación de imanes 134–35 ▪ El efecto motor 136–137 ▪ Inducción y efecto generador 138–141 ▪ Campos de fuerza y ecuaciones de Maxwell 142–147

**Thomas Edison instaló** seis dinamos gigantes en la central de Pearl Street, en Manhattan (Nueva York), en 1882. Cada una producía electricidad suficiente para alimentar 1200 bombillas.

en el interior de una pila. En 1800, el científico italiano Alessandro Volta había convertido la energía química en electricidad para producir una corriente constante en una pila. Con todo, la primera pila eléctrica era muy poco práctica, a diferencia de la construida por el inventor británico John Daniell en 1836. La pila de Daniell consistía en una vasija de barro con una solución de sulfato de cinc y un electrodo de cinc, inmersa en una vasija de cobre con una solución de sulfato de cobre. Los iones de carga negativa migraban hacia un electrodo, y los de carga negativa, hacia el otro, generando así corriente eléctrica.

## La primera dinamo

En la década de 1820, el físico británico Michael Faraday experimentó con imanes y bobinas de cable aislado. Descubrió la relación entre los campos magnético y eléctrico (ley de Faraday, o principio de inducción) y se basó en ese conocimiento para construir el primer generador eléctrico, o dinamo, en 1831. La dinamo consistía en un disco de cobre altamente conductor que giraba entre los polos de un imán de herradura, cuyo campo magnético producía una corriente eléctrica.

La explicación de Faraday de los principios de la generación mecánica de electricidad –y de su dinamo– se convertiría en la base de unos generadores más potentes; sin embargo, a inicios del siglo XIX no había aún demanda de grandes tensiones.

La electricidad para la telegrafía, las lámparas de arco y la galvanización se suministraba mediante baterías, pero el proceso era costoso, por lo que varios científicos de todo el mundo empezaron a buscar alternativas. El inventor francés Hippolyte Pixii, el ingeniero eléctrico belga Zenobe Gramme y el inventor alemán Werner von Siemens trabajaron de modo independiente en el desarrollo del principio de inducción de Faraday con el fin de generar electricidad de modo más eficiente. En 1871, la dinamo de Gramme fue el primer motor eléctrico fabricado a escala industrial, y se usó en la industria manufacturera y la agricultura.

La industria exigía procesos de fabricación cada vez más eficientes para aumentar la producción. Fue una época prolífica en inventos, en la que personajes como Edison convertían las ideas en oro. El gran momento de Edison llegó con el diseño de un sistema de iluminación que reemplazó las lámparas de gas y las velas usadas en los hogares, en las fábricas y en los edificios públicos. Edison no inventó la bombilla, pero su modelo incandescente de filamento de carbono desarrollado en 1879 era económico, seguro y práctico para el uso doméstico. Funcionaba con baja tensión, pero requería una forma barata y estable de electricidad.

## Dinamos gigantes

Las centrales eléctricas de Edison transformaban la energía mecánica en electricidad. Una caldera alimentada con carbón convertía el agua en vapor de alta presión en un motor Porter-Allen. El eje del motor se conectaba a la armadura (o bobina giratoria) de la dinamo para una mayor eficiencia. Edison instaló seis dinamos »

> Haremos que la electricidad sea tan barata que solo los ricos quemarán velas.
> **Thomas Edison**

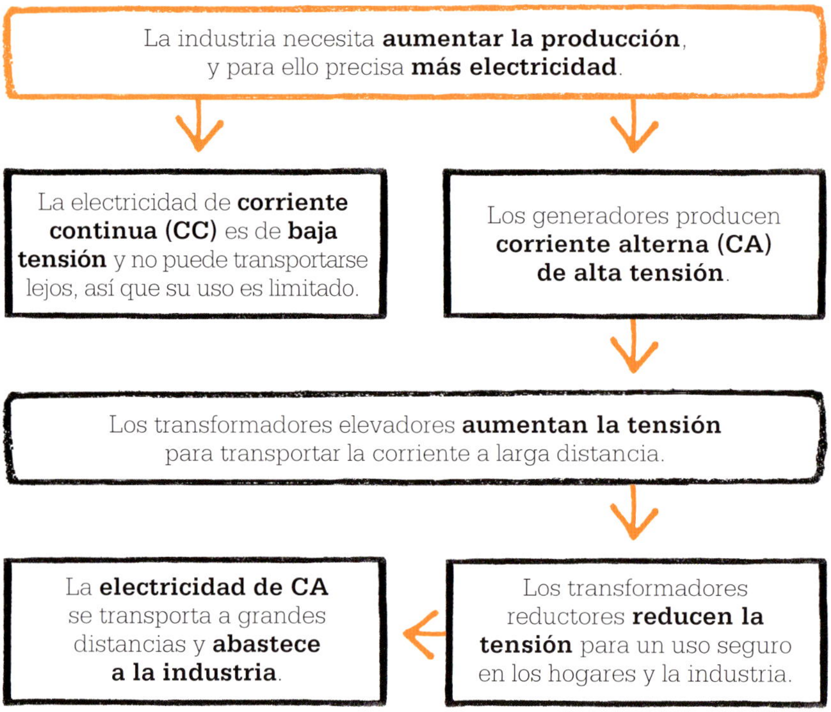


gigantes, cuatro veces más grandes que las construidas hasta entonces, en la central de Pearl Street, en Manhattan (Nueva York). Cada una pesaba 27 toneladas, producía 100 kilovatios de electricidad y podía alimentar 1.200 bombillas incandescentes. Los cables subterráneos, aislados en tubos, conducían unos 110 voltios de corriente continua (CC).

A finales del siglo XIX, no era posible convertir la CC en corriente de alta tensión; los sistemas de baja tensión y alta corriente tenían un alcance limitado debido a la resistencia de los cables. Con el fin de solventar ese problema, Edison propuso una red de centrales eléctricas locales. Debido a la imposibilidad de transmitir electricidad a larga distancia, dichas centrales debían estar situadas a menos de 1,6 km del usuario. En 1887, Edison había construido ya 127 centrales locales; pero saltaba a la vista que, por muchas que construyera, una gran parte del país quedaría sin suministro.

## La corriente alterna

El ingeniero eléctrico estadounidense de origen serbio Nikola Tesla había propuesto usar generadores de corriente alterna (CA), una alternativa que permitía invertir la polaridad de la tensión en la bobina mediante la acción de los polos opuestos de un imán rotatorio. Ello invierte periódicamente la dirección de la corriente en el circuito; cuanto más rápido gira el imán, más rápido se invierte el flujo de corriente. En 1886, cuando el ingeniero electrónico estadounidense William Stanley construyó el primer transformador funcional, fue posible aumentar la tensión de transmisión de los generadores de CA y disminuir al mismo tiempo la corriente para que circulara por un cable de menor diámetro. A mayores tensiones, se

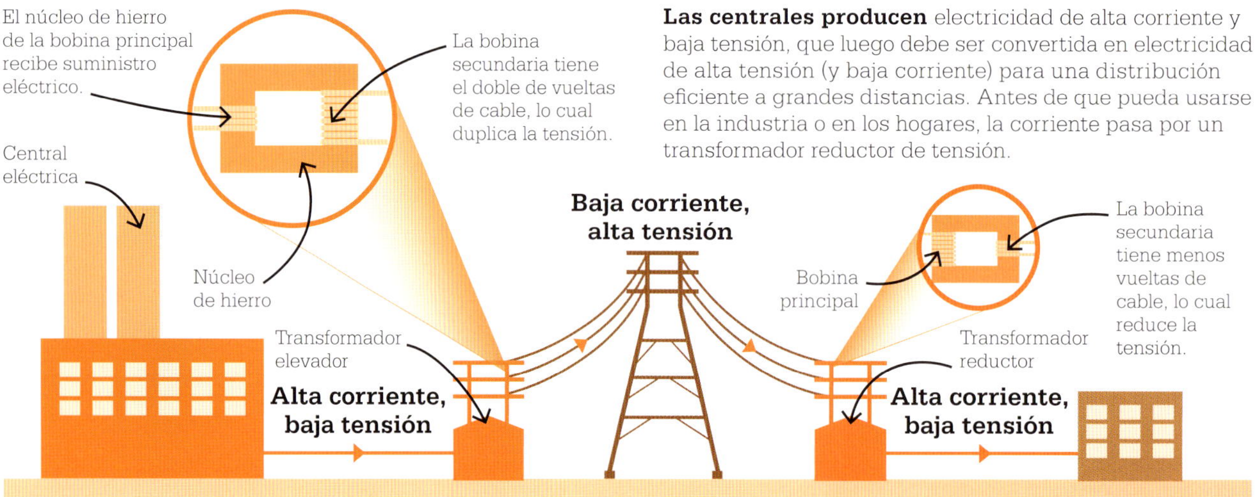


**Las centrales producen** electricidad de alta corriente y baja tensión, que luego debe ser convertida en electricidad de alta tensión (y baja corriente) para una distribución eficiente a grandes distancias. Antes de que pueda usarse en la industria o en los hogares, la corriente pasa por un transformador reductor de tensión.

> La mortífera electricidad de la corriente alterna no puede hacer daño a menos que un hombre sea tan tonto como para tragarse una dinamo entera.
> **George Westinghouse**

podía transmitir la misma cantidad de potencia con una corriente mucho menor. La corriente de alta tensión podía recorrer grandes distancias; luego, la tensión volvía a reducirse para su uso en fábricas y hogares.

El empresario estadounidense George Westinghouse, al percatarse de los inconvenientes del plan de Edison, compró varias patentes de Tesla y contrató a Stanley. En 1893, Westinghouse ganó la licitación para construir una presa y una central hidroeléctrica en las cataratas del Niágara con el fin de aprovechar el gran potencial hídrico. La instalación pronto distribuyó CA y abasteció a los comercios y hogares de la ciudad de Búfalo (Nueva York). Ello marcó el principio del fin de la CC como medio de transmisión de energía en EE UU.

Unas nuevas turbinas de vapor supereficientes permitieron expandir rápidamente la capacidad de generación eléctrica. Las centrales, que eran cada vez más grandes, usaban presiones de vapor muy elevadas para una mayor eficiencia. Durante el siglo XX, la generación eléctrica se multiplicó casi por diez. Gracias a la transmisión de CA de alta tensión, fue posible distribuir energía desde las centrales hasta núcleos industriales y urbanos situados a cientos o incluso miles de kilómetros.

A principios del siglo XX, el principal combustible usado para generar vapor y activar las turbinas era el carbón. Más tarde, este se sustituyó parcialmente por otros combustibles fósiles (petróleo y gas natural), virutas de madera y, en las centrales nucleares, uranio enriquecido.

## Soluciones sostenibles

Ante el peligro que supone el aumento de los niveles de $CO_2$, han surgido alternativas sostenibles a los combustibles fósiles. La energía hidroeléctrica, que se remonta al siglo XIX, produce hoy casi una quinta parte de la energía mundial. La energía del viento, las olas y las mareas se aprovecha para accionar turbinas y generar electricidad, y el vapor originado en las profundidades de la corteza terrestre, para generar energía geotérmica en diversas áreas del mundo. Alrededor del 1 % de la electricidad mundial se genera con paneles solares. Entretanto, los científicos trabajan en el desarrollo de pilas de hidrógeno. ■

**Los paneles solares** se componen de docenas de células fotovoltaicas que, al absorber la radiación solar, excitan los electrones libres y generan flujo de corriente.

### Thomas Edison

A lo largo de su vida, el prolífico inventor Thomas Alva Edison (1847–1931) registró más de mil patentes a su nombre. Nació en Milan (Ohio) y su educación fue sobre todo autodidacta. Como indicio temprano de su talento empresarial, Edison obtuvo los derechos exclusivos para la venta de periódicos mientras trabajaba como telegrafista en la Grand Trunk Railroad. Su primer invento fue un registrador electrónico de votos.

A los 29 años de edad, Edison fundó un laboratorio de investigación industrial en Nueva Jersey. Sus patentes más famosas mejoraron algunos dispositivos ya existentes, como el teléfono, el micrófono y la bombilla, y otras fueron revolucionarias, como el fonógrafo (en 1887). Fundó General Electric en 1892. Edison era vegetariano y se enorgullecía de no haber inventado armas.

**Obra principal**

**2005** *The papers of Thomas A. Edison: electrifying New York and abroad, April 1881–March 1883.*

# UN PEQUEÑO PASO EN EL CONTROL DE LA NATURALEZA

## ELECTRÓNICA

**EN CONTEXTO**

FIGURA CLAVE
**John Bardeen** (1908–1991)

ANTES
**1821** El físico alemán Thomas Seebeck advierte un efecto termoeléctrico en un semiconductor.

**1904** El ingeniero británico John Ambrose Fleming inventa el diodo de vacío.

**1926** El ingeniero austriaco-estadounidense Julius Lilienfeld patenta el transistor de efecto de campo (*field-effect transistor*, FET).

**1931** El físico británico Alan Herries Wilson formula la teoría de bandas de conducción.

DESPUÉS
**1958–1959** Los ingenieros estadounidenses Jack Kilby y Robert Noyce desarrollan el circuito integrado.

**1971** Intel lanza el primer microprocesador.

La electrónica engloba la ciencia, la tecnología y la ingeniería de componentes y circuitos para la generación, la transformación y el control de señales eléctricas. Los circuitos electrónicos contienen componentes activos, como diodos y transistores, que conmutan, amplifican, filtran o modifican de algún modo las señales eléctricas. En cambio, los componentes pasivos, como las pilas y los motores, convierten la energía eléctrica en otras formas de energía, como calor y luz.

El nombre «electrónica» se aplicó por primera vez al estudio del electrón, la partícula subatómica encargada de transportar electricidad en

**Véase también:** Carga eléctrica 124–127 ▪ Corriente y resistencia eléctrica 130–133 ▪ Aplicaciones cuánticas 226–231 ▪ Partículas subatómicas 242–243

La electrónica es **el uso de la electricidad** para producir señales que **transportan información** y **controlan dispositivos**.

→ Para producir esas señales, el **flujo de corriente eléctrica** debe controlarse con gran precisión.

→ Los **semiconductores** contienen un **número variable de portadores de carga** (partículas que transportan electricidad).

→ El **dopaje** de semiconductores de silicio (la adición de impurezas) **afecta la naturaleza de sus portadores de carga**, lo cual permite controlar la corriente con precisión.

→ En la mayoría de los semiconductores, el componente electrónico más importante, **el transistor**, está hecho de **silicio dopado**. Puede amplificar señales eléctricas, encenderlas o apagarlas.

los sólidos. El hallazgo del electrón en 1897 por el físico británico J.J. Thomson dio lugar al estudio del aprovechamiento de la carga eléctrica de las partículas. Medio siglo después, esa investigación había conducido al invento del transistor y allanado el camino para la concentración de las señales eléctricas en dispositivos cada vez más compactos y con capacidades de procesamiento cada vez mayores. Asimismo, posibilitó los impresionantes progresos de la ingeniería electrónica y la tecnología de la revolución digital desde finales del siglo hasta la actualidad.

## Válvulas y corrientes

Los primeros componentes electrónicos se desarrollaron a partir de los tubos de vacío. En 1904, el físico británico John Ambrose Fleming transformó uno de esos tubos en un diodo termoiónico, un dispositivo provisto de dos electrodos –un cátodo y un ánodo– en el interior de un tubo. El cátodo metálico se calentaba mediante un circuito eléctrico hasta el punto de emisión termoiónica, momento en que los electrones ganaban suficiente energía para escapar de la superficie y moverse por el tubo. Al aplicar un voltaje a través de los electrodos, el ánodo se tornaba relativamente positivo y atraía los electrones, lo cual hacía circular la corriente. Cuando el voltaje se invertía, los electrones emitidos por el cátodo eran repelidos del ánodo y la corriente no circulaba. El diodo solo conducía cuando el ánodo era positivo respecto del cátodo, de modo que actuaba como una válvula unidireccional que podía usarse para convertir corriente alterna (CA) en corriente continua (CC). Ello posibilitó la detección de las ondas de radio de CA e hizo que la válvula encontrara un amplio uso como demodulador (detector) de señales en los primeros receptores de radio de amplitud modulada (AM).

**El ordenador Colossus Mark II**, de 1944, usaba una gran cantidad de válvulas para realizar los complejos cálculos necesarios para descifrar el sistema de cifrado Lorenz de los nazis.

En 1906, el inventor estadounidense Lee de Forest añadió un tercer electrodo en forma de rejilla al diodo de Fleming para crear un triodo. Al aplicar un pequeño voltaje variable entre el nuevo electrodo y el cátodo, el flujo de electrones entre el cátodo y el ánodo cambiaba, provocando una gran variación de tensión; es decir, la pequeña tensión de entrada se amplificaba y producía una gran tensión de salida. Así, el triodo se convirtió en un componente esencial en el desarrollo de la radiodifusión y la telefonía.

## Física del estado sólido

Si bien en los decenios siguientes las válvulas posibilitaron grandes progresos tecnológicos, como el televisor y los primeros ordenadores, estas eran muy grandes y delicadas, consumían mucha energía y tenían una frecuencia de operación limitada. Los ordenadores británicos Colossus de »

> Es en la superficie donde ocurren muchos de los fenómenos más interesantes y útiles.
> **Walter Brattain**

la década de 1940, por ejemplo, contenían hasta 2.500 válvulas por unidad, ocupaban una habitación entera y pesaban varias toneladas.

Todas esas limitaciones se resolvieron con la transición de la electrónica basada en tubos de vacío a la electrónica basada en las propiedades electrónicas de los sólidos semiconductores, como el boro, el germanio y el silicio. A partir de la década de 1940, ello fue posible gracias al creciente interés en la física del estado sólido, el estudio de las propiedades de los sólidos que dependen de la estructura microscópica en las escalas atómica y subatómica, incluido el comportamiento cuántico.

Un semiconductor es un sólido con una conductividad eléctrica que varía entre la de un conductor y la de un aislante, por lo que su conductividad no es ni muy alta ni muy baja. De hecho, ofrece la posibilidad de controlar el flujo de corriente eléctrica. En los sólidos, los electrones ocupan distintos niveles de energía agrupados en bandas, llamadas bandas de valencia y de conducción. La banda de valencia contiene el nivel de energía más alto ocupado por los electrones al combinarse con átomos adyacentes. La banda de conducción se compone de niveles de energía aun más altos; sus electrones no están unidos a ningún átomo en particular, pero tienen suficiente energía para circular por el sólido y conducir corriente. En los conductores, las bandas de valencia y de conducción se superponen, de modo que los electrones que participan en enlaces pueden contribuir también a la conducción. En los aislantes, existe un gran intervalo de banda (o diferencia de energía) entre las bandas de valencia y las de conducción que mantiene la mayoría de los electrones en enlaces y, por lo tanto, no conducen electricidad. Los semiconductores, en cambio, tienen un pequeño intervalo de banda. Al proporcionarles un poco más de energía (aplicando calor, luz o tensión), sus electrones de valencia migran a la banda de conducción, lo cual modifica las propiedades del material, que pasa de ser aislante a ser conductor.

## Control mediante dopaje

En 1940, un hallazgo fortuito añadió una nueva dimensión al potencial eléctrico de los semiconductores. Durante unas pruebas con cristales de silicio, el ingeniero electroquímico estadounidense Russell Ohl descubrió que estos producían distintos efectos eléctricos según el sitio donde los probara. Al examinarlos, los cristales parecían tener regiones que contenían distintas impurezas. Las de fósforo presentaban un pequeño exceso de electrones; las de boro, un pequeño déficit de electrones. Saltaba a la vista que las pequeñas cantidades de impurezas en un cristal semiconductor cambiaban radicalmente sus propiedades eléctricas. La inducción controlada de determinadas impurezas para obtener las propiedades deseadas se llamó «dopaje».

Las regiones de un cristal pueden ser dopadas de diversas formas. En un cristal de silicio puro, por ejemplo, cada átomo tiene cuatro electrones de enlace (valencia) que comparte con sus vecinos. Las regiones de un cristal pueden doparse agregando algunos átomos de fósforo (con cinco electrones de valencia) o de boro (con tres electrones de valencia). La región dopada con fósforo tiene electrones «libres» extra y se llama semiconductor de tipo n («n» de negativo). La región dopada con boro, llamada semiconductor de tipo p («p» de positivo), tiene menos electrones, lo cual crea «huecos» portadores de carga. La unión de ambos se denomina «unión p-n». Si se aplica un voltaje a la región de tipo p, esta atrae electrones de la

**En los transistores, la mayoría de los semiconductores** están hechos de silicio (Si) dopado con impurezas para controlar el flujo de corriente. La adición de átomos de fósforo al silicio crea un semiconductor de tipo n, con electrones libres de carga negativa. La adición de átomos de boro crea un semiconductor de tipo p, con «huecos» de carga positiva que pueden moverse por el silicio.

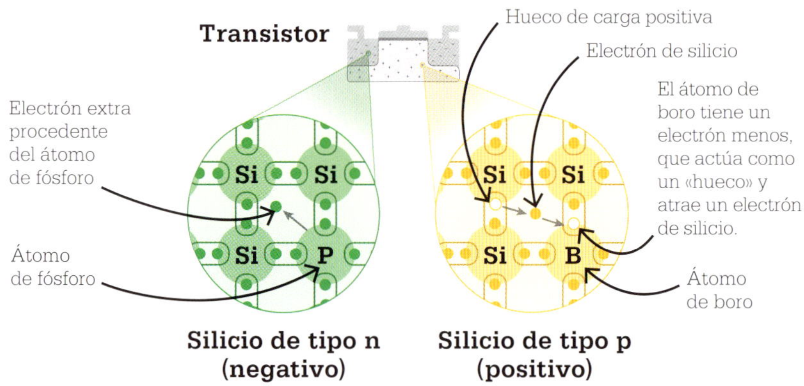

## John Bardeen

Nacido en 1908, John Bardeen tenía solo 15 años cuando comenzó a estudiar ingeniería eléctrica en la Universidad de Wisconsin. En 1930 se incorporó como geofísico a los laboratorios de Gulf Oil, donde realizó estudios magnéticos y gravitatorios. Se doctoró en física matemática por la Universidad de Princeton en 1936, y más tarde se dedicó a investigar la física del estado sólido en Harvard. Durante la Segunda Guerra Mundial trabajó en los laboratorios de la Marina de EE UU.

Tras un periodo muy productivo en los laboratorios Bell, donde coinventó el transistor, Bardeen fue coautor, en 1957, de la teoría BCS (Bardeen-Cooper-Schrieffer) de la superconductividad. Compartió dos premios Nobel de Física, uno en 1956 (por el transistor) y otro en 1972 (por la teoría BCS). Murió en 1991.

### Obras principales

**1948** «El transistor: un triodo semiconductor».
**1957** «Teoría microscópica de la superconductividad».
**1957** «Teoría de la superconductividad».

región de tipo n, y la corriente circula. Un cristal con unión p-n actúa como un diodo: conduce corriente a través de la unión en una sola dirección.

## El avance de los transistores

Tras la Segunda Guerra Mundial siguió la búsqueda de un reemplazo efectivo para el tubo o válvula de vacío. La Bell Telephone Company convocó a un grupo de físicos estadounidenses (William Shockley, John Bardeen y Walter Brattain, entre ellos) en sus laboratorios de Nueva Jersey para que desarrollaran una versión semiconductora del amplificador de triodo. Bardeen era el principal teórico del grupo, y Brattain, el experimentador. Tras varios intentos fallidos por controlar la conductividad de un cristal semiconductor mediante la aplicación de un campo eléctrico externo, Bardeen hizo un avance teórico que dirigió la atención a la superficie del conductor como clave de los cambios en la conductividad. En 1947, el grupo empezó a experimentar con contactos eléctricos en la parte superior de un cristal de germanio. Debajo colocaron un tercer electrodo (la «base»). Para que el dispositivo funcionara bien, los dos contactos superiores debían estar muy juntos; ello se logró recubriendo la punta de una pieza plástica con una lámina de oro en la que se hicieron dos cortes para crear dos contactos. Al colocarlos sobre el germanio, el resultado fue un amplificador que aumentaba la señal alimentada a la base. El primer modelo operativo se llamó «punto de contacto», pero pronto se conoció como «transistor».

El transistor de punto de contacto era demasiado delicado para una producción fiable a gran escala, de modo que, en 1948, Shockley comenzó a trabajar en un nuevo transistor. El transistor de unión bipolar de Shockley, basado en la unión p-n de un semiconductor, se construyó sobre la hipótesis de que los huecos de carga positiva creados por el dopaje penetraban en el cuerpo del semiconductor en vez de circular por la superficie. El transistor consistía en un material de tipo p entre dos láminas de tipo n (npn), o en un material de tipo n entre dos láminas de tipo p (pnp), con los semiconductores separados por uniones p-n. En 1951, Bell producía en masa el transistor. Si bien al principio se utilizó sobre todo en audífonos y radios, el dispositivo pronto impulsó un crecimiento espectacular en el mercado de la electrónica y acabó reemplazando a los tubos de vacío de los ordenadores.

## Capacidad de procesamiento

Los primeros transistores estaban hechos de germanio, que fue sustituido como material base por el silicio, un elemento más abundante y versátil. Los cristales de silicio forman en su superficie una fina capa aislante de óxido. Mediante la técnica de la fotolitografía, esa capa puede diseñarse con precisión microscópica para crear patrones sumamente complejos de regiones dopadas y otras características en el cristal.

La introducción del silicio como material base y los progresos en el diseño del transistor impulsaron una rápida miniaturización. Ello dio lugar a la creación de circuitos integrados a finales de la década de 1960; en 1971, se fabricó el microprocesador Intel 4004, una CPU (unidad central de procesamiento) en un chip de 3 × 4 mm con más de dos mil transistores. Desde entonces, la tecnología se ha desarrollado a un ritmo increíble, hasta el punto de que un chip de CPU o GPU (unidad de procesamiento gráfico) puede contener hasta 20 mil millones de transistores. ■

# ELECTRICIDAD ANIMAL

## BIOELECTRICIDAD

**EN CONTEXTO**

FIGURAS CLAVE
**Joseph Erlanger** (1874–1965), **Herbert Spencer Gasser** (1888–1963)

ANTES
**1791** El físico italiano Luigi Galvani publica sus hallazgos sobre la «electricidad animal» observada en la pata de una rana.

**1843** El físico alemán Emil du Bois-Reymond demuestra que la conducción eléctrica viaja por los nervios en ondas.

DESPUÉS
**1944** Joseph Erlanger y Herbert Gasser, fisiólogos estadounidenses, reciben el Nobel de Medicina por su trabajo sobre fibras nerviosas.

**1952** Los científicos británicos Alan Hodgkin y Andrew Huxley muestran que las células nerviosas se comunican con otras células mediante flujos de iones, lo que se llama modelo de Hodgkin y Huxley.

La bioelectricidad posibilita el funcionamiento del sistema nervioso de un animal. Permite al cerebro interpretar el calor, el frío, el peligro, el dolor y el hambre, así como regular el movimiento muscular, incluidos el ritmo cardíaco y la respiración.

Uno de los primeros científicos en estudiar la bioelectricidad fue Luigi Galvani, quien acuñó el término «electricidad animal» en 1791. Galvani había observado una contracción muscular en la pata de una rana disecada al unir con dos piezas de metal un nervio y un músculo. En 1843, Emil du Bois-Reymond demostró que las señales nerviosas de los peces eran eléctricas; y el fisiólogo británico Richard Caton registró los campos eléctricos producidos por los cerebros de conejos y monos en 1875.

El avance más importante en la comprensión de la producción de impulsos eléctricos llegó en 1932, cuando Joseph Erlanger y Herbert Gasser descubrieron que las fibras que componen un nervio cumplen distintas funciones, transmiten impulsos a distintas velocidades y se estimulan a distintas intensidades. A partir de la década de 1930, Alan Hodgkin y Andrew Huxley usaron el axón gigante de un calamar veteado para estudiar cómo los iones (moléculas o átomos cargados) entran y salen de las células nerviosas. Descubrieron que, cuando los nervios transmiten mensajes, los iones de sodio, potasio y cloruro crean pulsos rápidos de potencial eléctrico. ■

**Los tiburones y algunos** peces tienen poros rellenos de una sustancia gelatinosa, llamados ampollas de Lorenzini, que detectan cambios en los campos eléctricos, incluso de 0,01 microvoltios.

**Véase también:** Magnetismo 122–123 ▪ Carga eléctrica 124–127 ▪ Potencial eléctrico 128–129 ▪ Corriente y resistencia eléctrica 130–133 ▪ Creación de imanes 134–135

# UN DESCUBRIMIENTO CIENTIFICO TOTALMENTE INESPERADO

## ALMACENAMIENTO DE DATOS

### EN CONTEXTO

FIGURAS CLAVE
**Albert Fert** (n. en 1938),
**Peter Grünberg** (1939–2018)

ANTES
**1856** El físico escocés William Thomson (lord Kelvin) descubre la magnetorresistencia.

**1928** Los físicos neerlandeses-estadounidenses George Uhlenbeck y Samuel Goudsmit postulan la teoría mecánico-cuántica del espín del electrón.

**1957** El primer disco duro de ordenador tiene el tamaño de dos neveras y almacena hasta 3,75 megabytes (MB) de datos.

DESPUÉS
**1997** El físico británico Stuart Parkin emplea la magnetorresistencia gigante para crear una tecnología de válvulas de espín ultrasensibles para los dispositivos de lectura de datos.

Las unidades de disco duro (HDD) almacenan datos codificados en bits, grabados en la superficie del disco como cambios en la dirección de la magnetización. Los datos se leen detectando esos cambios en una secuencia de ceros y unos. La necesidad de almacenar más datos en menos espacio ha ido impulsando una constante evolución tecnológica; pero surgió un problema: a los sensores convencionales les costaba leer cantidades cada vez mayores de datos en espacios de disco cada vez más reducidos.

En 1988, dos equipos de científicos informáticos, uno dirigido por Albert Fert y el otro por Peter Grünberg, descubrieron de modo independiente la magnetorresistencia gigante, o MRG (GMR, en inglés), que depende del espín del electrón, una propiedad mecánico-cuántica. Los electrones tienen espín hacia arriba o hacia abajo. Si el espín está orientado hacia arriba, el electrón se moverá fácilmente por un material magnetizado hacia arriba, y hallará mayor resistencia al hacerlo por uno magnetizado hacia abajo. El estudio del espín se llamó espintrónica. Al colocar un material no magnético entre dos láminas magnéticas de unos pocos átomos de grosor y aplicar pequeños campos magnéticos, la corriente se polarizaba en espín. El espín del electrón estaba orientado hacia arriba o abajo, y, si el campo magnético cambiaba, la corriente espín polarizada se activaba o desactivaba como una válvula. La válvula de espín detecta pequeños impulsos magnéticos al leer los datos de los HDD y permite almacenar cantidades enormes de datos. ■

> Acabamos de participar en el nacimiento del fenómeno que llamamos magnetorresistencia gigante.
> **Albert Fert**

**Véase también:** Magnetismo 122–123 ▪ Nanoelectrónica 158 ▪ Números cuánticos 216–217 ▪ Teoría cuántica de campos 224–225 ▪ Aplicaciones cuánticas 226–231

# UNA ENCICLOPEDIA EN LA CABEZA DE UN ALFILER

## NANOELECTRÓNICA

### EN CONTEXTO

FIGURA CLAVE
**Gordon Moore** (n. en 1929)

ANTES
**Década de 1940** Se fabrican los primeros transistores, de 1 cm de longitud.

**1958** El ingeniero eléctrico estadounidense Jack Kilby presenta el primer circuito integrado operativo.

**1959** Richard Feynman desafía a otros científicos a investigar la nanotecnología.

DESPUÉS
**1988** Albert Fert y Peter Grünberg descubren de modo independiente la MRG (magnetorresistencia gigante), que permite a los discos duros de los ordenadores almacenar cantidades cada vez mayores de datos.

**1999** El ingeniero electrónico estadounidense Chad Mirkin inventa la nanolitografía *dip-pen* para «imprimir» nanocircuitos en láminas de silicio.

Los componentes de casi todos los dispositivos electrónicos, desde los teléfonos inteligentes hasta los sistemas de encendido de los coches, miden unos pocos nanómetros (nm, la milmillonésima parte de un metro). Un puñado de diminutos circuitos integrados (CI) realiza hoy las funciones que antes requerían cientos de transistores, que conmutaban o amplificaban las señales eléctricas. Los CI son conjuntos de componentes, como transistores y diodos, impresos en una lámina de silicio, un material semiconductor.

La reducción del tamaño, el peso y el consumo de energía de los dispositivos electrónicos ha sido una tendencia desde la década de 1950. En 1965, el ingeniero Gordon Moore previó una demanda de componentes electrónicos cada vez más pequeños, y afirmó que el número de transistores por chip de silicio se duplicaría cada 18 meses. En 1975 rectificó y dijo que sería cada dos años, una máxima llamada «ley de Moore». Si bien el ritmo de la miniaturización ha disminuido desde 2012, los transistores modernos más pequeños miden 7 nm de ancho, lo cual permite integrar en un microchip informático 20 mil millones de circuitos basados en transistores. La fotolitografía (la transferencia de un patrón fotográfico a un material semiconductor) se usa en la fabricación de esos nanocircuitos. ■

**Gordon Moore**, director general de la empresa Intel entre 1975 y 1987, es famoso por sus observaciones sobre la demanda de componentes electrónicos cada vez más pequeños.

**Véase también:** El efecto motor 136–137 ▪ Electrónica 152–155 ▪ Almacenamiento de datos 157 ▪ Aplicaciones cuánticas 226–231 ▪ Electrodinámica cuántica 260

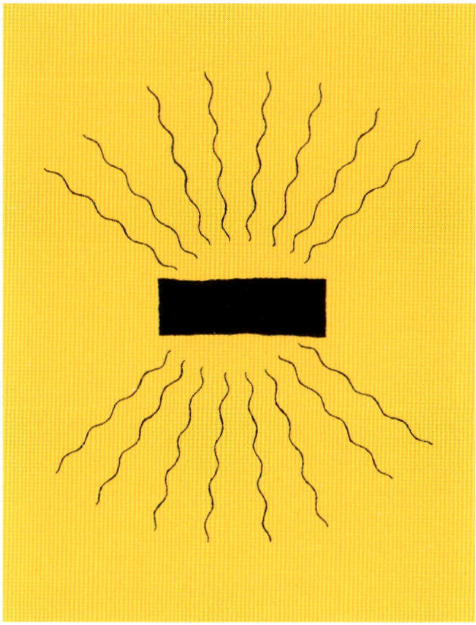

# UN UNICO POLO, YA SEA NORTE O SUR

## MONOPOLOS MAGNÉTICOS

### EN CONTEXTO

FIGURAS CLAVE
**Gerardus 't Hooft** (n. en 1946), **Aleksandr Poliakov** (n. en 1945)

ANTES
**1865** James Clerk Maxwell unifica en una teoría la electricidad y el magnetismo.

**1894** Pierre Curie anuncia la existencia de monopolos magnéticos.

**1931** Paul Dirac afirma que los monopolos magnéticos podrían explicar la cuantificación de la carga eléctrica.

**1974** Los estadounidenses Sheldon Glashow y Howard Georgi publican la primera Teoría de la Gran Unificación de la física de partículas.

DESPUÉS
**1982** El español Blas Cabrera Navarro, de la Universidad de Stanford, en California, registra un suceso compatible con un monopolo atravesando un dispositivo superconductor.

En el magnetismo clásico, los imanes tienen dos polos inseparables. Si un imán se rompe por la mitad, el extremo roto se convertirá en un nuevo polo. En cambio, en la física de partículas, los monopolos magnéticos son partículas hipotéticas con un solo polo, ya sea norte o sur. En teoría, los monopolos magnéticos opuestos se atraen y los monopolos iguales se repelen, y sus trayectorias se curvan en un campo eléctrico.

No existen pruebas observacionales o experimentales de la existencia de monopolos magnéticos, pero, en 1931, el físico británico Paul Dirac afirmó que podrían explicar la cuantificación de la carga eléctrica, según la cual todas las cargas son múltiplos de 1,6 × $10^{-19}$ culombios.

Las cuatro fuerzas fundamentales reconocidas son la gravedad, el electromagnetismo, la fuerza nuclear débil y la fuerza nuclear fuerte. En la física de partículas, la Teoría de la Gran Unificación (TGU) establece que en un entorno de energía excepcionalmente alta, las fuerzas débil, fuerte y electromagnética se combinan en una única fuerza. En 1974, los físicos teóricos Aleksandr Poliakov y Gerardus 't Hooft y afirmaron de modo independiente que la TGU predice la existencia de monopolos magnéticos.

En 1982, un detector de la Universidad de Stanford registró una partícula compatible con un monopolo; desde entonces, pese a los esfuerzos por encontrar dichas partículas mediante magnetómetros de alta sensibilidad, no han vuelto a detectarse. ■

> Los experimentadores seguirán buscando el monopolo con una determinación y un ingenio inagotables.
> **John Preskill**
> **Físico teórico estadounidense**

**Véase también:** Magnetismo 122–123 ▪ Carga eléctrica 124–127 ▪ Teoría cuántica de campos 224–225 ▪ Aplicaciones cuánticas 226–231 ▪ Teoría de cuerdas 308–311

# SONIDO Y LAS PROPIEDADES DE LAS ONDAS

# LUZ

**Siglo VI A. C.**

Pitágoras descubre el **vínculo entre la longitud** de las cuerdas de una lira y el **tono del sonido** que producen.

**Siglo IV A. C.**

Aristóteles acierta al exponer que **el sonido es una onda** que se propaga a través del **movimiento del aire**, pero se equivoca al afirmar que las frecuencias altas viajan más rápido que las frecuencias bajas.

**Siglo III D. C.**

Euclides escribe *Óptica*, donde afirma que **la luz viaja en línea recta** y describe la **ley de la reflexión**.

**50 D. C.**

Herón de Alejandría demuestra que es posible derivar la **ley de reflexión** utilizando la geometría por sí sola, a partir de la regla que establece que la **luz** siempre viaja entre dos puntos siguiendo **el camino más corto**.

**1621**

El astrónomo holandés Willebrord Snellius concibe una ley que explica la relación entre el **ángulo de un rayo de luz** que incide en un material transparente y su **ángulo de refracción**.

**1658**

Pierre de Fermat prueba que todas las leyes de **reflexión** y **refracción** pueden describirse mediante el principio que establece que la **luz** siempre **viaja entre dos puntos** siguiendo la trayectoria **de menor tiempo**.

**1665**

Robert Hooke publica *Micrografía*, el primer **estudio de objetos diminutos** observados a través de microscopios.

La vista y el oído son los sentidos más usados para interpretar el mundo; así, no sorprende que el sonido y la luz, un requisito indispensable para la vista humana, hayan fascinado a los seres humanos desde los albores de la civilización.

La música ha estado presente en la vida de las personas desde el Neolítico, como atestiguan las pinturas rupestres y la arqueología. Los antiguos griegos, cuya pasión por el aprendizaje impregnó todos los aspectos de su cultura, trataron de establecer los principios subyacentes a la producción de sonidos armónicos. Pitágoras, inspirado al oír las diferentes notas producidas por unos martillazos sobre un yunque, reconoció la relación existente entre el sonido y el tamaño de la herramienta o el instrumento que lo emite. En diversos estudios, exploró con sus discípulos los efectos de las cuerdas de lira en función de su longitud y tensión.

## Reflexión y refracción

Los espejos y los reflejos también han sido considerados durante mucho tiempo cosas maravillosas. En la antigua Grecia, los estudiosos se valieron de la geometría para demostrar que la luz siempre se refleja en una superficie espejada con un ángulo igual al ángulo de incidencia, un principio que hoy llamamos ley de reflexión.

En el siglo X, el matemático persa Ibn Sahl observó la relación entre el ángulo de incidencia de un rayo de luz al atravesar un material transparente y su ángulo de refracción. En el siglo XVII, el matemático francés Pierre de Fermat expuso de manera acertada un principio común a la reflexión y la refracción: la luz siempre sigue la trayectoria más corta posible entre dos puntos.

Los fenómenos de reflexión y refracción de la luz permitieron a algunos pioneros, como Galileo Galilei, en Italia, y Robert Hooke, en Inglaterra, desarrollar instrumentos que ofrecieron nuevas visiones del universo y revelaron microscópicos misterios de la naturaleza. Los telescopios mostraron lunas nunca antes vistas en torno a planetas, lo cual llevó al replanteamiento del lugar que ocupa la Tierra en el cosmos. Los microscopios, en cambio, nos permitieron ver un extraño mundo de diminutas criaturas y la estructura celular de la vida misma.

La naturaleza de la luz ha sido cuestionada por influyentes científicos a lo largo de los siglos. Según algunos, la luz se componía de pequeñas partículas que se desplazaban por el aire desde una fuente hasta el

**1669**

El científico danés Rasmus Bartholin describe la **polarización de la luz** tras observar birrefringencia en cristales de calcita.

**1675**

Isaac Newton propone que **la luz se compone de partículas** llamadas corpúsculos.

**1690**

El físico holandés Christiaan Huygens publica *Tratado sobre la luz*, donde desarrolla su **teoría ondulatoria** y explica cómo se dispersa la luz al atravesar distintos medios.

**1800**

El astrónomo británico de origen alemán William Herschel descubre la **radiación infrarroja**, la primera luz fuera del **espectro electromagnético**.

**1803**

Thomas Young realiza un experimento en el que divide un haz de luz solar y demuestra las **propiedades ondulatorias de la luz**.

**1842**

Christian Doppler describe el cambio de **color de las estrellas** en relación con su **movimiento**, un efecto constatado más tarde con **ondas sonoras**.

**1865**

James Clerk Maxwell demuestra que la **luz** consiste en la oscilación de los **campos magnético y eléctrico**.

**1967**

La astrofísica norirlandesa Jocelyn Bell Burnell descubre los **púlsares** (estrellas que emiten pulsos de radiación) por medio de la radioastronomía.

observador, posiblemente tras reflejarse en un objeto. Otros la consideraban una onda, y mencionaban comportamientos como la difracción (la dispersión de la luz al atravesar una rendija). Los físicos Isaac Newton y Robert Hooke defendían teorías antagónicas: Newton era partidario de las partículas, y Hooke, de las ondas.

El polímata y físico británico Thomas Young proporcionó la respuesta. En un experimento presentado en 1803 a la Royal Society, dividió un haz de luz solar mediante una delgada lámina para que, al refractarse, produjera un patrón en una pantalla. El patrón obtenido no mostraba dos manchas brillantes de luz, sino una sucesión de líneas brillantes y oscuras. El resultado solo podía explicarse si la luz actuaba como una onda, y si las ondas a ambos lados de la lámina se interferían entre sí.

Al final se impuso la teoría ondulatoria, pero solo cuando quedó claro que la luz viajaba en ondas transversales, a diferencia del sonido, que lo hace en ondas longitudinales. Los físicos que estudiaban las propiedades de la luz pronto comprendieron que podían forzar la oscilación de las ondas luminosas hacia direcciones específicas, lo que se conoce como polarización. En 1821, el físico francés Augustin-Jean Fresnel había desarrollado una teoría completa sobre la naturaleza ondulatoria de la luz.

## El efecto Doppler

Mientras estudiaba la luz de estrellas binarias, el físico austriaco Christian Doppler observó que la mayoría de esos sistemas tenían una estrella roja y otra azul. En 1842, Doppler expuso que ello se debía a su movimiento relativo: mientras una se alejaba de la Tierra, la otra se acercaba. La teoría fue confirmada para el sonido y se consideró correcta para la luz; el color de la luz depende de su longitud de onda, que es más corta cuando la estrella se aproxima, y más larga cuando se aleja.

En el siglo XIX, los físicos descubrieron dos tipos de luz invisible al ojo humano: la infrarroja y, después, la ultravioleta. En 1865, el físico escocés James Clerk Maxwell interpretó la luz como una onda electromagnética, lo cual despertó dudas sobre la extensión del espectro electromagnético. Pronto los físicos descubrieron luz en frecuencias más extremas, como los rayos X, los rayos gamma, las ondas de radio y las microondas, así como sus múltiples usos. Hoy, la luz invisible al ojo humano forma parte esencial de la vida moderna. ■

# HAY GEOMETRIA EN EL ZUMBIDO DE LAS CUERDAS

## MÚSICA

## EN CONTEXTO

FIGURA CLAVE
**Pitágoras** (*c.* 570–495 a. C.)

ANTES
***C.* 40 000 a. C.** El primer instrumento musical del que tenemos constancia es una flauta de hueso de buitre hallada en las cuevas de Hohle Fels, cerca de Ulm (Alemania), en 2008.

DESPUÉS
***C.* 350 a. C.** Aristóteles afirma que el sonido se propaga a través del aire.

**1636** El teólogo y matemático francés Marin Mersenne descubre la ley que relaciona la frecuencia fundamental de una cuerda extendida con su longitud, masa y tensión.

**1638** En Italia, Galileo Galilei afirma que el tono depende de la frecuencia, no de la velocidad, de las ondas sonoras.

Los seres humanos han creado música desde tiempos prehistóricos, pero no fue hasta la edad de oro de la antigua Grecia (500–300 a. C.) cuando se establecieron algunos de los principios físicos en los que se basa la producción de sonidos armónicos, en particular, la frecuencia y el tono. El primer esfuerzo científico por comprender esos aspectos fundamentales de la música suele atribuirse al filósofo griego Pitágoras.

### El sonido de la música

El tono viene determinado por la frecuencia de las ondas sonoras (el número de ondas por segundo que

**Véase también:** El método científico 20–23 ▪ El lenguaje de la física 24–31 ▪ Presión 36 ▪ Movimiento armónico 52–53 ▪ Ondas electromagnéticas 192–195 ▪ Piezoelectricidad y ultrasonido 200–201 ▪ Los cielos 270–271

El **tono** de una nota musical depende de la **frecuencia** de sus ondas sonoras.

El **timbre** (cualidad del sonido) de una nota musical depende de la **forma distintiva** de sus ondas sonoras.

Limitando el movimiento de una cuerda a **fracciones específicas** de su longitud, se producen notas que crean una **escala musical armónica**.

**La música se rige por los patrones de las ondas sonoras y las relaciones matemáticas.**

pasan por un punto fijo). Una combinación de física y biología permite que el oído humano las perciba. En la actualidad sabemos que las ondas sonoras son longitudinales, es decir, se crean a partir del movimiento oscilatorio del aire en direcciones paralelas a aquella en la que se propaga la onda. Cuando esas oscilaciones hacen vibrar los tímpanos, percibimos el sonido.

Si bien la frecuencia o el tono de un sonido dictan la nota que oímos, la música posee otra cualidad llamada «timbre». Se trata de una sutil variación en el ascenso y descenso de las ondas producida por un instrumento musical concreto, características de la «forma» de la onda que difieren de la frecuencia y la longitud de la onda (la distancia entre dos picos y valles sucesivos). Ningún instrumento musical no digital puede producir ondas de sonido con variaciones constantes y totalmente homogéneas; el timbre es la razón por la que una nota cantada por una persona puede sonar muy diferente cuando se toca en un instrumento de cuerda, viento o percusión, o incluso cuando la canta otra persona. Los músicos también pueden alterar el timbre de un instrumento mediante diversas técnicas de interpretación. Un violinista, por ejemplo, puede modificar la vibración de las cuerdas usando el arco de diferentes maneras.

## Descubrimientos pitagóricos

Según la leyenda, Pitágoras concibió sus ideas sobre el tono al escuchar el melódico repiqueteo de unos martillos contra unos yunques en el ajetreado taller de un herrero. Se dice que oyó una nota que sonaba distinta a las demás y enseguida se dirigió al taller para probar diferentes martillos y yunques. Así descubrió la relación entre el tamaño del martillo y el tono del sonido producido.

Como muchas otras historias sobre Pitágoras, se trata a todas luces de una historia apócrifa (no existe una relación entre el tono y el tamaño del martillo que golpea el yunque). Lo que sí es cierto es que el filósofo y sus discípulos descubrieron algunos vínculos fundamentales entre la física de los instrumentos musicales y las notas que producían. Se dieron cuenta de que existía una »

**Incluso si dos notas** tienen el mismo tono, su sonido depende de la forma de sus ondas. Un diapasón emite un sonido puro en un solo tono. Un violín produce tonos con forma de onda dentada, llamados armónicos, que acompañan al tono fundamental.

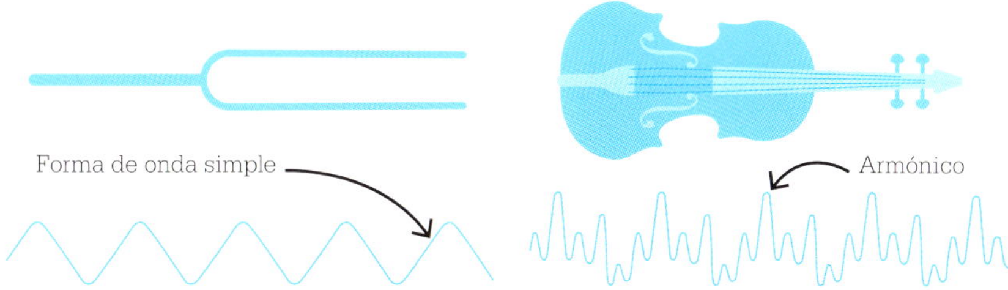

> La armonía [...] depende de la proporción musical; no es más que una misteriosa relación musical.
> **Florian Cajori**
> **Matemático estadounidense de origen suizo**

relación entre el tamaño y el sonido de los instrumentos musicales. En concreto, hallaron relaciones similares entre los sonidos producidos por cuerdas de diferentes longitudes, tubos de órgano de diferentes alturas e instrumentos de viento de diferentes diámetros y longitudes.

Los descubrimientos de los pitagóricos tuvieron más que ver con experimentos sistemáticos con cuerdas vibratorias que con martillos y yunques. La observación de que las cuerdas más cortas vibran más rápido y producen notas más altas no era nueva: había sido la base de los instrumentos de cuerda durante al menos dos mil años. Ahora bien, los resultados eran más interesantes cuando se hacían vibrar dos cuerdas idénticas de distintas formas.

Pitágoras y sus discípulos experimentaron con cuerdas de lira (un instrumento musical antiguo) de diferentes longitudes y tensiones. Al tocar una cuerda en la mitad de su longitud, por ejemplo, se crea una «onda estacionaria» que hace que el centro de la cuerda oscile y los extremos permanezcan fijos. De hecho, la cuerda produce una onda con una longitud equivalente al doble de su propia longitud y una frecuencia determinada por la longitud de la onda y la tensión de la cuerda. Esto se conoce como tono fundamental, o «primer armónico». Las ondas estacionarias de longitudes de onda más cortas, denominadas «armónicos superiores», pueden crearse «pisando» una cuerda (sosteniendo o limitando su movimiento en otro punto de su longitud). El «segundo armónico» se produce al pisar exactamente la cuerda en la mitad de su longitud. El resultado es una onda cuya longitud completa coincide con la de la cuerda; es decir, la longitud de onda equivale a la mitad, y la frecuencia, al doble de la del tono fundamental. Para el oído humano, esto se traduce en una nota que posee muchas de las características del tono fundamental, pero en un tono más alto (en términos musicales, una octava más alta). Al pisar la cuerda a un tercio de su longitud se crea el tercer armónico, con una longitud de onda de dos tercios de la longitud de la cuerda y una frecuencia tres veces mayor que la del tono fundamental.

## La quinta perfecta

La diferencia entre el segundo y el tercer armónico era importante. Equivalente a una relación 3:2 entre las frecuencias de las ondas vibratorias, separaba los tonos (notas musicales) que se combinaban de manera armónica, pero que, en términos musicales, diferían entre sí más que las notas armónicas separadas por una octava.

La experimentación pronto permitió a los pitagóricos concebir todo un sistema musical en torno a esa relación. Disponiendo y «afinando» correctamente otras cuerdas para que vibrasen a las frecuencias establecidas por unas relaciones numéricas simples, crearon un puente musical, o progresión, entre el tono fundamental y la octava por medio de una sucesión de siete tonos sin las notas discordantes. La relación 3:2 definía el quinto de esos tonos, y se llamó «quinta perfecta».

Sin embargo, el conjunto de siete notas musicales (equivalentes a las teclas blancas, la-sol, de una octava en el piano moderno) resultó ser un tanto restrictivo, de modo que más tarde se añadieron divisiones más pequeñas llamadas semitonos. Esto dio lugar a un sistema versátil de doce notas (las teclas blancas y negras de un piano moderno). Aunque las teclas blancas por sí mismas solo pueden formar una progresión armónica (llamada «escala diatónica»), cuando se tocan en orden ascendente o descendente de un do al siguiente, las teclas negras adicionales (sostenidos y bemoles) permiten seguir esa progresión desde cualquier punto.

La «afinación pitagórica» basada en la quinta perfecta se utilizó durante varios siglos para encontrar el tono deseado de las notas en los instrumentos occidentales,

**La lira de la antigua Grecia** tenía originalmente cuatro cuerdas, pero llegó a tener doce a finales del siglo v a. C. Los músicos tocaban las cuerdas con una púa.

**Esta xilografía medieval** ilustra las investigaciones musicales de Pitágoras y su discípulo Filón, así como los sonidos producidos por instrumentos de viento de diferentes tamaños.

hasta que los cambios en los gustos musicales del periodo renacentista dieron lugar a afinaciones más complejas. Las culturas musicales no europeas, como las de India y China, siguieron sus propias tradiciones, aunque también reconocieron la armonía de ciertas secuencias musicales.

## ¿Música de las esferas?

Para los filósofos pitagóricos, el hecho de que la música estuviera moldeada por las matemáticas revelaba una profunda verdad sobre el universo en su conjunto. Esa comprensión les sirvió de estímulo para buscar patrones matemáticos en otros lugares, incluso en el cielo. El estudio de patrones cíclicos que rigen el movimiento de los planetas y los astros dio lugar a una teoría de la armonía cósmica que más tarde se llamó «música de las esferas».

Varios discípulos de Pitágoras intentaron explicar la naturaleza de las notas musicales mediante el estudio de la física. El filósofo griego Arquitas (*c.* 428–347 a. C.) sostenía que las cuerdas oscilantes emitían sonidos a diferentes velocidades que los humanos percibían como tonos distintos. Aunque incorrecta, esa teoría se adoptó y se transmitió a través de las enseñanzas de filósofos sumamente influyentes como Platón y Aristóteles, y pasó a formar parte del canon de la teoría musical occidental prerrenacentista.

Otro malentendido musical transmitido por los pitagóricos fue la idea de que el tono de una cuerda guardaba una relación proporcional con la longitud y la tensión de encordado. Cuando el laudista y teórico musical italiano Vincenzo Galilei (el padre de Galileo) investigó esas presuntas leyes a mediados del siglo XVI, descubrió que, si bien la relación entre longitud y tono era correcta, la ley de la tensión era más compleja: el tono variaba en proporción a la raíz cuadrada de la tensión aplicada.

El hallazgo de Galilei llevó a preguntas de índole más general sobre la supuesta superioridad del conocimiento de la antigua Grecia, mientras que su método experimental (llevar a cabo experimentos y análisis matemáticos en vez de aceptar las afirmaciones de autoridad) tuvo una gran influencia en su hijo. ■

> Vieron en los números los atributos y las proporciones de las escalas musicales.
> **Aristóteles**
> **sobre los pitagóricos**

## Pitágoras

Poco se sabe de los primeros años de vida de Pitágoras, pero los historiadores griegos coincidieron en que nació en la isla egea de Samos, importante centro de comercio, en torno a 570 a. C. Cuentan algunas leyendas que de joven viajó por Oriente Próximo y estudió con sacerdotes y filósofos egipcios y persas, así como con eruditos griegos. También cuentan que, al volver a Samos, enseguida se incorporó a la vida pública.

A los 40 años, Pitágoras se trasladó a Crotona, ciudad griega en el sur de Italia, donde fundó una escuela filosófica que atrajo a muchos seguidores. Los escritos de sus discípulos apuntan a que sus enseñanzas no se limitaron a las matemáticas y la música, sino que abarcaron temas de ética, metafísica (investigación filosófica de la naturaleza de la realidad), política y misticismo.

Pitágoras gozaba de gran influencia política en Crotona, y puede que muriera durante un levantamiento civil desencadenado por su negativa a las demandas de una constitución democrática. Su muerte se sitúa en torno a 495 a. C.

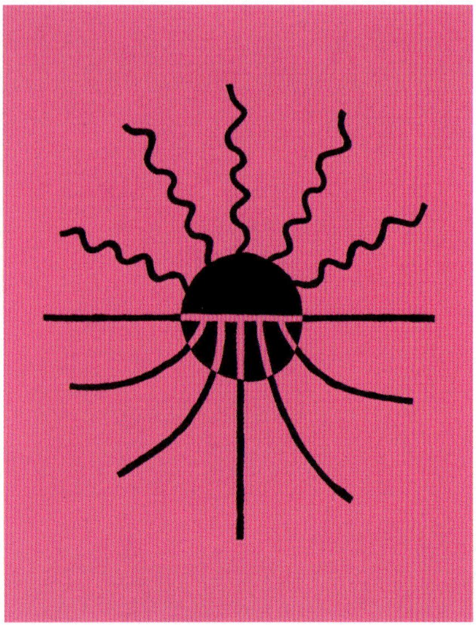

# LA LUZ SIGUE LA TRAYECTORIA DE MENOR TIEMPO

## REFLEXIÓN Y REFRACCIÓN

### EN CONTEXTO

FIGURA CLAVE
**Pierre de Fermat** (1607–1665)

ANTES
***C.*** **160 d. C.** Tolomeo enuncia la teoría de que el ojo emite rayos que transmiten información al observador.

***C.*** **990** El matemático persa Ibn Sahl desarrolla una teoría de la refracción tras estudiar cómo se desvía la luz.

***C.*** **1015–1021** El erudito árabe Alhacén afirma en *Libro de óptica* que la visión es el resultado de unos rayos que entran en el ojo.

DESPUÉS
**1807** Thomas Young acuña el término «índice de refracción» para describir la relación entre la velocidad de la luz en el vacío y su velocidad en un material refractante.

**1821** Augustin Fresnel desarrolla una teoría de la luz y describe la refracción y la reflexión en términos de ondas.

La reflexión y la refracción son dos comportamientos fundamentales de la luz. La reflexión es la propensión de la luz a rebotar sobre una superficie en una dirección relacionada con el ángulo en el que incide en ella. Los primeros estudios de este fenómeno llevaron al matemático griego Euclides a afirmar que la luz se refleja en un espejo con un «ángulo de reflexión» igual a su «ángulo de incidencia», el ángulo con el que se aproxima respecto de una línea perpendicular a la superficie del espejo, llamada «normal». El ángulo entre el rayo incidente y la normal es idéntico al ángulo entre la normal y el rayo reflejado. En el siglo I d. C., el matemático Herón de Alejandría demostró que los rayos de luz realizan esa trayectoria siguiendo siempre la distancia más corta (y en el menor tiempo posible).

La refracción, en cambio, es el modo en que los rayos de luz cambian de dirección al pasar de un material transparente a otro. En el

**La luz que se aproxima al límite** de otro material puede reflejarse en el mismo ángulo que la «normal», perpendicular a la superficie, o bien refractarse con un ángulo relacionado con el ángulo de aproximación y la velocidad relativa de la luz en ambos materiales. Tanto si se refleja como si se refracta, la luz siempre sigue la trayectoria más corta y simple.

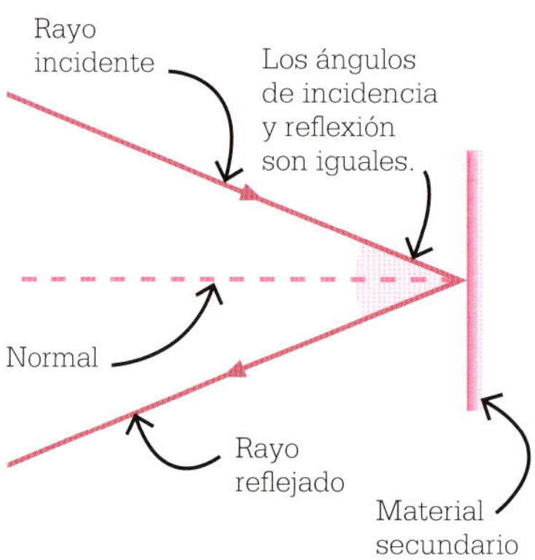


**Reflexión**

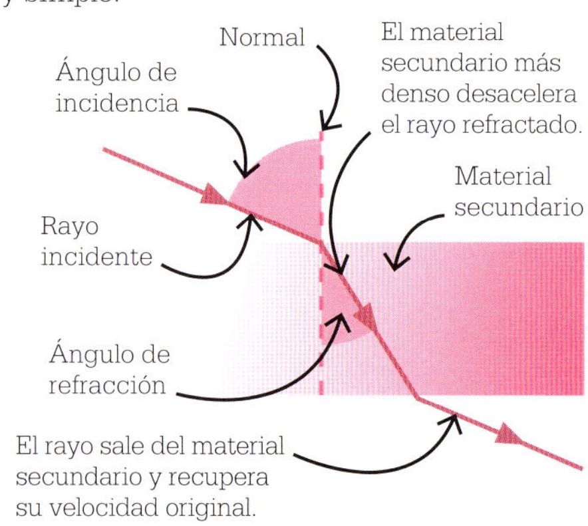


**Refracción**

**Véase también:** Energía y movimiento 56–57 ▪ Focalizar la luz 170–175 ▪ Luz corpuscular y ondulatoria 176–179 ▪ Difracción e interferencia 180–183 ▪ Polarización 184–187 ▪ La velocidad de la luz 275 ▪ Materia oscura 302–305

siglo X, el matemático persa Ibn Sahl desarrolló una ley que vinculó por primera vez el ángulo de incidencia de un rayo en el límite entre dos materiales con su ángulo de refracción en el segundo material, así como con las propiedades de los dos materiales. Dicha ley fue redescubierta en Europa por el astrónomo holandés Willebrord Snellius a principios del siglo XVII, y hoy la conocemos como ley de Snellius (o de Snell).

## La trayectoria más corta y más rápida

En 1658, el matemático francés Pierre de Fermat se dio cuenta de que tanto la reflexión como la refracción podían describirse a través de un único principio fundamental derivado de aquel propuesto por Herón de Alejandría. El principio de Fermat establece que la trayectoria que recorrerá un rayo de luz entre dos puntos dados es aquella que tome el menor tiempo.

Fermat concibió su principio a partir del concepto desarrollado por el físico holandés Christiaan Huygens que describe el movimiento ondulatorio de la luz y su aplicación a los casos de menor longitud de onda imaginable. A menudo se utiliza para justificar la noción de «rayo» luminoso, la idea ampliamente difundida de que un haz de luz viaja a través del espacio siguiendo la trayectoria de menor tiempo. Cuando la luz viaja por un único medio, lo hace en línea recta (excepto cuando el espacio está distorsionado). Sin embargo, cuando la luz se refleja en un límite o pasa a un medio transparente en el que su velocidad aumenta o disminuye, es «el principio de menor tiempo» el que dicta el camino que tomará.

Al suponer que la velocidad de la luz era finita, y que la luz se desplazaba más lentamente en los materiales transparentes más densos, Fermat pudo derivar de su principio la ley de Snellius, así como describir correctamente cómo la luz se curva hacia la normal cuando penetra en un material más denso y cómo se aleja de ella cuando penetra en uno menos denso.

El descubrimiento de Fermat reviste importancia por sí mismo, y se considera el primer ejemplo de los denominados «principios de variación» de la física, que describen la tendencia de los procesos a seguir siempre el camino más eficiente. ■

**Paisaje reflejado en un lago** durante un día sereno. El ángulo de reflexión es igual al ángulo de incidencia, el ángulo con el que la luz solar reflejada en el paisaje incide en el agua.

## Pierre de Fermat

Hijo de un mercader del sudoeste de Francia, Pierre de Fermat nació en 1607. Se formó y trabajó como abogado, aunque es recordado por sus logros matemáticos. Descubrió un método para calcular las pendientes y los puntos de inflexión de las curvas una generación antes de que Isaac Newton y Gottfried Leibniz lo hicieran a través del cálculo.

Su «principio de menor tiempo» se considera un paso clave en el desarrollo del principio de menor acción, la observación de que muchos fenómenos físicos adoptan comportamientos que minimizan (o a veces maximizan) la energía requerida. No solo fue clave para comprender el movimiento y la luz y a grandes escalas, sino también el comportamiento de los átomos en el nivel cuántico. Fermat murió en 1665; en 1995, tres siglos más tarde, se demostró su último teorema sobre el comportamiento de las potencias superiores a dos.

### Obra principal

**1636** «Método para hallar máximos, mínimos y tangentes lineales de curvas».

# UN NUEVO MUNDO VISIBLE

## FOCALIZAR LA LUZ

## EN CONTEXTO

FIGURA CLAVE
**Antonie van Leeuwenhoek** (1632–1723)

ANTES
**Siglo V a.C.** En Grecia se usan discos convexos de vidrio para encender fuego concentrando la luz solar en un punto.

***C.* 1000 d.C.** Se utilizan en Europa las primeras «piedras de lectura», lentes de vidrio con base plana y superficie superior convexa.

DESPUÉS
**1893** El alemán August Köhler diseña un sistema de iluminación para el microscopio.

**1931** En Alemania, Ernst Ruska y Max Knoll construyen el primer microscopio electrónico, que utiliza las propiedades cuánticas de los electrones para ver objetos.

**1979** Se construye el Telescopio de Espejos Múltiples en el monte Hopkins (Arizona, EE UU).

> Donde termina el telescopio, empieza el microscopio. ¿Cuál de los dos ofrece mayor visión?
> **Victor Hugo**
> **en *Los miserables***

Igual que los rayos de luz pueden reflejarse en diferentes direcciones al rebotar en espejos planos o refractarse al pasar de un medio a otro de distinta densidad, las superficies curvas pueden utilizarse para desviar los rayos de luz hacia trayectorias convergentes; es decir, para hacer que confluyan en un punto denominado foco. El desvío y la convergencia de los rayos de luz por medio de lentes o espejos es fundamental en muchos instrumentos ópticos, incluido el innovador microscopio de lente única diseñado por Antonie van Leeuwenhoek en la década de 1670.

### Lentes de aumento

La primera forma de instrumento óptico fue la lente, usada en Europa a partir del siglo XI. El proceso de refracción producido cuando la luz entra y sale de una lente convexa (con la superficie curvada hacia fuera) desvía los rayos luminosos propagados desde una fuente hacia trayectorias convergentes, lo cual crea una imagen que ocupa una mayor parte del campo de visión del ojo. Sin embargo, esas lentes de aumento tenían limitaciones. Al estudiar objetos muy próximos a las lentes, el uso de lentes más grandes para lograr un mayor campo de visión (la zona del objeto que sería aumentada) suponía desviar unos rayos de luz que podían divergir mucho entre los lados opuestos de la lente. Era necesario usar lentes más potentes (muy curvadas y más gruesas en el centro); pero, debido a las limitaciones de fabricación de la época, era muy probable que surgieran distorsiones. Por ello, parecía imposible conseguir grandes aumentos. Esos problemas retrasaron durante siglos el desarrollo de los instrumentos ópticos.

### Los primeros telescopios

En el siglo XVII, los científicos se dieron cuenta de que el uso de múltiples lentes en vez de una sola mejoraba de modo considerable los aumentos, con lo que no solo resultó posible ampliar objetos cercanos, sino también otros muy lejanos.

**El diseño original del telescopio galileano** utiliza un ocular cóncavo para desviar la luz hacia fuera sin que llegue al punto focal; el más avanzado diseño kepleriano tiene una lente convexa más allá del foco para lograr una imagen que cubre un campo de visión más amplio.

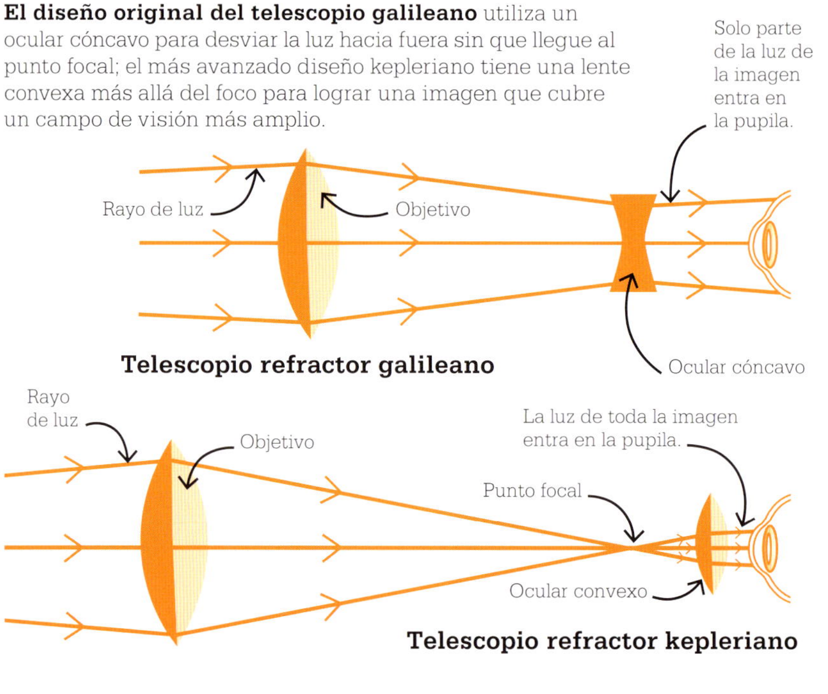

**Véase también:** Reflexión y refracción 168–169 ▪ Luz corpuscular y ondulatoria 176–179 ▪ Difracción e interferencia 180–183 ▪ Polarización 184–187 ▪ Ver más allá de la luz 202–203

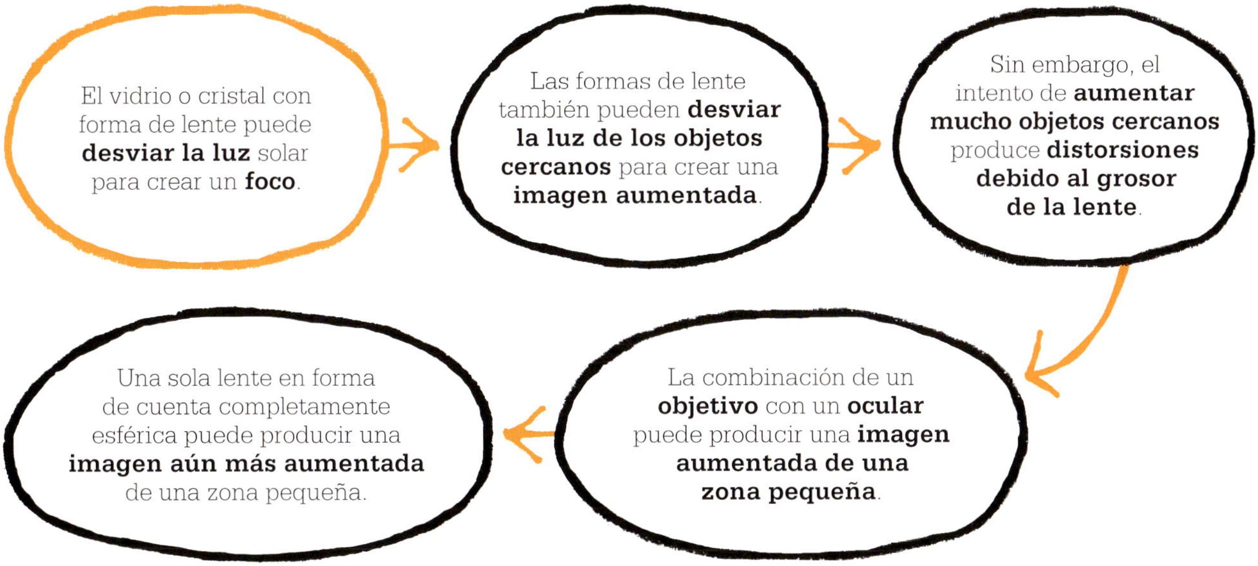


El telescopio fue el primer instrumento óptico compuesto (de múltiples lentes), y su invención suele atribuirse al fabricante holandés de lentes Hans Lippershey en torno a 1608. El dispositivo de Lippershey, que constaba de dos lentes montadas en los extremos de un tubo, producía imágenes de objetos distantes ampliadas en un factor de tres. De igual manera que una lente de aumento desvía los rayos divergentes de objetos cercanos hacia trayectorias más paralelas, la lente delantera, u «objetivo», de un telescopio junta los rayos casi paralelos de objetos lejanos y los desvía hacia una trayectoria convergente. Sin embargo, antes de que los rayos se encuentren, una segunda lente «ocular» cóncava (curvada hacia dentro) los vuelve a desviar hacia trayectorias divergentes, con lo que produce en el ojo del observador una imagen que parece más grande y (dado que la lente del objetivo capta mucha más luz que la pupila humana) más brillante.

En 1609, el polímata italiano Galileo Galilei construyó su propio telescopio basándose en ese modelo. Su riguroso método le permitió mejorar el instrumento original y producir otros capaces de ampliar en un factor de 30. Esos telescopios le permitieron realizar importantes descubrimientos astronómicos, pero las imágenes seguían siendo borrosas, y el campo de visión era pequeño. En 1611, el astrónomo alemán Johannes Kepler mejoró el diseño. En su telescopio, los rayos se encuentran y el ocular es convexo en lugar de cóncavo. Esa segunda lente se coloca después del punto focal, cuando los rayos han empezado a divergir de nuevo. De ese modo, el ocular actúa como una lente de aumento normal que crea una imagen con mayor campo visual y ofrece potencialmente un mayor aumento. Los telescopios keplerianos forman imágenes invertidas (arriba-abajo, derecha-izquierda); aunque eso no suponía un problema importante para las observaciones astronómicas ni, con algo de práctica, para las terrestres.

> “El efecto de mi instrumento es tal que hace que un objeto situado a cincuenta millas parezca estar solo a cinco millas.”
> **Galileo Galilei**

## Controlar la aberración

La clave para incrementar el poder de aumento del telescopio radicaba en la potencia y la separación de sus lentes; sin embargo, las lentes más potentes introducían nuevos problemas. Se identificaron dos problemas principales: unas coloraciones que »

**Diez veces más potente** que el telescopio espacial Hubble, el Telescopio Gigante de Magallanes, en Chile, cuya conclusión está prevista para 2025, captará luz de los confines más lejanos del universo.

se formaban en torno a los objetos, la llamada «aberración cromática» (al refractarse los diferentes colores de luz con diferentes ángulos); y unas imágenes borrosas debidas a la «aberración esférica» (a causa de la dificultad de conseguir una lente con una curvatura ideal).

Parecía que la única forma práctica de conseguir un gran aumento con una aberración mínima era fabricar un objetivo más grande y más delgado, y colocarlo mucho más lejos del ocular. A finales del siglo XVII, eso condujo a la fabricación de unos extraordinarios «telescopios aéreos» que enfocaban la luz a distancias superiores a los 100 metros.

El abogado británico Chester Moore Hall descubrió una solución más práctica hacia 1730. Hall se dio cuenta de que, al colocar un objetivo hecho de un vidrio poco refractivo junto a una segunda lente cóncava con mayor capacidad de refracción, creaba un «dúo» que enfocaba todos los colores a una única distancia y evitaba los bordes borrosos. Esa lente «acromática» se generalizó después de que la técnica de Hall fuera descubierta y comercializada por el óptico John Dollond en la década de 1750. Los desarrollos posteriores de la idea permitieron eliminar también la aberración esférica.

## Telescopios con espejos

A partir de la década de 1660, los astrónomos empezaron a utilizar telescopios reflectores, los cuales recurren a un espejo primario cóncavo que junta los rayos de luz paralelos y los envía hacia trayectorias convergentes. A principios del siglo XVII se propusieron diversos diseños, pero el primer ejemplo práctico lo construyó Isaac Newton en 1668. Usó un espejo primario esférico y un espejo secundario colocado en diagonal frente a él, el cual interceptaba los rayos convergentes y los enviaba hacia un ocular situado en un lateral del tubo del telescopio (y allí se cruzaban en el punto focal).

El uso de la reflexión en lugar de la refracción evitaba el problema de la aberración cromática, pero los primeros telescopios reflectores distaban mucho de ser perfectos. El *speculum metal* (metal de espejos, una aleación muy pulimentada de cobre y estaño) usado en la época producía imágenes tenues y difusas. El vidrio recubierto de plata, un mejor reflector, fue introducido por el físico francés Léon Foucault en la década de 1850.

## Microscopios compuestos

Los científicos no solo combinaron lentes para aumentar objetos distantes, sino también para mejorar la capacidad de la lente de aumento y examinar cuerpos minúsculos. El honor de haber inventado el «microscopio compuesto» es objeto de debate, pero el inventor holandés Cornelis Drebbel hizo una demostración de ese instrumento en Londres en 1621. Con el fin de reducir el grosor y la aberración,

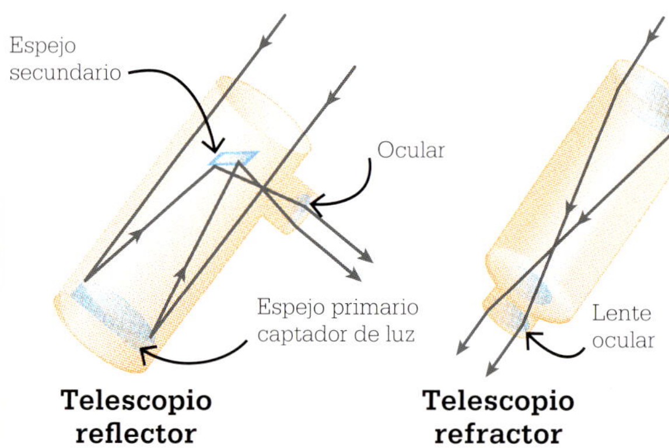


**El telescopio reflector** usa espejos curvos para captar la luz y producir una imagen. El telescopio refractor solo usa lentes.

> No comparto con nadie mi método para ver los muy pequeños animálculos y las diminutas anguilas; ni tampoco cómo ver varios animálculos a la vez.
> **Antonie van Leeuwenhoek**

el objetivo de un microscopio compuesto tiene un diámetro muy pequeño, de modo que los rayos de luz que pasan por diferentes puntos de la lente solo divergen ligeramente. El ocular, que es a menudo más grande que el objetivo, es responsable de la mayor parte de la tarea de aumento.

Entre esos primeros microscopios, el de mayor éxito fue el diseñado por Robert Hooke en la década de 1660. Hooke montó una tercera lente convexa entre el objetivo y el ocular, con lo que desvió aún más la luz y aumentó la capacidad de aumento, a costa de una mayor aberración. También abordó otro importante problema: el diminuto campo de visión en el que se centraba el microscopio significaba que las imágenes tendían a ser oscuras (porque en una zona pequeña se reflejan menos rayos de luz). Para corregir ese inconveniente, añadió una fuente adicional de iluminación, una vela cuya luz se concentraba sobre el objeto mediante una ampolla esférica rellena de agua.

Publicados en su libro *Micrografía*, de 1665, los grandes dibujos de estructuras de plantas e insectos realizados por Hooke por medio del microscopio causaron sensación; pero sus avances fueron pronto superados por los del científico holandés Antonie van Leeuwenhoek.

## Puro ingenio

El microscopio de lente única de Van Leeuwenhoek era mucho más potente que los microscopios compuestos de la época. La propia lente era una diminuta cuenta de vidrio, una esfera pulida capaz de desviar mucho los rayos de luz de una zona pequeña para crear una imagen muy ampliada. Una montura metálica, que mantenía la pequeña lente en su lugar, se sostenía cerca del ojo para que el cielo actuara como fuente de luz por detrás. Una varilla en la montura sostenía la muestra en su lugar; y tres tornillos movían la varilla en las tres dimensiones, lo que permitía realizar ajustes en el foco y la zona en la que caía la luz enfocada por la lente.

Van Leeuwenhoek mantuvo en secreto su técnica para fabricar lentes, pero logró alcanzar al menos 270 aumentos y puso de manifiesto rasgos mucho más pequeños que los vistos por Hooke. Con su poderoso instrumento, fue capaz de descubrir las primeras bacterias, los espermatozoides humanos y la estructura interna de las «células» ya identificadas por Hooke, por lo cual es conocido como el padre fundador de la microbiología. ■

**Van Leeuwenhoek fabricó** él mismo sus microscopios, que incluían una lente esférica sostenida entre dos placas con un orificio en cada lado y una varilla con alfiler para sostener la muestra.

### Antonie van Leeuwenhoek

Van Leeuwenhoek, nacido en la ciudad holandesa de Delft en 1632, empezó a trabajar como aprendiz de contable para un tratante de telas a los 16 años. Tras casarse en 1654, se estableció como pañero. Deseoso de examinar la calidad de las fibras, e insatisfecho con los aumentos de las lupas existentes, estudió óptica y comenzó a fabricar sus propios microscopios. No tardó en usarlos para realizar estudios científicos, y un amigo médico, Regnier de Graaf, dio a conocer sus trabajos ante la Royal Society de Londres. Sus miembros quedaron admirados por sus estudios del mundo microscópico, incluido su hallazgo de los organismos unicelulares. Elegido miembro de la Royal Society en 1680, fue visitado por los principales científicos de la época hasta su muerte en 1723.

**Obras principales**

375 cartas en *Philosophical transactions of the Royal Society.*
27 cartas en *Mémoires de l'Académie Royale des Sciences.*

# LA LUZ ES UNA ONDA

## LUZ CORPUSCULAR Y ONDULATORIA

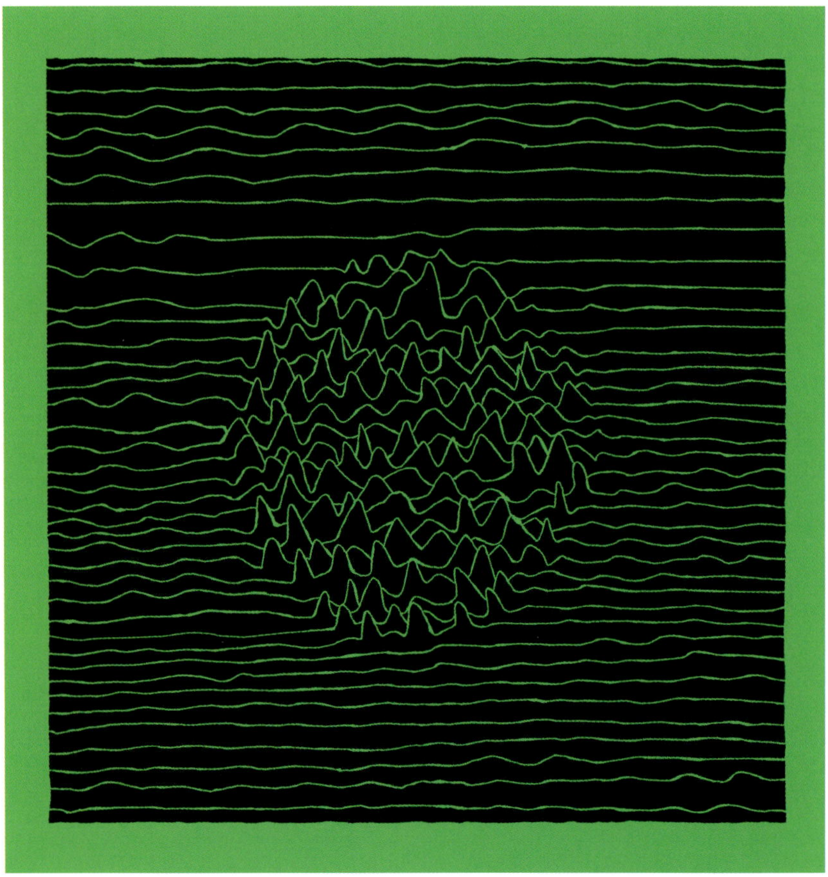

**EN CONTEXTO**

FIGURA CLAVE
**Thomas Young** (1773–1829)

ANTES
**Siglo v a. C.** El filósofo griego Empédocles sostiene que los «corpúsculos de luz» emergen del ojo humano.

***C.* 60 a. C.** El filósofo romano Lucrecio expone que la luz es una forma de partícula emitida por objetos luminosos.

***C.* 1015–1021** En *Libro de óptica*, el erudito árabe Alhacén sostiene que los objetos se iluminan por reflexión de la luz solar.

DESPUÉS
**1969** En los laboratorios Bell, en EE UU, Willard Boyle y George E. Smith inventan el dispositivo de acoplamiento de carga (CCD), que genera imágenes digitales mediante la captación de fotones.

Las teorías sobre la naturaleza de la luz ocuparon a filósofos y científicos desde tiempos ancestrales. Sin embargo, en el siglo xvii, el desarrollo de instrumentos ópticos como el telescopio y el microscopio posibilitó grandes progresos: se confirmó que la Tierra no era el centro del Sistema Solar y se descubrió el mundo microscópico.

Hacia 1630, el científico y filósofo francés René Descartes, en un esfuerzo por explicar el fenómeno de la refracción (la dispersión de la luz al pasar de un medio a otro), propuso que la luz era una perturbación itinerante, una onda que se desplazaba a una velocidad infinita a través de un medio que llenaba el espacio vacío

**Véase también:** Campos de fuerza y ecuaciones de Maxwell 142–147 ▪ Difracción e interferencia 180–183 ▪ Polarización 184–187 ▪ Ondas electromagnéticas 192–195 ▪ Cuantos de energía 208–211 ▪ Partículas y ondas 212–215

**La luz blanca** se descompone en los colores del arcoíris del espectro visible al pasar por un prisma. El color exacto depende de la longitud de onda; la del rojo es la más larga.

(al que llamó *plenum*). Hacia 1665, el científico inglés Robert Hooke estableció por primera vez un vínculo entre la difracción de la luz (su capacidad para propagarse al pasar por aberturas estrechas) y el comportamiento análogo de las ondas en el agua. Esa relación lo llevó a concluir que la luz es una onda transversal, cuya dirección de perturbación es perpendicular a la dirección de desplazamiento o «propagación».

## El espectro cromático

Las ideas de Hooke pasaron desapercibidas debido a la gran influencia de su gran rival, Isaac Newton, en la comunidad científica. Hacia 1670, Newton llevó a cabo una serie de experimentos de óptica con los que demostró que el color es una propiedad intrínseca de la luz. Hasta entonces, la mayoría de los investigadores había supuesto que la luz adquiría colores mediante su interacción con diferentes materiales; sin embargo, los experimentos de Newton, en los que usó un prisma para descomponer un haz de luz blanca en diferentes colores y, luego, unas lentes para recrear el haz de luz, revelaron la verdad.

Newton investigó también la reflexión, y mostró que los rayos de luz se reflejan siempre en línea recta y proyectan sombras con bordes afilados. En su opinión, si la luz fuera ondulatoria, presentaría más signos de desviación y propagación, por lo que concluyó que debía ser corpuscular, es decir, que estaría compuesta por diminutas partículas grumosas. Newton publicó sus hallazgos en 1675, y los desarrolló a fondo en la obra *Opticks (Óptica)*, de 1704. Su premisa dominó las teorías de la luz durante más de un siglo.

## La luz se desvía

El trabajo de Newton no era del todo correcto, sobre todo en lo que respecta a la refracción. En 1690, el científico e inventor holandés Christiaan Huygens publicó su *Tratado de la luz*, en el que explicó en términos de comportamiento de onda cómo se desvían los rayos de luz al atravesar diferentes medios (como el agua y el aire). Huygens rechazó el modelo corpuscular de Newton aduciendo que dos haces podían colisionar sin desviarse en direcciones inesperadas. Afirmó que la luz era una perturbación que se desplazaba a una velocidad muy alta (aunque finita) a través de lo que llamó «éter luminoso», un medio portador de luz. Huygens desarrolló un principio útil según el cual cada punto del «frente »

> Puede concebirse que la luz se propague sucesivamente en ondas esféricas.
> **Christiaan Huygens**

Las **ondas en el agua** producen un **patrón de propagación semicircular** al pasar por una abertura estrecha.

↓

Las **ondas superpuestas en el agua** se interfieren y crean **patrones complejos**.

↓

La **luz se dispersa** al pasar por una rendija.

↓

Las **ondas luminosas superpuestas** se interfieren y crean unas **zonas oscuras y otras brillantes**.

↓

**La luz es una onda.**

> Los experimentos que voy a relatar [...] pueden repetirse con gran facilidad, siempre que el sol brille, y no requieren aparatos que no estén al alcance de todos.
> **Thomas Young**

de onda» de un haz de luz se considera una fuente de pequeñas «ondículas» que se propagan en todas direcciones. El rumbo general del haz de luz puede predecirse determinando la dirección en la que las ondículas se alinean y se refuerzan entre sí.

## Los experimentos de Young

Durante la mayor parte del siglo XVIII, el modelo corpuscular dominó el conocimiento de la luz. Ello cambió a inicios del siglo XIX con el trabajo de Thomas Young. En la década de 1790, mientras estudiaba medicina, Young investigó las propiedades de las ondas sonoras y se interesó por los fenómenos ondulatorios. Las similitudes entre el sonido y la luz lo llevaron a creer que la luz también podría formar ondas, y en 1799 escribió una carta a la Royal Society de Londres exponiendo su argumento.

A la luz del férreo escepticismo de los defensores del modelo newtoniano, Young concibió una serie de experimentos para demostrar, sin dejar lugar a dudas, el comportamiento ondulatorio de la luz. Con una perspicaz comprensión del poder de la analogía, construyó una cubeta de ondas –un depósito de agua poco profundo con una pala en un extremo que generaba ondas periódicas–, a la que añadió obstáculos y barreras con una o más aberturas con el fin de estudiar el comportamiento de las ondas. De ese modo, demostró que, al pasar por la rendija de una de las barreras, las ondas rectas paralelas creaban un patrón de propagación semicircular, un efecto parecido a la difracción de la luz a través de aberturas estrechas.

Una barrera con dos rendijas produjo dos patrones ondulatorios superpuestos. Las ondas de ambas rendijas podían moverse libremente y allí donde se cruzaban, la altura de la onda estaba determinada por las fases de las ondas superpuestas, un efecto conocido como interferencia. Cuando se superponían dos picos o dos valles, la altura o profundidad de la onda aumentaba; cuando un pico y un valle se encontraban, se anulaban mutuamente.

El siguiente paso de Young, esbozado en una conferencia en la Royal Society en 1803, consistió en demostrar que la luz se comportaba de modo similar a las ondas. Para ello, dividió en dos un estrecho haz de luz usando una delgada tarjeta y comparó el resultado de ambos haces con el de un único haz en una pantalla. Cuando la tarjeta divisoria estaba en su sitio, en la pantalla aparecía un patrón de bandas claras y oscuras, que desaparecía al retirar la tarjeta. Young había demostrado que el comportamiento de la luz era idéntico al de las ondas en el agua: a medida que los haces se difractaban y solapaban, las zonas de mayor y menor intensidad interactuaban entre sí, produciendo un patrón de interferencia que la teoría corpuscular no podía explicar. (Más adelante, el experimento se perfeccionó con dos rendijas en una superficie de cristal opaco, y pasó a conocerse como «experimento de la doble rendija».) Según Young, su demostración evidenciaba, sin duda alguna, que la luz era una onda. Es más, los patrones variaban según el color de la luz difractada, lo cual significaba que los colores estaban determinados por las longitudes de onda.

Si bien el experimento de Young reavivó el debate sobre la naturaleza de la luz, la teoría ondulatoria no terminó de cuajar del todo. Pese a las ideas concebidas anteriormente por Hooke, la mayoría de los científicos (incluido el propio Young) creían que la luz debía ser una onda longitudinal como el sonido, donde la perturbación

**El clásico experimento de la doble rendija**, basado en el experimento de Thomas Young, produce un par de ondas difractadas cuyo patrón de interferencia crea rayas claras y oscuras en una pantalla.

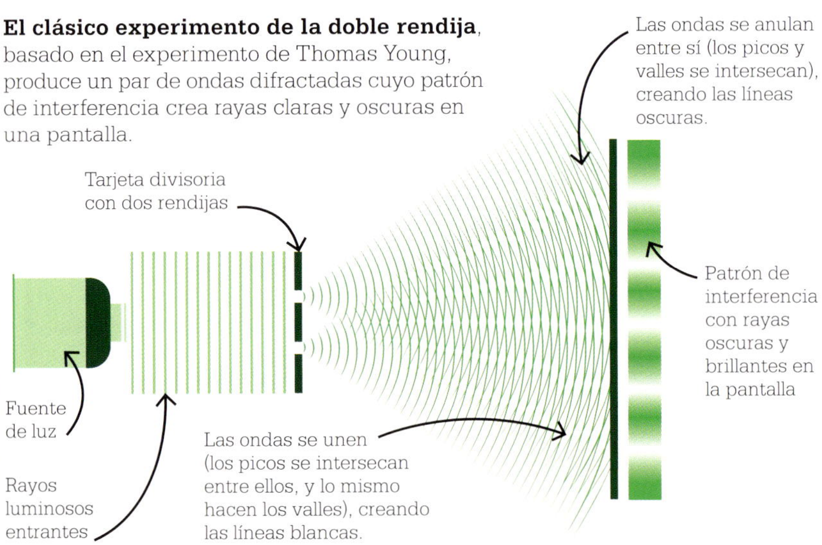

## Thomas Young

Young nació en una familia cuáquera en el condado inglés de Somerset en 1773, y era el mayor de diez hermanos. Fue un polímata nato; en su juventud llegó a dominar varias lenguas modernas y antiguas antes de estudiar medicina. Después de dejar su huella en la investigación científica privada, en 1801 aceptó una plaza de profesor en la recién fundada Royal Institution, a la que más adelante renunció para evitar conflictos con su práctica médica.

Young nunca dejó de estudiar ni de experimentar, e hizo valiosas contribuciones en muchos campos. Tradujo jeroglíficos egipcios, explicó el funcionamiento del ojo humano, investigó las propiedades de los materiales elásticos y desarrolló un método para afinar instrumentos musicales. Su muerte, en 1829, fue muy lamentada por la comunidad científica.

**Obras principales**

**1804** «Experimentos y cálculos relativos a la óptica física».
**1807** *Un curso de conferencias sobre filosofía natural y las artes mecánicas.*

del medio es paralela a la dirección de propagación de la onda. Ello hizo que muchos fenómenos, como la polarización, fueran imposibles de explicar en términos ondulatorios.

La solución surgió en Francia en 1816, cuando André-Marie Ampère propuso a Augustin-Jean Fresnel que las ondas podrían ser transversales, lo cual explicaría el comportamiento de la luz polarizada. Fresnel se dedicó a desarrollar una minuciosa teoría ondulatoria de la luz con la que, además, conseguiría explicar los efectos de la difracción.

### Propiedades electromagnéticas

La aceptación de la naturaleza ondulatoria de la luz coincidió con el desarrollo de estudios sobre electricidad y magnetismo. En la década de 1860, James Clerk Maxwell formuló un conjunto de lúcidas ecuaciones que describían la luz como una perturbación electromagnética que se mueve a 299 792 km/s.

Con todo, aún quedaban complejos interrogantes por resolver en torno al denominado «éter luminoso» de Huygens, a través del cual se suponía que viajaba la luz. La mayoría de los expertos creía que las ecuaciones de Maxwell describían la velocidad a la que la luz propagada desde una fuente entraba en el éter. El fracaso de unos experimentos cada vez más sofisticados, diseñados con el fin de probar la existencia de ese medio portador de luz, planteó cuestiones fundamentales y desató una crisis que solo se solventaría con la teoría de la relatividad especial de Einstein.

### Ondas y partículas

Einstein fue el principal responsable de un cambio decisivo en nuestro conocimiento de la luz. En 1905, presentó una explicación para el efecto fotoeléctrico, un fenómeno en que la corriente fluye por la superficie de determinados metales cuando son expuestos a ciertos tipos de luz. Los científicos habían quedado desconcertados al observar que una pequeña cantidad de luz azul o ultravioleta provocaba la circulación de corriente en algunos metales, algo que no ocurría al iluminarlos con luz roja de gran intensidad. Einstein propuso (a partir del concepto de «cuanto de luz» desarrollado por Max Planck) que la luz, pese a ser fundamentalmente ondulatoria, viaja en pequeñas ráfagas de partículas, que hoy llamamos fotones. La intensidad de una fuente de luz depende del número de fotones que produce. Sin embargo, la energía de un fotón individual depende de su longitud de onda o frecuencia; de ahí que los fotones azules de alta energía puedan proporcionar a los electrones energía suficiente para circular, mientras que los rojos de baja energía, incluso en grandes cantidades, no pueden hacerlo. Desde inicios del siglo XX, varios experimentos han confirmado que la luz puede comportarse como una onda o como una partícula. ■

> Tenemos fuertes razones para concluir que la luz en sí [...] es una perturbación electromagnética en forma de ondas que se propagan [...] de acuerdo con las leyes del electromagnetismo.
> **James Clerk Maxwell**

# NUNCA SE HA VISTO QUE LA LUZ SE CURVE HACIA LA SOMBRA

## DIFRACCIÓN E INTERFERENCIA

### EN CONTEXTO

FIGURA CLAVE
**Augustin-Jean Fresnel**
(1788–1827)

ANTES
**1665** Robert Hooke compara el movimiento de la luz con la propagación de las ondas en el agua.

**1666** Isaac Newton demuestra que la luz solar se compone de diferentes colores.

DESPUÉS
**1821** Augustin-Jean Fresnel publica su trabajo sobre polarización y afirma por primera vez que la luz es una onda transversal (como las del agua), no una onda longitudinal (como el sonido).

**1860** En Alemania, Gustav Kirchhoff y Robert Bunsen usan rejillas de difracción para relacionar las «líneas de emisión» de longitudes de onda específicas con diferentes elementos químicos.

Diferentes tipos de onda exhiben comportamientos similares, como la reflexión (rebote en una superficie con el mismo ángulo con el que se aproximan a ella), la refracción (cambio de dirección al pasar de un medio a otro) y la difracción, es decir, el modo en que una onda se desvía cuando encuentra un obstáculo o atraviesa una rendija. Un ejemplo de difracción es la propagación de las ondas en el agua hacia la llamada «región de sombra» al otro lado de una barrera. El hallazgo de que la luz también se difracta fue fundamental para probar su naturaleza ondulatoria.

**Véase también:** Reflexión y refracción 168–169 ▪ Luz corpuscular y ondulatoria 176–179 ▪ Polarización 184–187 ▪ Efecto Doppler y corrimiento al rojo 188–191 ▪ Ondas electromagnéticas 192–195 ▪ Partículas y ondas 212–215

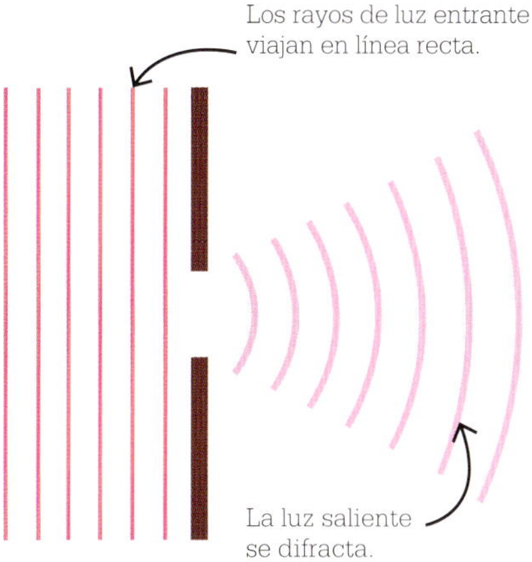


**Cuando las ondas luminosas** lineales pasan a través de la estrecha abertura de una barrera, se difractan (dispersan) en frentes de onda semicirculares.

El sacerdote jesuita y físico italiano Francesco Maria Grimaldi fue el primero en observar de manera sistemática la difracción de la luz en la década de 1660. Grimaldi construyó un cuarto oscuro con un diminuto agujero a través del cual pasaba un haz de luz solar del ancho de un lápiz que se topaba contra una pantalla inclinada. Allí donde el haz de luz entraba en contacto con la pantalla, se creaba un óvalo de luz, que Grimaldi midió. Luego colocó una varilla delgada en la trayectoria del haz de luz y midió el tamaño de la sombra proyectada. A continuación, comparó sus resultados con los cálculos basados en el supuesto de que la luz viaja en línea recta. Según esos cálculos, descubrió que tanto la sombra como el óvalo de luz eran mayores de lo previsto.

A partir de esas comparaciones, Grimaldi llegó a la conclusión de que la luz no se componía de partículas simples (corpúsculos) que viajaban en línea recta, sino que tenía propiedades ondulatorias, similares a las del agua, que le permitían curvarse; acuñó el término «difracción» para describir esa idea. Sus hallazgos, publicados póstumamente en 1665, representaron una fuente continua de problemas para los científicos que trataban de demostrar la naturaleza corpuscular de la luz.

## Teorías rivales

En la década de 1670, Isaac Newton describió la difracción (a la que llamó «inflexión») como un tipo especial de refracción producida cuando los rayos de luz (según él, corpusculares) bordeaban los obstáculos. Más o menos en la misma época, Robert Hooke, rival de Newton, puso en tela de juicio esa teoría al demostrar con éxito los experimentos de Grimaldi, y el científico e inventor holandés Christiaan Huygens enunció su teoría ondulatoria de la luz. Huygens sostenía que muchos fenómenos ópticos solo podían explicarse considerando la luz como un «frente de onda» en movimiento, a lo largo del cual cualquier punto era una fuente de ondas secundarias cuya interferencia y refuerzo mutuo determinaba la dirección del movimiento del frente de onda.

> La naturaleza no se cohíbe por las dificultades del análisis; evita la complicación solo en los medios.
> **Augustin-Jean Fresnel**

**Al igual que las ondas luminosas**, las ondas de un lago causadas por el viento se propagan en círculos al pasar por espacios estrechos, lo cual muestra que la difracción es común a todas las ondas.

Ni la teoría ondulatoria de la luz ni la teoría corpuscular de Newton explicaban el fenómeno de las franjas de color, algo que Grimaldi había observado durante sus experimentos en torno a los bordes del óvalo de luz y la sombra de la varilla. Los esfuerzos de Newton por dilucidar esa cuestión lo llevaron a desarrollar algunas ideas fascinantes. Expuso que la luz era estrictamente corpuscular, pero que cada corpúsculo en rápido movimiento podía actuar como una fuente de ondas periódicas cuyas vibraciones determinaban su color.

## Los experimentos de Young

La mejorada teoría de la luz de Newton, publicada en su obra *Óptica* en 1704, no resolvió todos los problemas en torno a la difracción. Sin embargo, el modelo corpuscular gozó de gran aceptación hasta 1803, cuando la demostración de la interferencia »

## Augustin-Jean Fresnel

Fresnel, el segundo de los cuatro hijos de un arquitecto, nació en Broglie, en Normandía (Francia), en 1788. En 1806, comenzó a estudiar ingeniería civil en la Escuela Nacional de Puentes y Caminos, y más tarde trabajó como ingeniero del gobierno.

Tras perder el puesto por sus opiniones políticas durante el último periodo de las guerras napoleónicas, Fresnel se interesó por la óptica. Alentado por el físico François Arago, escribió ensayos y una memoria, que fue premiada en 1819, donde abordó matemáticamente la difracción. Más tarde explicó la polarización mediante un modelo ondulatorio transversal de la luz, y desarrolló unas lentes para concentrar intensos haces de luz direccionales (usadas principalmente en faros). Murió en 1827, a los 39 años de edad.

### Obras principales

**1818** *Memoria sobre la difracción de la luz.*
**1819** «Sobre la acción mutua de los rayos de luz polarizada» (con François Arago).

entre ondas luminosas difractadas realizada por Thomas Young hizo resurgir el interés por las ideas de Huygens. Young hizo dos modificaciones al modelo de Huygens con el fin de explicar la difracción. Una era la idea de que los puntos de un frente de onda en los bordes de una rendija producían ondículas que se propagaban hacia la «región de sombra» más allá de la barrera; y la otra, que el patrón de difracción observado ocurría a través de una onda que bordeaba la rendija e interfería con una onda que rebotaba en los lados de la barrera.

Young señaló que debía existir una distancia en que la luz se encontrase lo suficientemente lejos del borde para no verse afectada por la difracción. De variar esa distancia con los distintos colores de la luz, afirmó Young, podrían explicarse las franjas de colores descubiertas por Grimaldi. Por ejemplo, de haber una distancia a la que la luz roja se difracte pero la luz azul no, aparecería una franja roja.

## Un descubrimiento clave

En 1818, la Academia de Ciencias de Francia organizó un concurso que tenía como objetivo el desarrollo de una explicación al «problema de inflexión» identificado por Young. El ingeniero civil Augustin-Jean Fresnel, que llevaba años trabajando precisamente en esa cuestión, había realizado una serie de intricados experimentos caseros y había compartido sus hallazgos con el académico François Arago. Su trabajo reproducía involuntariamente parte del trabajo de Young, pero también contenía ideas nuevas, así que Arago animó a Fresnel a presentar una

La **luz** abarca zonas que deberían estar **completamente en la sombra**.

La **luz se desvía o se propaga** al pasar a través de obstáculos.

El frente de onda del modelo de Huygens **produciría ondas secundarias** que **podrían propagarse hacia las zonas de sombra**.

Los frentes de onda secundarios se refuerzan o anulan perfectamente solo en algunos sitios; en la mayoría, **la interferencia es más compleja**.

Los patrones de interferencia solo son **completamente oscuros donde las ondas se anulan entre sí**; en los demás sitios, la luz siempre está presente.

**La difracción de la luz es un comportamiento ondulatorio.**

**Los colores en una burbuja** de jabón se deben a la interrupción de las ondas de luz, pues se reflejan en la fina película de la burbuja e interfieren entre sí.

memoria explicativa al certamen. En esa memoria, Fresnel formuló complejas ecuaciones matemáticas para describir la posición y la intensidad de las «franjas» brillantes y oscuras de interferencia, y mostró que coincidían con los resultados de los experimentos reales.

Fresnel demostró también que la geometría de las franjas dependía de la longitud de onda de la luz que las producía. Por primera vez, fue posible medir las franjas de interferencia procedentes de una fuente de luz monocromática y calcular la longitud de onda de ese color específico.

En su memoria, Fresnel resumió con admirable simplicidad la diferencia entre la teoría ondular de Huygens y la suya. El error de Huygens, dijo, fue suponer que la luz solo se propagaría donde las ondas secundarias se reforzasen entre sí. Sin embargo, en realidad, la completa oscuridad solo es posible donde las ondas se anulan entre sí.

Pese a su elegancia, la memoria de Fresnel fue recibida con escepticismo por un jurado que en su mayoría apoyaba la teoría corpuscular de Newton. Como señaló Siméon-Denis Poisson, uno de los jueces, las ecuaciones de Fresnel predijeron que la sombra proyectada por un obstáculo circular iluminado por una fuente puntual de luz, como un microorificio, tendría un punto brillante en el centro, una idea que Poisson juzgó absurda. El asunto se zanjó gracias al experimento diseñado por Arago para producir «el punto de Poisson». Pese a ese triunfo, la teoría ondulatoria no empezó a ganar aceptación hasta 1821, cuando Fresnel publicó su enfoque ondulatorio con el fin de explicar la polarización, la ocasional alineación de las ondas luminosas transversales en una dirección específica.

## Difracción y dispersión

Mientras que Young y Fresnel se esforzaban por comprender los efectos de la difracción y la interferencia dirigiendo haces de luz a través de dos rendijas, algunos fabricantes de instrumentos adoptaron un enfoque distinto. Ya en 1673, el astrónomo escocés James Gregory había reparado en que la luz solar que se colaba por los finísimos espacios de la pluma de un ave se propagaba en un espectro cromático, algo similar al comportamiento de la luz blanca que atraviesa un prisma.

En 1785, el inventor estadounidense David Rittenhouse logró reproducir artificialmente el efecto de la pluma de ave descrito por Gregory enrollando cabellos alrededor de dos tornillos de rosca fina para crear una malla de una densidad aproximada de cien cabellos por pulgada. Ese dispositivo fue perfeccionado en 1813 por el fabricante de instrumentos y físico alemán Joseph von Fraunhofer; lo llamó «rejilla de difracción». Significativamente, las rejillas de difracción son un medio mucho más eficiente para descomponer la luz que los prismas de cristal, ya que absorben muy poca cantidad de la luz que incide en ellas. Así pues, son ideales para producir espectros de fuentes débiles. Las rejillas y otros instrumentos afines han resultado sumamente útiles en muchas disciplinas científicas.

Fraunhofer también construyó la primera «máquina tiralíneas», un aparato que rayaba meticulosas líneas transparentes estrechamente espaciadas en una placa de vidrio. Ese dispositivo permitió descomponer la luz solar en un espectro mucho más amplio de lo que podía lograrse hasta entonces y reveló la presencia de las llamadas «líneas de Fraunhofer», que más tarde desempeñarían un papel fundamental en la comprensión de la química de las estrellas y los átomos. ■

> Creo que he encontrado la explicación y la ley de las franjas de color observadas en las sombras de los cuerpos iluminados por un punto luminoso.
> **Augustin-Jean Fresnel**

# LOS POLOS NORTE Y SUR DEL RAYO

## POLARIZACIÓN

**EN CONTEXTO**

FIGURA CLAVE
**Étienne-Louis Malus**
(1775–1812)

ANTES
**Siglo XIII** Las referencias al uso de «piedras de sol» en las sagas de Islandia apuntan a que los marineros vikingos podrían haber utilizado las propiedades de los cristales de espato para detectar la polarización durante la navegación diurna.

DESPUÉS
**1922** Georges Friedel analiza las propiedades de tres tipos de materiales de «cristal líquido» y descubre su capacidad para alterar el plano de polarización de la luz.

**1929** El inventor y científico estadounidense Edwin H. Land inventa el «polaroid», un plástico cuyos polímeros actúan como un filtro de la luz polarizada y transmiten la luz en un solo plano.

La polarización es la alineación de las ondas en una dirección o un plano específico. El término se aplica generalmente a la luz, pero cualquier onda transversal (que oscile en ángulo recto respecto de la dirección de la onda) es susceptible de polarización. Varios fenómenos naturales producen luz polarizada; una parte de la luz solar reflejada en una superficie plana y brillante como la de un lago, por ejemplo, se polariza para coincidir con el ángulo de la superficie. La luz, además, puede polarizarse artificialmente.

La investigación de los diferentes efectos causados por la polarización ayudó a determinar que la luz es un fenómeno ondulatorio, y proporcionó

**Véase también:** Campos de fuerza y ecuaciones de Maxwell 142–147 ▪ Focalizar la luz 170–175 ▪ Luz corpuscular y ondulatoria 176–179 ▪ Difracción e interferencia 180–183 ▪ Ondas electromagnéticas 192–195

> Creo que este fenómeno puede servir a los amantes de la naturaleza y a otras personas interesadas en instruirse, o al menos por placer.
>
> **Rasmus Bartholin**
> **sobre la birrefringencia**

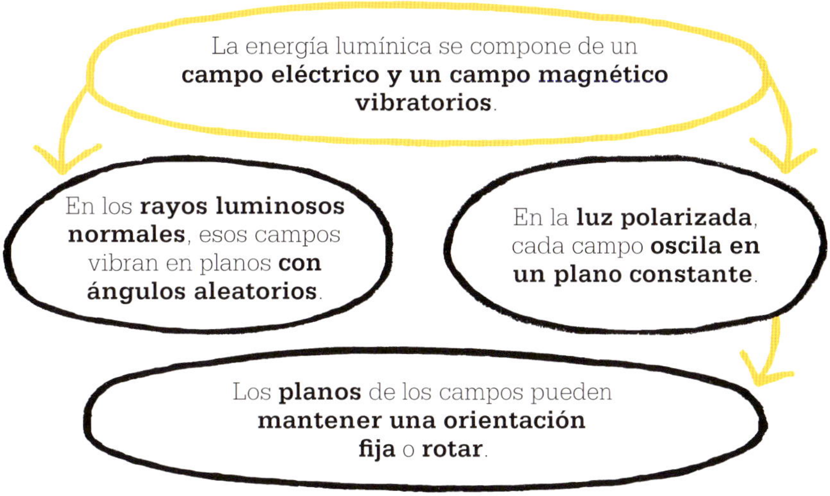


importantes pruebas de su naturaleza electromagnética. La primera explicación de rayos de luz idénticos que difieren por razones aparentemente inexplicables la desarrolló el científico danés Rasmus Bartholin en 1669. Al observar un objeto a través de los cristales de un mineral transparente llamado espato de Islandia (un tipo de calcita), Bartholin descubrió que se formaba una doble imagen del objeto.

Ese fenómeno, llamado birrefringencia, se produce porque el cristal tiene un índice de refracción (velocidad de transmisión de la luz) que varía según la polarización de la luz que lo atraviesa. La luz reflejada por la mayoría de los objetos no tiene una polarización particular, de modo que, en promedio, la mitad de los rayos se dividen a lo largo de cada una de las trayectorias, creando una imagen doble.

## Primeras explicaciones

Bartholin publicó una descripción detallada del efecto de birrefringencia en 1670, pero no pudo explicarlo en términos de ningún modelo de luz en particular. Christiaan Huygens, uno de los primeros defensores de la teoría ondulatoria, afirmó que la velocidad de los rayos de luz que atravesaban el cristal variaba según la dirección del movimiento, y, en 1690, usó el principio de «frente de onda» para explicar el efecto de duplicación de imagen.

Huygens también realizó nuevos experimentos en los que colocó un segundo cristal de espato de Islandia delante del primero y lo giró. Al hacerlo, descubrió que el efecto de duplicación desaparecía en determinados ángulos. No entendía por qué, pero reconoció que las dos imágenes producidas por el primer cristal diferían de algún modo entre sí.

Isaac Newton, por su parte, sostenía que la birrefringencia reforzaba su argumento a favor de la naturaleza corpuscular de la luz, ya que los corpúsculos serían partículas con «lados» diferenciados que podrían verse afectados por su orientación. Para Newton, el efecto ayudaba a refutar la teoría ondulatoria de la luz, ya que el modelo de Huygens contemplaba ondas longitudinales (perturbaciones paralelas a la dirección de la onda) en vez de ondas transversales, y Newton no concebía cómo estas podían ser sensibles a la dirección.

## Lados y polos

A inicios del siglo XIX, el soldado y físico francés Étienne-Louis Malus llevó a cabo su propia versión de los experimentos de Huygens. Malus, que »

**Las gafas de sol polarizadas** reducen el intenso resplandor de la luz reflejada en un paisaje nevado al permitir únicamente el paso de las ondas polarizadas en una dirección.

quería dotar al estudio de la luz de rigor matemático, desarrolló un útil modelo matemático para describir lo que ocurría en las tres dimensiones cuando los rayos luminosos entraban en contacto con materiales de diferentes propiedades reflectantes y refractivas. (Los modelos anteriores habían simplificado el asunto y solo tenían en cuenta lo que sucedía con los rayos que se movían en un plano, es decir, en dos dimensiones.)

En 1808, el Instituto Nacional de Ciencias y Artes de Francia convocó un certamen para el desarrollo de una explicación de la birrefringencia, en el que Malus participó. Como otros miembros de la comunidad científica, Malus defendía la teoría corpuscular de la luz; se esperaba que una explicación corpuscular de la birrefringencia ayudase a echar por tierra la teoría ondulatoria presentada por Thomas Young en Gran Bretaña. Malus desarrolló una teoría según la cual los corpúsculos de luz tendrían lados y «polos» (ejes de rotación) bien diferenciados. Los materiales birrefringentes, afirmó, refractaban los corpúsculos en diferentes trayectorias dependiendo de la dirección de sus polos. Para describir ese efecto, acuñó el término «polarización».

> ¿No poseerán los rayos de luz diversos lados provistos de varias propiedades?
> **Isaac Newton**

Malus descubrió un nuevo e importante aspecto de ese fenómeno al usar un fragmento de espato de Islandia para observar el reflejo de la puesta de sol en una ventana del palacio de Luxemburgo, en París. Notó que la intensidad de las dos imágenes del Sol variaba a medida que giraba el cristal, y que una de las dos imágenes desaparecía por completo cada vez que el cristal completaba un giro de 90 grados. Malus se percató de que eso significaba que la luz solar ya había sido polarizada por el reflejo del cristal. Confirmó el efecto con la luz de una vela a través de un cristal birrefringente, y, mientras lo giraba, observó cómo se reflejaban los dos rayos luminosos resultantes en un cuenco con agua. Los reflejos aparecían y desaparecían dependiendo de la rotación del cristal. Enseguida desarrolló una ley (ley de Malus) para describir la relación entre la intensidad de una imagen polarizada vista a través de un «filtro» de cristal y la orientación del cristal.

Otros experimentos con materiales transparentes revelaron un efecto similar. Malus se dio cuenta de que la interacción de la superficie de los materiales con la luz no polarizada (con una combinación aleatoria de orientaciones) reflejaba la luz en un plano de polarización específico, mientras que la luz polarizada en el otro plano entraba en el nuevo medio (como el agua o el cristal), o lo atravesaba, a lo largo de una trayectoria refractada. Malus concluyó que el factor que determinaba la reflexión o la refracción debía ser la estructura interna del nuevo medio, asociada a su índice de refracción.

## Nuevas ideas

La identificación por parte de Malus del vínculo entre la estructura de un material y su efecto en la luz polarizada fue importante: hoy en día se aplica al estudio de los cambios in-

## Étienne-Louis Malus

Nacido en una privilegiada familia parisina en 1775, Malus pronto se convirtió en una joven promesa de las matemáticas. Sirvió como soldado antes de estudiar en la Escuela Politécnica de París desde 1794; luego ascendió en las filas del cuerpo de ingenieros y participó en la expedición napoleónica a Egipto (1798–1801). De regreso en Francia, trabajó en proyectos de ingeniería militar. Fue destinado a París en 1806, y allí se relacionó con notables científicos. Su talento para describir matemáticamente el comportamiento de la luz, incluidos los reflejos «cáusticos» generados por las superficies reflectoras curvas, impresionó a sus colegas, y su explicación de la birrefringencia le valió el ingreso en la Academia de Ciencias de Francia en 1810. Un año después recibió la medalla Rumford de la Royal Society por ese trabajo, pese a que Gran Bretaña estaba en guerra con Francia. Murió en 1812, a los 36 años de edad.

### Obras principales

**1807** *Tratado de óptica.*
**1811** «Memoria sobre algunos nuevos fenómenos ópticos».

ternos de los materiales sometidos a tensión según el modo en que estos afectan a la luz polarizada. Malus intentó hallar una relación entre el índice de refracción de un material y el ángulo con el que la luz reflejada en una superficie estaría perfectamente «polarizada en el plano» (alineada en un único plano). Encontró el ángulo exacto para el agua, pero sus intentos se vieron frustrados al investigar otros materiales debido a la mala calidad de los mismos. Con todo, unos años más tarde, concretamente en 1815, el físico escocés David Brewster desarrolló una ley general.

El número de fenómenos que implican polarización fue en aumento. En 1811, el físico francés François Arago descubrió que, al pasar luz polarizada a través de cristales de cuarzo, el eje de polarización rotaba (un efecto conocido hoy como «actividad óptica»); y su contemporáneo Jean-Baptiste Biot informó de que la luz de los arcoíris estaba muy polarizada.

Biot estudió la actividad óptica en los líquidos, y formuló el concepto de polarización circular (el eje de polarización rota a medida que el rayo luminoso avanza). También descubrió los minerales «dicroicos», materiales naturales que permiten el

> Hemos descubierto que la luz adquiere propiedades relativas solo a los lados del rayo [...]. Llamaré polos a esos lados.
> **Étienne-Louis Malus**

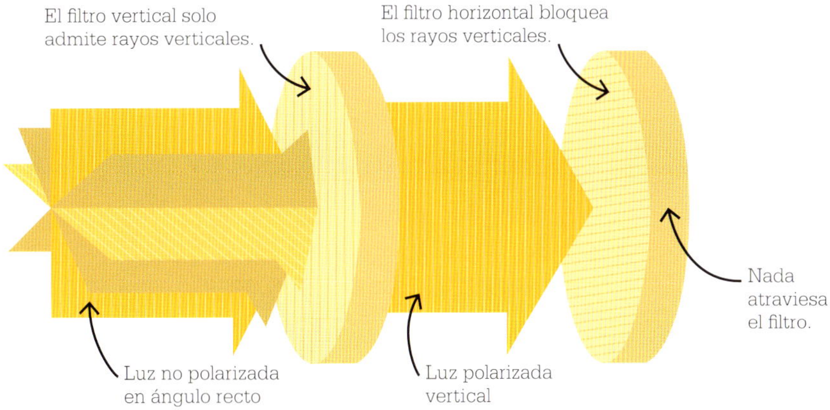


**Las ondas de luz no polarizada** oscilan en ángulo recto respecto de su dirección de propagación (movimiento) en direcciones aleatorias. Las ondas luminosas con polarización lineal oscilan en una única dirección; las ondas con polarización circular rotan continuamente a medida que se propagan.

paso de la luz polarizada a lo largo de un eje, pero que bloquean la luz polarizada a lo largo del otro eje. El uso de materiales dicroicos se convertiría en una de las formas más sencillas de producir luz polarizada. Otras incluían el uso de determinados tipos de cristales y prismas de calcita con formas específicas.

## Ondas polarizadas

En 1816, Arago y su protegido Augustin-Jean Fresnel hicieron un importante e inesperado descubrimiento que refutó las hipótesis de que la polarización apoyaba la naturaleza corpuscular de la luz. Crearon una variante del experimento de la doble rendija de Thomas Young utilizando dos haces de luz cuya polarización podía ser alterada, y observaron que los patrones de luz y oscuridad producidos por la interferencia entre los dos haces eran más intensos cuando la luz tenía la misma polarización. Además, los patrones perdían intensidad al aumentar la diferencia de polarización, y desaparecían completamente cuando los planos de polarización eran perpendiculares.

Ese hallazgo no podía explicarse mediante ninguna de las teorías corpusculares, ni tampoco imaginando la luz como una onda longitudinal. André-Marie Ampère propuso a Fresnel una posible solución: considerar la luz como una onda transversal. De ser así, el eje de polarización sería el plano de oscilación (vibración) de la onda. Thomas Young llegó a la misma conclusión cuando Arago le habló de su experimento; con todo, fue Fresnel quien halló la inspiración necesaria para desarrollar una teoría ondulatoria completa que con el tiempo sustituiría a todos los modelos anteriores.

La polarización también tendría un papel vital en el siguiente gran avance en el conocimiento de la luz. En 1845, el científico británico Michael Faraday, que entonces buscaba una forma de probar el presunto vínculo entre la luz y el electromagnetismo, quiso averiguar qué pasaría al hacer pasar un haz de luz polarizada a través de un campo magnético. Así, descubrió que era posible rotar el plano de polarización alterando la intensidad del campo. Ese fenómeno, llamado efecto Faraday, llevaría finalmente a James Clerk Maxwell a desarrollar un modelo electromagnético de la luz. ■

# LOS TROMPETISTAS Y EL TREN DE ONDAS

## EFECTO DOPPLER Y CORRIMIENTO AL ROJO

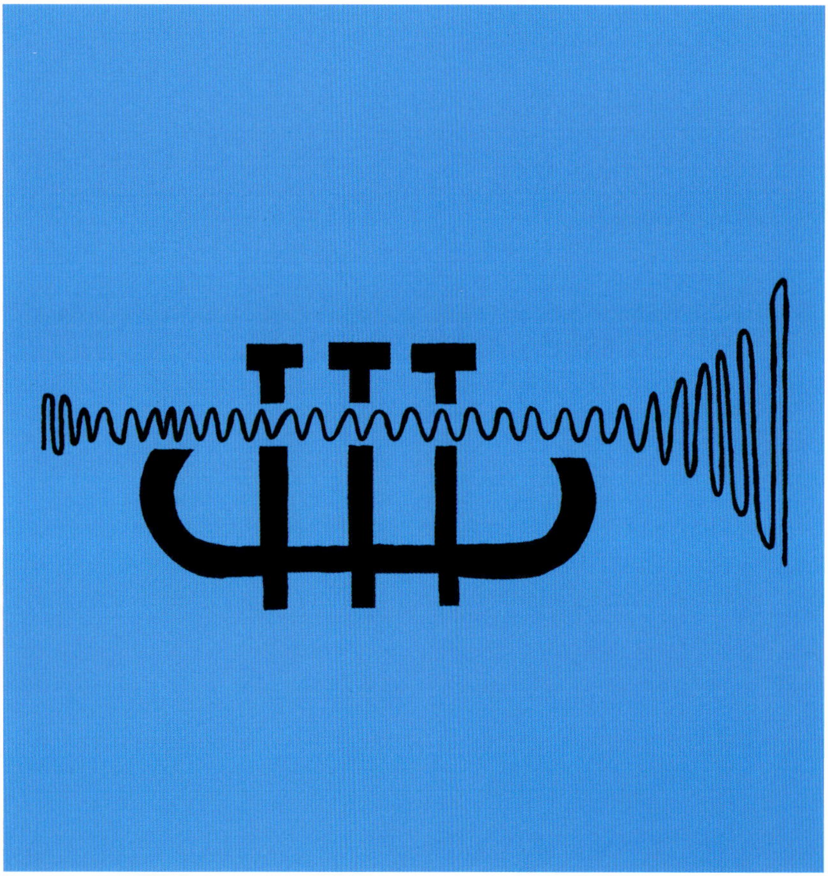

**EN CONTEXTO**

FIGURA CLAVE
**Christian Doppler** (1803–1853)

ANTES
**1727** El astrónomo británico James Bradley explica la aberración de la luz estelar, un cambio en el ángulo con el que la luz de estrellas lejanas se aproxima a la Tierra causado por el movimiento terrestre alrededor del Sol.

DESPUÉS
**Década de 1940** Se desarrolla el «radar Doppler» para la aviación y la previsión meteorológica tras el fracaso de otros radares para detectar precipitaciones y corrimientos Doppler de objetivos móviles.

**1999** A partir de observaciones de explosiones estelares, se halla que algunas galaxias están más lejos de lo que sugieren sus corrimientos Doppler, lo cual implica que la expansión del universo se está acelerando.

Hoy, el efecto Doppler forma parte de nuestra vida cotidiana. Lo percibimos como un cambio en el tono de las ondas sonoras cuando un vehículo de emergencia con la sirena encendida se aproxima hacia nosotros, nos pasa por al lado y luego se aleja. Ese efecto lleva el nombre del primer científico que lo postuló como una predicción teórica. Aplicado a la luz, ha resultado ser una poderosa herramienta para aprender acerca del universo.

### Los colores de las estrellas

La idea de que las ondas (en concreto, las ondas luminosas) pueden cambiar su frecuencia dependiendo del movimiento relativo de la fuente y del

**Véase también:** Luz corpuscular y ondulatoria 176–179 ▪ Descubrir otras galaxias 290–293 ▪ Universo estático o en expansión 294–295 ▪ Energía oscura 306–307

> En un futuro no muy lejano, [el efecto Doppler] ofrecerá a los astrónomos un medio adecuado para determinar los movimientos y las distancias de esas estrellas.
> **Christian Doppler**

observador fue propuesta por primera vez en 1842 por el físico Christian Doppler. Este estaba estudiando la aberración de la luz estelar –un ligero cambio en la dirección aparente de la luz de estrellas lejanas producido por el movimiento de la Tierra en torno al Sol– cuando se dio cuenta de que el movimiento a través del espacio podría causar un cambio en la frecuencia y, por lo tanto, en el color de la luz.

Esa teoría se apoya en el siguiente principio. Cuando la fuente y el observador se aproximan, los «picos» de las ondas luminosas propagadas desde una fuente llegan al observador con una frecuencia más alta de lo habitual, por lo que la longitud de onda de la luz es más corta. En cambio, cuando la fuente y el observador se alejan, los picos de la onda llegan al observador con una frecuencia más baja que en otras circunstancias. Ahora bien, dado que el color de la luz depende de su longitud de onda, la luz emitida por un cuerpo que se aproxima al observador se verá más azulada (porque su longitud de onda es más corta), y la emitida por un cuerpo que se aleja, más rojiza.

Doppler esperaba que ese efecto (que pronto fue nombrado en su honor) le ayudase a explicar los colores de las estrellas en el cielo nocturno. Al desarrollar su teoría, tuvo en cuenta el movimiento de la Tierra a través del espacio, pero no se percató de la magnitud en que la velocidad de los movimientos estelares queda empequeñecida por la velocidad de la luz, lo cual hizo que el efecto fuera indetectable con los instrumentos de entonces.

Con todo, el hallazgo de Doppler se confirmó en 1845 gracias a un experimento sonoro. Aprovechando la inauguración del ferrocarril de Ámsterdam a Utrecht, el neerlandés C. H. D. Buys Ballot pidió a unos músicos que tocaran una nota continua »

**Las ondas sonoras** se propagan a la misma velocidad en todas las direcciones cuando se miden en relación con la fuente. Sin embargo, si una sirena se acerca a un observador, la frecuencia aumenta y la longitud de onda se acorta.

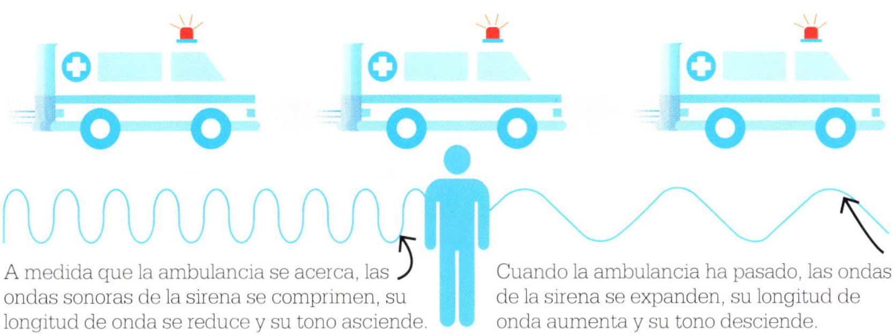

## Christian Doppler

Nacido en la ciudad austriaca de Salzburgo en 1803, en el seno de una próspera familia, Doppler estudió matemáticas en el Instituto Politécnico de Viena, y más adelante cursó un posgrado en física y astronomía. Frustrado por la burocracia para obtener una plaza fija, estuvo a punto de dejar el mundo académico y marcharse a EE UU, pero al final consiguió trabajo como profesor de matemáticas en Praga. Doppler se incorporó como profesor en el Politécnico de Praga en 1838, y allí produjo numerosos trabajos de física y matemáticas, incluido su célebre estudio sobre los colores de las estrellas y el efecto que hoy lleva su nombre. En 1849, su reputación le valió un importante puesto en la Universidad de Viena. La salud de Doppler fue delicada durante la mayor parte de su vida. Murió en 1853 de una infección pulmonar.

### Obra principal

**1842** *Über das farbige Licht der Doppelsterne (Sobre el color de la luz de las estrellas binarias).*

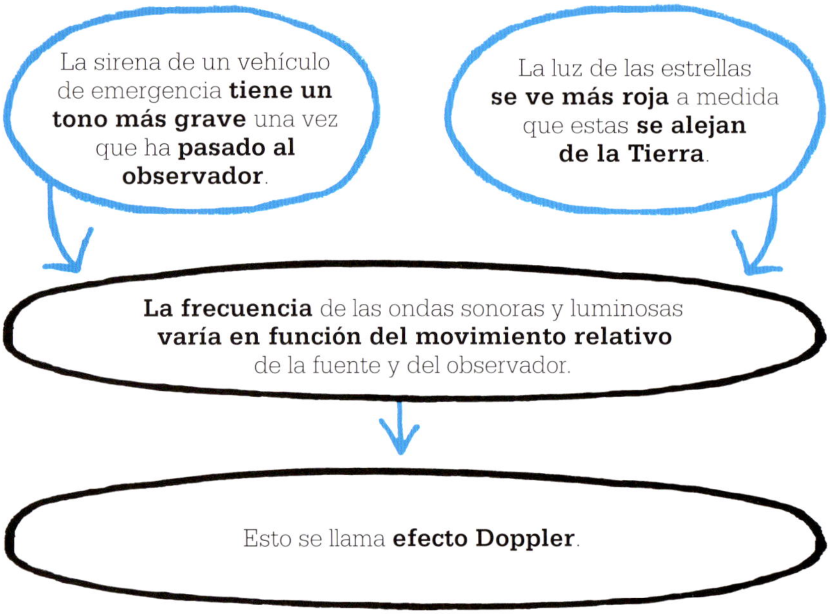


mientras viajaban en el tren. Cuando el vagón pasó a toda velocidad, Buys Ballot notó el familiar cambio de tono del sonido: el tono de la nota era más agudo cuando el tren se acercaba y más grave a medida que se alejaba.

## Medir el corrimiento

En 1848, el físico Armand Fizeau calculó los efectos del principio Doppler en la luz. Incluso desconociendo el trabajo de Doppler, proporcionó una base matemática para el concepto de corrimiento al rojo y al azul. Doppler había afirmado que su teoría permitiría comprender mejor los movimientos, las distancias y las relaciones estelares, pero Fizeau ideó un método práctico para detectar las variaciones de la luz estelar. Acertó al reconocer que los cambios en el color general de una estrella serían tan diminutos como difíciles de cuantificar. Además, afirmó que los astrónomos podrían identificar lo que hoy llamamos corrimiento Doppler a través de las posiciones de las «líneas de Fraunhofer», unas delgadas líneas oscuras (como las observadas en el espectro del Sol y que probablemente existan en el espectro de otras estrellas) que podrían servir como puntos de referencia en un espectro de luz.

Sin embargo, la puesta en práctica de esa idea requirió progresos tecnológicos. A tan grandes distancias, incluso las estrellas más brillantes son mucho más tenues que el Sol, y los espectros creados al dividir la luz por refracción –para medir las líneas espectrales individuales– son aún más tenues. Los astrónomos británicos William y Margaret Huggins midieron el espectro solar en 1864, y su colega William Allen Miller utilizó esas mediciones para identificar elementos en estrellas lejanas.

Para entonces, los científicos alemanes Gustav Kirchhoff y Robert Bunsen habían demostrado que las líneas de Fraunhofer del Sol eran ocasionadas por elementos específicos que absorbían la luz. Ello permitió calcular las longitudes de onda donde esas líneas de absorción aparecían en el espectro de una estrella estática. En 1868, William Huggins logró medir el corrimiento Doppler de las líneas espectrales de Sirio, la estrella más brillante del cielo.

## Observaciones detalladas

A fines del siglo XIX, los progresos en el campo de la fotografía transformaron la observación astronómica y permitieron medir el espectro y el efecto Doppler de estrellas mucho más tenues. La fotografía de larga exposición, que capta una cantidad mucho mayor de luz que el ojo humano, produjo imágenes que podían ser almacenadas y evaluadas mucho después de la observación original.

En las décadas de 1870 y 1880, el astrónomo alemán Hermann Carl Vogel lideró esta unión entre fotografía y «espectroscopia» que condujo a grandes hallazgos. En particular, identificó varias estrellas aparentemente individuales con líneas espectrales que se «duplicaban» de manera periódica; es decir, se separaban y volvían a juntarse en ciclos regulares. Vogel mostró que esa división de líneas se debía a que las estrellas eran pares binarios, estrellas visualmente inseparables con órbitas cercanas entre sí, lo cual significa que una se aleja de la Tierra y su luz se ve más roja, mientras que la otra se acerca a la Tierra y su luz se ve más azul.

> [El] color y la intensidad de [...] la luz, así como el tono y la intensidad del sonido, se verán alterados por el movimiento de la fuente luminosa o sonora.
>
> **William Huggins**

**El corrimiento al rojo cosmológico** no se produce por el alejamiento de las galaxias en sentido estricto, sino por la dilatación del espacio como consecuencia de la expansión del universo durante miles de millones de años. Así, las galaxias se alejan cada vez más unas de otras y las longitudes de onda de la luz se alargan.

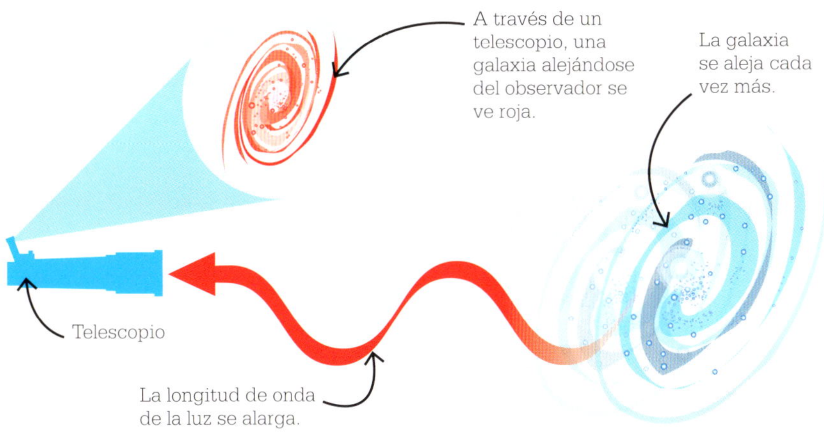


## Universo en expansión

Gracias a los avances tecnológicos, las técnicas espectroscópicas pudieron aplicarse a otros objetos astronómicos, como las nebulosas. Algunas de ellas resultaron ser grandes nubes de gas interestelar que emitían toda su luz en longitudes de onda específicas, como las emitidas por los vapores en el laboratorio. Otras emitían luz en un continuo espectral (una amplia franja de luz de todos los colores) con algunas líneas oscuras, lo cual apuntaba a que estaban formadas por numerosas estrellas. Debido a su forma, se llamaron nebulosas espirales.

A partir de 1912, el astrónomo estadounidense Vesto Slipher comenzó a analizar el espectro de nebulosas espirales lejanas, y descubrió que la mayoría presentaba importantes desplazamientos Doppler hacia el extremo rojo del espectro (corrimiento al rojo), lo cual implicaba que se alejaban de la Tierra a grandes velocidades, sin importar en qué parte del cielo se observaran. Algunos astrónomos creían que el hallazgo probaba que las nebulosas eran inmensas galaxias independientes situadas fuera del alcance gravitatorio de la Vía Láctea. Sin embargo, en 1925, el astrónomo estadounidense Edwin Hubble calculó la distancia a las nebulosas espirales midiendo el brillo de las estrellas que las componen.

Hubble se dedicó a medir el efecto Doppler de las galaxias, y en 1929 descubrió un patrón: cuanto más lejos se halla una galaxia de la Tierra, más rápido se aleja. Esta relación, que hoy conocemos como ley de Hubble (aunque antes fue predicha por el físico ruso Aleksandr Friedman, en 1922), se considera una prueba de la expansión del universo.

El llamado corrimiento al rojo cosmológico no es una consecuencia del efecto Doppler tal como este lo habría entendido. La expansión del espacio hace que las galaxias se separen, como las pasas en un pastel durante el horneado. La tasa de expansión es pequeñísima por cada año luz de espacio, pero se acumula a través de la inmensidad del universo haciendo que las galaxias adquieran una velocidad cercana a la de la luz y que las longitudes de las ondas luminosas se desplacen hacia el extremo rojo del espectro (e incluso más allá, hasta el infrarrojo). La relación entre distancia y corrimiento al rojo (representado por $z$) es tan directa que los astrónomos usan $z$ en vez de años luz para indicar la distancia a los objetos más lejanos en el universo.

## Aplicaciones prácticas

El descubrimiento de Doppler ha tenido varias aplicaciones tecnológicas. El radar Doppler (usado en las pistolas de control de velocidad y en aplicaciones de seguridad aérea) permite conocer la distancia, así como la velocidad relativa, de un objeto que refleja ondas de radio. También se usa en meteorología para calcular la velocidad de las precipitaciones. Los sistemas de navegación por satélite con GPS deben tener en cuenta el desplazamiento Doppler de las señales de los satélites para calcular la posición de la unidad receptora en relación con las órbitas de los satélites. Además, pueden utilizar esa información para hacer mediciones precisas del movimiento de la unidad receptora. ■

**Nombrado en honor a Edwin Hubble**, el telescopio espacial Hubble se ha usado para descubrir estrellas, medir su corrimiento al rojo y estimar la edad del universo en 13.800 millones de años.

# ESAS MISTERIOSAS ONDAS QUE NO PODEMOS VER

## ONDAS ELECTROMAGNÉTICAS

### EN CONTEXTO

FIGURAS CLAVE
**Heinrich Hertz** (1857–1894),
**Wilhelm Röntgen** (1845–1923)

ANTES
**1672** Isaac Newton descompone la luz blanca en un espectro usando un prisma, y después vuelve a componerla.

**1803** Thomas Young afirma que los colores de la luz visible son producidos por rayos de diferentes longitudes de onda.

DESPUÉS
***C.* 1894** El ingeniero italiano Guglielmo Marconi realiza la primera comunicación a larga distancia por ondas de radio.

**1906** Reginald Fessenden, inventor estadounidense, usa un sistema de «modulación de amplitud» para realizar la primera transmisión radiofónica.

En 1865, James Clerk Maxwell interpretó la luz como una onda electromagnética en movimiento con un campo eléctrico y un campo magnético perpendiculares entre sí (p. siguiente). La teoría de Maxwell planteó aún más preguntas a los científicos. ¿Hasta dónde se extendía el «espectro electromagnético» más allá del rango visible para el ojo humano? ¿Y qué propiedades distinguirían las ondas de longitudes mucho más largas o más cortas que las de la luz visible?

### Primeros descubrimientos

El astrónomo británico de origen alemán William Herschel fue el primero en descubrir en 1800 la existencia

**Véase también:** Campos de fuerza y ecuaciones de Maxwell 142–147 ▪ Luz corpuscular y ondulatoria 176–179 ▪ Difracción e interferencia 180–183 ▪ Polarización 184–187 ▪ Ver más allá de la luz 202–203 ▪ Rayos nucleares 238–239

## Heinrich Hertz

Nacido en Hamburgo (Alemania) en 1857, Heinrich Hertz estudió ciencias e ingeniería en Dresde, Múnich y Berlín, con eminencias de la física como Gustav Kirchhoff y Herman von Helmholtz. En 1880 se doctoró en la Universidad de Berlín.

Hertz se incorporó como profesor titular de la cátedra de Física de la Universidad de Karlsruhe en 1885. Allí llevó a cabo una serie de innovadores experimentos para generar ondas de radio. Contribuyó también al hallazgo del efecto fotoeléctrico (la emisión de electrones al incidir la luz en un material) y realizó un importante trabajo de investigación sobre la transferencia de fuerzas entre sólidos en contacto. El creciente prestigio de Hertz le valió el nombramiento de director del Instituto de Física de Bonn en 1889. Tres años después, le diagnosticaron una extraña enfermedad en los vasos sanguíneos. Murió en 1894.

### Obras principales

**1893** *Ondas eléctricas.*
**1899** *Principios de mecánica.*

de radiación fuera del espectro visible. Mientras medía las temperaturas asociadas con los diferentes colores (visibles) de la luz solar, Herschel dejó que el espectro proyectado en un termómetro se desviara más allá de la luz roja. Se sorprendió al observar que la lectura de la temperatura se había disparado, un indicio de que gran parte de la radiación térmica del Sol se transmitía a través de rayos invisibles.

En 1801, el farmacéutico alemán Johann Ritter proporcionó pruebas de lo que llamó «rayos químicos». El experimento de Ritter se centró en el estudio del comportamiento del cloruro de plata, un compuesto químico fotosensible que casi no presentaba actividad cuando se sometía a luz roja, pero se oscurecía con la luz azul. Ritter demostró que la exposición de esa sustancia a una radiación situada más allá del espectro visible (llamada hoy radiación «ultravioleta») producía una reacción de oscurecimiento aún más rápida.

Maxwell, por su parte, publicó su modelo de luz como una onda electromagnética que se refuerza a sí misma continuamente. Sus teorías relacionaban la longitud de onda y el color con las ondas electromagnéticas, lo cual significaba que su modelo podía aplicarse también a los rayos infrarrojos y ultravioletas (con longitudes de onda más largas o más cortas que las del espectro visible), y permitía tratarlos como extensiones naturales del espectro visible.

## En busca de pruebas

Las ideas de Maxwell se mantuvieron durante un tiempo en el plano teórico, ya que entonces no existían tecnologías adecuadas para probarlas. Sin embargo, Maxwell fue capaz de predecir los fenómenos que se asociarían con su modelo, como la existencia de ondas con longitudes radicalmente distintas. La mayoría de los científicos concluyeron que la mejor forma de probar el modelo de Maxwell era buscar pruebas de los fenómenos predichos.

En 1886, Heinrich Hertz experimentó con un circuito eléctrico compuesto por dos alambres enrollados en espiral próximos entre sí. Cada alambre tenía unas esferas de metal en sus extremos; cuando se aplicaba corriente a uno de los alambres, saltaba una chispa entre las esferas del otro alambre. El efecto era un ejemplo de inducción electromagnética, puesto que los alambres en espiral actuaban como «bobinas de inducción». La circulación de corriente en »

**Las ondas electromagnéticas** se componen de dos ondas sincronizadas en ángulo recto: una consiste en un campo eléctrico oscilante, y la otra, en un campo magnético oscilante.

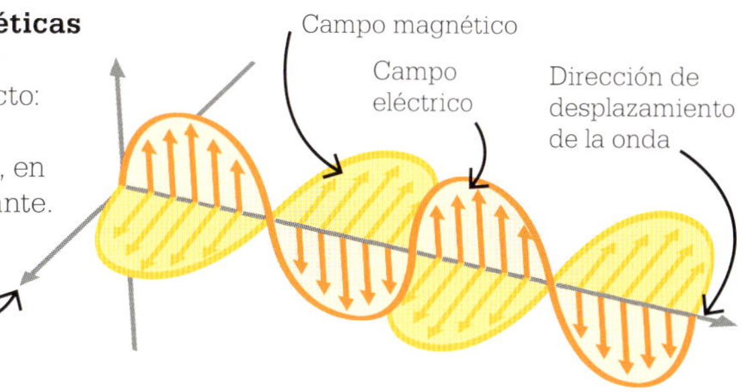

La **radiación electromagnética** es una forma de energía que viaja en **ondas**.

→ Los diferentes tipos de radiación electromagnética tienen **diferentes longitudes de onda**.

→ **La luz visible es la única forma** de radiación electromagnética **que podemos ver**.

→ **Las ondas electromagnéticas invisibles** son más largas o más cortas que las **ondas luminosas**.

uno de ellos producía un campo magnético que hacía circular la corriente en el otro. Mientras Hertz estudiaba a fondo el experimento, concibió una idea para un circuito que pudiera probar las teorías de Maxwell.

El circuito que Hertz concluyó en 1888 constaba de dos largos alambres con un diminuto «espacio de chispa» entre sus extremos. En el otro extremo, cada alambre estaba unido a una esfera de cinc de 30 cm. El paso de la corriente a través de una «bobina de inducción» cercana inducía chispas a través del espacio de chispas, creando una diferencia de tensión entre los dos extremos de cada cable y una corriente eléctrica que oscilaba rápidamente. Mediante cuidadosos ajustes de las corrientes y tensiones, Hertz «sintonizó» su circuito en una frecuencia de oscilación de, aproximadamente, 50 millones de ciclos por segundo.

Según la teoría de Maxwell, esa corriente oscilante produciría ondas electromagnéticas con longitudes de onda de unos pocos metros, que podrían ser detectadas a distancia. El elemento final del experimento de Hertz era un «receptor» (de señales de onda), un rectángulo de cobre con su propio espacio de chispas montado a cierta distancia del circuito principal. Hertz descubrió que, cuando circulaba corriente en la bobina de inducción del circuito, saltaban chispas en el espacio de chispas del circuito principal y también en el del receptor. El receptor estaba fuera del alcance de cualquier posible efecto de inducción, así que algo debía estar causando la oscilación de la corriente: las ondas electromagnéticas.

Hertz llevó a cabo una serie de pruebas adicionales para demostrar que, efectivamente, había producido ondas electromagnéticas similares a la luz, y probó, entre otras cosas, que las ondas viajaban a la velocidad de la luz. Sus resultados se publicaron extensamente.

## Ondas de radio

Otros físicos e inventores enseguida comenzaron a investigar las «ondas hertzianas» (llamadas posteriormente ondas de radio) y descubrieron infinidad de aplicaciones. Conforme mejoró la tecnología, mejoró también el alcance y la calidad de las señales, y fue posible transmitir diferentes ondas de radio desde una única torre. A la telegrafía inalámbrica (señales simples transmitidas en código morse) siguieron la comunicación telefónica y, finalmente, la televisión. Las ondas de radio de Hertz aún desempeñan un papel esencial en la tecnología moderna.

## El espectro electromagnético

**Ondas de radio (1 km–10 cm)**

**Microondas (1 cm–1 mm)**

**Infrarrojas (100 µm–*c.* 740 nm)**

**Las antenas parabólicas** captan ondas de radio para ayudar a los astrónomos a detectar estrellas.

**Los hornos microondas** calientan porque las microondas hacen vibrar las moléculas de agua de los alimentos.

**Un mando a distancia** envía señales por ondas infrarrojas a la televisión.

Cuando la radiocomunicación se convirtió en una realidad, se descubrió otro tipo de radiación electromagnética. En 1895, el ingeniero alemán Wilhelm Röntgen experimentó con las propiedades de los rayos catódicos, las corrientes de electrones observadas en los tubos de vacío emitidas desde un cátodo (electrodo conectado al terminal negativo de una fuente de alimentación) y liberadas dentro de un tubo de Crookes (un recipiente de vidrio con una tensión muy alta entre sus extremos). Con el fin de evitar los posibles efectos de la luz, Röntgen envolvió el tubo en un cartón. Durante los experimentos, una pantalla detectora de fluorescencia situada cerca del tubo se iluminó debido a unos rayos desconocidos que eran emitidos desde el interior del tubo y atravesaban el envoltorio de cartón.

> He visto mi muerte.
> **Anna Röntgen**
> **al ver la primera fotografía de rayos X con los huesos de su mano**

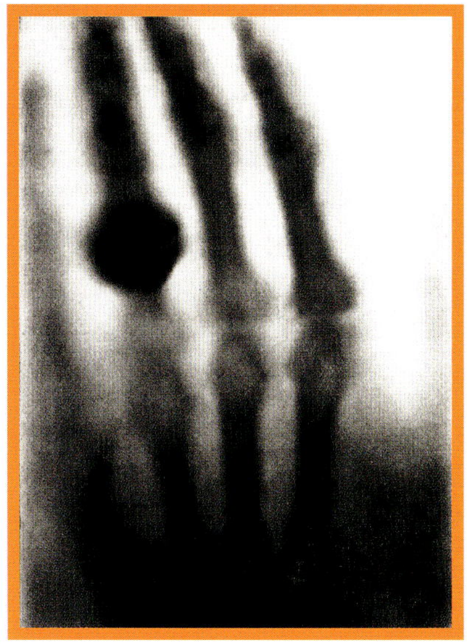

**La primera fotografía de rayos X** de la historia, tomada en 1895 sobre una placa fotográfica, muestra la mano de Anna Bertha Röntgen y su anillo de casada en el dedo anular.

## Radiografías

Las pruebas revelaron que los nuevos rayos de Röntgen (a los que llamó rayos X por su naturaleza desconocida) afectaban a las películas fotográficas. Röntgen llevó a cabo varios experimentos para averiguar qué tipos de materiales podían atravesar los rayos X, y descubrió que el metal los bloqueaba. Pidió a su esposa Anna que colocara la mano en una placa fotográfica mientras dirigía rayos X, y descubrió que los huesos bloqueaban los rayos, pero que el tejido blando no lo hacía.

Científicos e inventores no tardaron en desarrollar nuevas aplicaciones para las fotografías por rayos X (radiografías). A inicios del siglo XX, se observaron efectos nocivos en los tejidos vivos sobreexpuestos a ese tipo de rayos y, poco a poco, se adoptaron medidas para limitar la exposición a ellos. Esto supuso el regreso a las radiografías que solo requerían una breve ráfaga de rayos. La verdadera naturaleza de los rayos X fue objeto de debate hasta 1912, cuando Max von Laue logró difractarlos con unos cristales (la difracción ocurre cuando cualquier onda se topa con un obstáculo). Ello demostró que los rayos X, además de ondas, eran una forma de radiación electromagnética de alta energía. ■

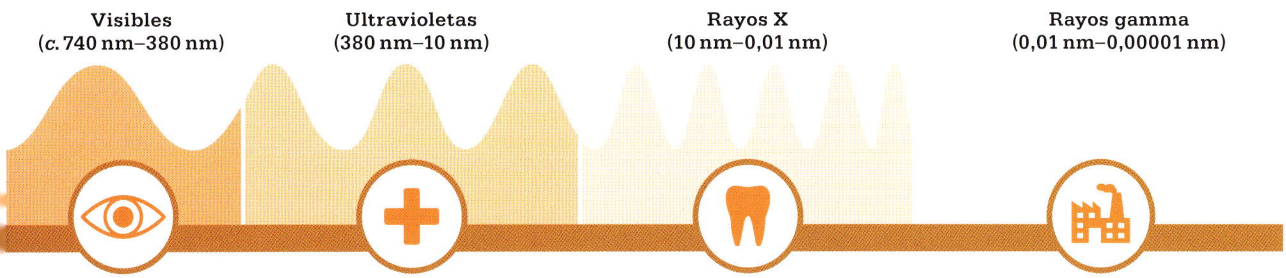


**El ojo humano** solo percibe una pequeña franja del espectro electromagnético.

**Una desinfección** puede comportar el uso de algunas longitudes de onda de luz UV para matar bacterias.

**Los rayos X atraviesan los tejidos** y muestran los huesos o dientes que hay debajo.

**Las centrales nucleares** utilizan la energía de la radiación gamma para generar electricidad.

# EL LENGUAJE DE LOS ESPECTROS ES AUTENTICA MUSICA DE LAS ESFERAS

## LA LUZ DE LOS ÁTOMOS

**EN CONTEXTO**

FIGURA CLAVE
**Niels Bohr** (1885–1962)

ANTES
**1565** En España, Nicolás Monardes describe las propiedades fluorescentes de algunas infusiones de *Lignum nephriticum*.

**1669** El químico alemán Hennig Brand descubre el fósforo, que brilla en la oscuridad tras ser iluminado.

DESPUÉS
**1926** El físico austriaco Erwin Schrödinger muestra que las órbitas del electrón se asemejan más a nubes difusas que a trayectorias circulares.

**1953** En EE UU, Charles Townes utiliza la emisión estimulada de los electrones para crear un amplificador de microondas y demuestra el principio en que se basaría el láser.

La capacidad de los materiales para generar luz, en lugar de simplemente reflejarla desde fuentes luminosas como el Sol, no despertó demasiada curiosidad al principio. Con el tiempo, sin embargo, resultó fundamental para comprender la estructura atómica de la materia, y en el siglo XX posibilitó el desarrollo de nuevas y valiosas tecnologías.

### El descubrimiento de la fluorescencia

Se han documentado sustancias con la capacidad natural de emitir luz en determinadas condiciones por lo menos desde el siglo XVI, pero los

**Véase también:** Potencial eléctrico 128–129 ▪ Ondas electromagnéticas 192–195 ▪ Cuantos de energía 208–211 ▪ Partículas y ondas 212–215 ▪ Matrices y ondas 218–219 ▪ El núcleo 240–241 ▪ Partículas subatómicas 242–243

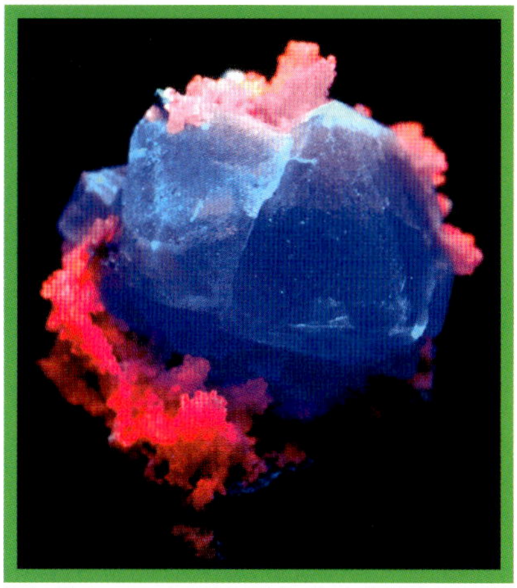

**Algunos minerales** son fluorescentes, como esta fluorita; absorben determinados tipos de luz, como la ultravioleta, y luego la liberan en una longitud de onda distinta, lo cual hace que cambien de color.

científicos no investigaron ese fenómeno hasta principios del siglo XIX. En 1819, el clérigo y mineralogista inglés Edward Clarke describió las propiedades del espato flúor (hoy llamado fluorita), un mineral que brilla en determinadas condiciones.

En 1852, el físico irlandés George Gabriel Stokes demostró que el brillo se debía a la exposición del mineral a la luz ultravioleta, mientras que la luz emitida se limitaba al color azul y a una sola longitud de onda, apareciendo como una línea al descomponerla en un espectro. Así, concluyó que el espato flúor transformaba la luz ultravioleta de onda corta en luz visible porque tenía la capacidad de ampliar de algún modo su longitud de onda. Acuñó el término «fluorescencia» para describir ese comportamiento concreto.

Mientras tanto, los primeros que experimentaron con la electricidad habían descubierto otra forma de crear materia luminosa. Al intentar pasar corriente eléctrica entre los electrodos de metal en los extremos de un tubo de vidrio al que se le había quitado todo el aire posible, el escaso aire que quedaba entre los electrodos comenzaba a brillar cuando la diferencia de tensión era lo suficientemente alta. La explicación del fenómeno, según Stokes, que había trabajado con Faraday, era que los átomos de gas se energizan, permitiendo que fluya corriente a través de ellos y liberando después luz a medida que pierden energía.

Unos años después, el soplador alemán de vidrio Heinrich Geissler ideó un nuevo medio para crear vacío en las ampollas de vidrio. Añadiendo unos gases específicos al vacío, descubrió que podía conseguir que una lámpara emitiese luz de varios colores. En ese descubrimiento se basó la invención de los tubos fluorescentes cuyo uso se generalizó en el siglo XX.

## Emisiones elementales

La razón por la que algunos átomos producen luz siguió siendo un misterio hasta finales de la década de 1850, cuando el químico alemán Robert Bunsen y su compatriota el físico Gustav Kirchhoff aunaron esfuerzos para investigar el fenómeno. Se centraron en el estudio de los colores de los distintos elementos al ser calentados hasta la incandescencia en la ardiente llama del quemador (o mechero) inventado poco tiempo antes por Bunsen. Descubrieron que la luz producida no era una mezcla de diferentes colores y longitudes de onda, como la luz del Sol o de las estrellas, sino una combinación de unas pocas líneas brillantes emitidas en longitudes de onda y colores muy específicos (líneas de emisión).

El patrón de emisión variaba según el elemento y, por tanto, constituía una «huella química» única. En 1860 y 1861, Bunsen y Kirchhoff identificaron dos nuevos elementos a partir de sus líneas de emisión: el cesio y el rubidio.

## El descubrimiento de Balmer

A pesar del éxito de su método, Kirchhoff y Bunsen aún no habían explicado por qué las líneas de emisión se producían en longitudes de onda específicas. Sin embargo, se habían dado cuenta de que eso guardaba algún tipo de relación con las propiedades de los átomos de los elementos, entonces un concepto nuevo. En aquella época se creía que los átomos eran partículas sólidas e indivisibles que conformaban los elementos, por lo que costaba imaginar un proceso interno que generase luz o alterase las longitudes de onda de las líneas de emisión.

Un gran hallazgo llegó en 1885, cuando el matemático suizo Johann Jakob Balmer identificó un patrón en las series de líneas de emisión del átomo de hidrógeno. Las longitudes de onda, que hasta entonces parecían una combinación aleatoria »

> Un químico que no es físico no es nada.
> **Robert Bunsen**

> Tenemos un profundo conocimiento de los componentes de [...] los átomos individuales.
> **Niels Bohr**

de líneas, pudieron predecirse mediante una fórmula matemática que contenía dos series de números enteros. Las líneas de emisión asociadas con valores más altos que esos números solo se generaban en entornos de alta temperatura.

La fórmula de Balmer, llamada serie de Balmer, pronto demostró su eficacia cuando en el Sol y otras estrellas se identificaron líneas de absorción de alta energía asociadas al hidrógeno en las longitudes de onda predichas. En 1888, el físico sueco Johannes Rydberg desarrolló una fórmula más general que podía utilizarse (con algunos ajustes) para predecir las líneas de emisión de distintos elementos.

## Pistas atómicas

A finales del siglo XIX y principios del XX, se hicieron grandes progresos en la comprensión de los átomos. Se hallaron pruebas de que no eran fragmentos sólidos y uniformes de materia como se había creído hasta entonces. Primero, en 1897, J. J. Thomson descubrió el electrón (la primera partícula subatómica), y luego, en 1909, Ernest Rutherford, a partir del trabajo de Hans Geiger y Ernest Marsden, descubrió el núcleo, donde se concentra la mayor parte de la masa del átomo. Rutherford imaginó el átomo con un diminuto núcleo central en torno al cual se esparcían aleatoriamente los electrones.

Las conversaciones con Rutherford sirvieron de acicate al joven científico danés Niels Bohr para desarrollar su propio modelo atómico. El avance decisivo de Bohr consistió en combinar el modelo nuclear de Rutherford con una radical idea propuesta por Max Planck en 1900, según la cual, en determinadas circunstancias, la radiación se emitía en pequeños fragmentos llamados cuantos. Planck había postulado esa teoría como un medio matemático para explicar la peculiar luz emitida por las estrellas y otros cuerpos incandescentes. En 1905, Albert Einstein fue un paso más allá y expuso que esas pequeñas ráfagas de radiación electromagnética, además de ser el resultado de determinados tipos de emisiones de radiación, eran fundamentales para la naturaleza de la luz.

Bohr no aceptó en aquel momento la teoría de Einstein de que la luz siempre viajaba en ráfagas llamadas fotones, pero se preguntó si la estructura atómica (y, en particular, la disposición de los electrones) podrían producir ráfagas ocasionales de luz en una longitud de onda y con una cantidad de energía específicas.

## El modelo de Bohr

En 1913, Bohr halló el modo de vincular por primera vez la estructura atómica con la fórmula de Rydberg. En una influyente trilogía de ensayos, postuló que el movimiento de los electrones del átomo estaría limitado, y que solo podrían tener determinados valores de momento angular (cantidad de movimiento alrededor del núcleo). En la práctica, esto implicaría que los electrones solo pueden orbitar a unas distancias fijas del núcleo. Dado que la intensidad de la atracción electromagnética entre el núcleo de carga positiva y los electrones de carga negativa también fluctúa dependiendo de la órbita del electrón, podría decirse que cada electrón posee determinada energía, con unas órbitas menos energéticas cerca del núcleo y otras más energéticas alejadas de él.

Cada órbita admitiría un número máximo de electrones, y las órbitas próximas al núcleo se «llenarían» primero. Los espacios vacíos (y las órbitas enteras vacías) más

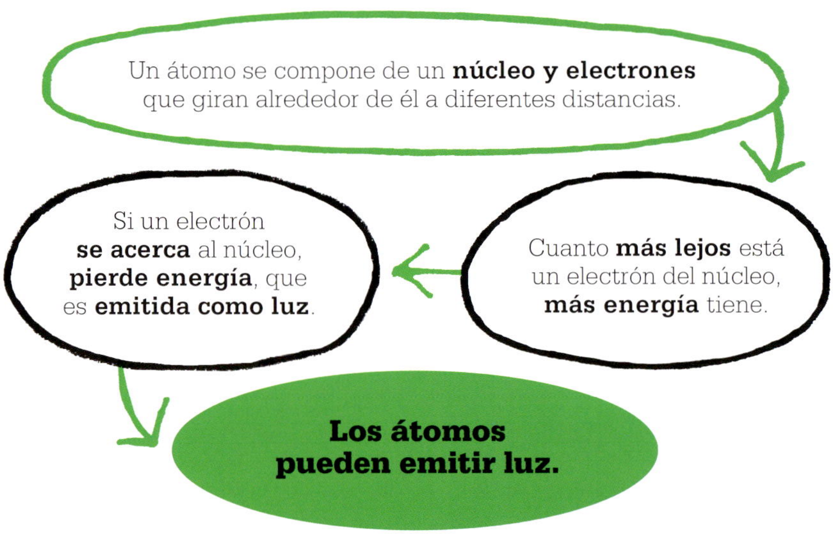

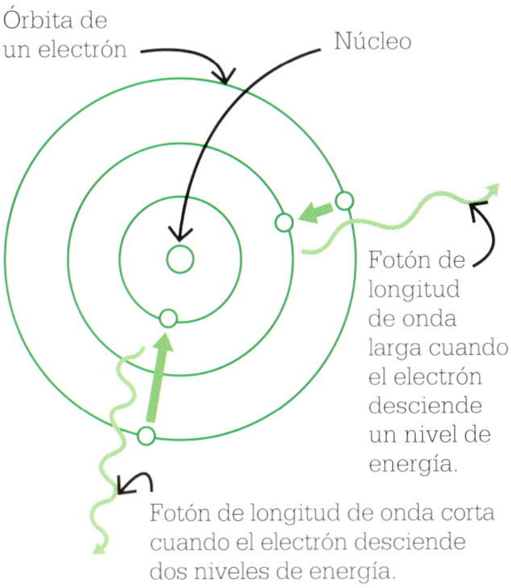


**La longitud de onda de la luz** emitida por un átomo depende de la cantidad de energía que un electrón pierde al pasar de un nivel de energía a otro. Cuantos más niveles desciende, más corta es la longitud de onda de la luz y mayor es su energía.

alejados del núcleo estarían disponibles para que los electrones cercanos «saltaran» hacia ellos al recibir un impulso de energía, como, por ejemplo, un rayo de luz. Si quedara un espacio en la órbita más cercana, la transición sería breve, y el electrón «excitado» volvería casi inmediatamente al estado de menor energía. En ese caso, emitiría una pequeña ráfaga de luz cuya frecuencia, longitud de onda y color estarían determinados por la ecuación $\Delta E = h\nu$ (denominada ecuación de Planck en honor al físico y matemático alemán), donde $\Delta E$ es la diferencia de energía entre ambos niveles, $\nu$ (la letra griega minúscula ni) es la frecuencia de la luz emitida y $h$ es la constante de Planck que relaciona la frecuencia con la energía de las ondas electromagnéticas.

Bohr aplicó de modo convincente este nuevo modelo al átomo más simple, el de hidrógeno, y demostró cómo producía las familiares líneas de la serie de Balmer. No obstante, la prueba más contundente, y la que confirmó que iba por buen camino, fue la explicación de una serie de líneas observadas en el espectro de las estrellas supercalientes, llamada serie de Pickering. Bohr explicó de manera correcta que esas líneas guardaban relación con los saltos de los electrones entre las órbitas de los átomos de helio ionizado ($He^+$), átomos de helio que habían perdido uno de sus dos electrones.

## Los orígenes del láser

En las décadas siguientes se demostró que el modelo de Bohr simplificaba en exceso los extraños procesos cuánticos que tenían lugar en el interior de los átomos. Con todo, supuso un enorme avance en el conocimiento científico. El modelo de Bohr no solo explicó por primera vez el vínculo entre la estructura atómica y las líneas espectrales, sino que también allanó el camino para el desarrollo de nuevas tecnologías que aprovecharían esas emisiones, como el láser, un intenso haz de fotones generado a partir de una avalancha de sucesos de emisión en un material energizado. El principio en el que se basa el láser lo predijo Einstein ya en 1917, y fue corroborado por Rudolph W. Ladenburg en 1928; sin embargo, en la práctica, no se logró producir un rayo láser hasta 1960. ■

> Debemos dejar claro que, cuando se trata de átomos, el lenguaje solo puede utilizarse como en la poesía.
> **Niels Bohr**

## Niels Bohr

Nacido en 1885 en Copenhague (Dinamarca), Bohr estudió física en la universidad de su ciudad natal. Basó su tesis doctoral, que concluyó en 1911, en una innovadora investigación sobre la distribución de los electrones en los metales. Ese año, una visita a laboratorios británicos lo llevó a formular el modelo de la estructura atómica que le valió el Nobel de Física en 1922. Entonces era director del Instituto Danés de Física Teórica.

En 1940, Dinamarca fue ocupada por los nazis. Tres años después, Bohr, cuya madre era judía, huyó a EE UU; allí participó en el Proyecto Manhattan destinado a la fabricación de la bomba atómica. En 1945, de regreso en Dinamarca, contribuyó a la fundación del Organismo Internacional de Energía Atómica. Murió en Copenhague en 1962.

**Obras principales**

**1913** «Sobre la constitución de átomos y moléculas».
**1924** «Teoría cuántica de la radiación».
**1939** «El mecanismo de la fisión nuclear».

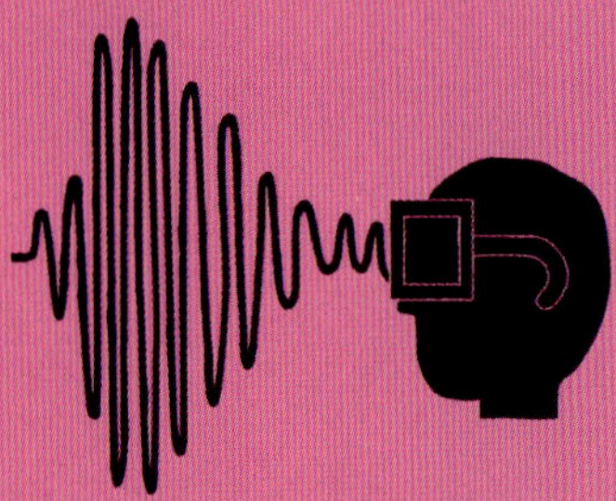

# VER CON EL SONIDO

## PIEZOELECTRICIDAD Y ULTRASONIDO

**EN CONTEXTO**

FIGURAS CLAVE
**Pierre Curie** (1859–1906), **Jacques Curie** (1855–1941), **Paul Langevin** (1872–1946)

ANTES
**1794** El biólogo italiano Lazzaro Spallanzani descubre que los murciélagos vuelan guiándose por el eco de sus sonidos.

DESPUÉS
**1941** En Austria, Karl Dussik es el primero en aplicar imágenes de ultrasonido al cuerpo humano.

**1949** En EE UU, el físico John Wild usa el ultrasonido como herramienta de diagnóstico.

**1966** En la Universidad de Washington, Donald Baker y sus colegas desarrollan el primer ultrasonido de onda pulsada que tiene en cuenta el efecto Doppler (cuando la fuente de las ondas sonoras se mueve) para medir el movimiento de los fluidos corporales.

Los cristales son **piezoeléctricos** si al calentarlos o al deformar su estructura **producen corriente eléctrica**.

Las **corrientes eléctricas de alta frecuencia** pueden hacer que los cristales piezoeléctricos produzcan **ultrasonidos** de alta frecuencia.

Los **ecos** de los ultrasonidos se ven afectados por la forma, composición y distancia del objeto en que rebotan.

Esos ecos **comprimen** los cristales piezoeléctricos.

Cuando los cristales se comprimen, producen **señales eléctricas** que pueden ser **transformadas en imágenes**.

El empleo de la ecolocalización, la detección de objetos mediante la percepción de ondas sonoras reflejadas como ecos, fue propuesto por primera vez en 1912 por el físico británico Lewis Fry Richardson. Poco después del naufragio del *Titanic* acaecido ese año, Richardson solicitó la patente de un método para advertir a los navíos de la presencia de icebergs y otras grandes masas sumergidas y semisumergidas. Richardson sostenía que un barco que emitiera ondas sonoras de alta frecuencia y corta longitud –llamadas más tarde ultrasonidos– sería capaz de detectar cuerpos sumergidos con mayor precisión que con las ondas normales. Concibió un medio mecánico para

**Véase también:** Potencial eléctrico 128–129 ▪ Música 164–167 ▪ Efecto Doppler y corrimiento al rojo 188–191 ▪ Aplicaciones cuánticas 226–231

> La absorción del sonido en el agua es menor que en el aire.
> **Lewis Fry Richardson**

producir tales ondas, y predijo que podrían viajar más rápido en el agua que en el aire.

## Los cristales de Curie

El invento de Richardson no llegó a concretarse. El hundimiento del *Titanic* pasó a segundo a plano, y la necesidad dejó de ser tan acuciante. Además, ya se había descubierto una forma más práctica de crear y detectar ultrasonidos gracias al trabajo de los hermanos franceses Jacques y Pierre Curie. En torno a 1880, mientras investigaban cómo algunos cristales producen corriente eléctrica cuando se calientan, descubrieron que el uso de presión para deformar los cristales también producía una diferencia de potencial eléctrico, llamada piezoelectricidad. Un año después, ambos confirmaron la predicción del físico francés Gabriel Lippmann de que el paso de corriente eléctrica a través de un cristal causaría el efecto contrario: la deformación del cristal.

Las aplicaciones prácticas de la piezoelectricidad no se hallaron de inmediato, pero Paul Langevin, exalumno de Pierre Curie, siguió investigando. Con el estallido de la Primera Guerra Mundial y la aparición de los submarinos alemanes como nuevas armas, Langevin se percató de que la piezoelectricidad podría servir para producir y detectar ultrasonidos.

## Nueva tecnología

Los pulsos de ondas sonoras de alta frecuencia serían lanzados al agua mediante potentes corrientes oscilantes que circulan a través de un montón de cristales intercalados entre láminas metálicas en un dispositivo llamado transductor. El principio inverso convertiría la compresión causada por el retorno de los ecos en una señal eléctrica. La aplicación de Langevin del descubrimiento de los hermanos Curie constituye hoy en día la base del sónar y de otros sistemas modernos de ecolocalización.

En un primer momento, la interpretación de los datos de ecolocalización comportaba la conversión del pulso de retorno en sonido por medio de un altavoz; sin embargo, a principios del siglo XX se desarrollaron las pantallas electrónicas, que evolucionarían hasta llegar a convertirse en los sistemas de sónar utilizados en navegación, defensa y ultrasonido médico. ▪

**Los cristales piezoeléctricos**, como esta amatista, no poseen una estructura simétrica. Al aplicar presión, la estructura se deforma y los átomos se mueven, creando un pequeño voltaje.

## Pierre Curie

Hijo de un médico, Curie nació en París en 1859 y fue educado por su padre. Tras estudiar matemáticas en la Universidad de París, trabajó como ayudante de laboratorio en la facultad de ciencias de esa universidad. Pierre y su hermano Jacques realizaron experimentos que llevaron al descubrimiento de la piezoelectricidad y a la invención de un «electrómetro» para medir corrientes eléctricas débiles.

En su doctorado, Curie estudió la relación entre la temperatura y el magnetismo. A raíz de ello, comenzó a trabajar con la física polaca Maria Skłodowska (Marie Curie), con quien se casó en 1895. Ambos dedicaron el resto de sus vidas a investigar la radiactividad y recibieron el premio Nobel en 1903. Pierre falleció en un accidente de tráfico en 1906.

### Obra principal

**1880** «Développement, par pression, de l'électricité polaire dans les cristaux hémièdres à faces inclinées» («Desarrollo por presión de la electricidad polar en los cristales hemiédricos a caras inclinadas»).

# UN GRAN ECO FLUCTUANTE

## VER MÁS ALLÁ DE LA LUZ

**EN CONTEXTO**

FIGURA CLAVE
**Jocelyn Bell Burnell**
(n. en 1943)

ANTES
**1800** En Reino Unido, William Herschel descubre de manera fortuita la radiación infrarroja.

**1887** Heinrich Hertz genera ondas de radio por primera vez.

DESPUÉS
**1967** Los satélites estadounidenses Vela, diseñados para detectar pruebas nucleares, registran la primera ráfaga de rayos gamma procedente del espacio exterior.

**1983** La NASA, Reino Unido y Países Bajos lanzan el Satélite Astronómico Infrarrojo (IRAS), el primer telescopio espacial infrarrojo.

**2019** A través de una red mundial de telescopios de síntesis de apertura se observa radiación en torno a un agujero negro supermasivo en una galaxia lejana.

El descubrimiento de radiaciones electromagnéticas más allá del espectro visible a finales del siglo XIX y principios del XX proporcionó nuevas formas de observar la naturaleza y el universo. Los físicos tuvieron que superar numerosos desafíos en sus afanes, sobre todo porque la atmósfera terrestre bloquea gran parte de esas radiaciones. En el caso de las ondas de radio emitidas por planetas, estrellas y otros cuerpos celestes (que pueden penetrar la atmósfera), el principal problema radicó en que sus inmensas longitudes de onda dificultaban la localización de la fuente.

Las **ondas de radio invisibles** procedentes del espacio atraviesan la atmósfera terrestre.

↓

Los **radiotelescopios** captan las ondas de radio para identificar su **ubicación aproximada.**

↓

Esto ayuda a los astrónomos a localizar **estrellas y galaxias lejanas**.

Los primeros pasos en el campo de la radioastronomía se dieron en 1931, cuando el físico estadounidense Karl Jansky erigió una gran antena en una placa giratoria. Midiendo cómo cambiaban las señales a lo largo del día a medida que la Tierra rotaba y revelaba diferentes partes del cielo sobre el horizonte, demostró que el centro de la Vía Láctea era una poderosa fuente de ondas de radio.

### Detección de ondas de radio

En la década de 1950, Bernard Lovell construyó el primer radiotelescopio gigante de antena única en el observatorio Jodrell Bank, en el condado de Cheshire (Inglaterra). Con un diámetro de 76,2 m, producía imágenes borrosas del cielo, y fue el primero en determinar la ubicación y la forma de las fuentes de radio.

En la década de 1960 se lograron grandes mejoras en la resolución de los radiotelescopios gracias al traba-

**Véase también:** Ondas electromagnéticas 192–195 ▪ Agujeros negros y agujeros de gusano 286–289 ▪ Materia oscura 302–305 ▪ Energía oscura 306–307 ▪ Ondas gravitatorias 312–315

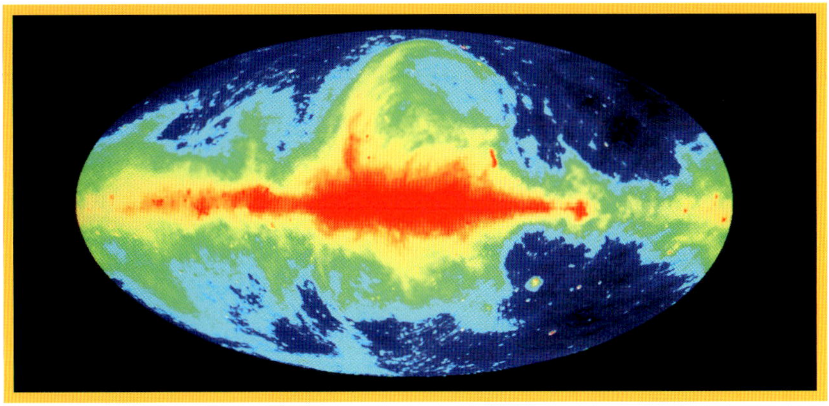

**Los radiomapas del cielo** muestran la fuente de las ondas que llegan desde el espacio profundo. Las emisiones de radio más intensas (en rojo) provienen de las zonas centrales de nuestra galaxia, la Vía Láctea.

jo de Martin Ryle, Antony Hewish y la estudiante de posgrado Jocelyn Bell Burnell en la Universidad de Cambridge. Ryle inventó una técnica llamada síntesis de apertura, en la que una red (o «matriz») de antenas de radio funciona como un radiotelescopio gigante. La técnica se basaba en la medición de la amplitud (fuerza) variable de las ondas de radio recibidas simultáneamente por las antenas individuales. Ese método, junto con algunas hipótesis sobre la forma de las ondas de radio, permitió calcular la dirección de la fuente de radio con mayor precisión.

Hewish y Bell Burnell se basaron en el descubrimiento de Ryle para construir un radiotelescopio con miles de antenas que terminaría abarcando 1,6 hectáreas. Hewish esperaba usarlo para descubrir el centelleo interplanetario, o CIP (IPS en inglés), que predice las variaciones en las señales de radio de fuentes lejanas a medida que interactúan con el campo magnético y el viento solar.

El trabajo de Bell Burnell comportó el monitoreo de las mediciones del radiotelescopio de CIP y la búsqueda de las variaciones predichas. Entre sus hallazgos, sin embargo, apareció una señal de radio mucho más corta y predecible que duraba 1/25 de segundo y se repetía cada 1,3 segundos, a la par del movimiento de las estrellas. Resultó ser un púlsar, el primer ejemplo conocido de una estrella de neutrones de rotación rápida, un cuerpo cuya existencia se había propuesto en la década de 1930.

El descubrimiento de los púlsares por parte de Bell Burnell fue uno de los primeros grandes avances en el campo de la astronomía. Gracias a progresos tecnológicos posteriores, la síntesis de apertura permitió captar imágenes cada vez más detalladas de las ondas de radio del cielo, lo cual ayudó a revelar la estructura de la Vía Láctea, colisiones de galaxias lejanas y el material en torno a agujeros negros supermasivos. ▪

## Jocelyn Bell Burnell

Nacida en Belfast (Irlanda del Norte) en 1943, Jocelyn Bell se interesó por la astronomía de pequeña tras una visita al planetario Armagh. Estudió física en la Universidad de Glasgow, y en 1965 se trasladó a la Universidad de Cambridge para cursar un doctorado con Antony Hewish. Allí descubrió el primer púlsar.

A pesar de figurar como coautora en el artículo donde se anunció el descubrimiento, Bell Burnell no recibió el Nobel junto con sus colegas en 1974. Desde entonces ha tenido una exitosa carrera como astrónoma, y ha sido galardonada con muchos premios, incluido el premio Especial de Avances en Física Fundamental, en reconocimiento a su labor de investigación científica y al fomento del papel de las mujeres y los grupos minoritarios en la ciencia y la tecnología, en 2018.

**Obra principal**

**1968** «Observation of a rapidly pulsating radio source» (revista *Nature*, con Antony Hewish y otros).

# EL MUNDO CUANTICO

## NUESTRO INCIERTO UNIVERSO

**1900**
Max Planck describe la radiación emitida por un **cuerpo negro** como paquetes discretos, o **cuantos**.

**1905**
Albert Einstein explica el **efecto fotoeléctrico** suponiendo que la luz interactúa con los electrones como grupos discretos, ahora llamados fotones.

**1913**
Niels Bohr desarrolla el primer **modelo cuántico** del **átomo**.

**1922**
Los alemanes Otto Stern y Walter Gerlach descubren el **espín cuántico**, la cuantización del momento angular.

**1923**
El estadounidense Arthur Compton descubre la naturaleza cuántica de los **rayos X**, lo que confirma la existencia de **fotones**.

**1924**
El francés Louis de Broglie afirma que toda la materia tiene propiedades ondulatorias, y señala que las partículas como los electrones exhiben una **dualidad onda-partícula**.

**1925**
El austriaco Wolfgang Pauli descubre el **principio de exclusión**.

Nuestro mundo es determinista y sigue leyes que establecen concluyentemente cómo debe evolucionar un sistema. De ordinario, las aprendemos para situaciones cotidianas específicas por medio del ensayo (como practicar un deporte y predecir la trayectoria de una pelota) y el error (ser golpeados por unas cuantas pelotas).

Los físicos diseñan experimentos para descubrir esas leyes, y así nos permiten predecir cómo cambiará con el tiempo nuestro mundo o lo que hay en él. Dichos experimentos han dado lugar a la física determinista de la que hemos hablado hasta ahora. Sin embargo, a inicios del siglo XX se descubrió con incredulidad que la naturaleza, en su núcleo, no se comporta de ese modo. El mundo determinista que vemos cada día es solo una imagen difusa, un promedio, de un mundo mucho más inquietante que existe en las escalas más pequeñas. Nuestra puerta a ese nuevo ámbito se abrió al descubrir que la luz se comporta de formas desconocidas.

## ¿Ondas o partículas?

Desde el siglo XVI existió un encarnizado debate sobre la naturaleza de la luz. Unos aseguraban que la luz estaba compuesta por partículas diminutas, una idea defendida por el físico inglés Isaac Newton; pero otros veían la luz como un fenómeno ondulatorio. En 1803, el experimento de la doble rendija del físico británico Thomas Young pareció proporcionar la prueba definitiva de la naturaleza ondulatoria de la luz, ya que se vio que la luz mostraba interferencias, comportamiento inexplicable si se tratara de partículas. En los primeros años del siglo XX, los físicos alemanes Max Planck y Albert Einstein volvieron sobre las ideas de Newton, y señalaron que la luz debía estar hecha de grumos discretos. Einstein tuvo que recurrir a esa conclusión aparentemente extraña para describir el fenómeno observado del efecto fotoeléctrico.

Todos los bandos del debate onda-partícula contaban ya con pruebas a su favor. Pero algo muy raro estaba ocurriendo: bienvenidos al mundo de los cuantos, unos objetos que se comportan como partículas y como ondas, según la situación. La mayoría de los cuantos son partículas subatómicas elementales o fundamentales, no compuestas por otras partículas. Cuando los miramos, parecen partículas; pero, entre observación y observación, se comportan como si fueran ondas. Su comportamiento ondulatorio no es como el del agua. Cuando dos ondas se combinan para

**1926**

El alemán Max Born da la **interpretación probabilística** de la mecánica cuántica.

**1927**

Werner Heisenberg descubre el **principio de incertidumbre** después de desarrollar una interpretación de la **mecánica matricial** de la teoría cuántica.

**1927**

Niels Bohr defiende la **interpretación de Copenhague** del estado cuántico de una partícula.

**1935**

El austriaco Erwin Schrödinger propone su famoso experimento mental del **«gato en la caja»**.

**1964**

John Bell postula un teorema para investigar cuantitativamente el mecanismo subyacente al **entrelazamiento cuántico**.

**1981**

El estadounidense Richard Feynman propone la idea de la **computación cuántica**.

**1985**

El británico David Deutsch publica un artículo con sus ideas sobre un **ordenador cuántico universal**.

**2019**

IBM lanza el **ordenador cuántico** IBM Q System One.

formar una onda más grande, la energía de un cuanto no aumenta como ocurriría con una onda acuática. Lo que aumenta es la probabilidad de que una onda se vea en ese lugar concreto. Cuando vemos un cuanto, no puede estar en todos los sitios al mismo tiempo; se decide por uno de ellos dependiendo de las probabilidades esbozadas por su onda.

Se trata de una nueva forma probabilística de comportamiento, según la cual podemos saberlo todo de un cuanto en un momento determinado, pero no seremos nunca capaces de predecir con seguridad dónde estará luego. Los cuantos no se comportan como pelotas de deporte (cuya trayectoria es predecible); siempre existe la probabilidad de que nos golpeen, estemos donde estemos.

El mecanismo por el cual se lleva a cabo la transición entre el comportamiento ondulatorio y corpuscular en los objetos cuánticos ha sido objeto de feroz debate. En 1927, el físico danés Niels Bohr defendió la interpretación de Copenhague de la física cuántica. Según ese conjunto de ideas, la función de onda representa las probabilidades de los resultados finales y colapsa en uno de los resultados posibles cuando es medida por un observador. Contamos desde entonces con una serie de interpretaciones más complicadas. Y el debate todavía continúa.

## Nada es seguro

Lo extraño no acaba ahí. De un cuanto nunca es posible saberlo todo con certeza. El principio de incertidumbre del físico alemán Werner Heisenberg explica que es imposible conocer ciertos pares de propiedades, como el momento y la posición, con una precisión exacta. Cuanto más precisamente medimos una propiedad, menos precisamente conoceremos la otra.

Más extraño aún es el fenómeno del entrelazamiento cuántico, que permite que una partícula influya en otra situada en un lugar muy diferente. Cuando dos partículas se entrelazan, aunque estén separadas por una gran distancia, forman de hecho un único sistema. En 1964, el físico norirlandés John Stewart Bell presentó pruebas de la existencia efectiva del entrelazamiento cuántico, y el físico francés Alain Aspect demostró esa «acción a distancia» en 1981.

Hoy estamos aprendiendo a utilizar esos extraños comportamientos cuánticos para hacer cosas fantásticas. La nueva tecnología que utiliza los principios cuánticos cambiará el mundo en nuestro futuro inmediato. ■

# LA ENERGIA DE LA LUZ SE DISTRIBUYE EN EL ESPACIO DISCONTINUAMENTE

## CUANTOS DE ENERGÍA

**EN CONTEXTO**

FIGURA CLAVE
**Max Planck** (1858–1947)

ANTES
**1839** El físico francés Edmond Becquerel hace la primera observación del efecto fotoeléctrico.

**1899** El físico británico J. J. Thomson confirma que la luz ultravioleta puede generar electrones en una placa de metal.

DESPUÉS
**1923** El físico estadounidense Arthur Compton consigue dispersar rayos X haciéndolos chocar contra electrones, y demuestra que actúan como partículas.

**1929** Gilbert Lewis, químico estadounidense, acuña el nombre «fotones» para los cuantos de luz.

**1954** Científicos estadounidenses de los laboratorios Bell inventan la primera célula solar práctica.

El 19 de octubre de 1900, Max Planck dio una conferencia de la Sociedad Física Alemana en Berlín. Aunque tendrían que pasar unos años para que se hicieran evidentes todas sus implicaciones, sus descubrimientos marcaron el comienzo de una nueva época para la física: la época cuántica.

Planck presentó una solución a un problema que había molestado a los físicos hasta entonces. La dificultad tenía que ver con los cuerpos negros, objetos que absorben y emiten todas las frecuencias de la radiación electromagnética. Un cuerpo negro se llama así porque absorbe toda la

**Véase también:** Radiación térmica 112–117 ▪ Luz corpuscular y ondulatoria 176–179 ▪ Difracción e interferencia 180–183 ▪ Ondas electromagnéticas 192–195 ▪ La luz de los átomos 196–199 ▪ Partículas y ondas 212–215

Estamos acostumbrados a pensar que la **energía** se emite a través de un **rango continuo**.

En el **mundo cuántico**, las cosas son muy diferentes. Ahí, la energía viene en **unidades discretas**, o cuantos.

Los electrones absorben o emiten los cuantos de energía **discontinuamente**.

radiación que incide en su superficie; no refleja ninguna radiación, y la energía que emite depende de su temperatura. Los cuerpos negros perfectos no existen en la naturaleza.

Una teoría formulada por los físicos británicos James Jeans y John Strutt (lord Rayleigh) explicaba con precisión el comportamiento de los cuerpos negros a bajas frecuencias, pero predecía que, al no existir un límite superior en la generación de las frecuencias elevadas, la cantidad de energía irradiada por un cuerpo negro debería seguir aumentando infinitamente. Es lo que se llamó «catástrofe ultravioleta», pues se refería a la radiación de longitud de onda corta más allá del ultravioleta. La observación diaria demuestra que la predicción es errónea. De ser correcta, los panaderos se expondrían a dosis letales de radiación cada vez que abrieran sus hornos. Sin embargo, a fines del siglo XIX, nadie sabía explicar por qué era errónea.

En un cambio radical, Planck supuso que los átomos que vibran en un cuerpo negro emiten energía en paquetes discretos, que llamó «cuantos». El tamaño de esos cuantos es proporcional a la frecuencia de la vibración. Aunque en teoría hay un número infinito de frecuencias altas, hace falta cada vez mayor energía para liberar cuantos en esos niveles. Por ejemplo, un cuanto de luz violeta tiene el doble de frecuencia y, por lo tanto, el doble de energía que un cuanto de luz roja. Esa proporcionalidad explica por qué un cuerpo negro no emite por igual energía a lo largo del espectro electromagnético.

## La constante de Planck

Planck identificó la constante de proporcionalidad como $h$ (hoy llamada constante de Planck), y relacionó la energía de un cuanto con su frecuencia mediante la fórmula $E = h\nu$, donde $E$ equivale a la energía y $\nu$ es la frecuencia. La energía de un cuanto puede calcularse multiplicando su frecuencia por la constante de Planck, que es $6{,}62607015 \times 10^{-34}$ J·s (julio por segundo).

La solución de Planck funcionó: los resultados de los experimentos coincidieron con las predicciones realizadas por su teoría. Sin embargo, Planck no quedó satisfecho del todo, y se resistió durante años a la idea de que sus cuantos tuvieran una base en la realidad, ya que lo veía más bien como un «parche» matemático a un problema difícil. No concebía ninguna buena razón por la que los cuantos debieran ser verdad y, según admitió, los había introducido como «acto de desesperación»; sin embargo, con ello condujo a una revolución que transformó la física.

## El efecto fotoeléctrico

Cuando Albert Einstein supo de la teoría de Planck, comentó que era »

**El efecto fotoeléctrico** es la emisión de electrones por parte de algunos metales cuando incide sobre ellos un rayo de luz. A mayor frecuencia de la luz, mayor energía de sus fotones y mayor energía de los electrones emitidos.

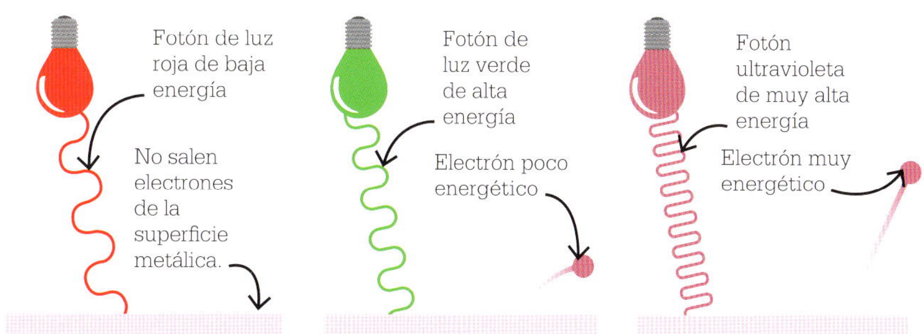

**Las cargas eléctricas** pueden acumularse en el exterior de las naves espaciales, como la *SpaceX Dragon*, a menos que haya sistemas de drenaje.

## El efecto fotoeléctrico en el espacio

Cuando una nave espacial queda expuesta prolongadamente a la luz solar por un lado, los fotones ultravioletas de alta energía, o cuantos de luz, que golpean su superficie metálica provocan la expulsión de un flujo constante de electrones. La pérdida de electrones hace que la nave desarrolle una carga positiva en el lado iluminado; en cambio, el lado en sombra tiene una carga negativa relativa.

En ausencia de conductores que impidan la acumulación de la carga, la diferencia de carga en la superficie hará fluir una corriente eléctrica entre un lado y otro de la nave. A inicios de la década de 1970, antes de la adopción de medidas para contrarrestarlo, ese fenómeno alteró los circuitos de varios satélites en órbita terrestre y causó incluso la pérdida de un satélite militar en 1973. La tasa de pérdida de electrones depende del material de la superficie de la nave, del ángulo de incidencia de los rayos del Sol y de la cantidad de actividad solar, incluida la de las manchas solares.

«como si nos hubieran retirado el suelo bajo los pies». En 1904, en una carta a un amigo, Einstein escribió que había descubierto «de un modo muy simple la relación entre el tamaño de los cuantos elementales de materia y las longitudes de onda de la radiación». Esa relación era la respuesta a un curioso aspecto de la radiación que había desafiado hasta entonces toda explicación. En 1887, el físico alemán Heinrich Hertz había descubierto que ciertos tipos de metal emitían electrones al dirigir contra ellos un rayo de luz. Ese «efecto fotoeléctrico» es similar al fenómeno aprovechado en las comunicaciones de fibra óptica (aunque las fibras ópticas están hechas de materiales semiconductores, y no de metales).

### Electrones problemáticos

Al principio, los físicos supusieron que, en el campo eléctrico (una región del espacio donde está presente la carga eléctrica), una parte de la onda electromagnética proporcionaba la energía que los electrones necesitan para liberarse. De ser así, cuanto más brillante fuera la luz, más energéticos tenían que ser los electrones emitidos. Ahora bien, se descubrió que no ocurría eso. La energía de los electrones liberados no depende de la intensidad de la luz, sino de su frecuencia. Desplazar el rayo a frecuencias más altas, del azul al violeta y más allá, produce electrones de alta energía; un rayo de luz roja de baja frecuencia, aunque sea cegadoramente brillante, no produce electrones. Es como si unas ondulaciones rápidas pudieran mover con facilidad la arena de una playa, y una ola lenta, por grande que fuese, la dejara intacta. Además, si los electrones tienen que saltar, saltan enseguida: no hace falta una acumulación de energía.

> No existe ninguna analogía física con la que entender lo que ocurre dentro de los átomos. Los átomos se comportan como átomos, y nada más.
>
> **John Gribbin**
> **Escritor científico y astrofísico británico**

Aquello no tuvo sentido hasta las revelaciones de Planck y Einstein. En marzo de 1905, Einstein publicó un artículo en *Annals of Physics* en el que tomaba los cuantos de Planck y los unía con el efecto fotoeléctrico. Dicho artículo acabaría por valerle el Nobel en 1921. Einstein se interesó por las diferencias entre las teorías corpusculares y las teorías ondulatorias. Consideró las fórmulas que describen la forma en que se comportan las partículas en un gas a medida que se comprime o se expande, y las comparó con las que describen cambios similares a medida que la radiación se difunde por el espacio. Descubrió que ambos fenómenos respondían a las mismas reglas y que las matemáticas subyacentes a ambos son las mismas. Ello proporcionó a Einstein una forma para calcular la energía de un cuanto de luz de una determinada frecuencia; sus resultados coincidieron con los de Planck.

A partir de ahí, Einstein demostró que el efecto fotoeléctrico podría explicarse mediante la existencia de cuantos de luz. Como había establecido Planck, la energía de un cuanto estaba determinada por su frecuencia. Si un cuanto transfiere su energía a un electrón, una energía más

> La teoría atómica y la mecánica cuántica han demostrado que todo, incluso el espacio y el tiempo, existe en partes discretas: los cuantos.
> **Victor J. Stenger**
> **Físico de partículas estadounidense**

alta del cuanto supondrá una energía también más alta del electrón emitido. Los fotones azules de alta energía, como se llamaron más tarde los cuantos de luz, tienen la capacidad de expulsar los electrones de su órbita; los fotones rojos carecen de ella. Aumentar la intensidad de la luz produce mayor cantidad de electrones, pero no crea electrones más energéticos.

## Experimentos posteriores

Planck había considerado que el cuanto era poco más que un truco matemático; Einstein, en cambio, afirmó después que era una entidad física real. No se trataba de una idea digerible para muchos otros físicos, reacios a abandonar la idea de que la luz era una onda y no una corriente de partículas. En 1913, incluso Planck comentó sobre Einstein: «No habría que reprocharle demasiado que a veces [...] haya podido exagerar en sus especulaciones». El escéptico físico estadounidense Robert Millikan realizó experimentos con el efecto fotoeléctrico para demostrar que Einstein se equivocaba, pero obtuvo resultados que coincidían del todo con las predicciones de este último. A pesar de ello, Millikan siguió hablando de la «atrevida, por no decir temeraria, hipótesis» de Einstein. No fue hasta los experimentos realizados en 1923 por el físico estadounidense Arthur Compton cuando la teoría cuántica empezó por fin a ganar aceptación. Compton observó la dispersión de los rayos X provocada por los electrones, y proporcionó pruebas creíbles de que, en los experimentos de dispersión, la luz se comporta como una corriente de partículas y no puede ser explicada solo como un fenómeno ondulatorio. En su artículo, publicado en *Physical Review*, explicó que «esta notable concordancia entre nuestras fórmulas y los experimentos deja poco margen para dudar de que la dispersión de los rayos X es un fenómeno cuántico».

La explicación de Einstein del efecto fotoeléctrico podía verificarse mediante experimentación, ya que la luz, según parecía, se comportaba como si fuera una corriente de partículas. Sin embargo, la luz también se comportaba como una onda en fenómenos bien conocidos, como la reflexión, la refracción, la difracción y la interferencia. Por lo tanto, para los físicos, la cuestión seguía en el aire: ¿qué era la luz? ¿Era una onda o era una partícula? ¿Acaso podía ser ambas cosas? ■

> Cualquier bribón cree que sabe [qué son los cuantos de luz], pero se engaña a sí mismo.
> **Albert Einstein**

## Max Planck

Nacido en Kiel (Alemania) en 1858, Max Planck estudió física en la Universidad de Múnich desde 1874 (y en la de Berlín en 1877–1878), donde obtuvo el doctorado en 1879. Se interesó por la termodinámica, y en 1900 presentó lo que hoy se conoce como la fórmula de la radiación de Planck, con la que introdujo la idea de los cuantos de energía. Eso marcó el inicio de la teoría cuántica, una de las piedras angulares de la física del siglo XX, si bien sus importantes consecuencias no se entenderían hasta varios años más tarde.

En 1918, Planck recibió por ese logro el premio Nobel de Física. Tras la llegada al poder de Adolf Hitler en 1933, Planck rogó en vano al dictador que abandonara sus políticas raciales. Murió en Gotinga (Alemania) en 1947.

### Obras principales

**1900** «Una mejora de la ecuación de Wien para el espectro».
**1903** *Tratado de termodinámica.*
**1920** *«Origen y desarrollo de la teoría cuántica».*

# NO SE COMPORTAN COMO NADA DE LO VISTO HASTA AHORA

## PARTÍCULAS Y ONDAS

### EN CONTEXTO

FIGURA CLAVE
**Louis de Broglie** (1892–1987)

ANTES
**1670** Isaac Newton desarrolla su teoría corpuscular de la luz.

**1803** Thomas Young realiza el experimento de la doble rendija y demuestra que la luz se comporta como una onda.

**1897** El físico británico J. J. Thomson anuncia que la electricidad está compuesta por una corriente de partículas cargadas, llamadas hoy «electrones».

DESPUÉS
**1926** El físico austriaco Erwin Schrödinger publica su ecuación de onda.

**1927** El físico danés Niels Bohr desarrolla la interpretación de Copenhague, según la cual una partícula existe en todos los estados posibles hasta que es observada.

La naturaleza de la luz se encuentra en el corazón de la física cuántica. Se la ha intentado explicar durante siglos. El pensador griego Aristóteles concibió la luz como una onda que viajaba por el éter invisible y llenaba el espacio. Otros pensaron que era una corriente de partículas demasiado pequeñas y rápidas para ser percibidas individualmente. En 55 a. C., el filósofo romano Lucrecio escribió: «La luz y el calor del sol están constituidos por átomos diminutos que, como por un martilleo continuo, atraviesan sin demora los espacios del aire, empujados por el choque de los que vienen detrás». Sin embargo,

**Véase también:** Radiación térmica 112–117 ▪ Campos de fuerza y ecuaciones de Maxwell 142–147 ▪ Luz corpuscular y ondulatoria 176–179 ▪ Difracción e interferencia 180–183 ▪ Ondas electromagnéticas 192–195 ▪ Cuantos de energía 208–211 ▪ Números cuánticos 216–217

> La física no es solo escribir ecuaciones en una pizarra y sentarse frente a un ordenador. La ciencia es explorar nuevos mundos.
>
> **Suchitra Sebastian**
>
> **Físico indio**

la teoría corpuscular no gozó de gran aceptación, y, durante los siguientes dos mil años aproximadamente, se aceptó que la luz viajaba en ondas. Isaac Newton estaba fascinado por la luz y realizó muchos experimentos con ella. Demostró, por ejemplo, que la luz blanca podía dividirse en un espectro de colores al pasarla por un prisma. Observó que la luz viaja en líneas rectas y que las sombras tienen bordes nítidos. Parecía evidente que la luz era una corriente de partículas y no una onda.

## El experimento de la doble rendija

El británico Thomas Young planteó que si la longitud de onda de la luz fuera lo bastante corta parecería que viajara en línea recta como si fuera una corriente de partículas. En 1803 puso a prueba su teoría.

Primero, Young hizo un pequeño agujero en una barrera opaca para obtener una fuente puntual de iluminación. Luego, colocó una placa con dos pequeños orificios muy cercanos entre sí. Si Newton tenía razón y la luz era una corriente de partículas, dos puntos de luz serían visibles en la pantalla donde incidieran las partículas tras pasar por los orificios. Pero no fue eso lo que vio Young.

En lugar de dos zonas discretas de luz, vio un patrón de franjas claras y oscuras, justo lo esperable en el caso de que la luz fuera una onda. El propio Young había investigado dos años antes los patrones de interferencia en ondas. Había descrito que la cresta de una onda y la cresta de otra se suman al encontrarse, formando una cresta más alta, mientras que dos valles que se encuentran forman un valle más profundo. Cuando un valle y una cresta coinciden, entonces se compensan entre ellos. Por desgracia, los hallazgos de Young no fueron bien recibidos, ya que no coincidían con la opinión del gran Isaac Newton, que opinaba que la luz era transportada por una corriente de partículas.

## Partículas de luz

En la década de 1860, el científico escocés James Clerk Maxwell afirmó que la luz era una onda electromagnética. Una clase de onda compuesta por dos ondas que viajan perpendicularmente en la misma dirección. Una de ellas es un campo magnético oscilante; la otra, un campo eléctrico oscilante. Los dos campos se mantienen sintonizados mientras la onda viaja. En 1900, Max Planck resolvió el problema de la radiación del cuerpo negro suponiendo que la energía electromagnética se emitía en «cuantos», pero no creyó que »

> Tenemos dos imágenes contradictorias de la realidad; por separado, ninguna de las dos explica plenamente los fenómenos de la luz, pero juntas sí lo hacen.
> **Albert Einstein**

estos cuantos fueran efectivamente reales. Las pruebas de que la luz era una onda resultaban demasiado abrumadoras para que Planck aceptara que estaba compuesta en realidad por partículas.

En 1905, Albert Einstein demostró que el efecto fotoeléctrico, que no era explicable con la teoría ondulatoria de la luz, sí podía explicarse si la luz se componía de fotones, o cuantos discretos de energía. Para Einstein, los cuantos de luz eran una realidad física, pero luchó sin éxito durante el resto de su vida para resolver la aparente paradoja de que la luz era también, y de modo manifiesto, ondulatoria. En un experimento llevado a cabo en 1922, el físico estadounidense Arthur Compton logró dispersar rayos X con electrones. El pequeño cambio resultante en la frecuencia de los rayos X, que se llamó efecto Compton, demostró que tanto los rayos X como los electrones se comportaban como partículas al chocar.

## Simetría de la naturaleza

En su tesis doctoral, de 1924, Louis de Broglie propuso la teoría de que toda la materia y la energía (no solo la luz) tienen características tanto corpusculares como ondulatorias. De Broglie creía intuitivamente en la simetría de la naturaleza y en la teoría cuántica de la luz de Einstein. Se preguntó que si una onda podía comportarse como una partícula, ¿por qué no podía una partícula como un electrón comportarse también como una onda? Consideró la famosa fórmula $E = mc^2$ de Einstein, que vincula la masa con la energía, y el hecho de que Einstein y Planck relacionaran la energía con la frecuencia de las ondas. Combinando ambas cosas, De Broglie afirmó que la masa debía tener también una forma ondulatoria, y avanzó la noción de una onda de materia: cualquier objeto en movimiento posee una onda asociada. La energía cinética de la partícula es proporcional a su frecuencia, y la velocidad de la partícula es inversamente proporcional a su longitud de onda (es decir, las partículas más rápidas tienen longitudes de onda más cortas).

Einstein apoyó la idea de De Broglie, ya que parecía una continuación natural de sus propias teorías. La afirmación de que los electrones podían comportarse como ondas fue verificada experimentalmente en 1927 cuando los físicos George Thomson, británico, y Clinton Davisson, estadounidense, demostraron que un estrecho haz de electrones dirigido a través de un fino cristal de níquel formaba un patrón de difracción al pasar por la retícula cristalina.

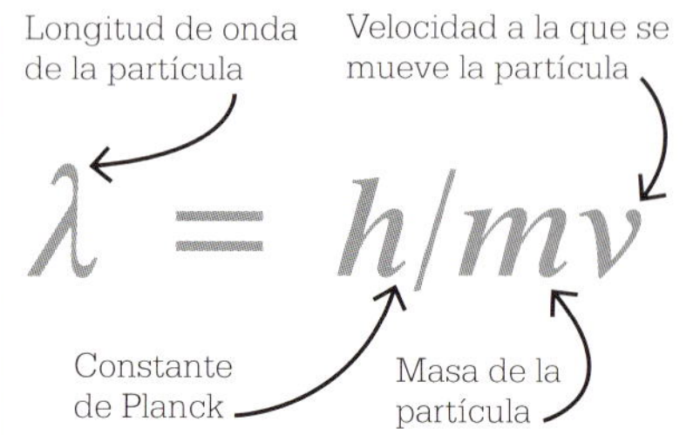


**La ecuación de De Broglie de 1924** se usa para calcular la longitud de onda de una partícula dividiendo la constante de Planck por el momento de la partícula (su masa multiplicada por su velocidad).

**Esta imagen muestra el patrón de difracción de los rayos X** para el platino. Los rayos X son formas ondulatorias de la energía electromagnética transportada por las partículas que transmiten la luz, denominadas «fotones». Este experimento de difracción muestra los rayos X comportándose como rayos, pero otro experimento diferente podría mostrarlos comportándose como partículas.

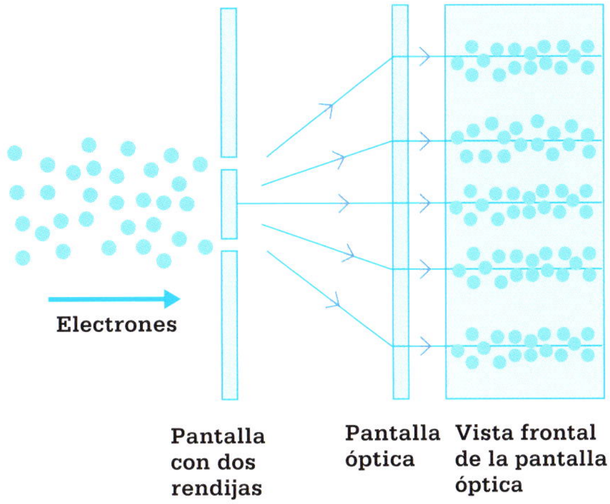


**Cuando las partículas**, como los electrones o los átomos, se hacen pasar por un dispositivo de doble rendija, se producen patrones de interferencia de franjas claras y oscuras, como sucede con las ondas. Eso demuestra que las partículas tienen propiedades ondulatorias y exhiben un comportamiento ondulatorio.

## ¿Cómo puede ser?

Thomas Young había demostrado que la luz era una onda al verificar que formaba patrones de interferencia. Tiempo después, a inicios de la década de 1960, el físico estadounidense Richard Feynman describió un experimento mental en el que imaginó qué sucedería si se enviasen fotones o electrones, uno por uno, hacia dos rendijas gemelas que pudieran estar abiertas o cerradas. El resultado esperable sería que los fotones viajaran como partículas, llegaran como partículas y fueran detectadas en la pantalla como puntos individuales. En lugar de patrones de interferencia, deberían aparecer dos zonas brillantes cuando ambas rendijas estuvieran abiertas, o una sola zona si una de las rendijas estaba cerrada. Sin embargo, Feynman predijo un resultado alternativo, que el patrón de la pantalla se acumularía, partícula tras partícula, en patrones de interferencia cuando ambas rendijas estuvieran abiertas, pero que no ocurriría lo mismo si una de las rendijas estuviera cerrada.

Incluso si unos fotones se lanzan después de que otros hayan golpeado la pantalla, de alguna manera «saben» adónde ir para construir el patrón de interferencia. Es como si cada partícula viajara como onda, pasara por ambas rendijas simultáneamente y creara una interferencia consigo misma. Ahora bien, ¿cómo sabe una partícula individual que pasa por la rendija de la izquierda si la de la derecha está abierta o cerrada?

Feynman advirtió contra el intento de responder a esas preguntas. En 1964 escribió: «Si puedes evitarlo, deja de decirte a ti mismo: "Pero ¿cómo puede ser así?"; porque acabarás en un callejón sin salida del que nadie ha logrado todavía escapar. Nadie sabe cómo puede ser». Los hallazgos pronosticados por Feynman fueron confirmados después por otros científicos.

Lo que es evidente es que tanto la teoría ondulatoria como la teoría corpuscular de la luz son correctas. La luz actúa como onda cuando viaja a través del espacio, pero como partícula cuando se mide. No existe un único modelo que sea capaz de describir la luz en todos sus aspectos. Es muy fácil afirmar que la luz presenta una «dualidad onda-partícula», y dejarlo así; sin embargo, nadie puede responder de modo satisfactorio a qué significa realmente esa afirmación. ■

## Louis de Broglie

Louis de Broglie, nacido en 1892 en Dieppe (Francia), se licenció en historia, en 1910, y en ciencias, en 1913. Fue movilizado durante la Primera Guerra Mundial, y al terminar el conflicto reanudó sus estudios de física. En 1924, en la facultad de ciencias de la Universidad de París, presentó su tesis doctoral, «Recherches sur la théorie des quanta» («Investigaciones sobre la teoría cuántica»). Esa tesis, recibida con estupefacción, fue confirmada en 1927 por el descubrimiento de la difracción de electrones, y sirvió de base para desarrollar la teoría de la mecánica ondulatoria. De Broglie enseñó física teórica en el Instituto Henri Poincaré, en París, hasta su jubilación. En 1929 recibió el Nobel de Física por su descubrimiento de la naturaleza ondulatoria de los electrones. Murió en 1987.

### Obras principales

**1924** «Recherches sur la théorie des quanta» («Investigaciones sobre la teoría cuántica»), en *Annales de Physique* (1925).
**1926** *Ondes et mouvements (Ondas y movimientos).*

# UNA NUEVA IDEA DE LA REALIDAD

## NÚMEROS CUÁNTICOS

### EN CONTEXTO

FIGURA CLAVE
**Wolfgang Pauli** (1900–1958)

ANTES
**1672** Isaac Newton divide la luz blanca en un espectro.

**1802** William Hyde Wollaston ve líneas oscuras en el espectro solar.

**1913** Niels Bohr presenta su modelo atómico de capas.

DESPUÉS
**1927** Niels Bohr propone la interpretación de Copenhague, según la cual una partícula existe en todos los estados posibles hasta que es observada.

**1928** Subrahmanyan Chandrasekhar, astrónomo indio, calcula que una estrella lo bastante grande podría colapsar y formar un agujero negro al final de su vida.

**1932** El físico británico James Chadwick descubre el neutrón.

En 1802, el químico y físico británico William Hyde Wollaston observó que en el espectro de la luz solar se superponía una cantidad de finas líneas oscuras. Joseph von Fraunhofer, fabricante de lentes alemán, analizó esas líneas en 1814 e identificó más de quinientas. En la década de 1850, el físico alemán Gustav Kirchhoff y su compatriota el químico Robert Bunsen hallaron que cada elemento produce un conjunto único de líneas, pero no supieron explicar su causa.

### Saltos cuánticos

En 1905, Albert Einstein explicó el efecto fotoeléctrico (por el cual la luz hace que algunos metales emitan electrones), según el cual la luz podía comportarse como una corriente de paquetes de energía, llamados cuantos. En 1913, el físico danés Niels Bohr propuso un modelo atómico que tenía en cuenta los cuantos y los espectros de los elementos. En el átomo de Bohr, los electrones viajan alrededor del núcleo en órbitas fijas o cuantizadas. Al golpear el átomo, los cuantos de luz (más tarde llamados fotones) pueden ser absorbidos por los electrones, que luego se desplazan a órbitas más altas (más lejos del núcleo). Un fotón lo bastante energético puede expulsar por completo un electrón de su órbita. A la inversa, cuando un electrón cede su energía «adicional» en forma de fotón de luz, vuelve a caer al nivel energético original, más cerca del núcleo atómico.

**Las líneas de Fraunhofer son finas líneas oscuras** que se superponen al espectro de la luz visible. Cada elemento produce su propio conjunto de líneas de Fraunhofer (designadas con una o más letras), determinadas por los números cuánticos de sus electrones. Aquí se muestran las más destacadas.

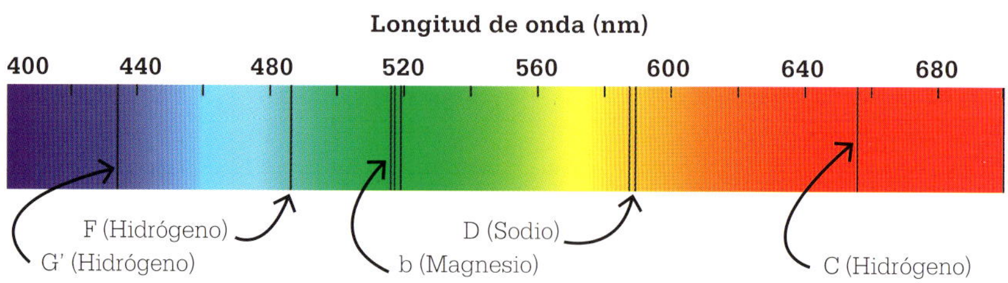

**Véase también:** Monopolos magnéticos 159 ▪ Ondas electromagnéticas 192–195 ▪ La luz de los átomos 196–199 ▪ Cuantos de energía 208–211 ▪ Partículas subatómicas 242–243

Las leyes de la física cuántica **impiden que partículas idénticas ocupen el mismo espacio al mismo tiempo**.

→

Alrededor de un átomo, cada electrón tiene un código único compuesto por **cuatro números cuánticos**.

↓

Los números cuánticos definen las **características del electrón**: energía, espín, momento angular y magnetismo.

←

Dos electrones con los mismos números cuánticos tienen que **ocupar diferentes niveles de energía** en un átomo.

Esos cambios hacia arriba y abajo se llaman «saltos cuánticos». Su tamaño es único para cada átomo.

Los átomos emiten luz en longitudes de onda específicas, por lo que cada elemento produce un conjunto característico de líneas espectrales. Según Bohr, esas líneas estaban relacionadas con los niveles de energía de las órbitas electrónicas y eran producidas por un electrón que absorbía o emitía un fotón en la frecuencia correspondiente a la línea espectral.

El nivel de energía que un electrón puede tener en un átomo está indicado por el número cuántico primario, o principal, $n$, en el que $n = 1$ equivale a la órbita más baja posible, $n = 2$ equivale a la siguiente más alta, y así sucesivamente. Con ese esquema, Bohr fue capaz de describir el nivel de energía en el átomo más simple, el de hidrógeno, donde un electrón orbita en torno a un protón. Los modelos posteriores, que incorporaron las propiedades ondulatorias de los electrones, lograron describir átomos más grandes.

## Principio de exclusión

En 1925, Wolfgang Pauli intentó explicar la estructura de los átomos. ¿Qué decidía el nivel de energía de un electrón y el número de electrones que podía contener cada nivel de energía? La respuesta a la que llegó fue que cada electrón tenía un código único, descrito por sus cuatro números cuánticos: energía, espín, momento angular y magnetismo. Según el principio de exclusión, dos electrones no podían compartir en un átomo los mismos cuatro números cuánticos. Partículas idénticas no podían ocupar el mismo estado al mismo tiempo. Dos electrones podían ocupar la misma capa, pero solo si tenían, por ejemplo, espines opuestos. ■

> La física es resolver rompecabezas [...] creados por la naturaleza, y no por la mente del hombre.
>
> **Maria Goeppert Mayer**
> **Física germano-estadounidense**

## Wolfgang Pauli

Hijo de un químico, Pauli nació en 1900 en Viena (Austria). Se dice que de niño llevó al colegio los artículos de Einstein sobre la relatividad especial para leerlos. En 1921, cuando estudiaba en la Universidad de Múnich (Alemania), publicó su primer artículo sobre la relatividad, el cual fue elogiado por el propio Einstein.

Después de licenciarse, ayudó al físico Max Born en la Universidad de Gotinga (Alemania). La amenaza nazi lo llevó a marcharse a Princeton (Nueva Jersey) en 1940, y más tarde se nacionalizó estadounidense. Recibió el premio Nobel en 1945 por su descubrimiento del principio de exclusión. En 1946 se mudó a Zúrich (Suiza), y trabajó en la Escuela Politécnica Federal de esa ciudad como profesor hasta su muerte, en 1958.

### Obras principales

**1926** «Quantentheories» («Teorías cuánticas»), en *Handbuch der Physick*.
**1933** «Principios generales de la mecánica de ondas», en *Zeitschrift für Physik*.

# TODO SON ONDAS

## MATRICES Y ONDAS

**EN CONTEXTO**

FIGURA CLAVE
**Erwin Schrödinger**
(1887–1961)

ANTES
**1897** J. J. Thomson descubre el electrón e indica que es el portador de la electricidad.

**1924** Louis de Broglie propone que las partículas tienen propiedades similares a las de las ondas.

DESPUÉS
**1927** Werner Heisenberg publica su principio de incertidumbre.

**1927** Niels Bohr formula la interpretación de Copenhague, según la cual la observación determina el estado cuántico de una partícula.

**1935** Erwin Schrödinger imagina un gato que está simultáneamente vivo y muerto para ilustrar las paradojas de la interpretación de Copenhague.

En la década de 1920, los científicos comenzaron a cuestionar el modelo atómico propuesto por el físico danés Niels Bohr en 1913. Los experimentos no solo habían comenzado a demostrar que la luz se comportaba como una corriente de partículas, sino también que los electrones podían actuar como ondas.

El físico alemán Werner Heisenberg trató de desarrollar un sistema de mecánica cuántica que se basara solo en lo que podía observarse. Resultaba imposible ver directamente un electrón orbitando un átomo, pero sí era posible observar la luz absorbida y emitida por los átomos al saltar un electrón de una órbita a otra. Heisenberg utilizó esas observaciones para confeccionar tablas de números que representaran las posiciones y el momento de los electrones y elaboró reglas para calcular los valores de esas propiedades.

> ¿Por qué todos los experimentos acerca, por ejemplo, de la posición de una partícula hacen que la partícula esté de pronto en algún lugar y no en todas partes? Nadie lo sabe.
>
> **Christophe Galfard**
> **Físico francés**

### Mecánica matricial

En 1925, Heisenberg compartió sus cálculos con el físico alemán Max Born, quien se dio cuenta de que ese tipo de tabla era una matriz. Junto con Pascual Jordan (alumno de Born), Born y Heisenberg elaboraron una nueva teoría de la mecánica matricial que podía usarse para vincular las energías de los electrones con las líneas observadas en el espectro de la luz visible.

Uno de los rasgos interesantes de la mecánica matricial es que el orden en que se hacen los cálculos resulta importante. Calcular el momento y después la posición de una partícula da un resultado diferente a calcular primero la posición y después el momento. Esta diferencia llevaría a Heisenberg a su principio de incertidumbre, que establece que, en la mecánica cuántica, la velocidad de un objeto y su posi-

**Véase también:** Ondas electromagnéticas 192–195 ▪ La luz de los átomos 196–199 ▪ Cuantos de energía 208–211 ▪ El principio de incertidumbre de Heisenberg 220–221 ▪ Antimateria 246

Una partícula que se comporta como una onda **no tiene una posición fija en el espacio**.

Podemos pensar en la onda como un «gráfico de **probabilidad**» que **representa las posibilidades** de encontrar la partícula **en un lugar determinado**.

Se utiliza una **ecuación de onda** para determinar la **forma de la onda** de probabilidad, **o función de onda**, de la partícula.

La **ecuación de Schrödinger** es una ecuación de onda que nos da **todas las posibles ubicaciones de una partícula**, como un electrón o un fotón, en un momento dado.

ción no pueden medirse con exactitud al mismo tiempo. En 1926, el físico austriaco Erwin Schrödinger ideó una ecuación que establece cómo se forman y evolucionan las ondas de probabilidad, o funciones de onda (descripciones matemáticas de un sistema cuántico). La ecuación de Schrödinger es tan importante para el mundo subatómico de la mecánica cuántica como lo son las leyes del movimiento de Newton para los acontecimientos a gran escala. Schrödinger verificó su ecuación con el átomo de hidrógeno, y descubrió que predecía sus propiedades con gran precisión.

En 1928, el físico británico Paul Dirac vinculó la ecuación de Schrödinger con la relatividad especial de Einstein, resumida en la famosa ecuación $E = mc^2$, que había demostrado el vínculo entre la masa y la energía. La ecuación de Dirac era coherente con la relatividad especial y con la mecánica cuántica en su descripción de los electrones y otras partículas. Proponía considerar que los electrones surgían de un campo electrónico del mismo modo que los fotones surgían del campo electromagnético.

Una combinación de las matrices de Heisenberg y las ecuaciones de Schrödinger y Dirac sentaron las bases de dos de los fundamentos de la mecánica cuántica, el principio de incertidumbre y la interpretación de Copenhague. ■

¿Es posible que la naturaleza sea tan absurda como nos parecía en aquellos experimentos atómicos?
**Werner Heisenberg**

## Erwin Schrödinger

Erwin Schrödinger nació en 1887 en Viena (Austria), y estudió física teórica. Tras participar en la Primera Guerra Mundial, ocupó puestos en las universidades de Zúrich y Berlín. En 1933, cuando los nazis llegaron al poder en Alemania, se trasladó a Oxford. Ese año compartió el Nobel con el físico teórico británico Paul Dirac por «el descubrimiento de nuevas formas productivas de la teoría atómica». En 1939 se convirtió en director de física teórica del Instituto de Estudios Avanzados de Dublín (Irlanda). Volvió a Viena en 1956, y murió en 1961. Fascinado por la filosofía, sigue siendo famoso por su experimento mental de 1935, llamado «el gato de Schrödinger», que exploraba la idea de que un sistema cuántico pudiera existir en dos estados diferentes al mismo tiempo.

### Obras principales

**1926** «Una teoría ondulatoria de la mecánica de los átomos y las moléculas», en *Physical Review*.
**1935** «La situación actual de la mecánica cuántica», en *Naturwissenschaften*.

# EL GATO ESTA VIVO Y MUERTO AL MISMO TIEMPO

## EL PRINCIPIO DE INCERTIDUMBRE DE HEISENBERG

**EN CONTEXTO**

FIGURA CLAVE
**Werner Heisenberg**
(1901–1976)

ANTES
**1905** Einstein propone que la luz se compone de paquetes discretos llamados fotones.

**1913** Niels Bohr establece un modelo atómico con electrones alrededor del núcleo.

**1924** Según el físico francés Louis de Broglie, las partículas de materia también pueden considerarse como ondas.

DESPUÉS
**1935** Einstein, el físico ruso-estadounidense Borís Podolski y el físico israelí Nathen Rosen publican la «paradoja EPR», que cuestiona la interpretación de Copenhague.

**1957** Hugh Everett, físico estadounidense, elabora su «teoría de los mundos múltiples» para explicar la interpretación de Copenhague.

Según la **teoría cuántica**, hasta ser observada y medida, una partícula **existe simultáneamente** en todos los lugares y estados en los que podría estar. Es lo que se llama **superposición**.

Todos los estados posibles en los que puede estar una partícula están descritos por su **función de onda**.

Erwin Schrödinger comparó el fenómeno con el de un gato que esté **vivo y muerto al mismo tiempo**.

Las propiedades de la partícula no tienen un valor definido hasta que las **medimos**; al hacerlo, la **función de onda colapsa**.

El colapso de la función de onda **fija las propiedades de la partícula**.

En la física clásica se aceptaba de modo general que la precisión de una medición solo estaba limitada por la precisión de los instrumentos utilizados. En 1927, Werner Heisenberg demostró que eso no era así.

Heisenberg se preguntó qué significaba realmente definir la posición de una partícula. Únicamente podemos saber dónde está una cosa interactuando con ella. Para determinar la posición de un electrón, lanzamos un fotón contra él. La precisión de la medición está determinada por la longitud de onda del fotón; cuanto más alta sea la frecuencia del fotón, más precisa será la posición del electrón.

Max Planck había demostrado que la energía de un fotón se relaciona con su frecuencia según la fórmu-

**Véase también:** Energía y movimiento 56–57 ▪ Luz corpuscular y ondulatoria 176–179 ▪ La luz de los átomos 196–199 ▪ Cuantos de energía 208–211 ▪ Partículas y ondas 212–215 ▪ Matrices y ondas 218–219

## Werner Heisenberg

Nació en 1901 en Würzburg (Alemania). En 1924 acudió a la Universidad de Copenhague para trabajar con Niels Bohr. El nombre de Heisenberg estará siempre asociado a su principio de incertidumbre, publicado en 1927. En 1932 recibió el Nobel de Física por la creación de la mecánica cuántica. En 1941, durante la Segunda Guerra Mundial, fue nombrado director del Instituto Káiser Guillermo de Física (rebautizado más tarde como Instituto Max Planck), en Múnich, y jefe del proyecto de la bomba atómica de la Alemania nazi. No está claro si no tuvo éxito debido a la falta de recursos o porque voluntariamente no quiso tenerlo. Al final, sería hecho prisionero de los estadounidenses y enviado a Reino Unido. Tras la guerra, sirvió como director del Instituto Max Planck, hasta que renunció en 1970. Murió en 1976.

**Obras principales**

**1925** «Sobre mecánica cuántica II», con Born y Jordan.
**1927** «Sobre el contenido perceptual de la teoría cuántica cinemática y mecánica».

la $E = h\nu$, donde $E$ es la energía, $\nu$ es la frecuencia y $h$ es la constante de Planck. Cuanto más alta sea la frecuencia del fotón, más energía transportará y más desviará al electrón de su curso. Sabemos dónde está el electrón en ese momento, pero no podemos saber hacia dónde se dirige. Si fuera posible medir con absoluta precisión el momento del electrón, su posición sería completamente incierta, y viceversa.

Heisenberg mostró que la incertidumbre del momento multiplicada por la incertidumbre de la posición nunca puede ser menor que una fracción de la constante de Planck. El principio de incertidumbre es una propiedad fundamental del universo que pone un límite a lo que podemos saber simultáneamente.

### Interpretación de Copenhague

La «interpretación de Copenhague» de la física cuántica fue postulada por Niels Bohr. Según ella, hay algunas cosas acerca del universo que, como había demostrado Heisenberg, no podemos saber. Las propiedades de una partícula cuántica no tienen un valor definido hasta que se realiza una medición. Es imposible diseñar un experimento que nos permita, por ejemplo, ver un electrón como onda y partícula al mismo tiempo. La naturaleza corpuscular y ondulatoria de la materia son dos caras de la misma moneda, señaló Bohr. La interpretación de Copenhague marcó una nítida división entre la física clásica y la física cuántica acerca de si los sistemas físicos tienen o no propiedades definidas antes de ser medidos.

### El gato de Schrödinger

Según la interpretación de Copenhague, cualquier estado cuántico puede considerarse como la suma (superposición) de dos o más estados distintos hasta que es observado, momento en que se convierte en uno u otro.

Erwin Schrödinger preguntó: ¿cuándo se produce el cambio de la superposición a una realidad definida? Luego, imaginó a un gato encerrado en una caja, junto con un veneno que se liberaría cuando ocurriera un acontecimiento cuántico. Según la interpretación de Copenhague, el gato se encuentra en el estado de superposición de estar vivo y muerto hasta que alguien abra la caja y mire dentro de ella, un absurdo según creía Schrödinger. Bohr le contestó que no había razón para que las reglas de la física clásica se aplicaran también al ámbito cuántico, que sencillamente las cosas eran así. ■

> Los propios átomos o partículas elementales no son reales; forman un mundo de potencialidades o posibilidades más que uno de cosas o hechos.
> **Werner Heisenberg**

# ACCION FANTASMAL A DISTANCIA

## ENTRELAZAMIENTO CUÁNTICO

### EN CONTEXTO

FIGURA CLAVE
**John Stewart Bell** (1928–1990)

ANTES
**1905** Albert Einstein publica su teoría de la relatividad especial, basada en parte en la idea de que nada puede viajar a una velocidad mayor que la de la luz.

**1926** Erwin Schrödinger publica su ecuación de onda.

**1927** Niels Bohr defiende la interpretación de Copenhague sobre el modo en que los sistemas cuánticos interactúan con el mundo a gran escala.

DESPUÉS
**1981** Richard Feynman propone usar la superposición y el entrelazamiento de las partículas como base para un ordenador cuántico.

**1995** Anton Zeilinger, físico cuántico austriaco, demuestra la conmutación onda-partícula en un experimento con fotones entrelazados.

Uno de los principales dogmas de la mecánica cuántica es la idea de incertidumbre: no podemos medir al mismo tiempo todas las características de un sistema por perfecto que sea el experimento. La interpretación de Copenhague de la física cuántica defendida por Niels Bohr afirma que el acto mismo de la medición selecciona las características que se observan.

Otra propiedad peculiar de la mecánica cuántica es el «entrelazamiento». Así, si dos electrones son expulsados de un sistema cuántico, las leyes de conservación del momento nos dicen que el momento de una partícula será igual y opuesto al de la otra. Según la interpretación de Copenhague, hasta ser medida ninguna de las dos tendrá un estado definido, pero la medición del momento de una determinará el estado y el momento de la otra, independientemente de la distancia entre ellas.

El fenómeno se llama «comportamiento no local», aunque Albert Einstein lo llamó «acción fantasmal a distancia». En 1935, Einstein cuestionó el entrelazamiento y afirmó que hay «variables ocultas» que lo hacen innecesario. Según dijo, para que

Cuando **dos partículas subatómicas** cualesquiera, como los electrones, **interactúan entre sí**, sus estados se vuelven interdependientes, y quedan **entrelazadas**.

Las partículas **permanecen conectadas** incluso cuando están **físicamente separadas** por una enorme distancia (por ejemplo, en diferentes galaxias).

De resultas, la manipulación de una partícula **altera instantáneamente** a su compañera.

**La medición de las propiedades** de una partícula **da información** sobre las propiedades de la otra.

**Véase también:** Cuantos de energía 208–211 ▪ El principio de incertidumbre de Heisenberg 220–221 ▪ Aplicaciones cuánticas 226–231 ▪ Relatividad especial 276–279

**La partícula A y la partícula B** han interactuado entre sí y han quedado entrelazadas. Permanecerán entrelazadas aunque sean enviadas en diferentes direcciones.

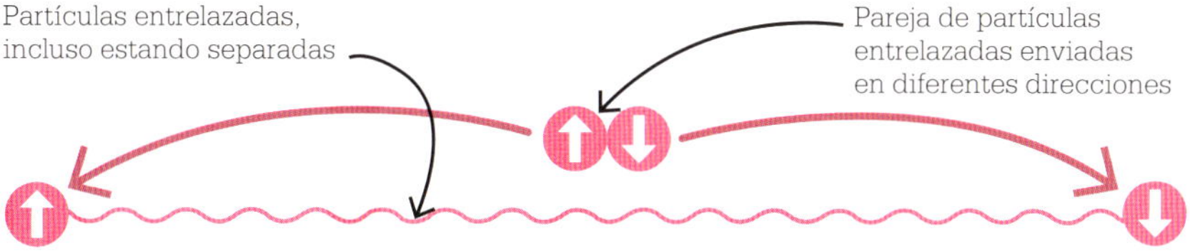


una partícula afectara a la otra era necesaria entre ellas una señal más rápida que la luz (aunque, según su teoría de la relatividad especial, nada hay más rápido que la luz).

## Teorema de Bell

En 1964, el físico norirlandés John Stewart Bell propuso un experimento con el que verificar si las partículas entrelazadas se comunicaban realmente entre sí más deprisa que la luz. Imaginó el caso de un par de electrones entrelazados, uno con el espín hacia arriba y el otro con el espín hacia abajo. Según la teoría cuántica, los dos electrones se encuentran en una superposición de estados hasta ser medidos: cualquiera de los dos podría tener el espín orientado hacia arriba o hacia abajo. Sin embargo, en el momento en que uno es medido, sabemos con certeza que el otro tiene el opuesto. Bell elaboró unas fórmulas, llamadas desigualdades de Bell, que determinan la frecuencia con la que el espín de la partícula A debe correlacionarse con el de la partícula B en el caso de que actúe la probabilidad normal (en contraposición al entrelazamiento cuántico). La distribución estadística de sus resultados demostró matemáticamente que la idea de Einstein de las «variables ocultas» no es cierta, y que existe una conexión instantánea entre las partículas entrelazadas. Según sostiene el físico Fritjof Capra, el teorema de Bell muestra que el universo está «fundamentalmente interconectado».

Los experimentos como el realizado por el físico francés Alain Aspect a principios de la década de 1980 (en el que usó pares de fotones entrelazados generados por láser) demuestran de modo convincente que la «acción a distancia» es real, que el ámbito cuántico no está restringido por reglas de localidad. Cuando dos partículas están entrelazadas, forman efectivamente un único sistema que tiene una única función cuántica. ■

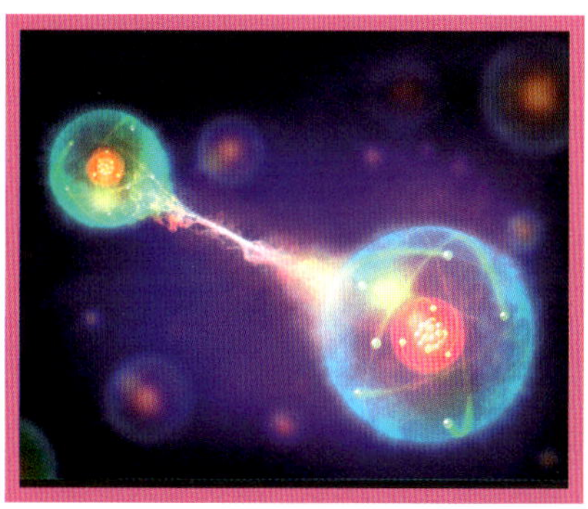

**Esta representación artística** hecha por ordenador muestra un par de partículas entrelazadas: la manipulación de una conllevará la modificación de la otra, al margen de la distancia existente entre ellas. El entrelazamiento tiene aplicaciones en las nuevas tecnologías de la computación y la criptografía cuánticas.

## John Stewart Bell

John Stewart Bell nació en 1928 en Belfast (Irlanda del Norte). Tras graduarse en la Queen's University de Belfast, obtuvo un doctorado en física nuclear y teoría cuántica de campos en la Universidad de Birmingham. Trabajó en el Centro para la Investigación de la Energía Atómica, en Harwell (Reino Unido), y más tarde en la Organización Europea para la Investigación Nuclear (CERN), en Ginebra (Suiza). Allí trabajó en ciencia teórica de partículas y en el diseño de aceleradores. Después de pasar un año en las universidades de Stanford, Wisconsin-Madison y Brandeis (EE UU), en 1964 publicó un trabajo que proponía una forma de distinguir entre la teoría cuántica y la noción de realidad local propuesta por Einstein. Fue elegido miembro de la Academia Americana de Artes y Ciencias en 1987. Su temprana muerte, a los 62 años, impidió que pudiera ver la demostración experimental de sus ideas.

### Obra principal

**1964** «On the Einstein-Podolsky-Rosen paradox» («Sobre la paradoja de Einstein-Podolski-Rosen), en *Physics*.

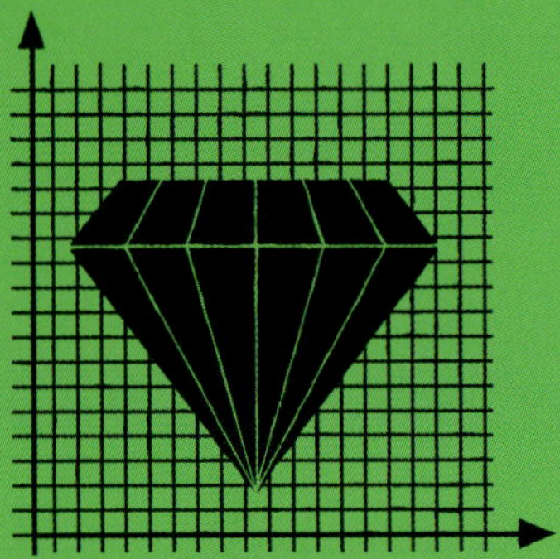

# LA JOYA DE LA FISICA

## TEORÍA CUÁNTICA DE CAMPOS

### EN CONTEXTO

FIGURA CLAVE
**Richard Feynman**
(1918–1988)

ANTES
**1873** James Clerk Maxwell publica ecuaciones que describen las propiedades del campo electromagnético.

**1905** Einstein propone que la luz, además de actuar como una onda, puede concebirse como una corriente de partículas llamadas cuantos.

DESPUÉS
**1968** Los físicos teóricos Sheldon Glashow, Abdus Salam y Steven Weinberg presentan su teoría de la fuerza electrodébil, que une la fuerza electromagnética y la fuerza nuclear débil.

**1968** Unos experimentos en el Centro del Acelerador Lineal de Stanford (California) descubren pruebas de los quarks, los componentes de las partículas subatómicas.

Un **campo** representa la **distribución de una fuerza** en **el espacio y el tiempo**.

↓

La **teoría cuántica de campos** afirma que las fuerzas son transmitidas por **partículas portadoras de fuerza**.

↓

Las partículas portadoras de la **fuerza electromagnética** son los **fotones**.

↓

Las formas en que se producen las **interacciones de intercambio fotónico** pueden visualizarse usando un **diagrama de Feynman**.

Uno de los mayores inconvenientes de la mecánica cuántica es que no tiene en cuenta las teorías de la relatividad de Einstein. Entre los primeros en intentar conciliar esas dos piedras angulares de la física moderna se encuentra el físico británico Paul Dirac. Publicada en 1928, la ecuación de Dirac consideró los electrones como excitaciones de un campo electrónico, de la misma manera que los fotones pueden considerarse como excitaciones del campo electromagnético. Esa ecuación se convirtió en uno de los fundamentos de la teoría cuántica de campos.

La idea de unos campos que transportan fuerzas a través de la distancia está bien establecida en la física. Cabe concebir el campo como cualquier cosa con valores que varían en el espacio y el tiempo. El patrón creado por las limaduras de hierro en torno a una barra magnética, por ejemplo, representa las líneas de fuerza de un campo magnético.

En la década de 1920, la teoría de los campos cuánticos propuso un enfoque diferente, según el cual las fuerzas eran transportadas mediante partículas cuánticas, como los fotones (las partículas de luz portadoras del electromagnetismo). Se

**Véase también:** Campos de fuerza y ecuaciones de Maxwell 142–147 ▪ Aplicaciones cuánticas 226–231 ▪ El zoo de partículas y los quarks 256–257 ▪ Portadores de fuerzas 258–259 ▪ Electrodinámica cuántica 260 ▪ El bosón de Higgs 262–263

> Lo que observamos no es la naturaleza misma, sino la naturaleza expuesta a nuestro método para interrogarla.
> **Werner Heisenberg**

cree que otras partículas descubiertas posteriormente, como el quark, el gluón y el bosón de Higgs (una partícula elemental que proporciona masa a las partículas) tienen sus propios campos asociados.

## EDC

La electrodinámica cuántica, o EDC, es la teoría cuántica de campo que se ocupa de la fuerza electromagnética. La EDC fue desarrollada por completo (e independientemente) por Richard Feynman y Julian Schwinger en EE UU y Shin'ichirō Tomonaga en Japón. Según esta teoría, las partículas cargadas, como los electrones, interactúan entre sí emitiendo y absorbiendo fotones. El fenómeno puede visualizarse por medio de los llamados diagramas de Feynman (dcha.), desarrollados por Richard Feynman.

La EDC es una de las teorías más precisas que se hayan formulado. Su predicción de la magnitud del campo magnético asociado a un electrón se acerca tanto al valor producido que, de medirse la distancia de Londres a Tombuctú con la misma precisión, el error sería inferior al grosor de un cabello.

## El modelo estándar

La EDC fue un paso hacia la construcción de teorías cuánticas de campo para las otras fuerzas fundamentales de la naturaleza. El modelo estándar combina dos teorías de la física de partículas en un único marco que, aunque deja fuera la gravedad, describe las otras tres fuerzas fundamentales conocidas: las interacciones electromagnética, débil y fuerte. La más poderosa de todas es la interacción fuerte, o fuerza nuclear fuerte, que une protones y neutrones en el interior del núcleo atómico. La teoría electrodébil postula que las interacciones electromagnéticas y las débiles pueden considerarse dos facetas de una única interacción «electrodébil». El modelo estándar también clasifica todas las partículas elementales conocidas. Conciliar la fuerza gravitatoria con el modelo estándar sigue siendo uno de los mayores retos de la física. ▪

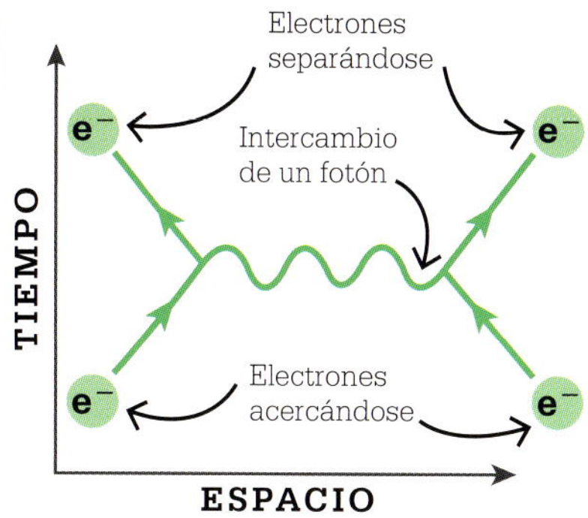


**Este diagrama de Feynman** representa la repulsión electromagnética. Dos electrones (e⁻) se acercan, intercambian un fotón y luego se separan.

## Richard Feynman

Nacido en 1918, Richard Feynman creció en Nueva York. Fascinado ya desde temprana edad por las matemáticas, recibió una beca para el Instituto Tecnológico de Massachusetts (MIT) y obtuvo la máxima puntuación en su solicitud de doctorado en Princeton. En 1942 se unió al Proyecto Manhattan para desarrollar la primera bomba atómica. Tras la guerra trabajó en la Universidad Cornell, donde desarrolló la teoría de la EDC, por la que recibió el premio Nobel en 1965. Se trasladó al Instituto Tecnológico de California (Caltech) en 1960. Su autobiografía *¿Está usted de broma, Sr. Feynman?* es un éxito de ventas de la divulgación científica. Uno de sus últimos grandes logros fue descubrir la causa del desastre del transbordador espacial *Challenger* de la NASA en 1986. Murió en 1988.

### Obras principales

**1967** *El carácter de la ley física.*
**1985** *Electrodinámica cuántica: la extraña teoría de la luz y la materia.*
**1985** *¿Está usted de broma, Sr. Feynman?*

# COLABORACION ENTRE UNIVERSOS PARALELOS

## APLICACIONES CUÁNTICAS

**EN CONTEXTO**

FIGURA CLAVE
**David Deutsch** (n. en 1953)

ANTES
**1911** Heike Kamerlingh Onnes descubre la superconductividad en el mercurio superenfriado.

**1981** Richard Feynman propone la idea de una computadora cuántica.

**1982** El físico francés Alain Aspect demuestra la existencia del entrelazamiento cuántico, la unión de partículas emparejadas.

**1988** El físico estadounidense Mark Reed acuña el término «puntos cuánticos».

DESPUÉS
**2009** En EE UU, investigadores de la Universidad de Yale usan un chip superconductor de 2 cúbits (bits cuánticos) para crear el primer procesador cuántico de estado sólido.

**2019** IBM lanza el IBM Q System One con 20 cúbits.

El gran ámbito de la física cuántica parece estar muy lejos del mundo cotidiano del sentido común, pero ha dado lugar a una gran cantidad de avances tecnológicos fundamentales en nuestras vidas. Los ordenadores y los semiconductores, las redes de comunicación e Internet, el GPS y los escáneres de resonancia magnética…, todo ello depende del mundo cuántico.

## Superconductores

En 1911, el holandés Heike Kamerlingh Onnes hizo un notable descubrimiento mientras experimentaba con mercurio a muy bajas temperaturas. Al alcanzar la temperatura de –268,95 °C, la resistencia eléctrica del mercurio desapareció. Eso significaba que, en teoría, una corriente eléctrica podría fluir eternamente a través de un circuito cerrado de mercurio superenfriado.

Los físicos estadounidenses John Bardeen, Leon Cooper y John Schrieffer dieron en 1957 con una explicación para ese fenómeno. A temperaturas muy bajas, los electrones forman los llamados «pares de Cooper». Si bien un electrón debe obedecer al principio de exclusión de Pauli, que prohíbe que dos electrones compartan el mismo estado cuántico, los pares de Cooper forman un «condensado»: actúan como si fueran un solo cuerpo, sin resistencia del material conductor, en vez de hacerlo como un conjunto de electrones que fluyen a través del conductor. Bardeen, Cooper y Schrieffer ganaron el Nobel de Física de 1972 por ese hallazgo.

**El efecto Meissner** es la expulsión del campo magnético de un material superconductor, lo que hace que sobre él levite un imán.

En 1962, el físico galés Brian Josephson predijo que los pares de Cooper debían ser capaces de atravesar, por efecto túnel, una barrera aislante entre dos superconductores. Si se aplica un voltaje en el sistema de dos superconductores separados por un delgado aislante (la llamada «unión de Josephson»), la corriente vibra a una frecuencia muy alta. Las frecuencias pueden medirse con mucha más precisión que los voltajes, y las uniones de Josephson se han utilizado en dispositivos como los SQUID (dispositivos superconductores de interferencia cuántica) para examinar los minúsculos campos magnéticos producidos por el cerebro humano. También tienen potencial para ser usados en ordenadores ultrarrápidos.

Sin la superconductividad, no serían posibles las fuerzas magnéticas usadas en las imágenes por resonancia magnética (IRM). Los superconductores también actúan expulsando campos magnéticos. Esto se llama efecto Meissner, un fenómeno que ha permitido la fabricación de trenes de levitación magnética.

## Superfluidos

Kamerlingh Onnes fue el primero en licuar helio. En 1938, el físico ruso Piotr Kapitsa y los británicos John Allen y Don Misener hallaron que, por debajo de los –270,98 °C, el helio líqui-

> La tecnología punta del esfuerzo humano no es fácil. Pero eso hace que valga la pena.
> **Michelle Yvonne Simmons**
> **Profesora de física cuántica**

**Véase también:** Fluidos 76–79 ▪ Corriente y resistencia eléctrica 130–133 ▪ Electrónica 152–155 ▪ Partículas y ondas 212–215 ▪ El principio de incertidumbre de Heisenberg 220–221 ▪ Entrelazamiento cuántico 222–223 ▪ Ondas gravitatorias 312–315

**Un rayo láser azul** excita los átomos de estroncio en el reloj atómico de gas cuántico tridimensional desarrollado por físicos del JILA en Boulder (Colorado), en EE UU.

## Relojes cuánticos

Un cómputo fiable del tiempo resulta básico para sincronizar las actividades de las que depende nuestro mundo tecnológico. Los relojes más precisos son los atómicos, que usan átomos que «saltan» entre estados de energía a modo de «péndulo». El primer reloj atómico preciso lo construyó en 1955 el físico Louis Essen en el Laboratorio Nacional de Física de Reino Unido. A fines de la década de 1990 hubo grandes avances en la tecnología de los relojes atómicos, incluido el enfriamiento de los átomos a temperaturas cercanas al cero absoluto frenándolos mediante láseres.

Hoy, los relojes atómicos más precisos miden el tiempo usando las transiciones entre los estados de espín en el núcleo de un átomo. Hasta hace poco se empleaban átomos del isótopo cesio 133. Esos relojes alcanzan una precisión equivalente a ganar o perder un segundo en 300 millones de años, y son clave para la navegación GPS y las telecomunicaciones. El reloj atómico más reciente usa átomos de estroncio, y se cree que es aún más preciso.

do perdía su viscosidad: parecía fluir sin fricción aparente, y poseía una conductividad térmica que superaba con creces la de los mejores conductores metálicos. En estado superfluido, el helio no se comporta como lo hace a temperaturas más altas. Fluye por encima del borde de un contenedor y se filtra por el más pequeño de los agujeros. Si se lo hace girar, no deja de hacerlo. El Satélite Astronómico Infrarrojo (IRAS), operativo en 1983, se enfriaba con helio superfluido.

Un fluido se convierte en superfluido cuando sus átomos empiezan a ocupar los mismos estados cuánticos; en esencia, pierden su identidad individual y se convierten en una sola entidad. Los superfluidos son el único fenómeno cuántico que puede observarse a simple vista.

### Túneles y transistores

Algunos de los dispositivos que usamos a diario, como la tecnología de la pantalla táctil de los teléfonos móviles, no funcionarían si no fuera por el extraño fenómeno cuántico del efecto túnel. Explorado en la década de 1920 por el físico alemán Friedrich Hund y otros, este fenómeno permite que las partículas atraviesen barreras que normalmente serían infranqueables. Esta rareza aparece al concebir, por ejemplo, los electrones como ondas de probabilidad y no como partículas existentes en un punto concreto. Por ejemplo, en los transistores, el efecto túnel permite que los electrones pasen a través de una unión entre semiconductores. Eso puede ser problemático, pues los chips son cada vez más pequeños y las capas aislantes entre los componentes podrían llegar a ser demasiado finas para detener los electrones, con lo que se haría imposible apagar un dispositivo.

### Imágenes cuánticas

Un microscopio electrónico depende de la dualidad onda-partícula de los electrones. Funciona de modo similar a un microscopio de luz, pero, en vez de usar lentes para enfocar la luz, emplea imanes para enfocar haces de electrones. Al pasar la corriente de »

**En la física clásica**, un objeto (por ejemplo, una bola que rueda) no puede superar un obstáculo si no tiene suficiente energía para ello. Sin embargo, una partícula cuántica posee propiedades de onda, y nunca podemos saber cuánta energía tiene. Puede que tenga suficiente para atravesar el obstáculo.

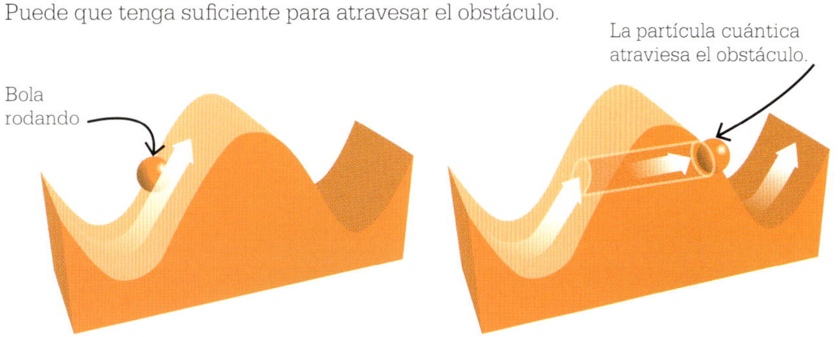


**Física clásica** — **Efecto túnel cuántico**

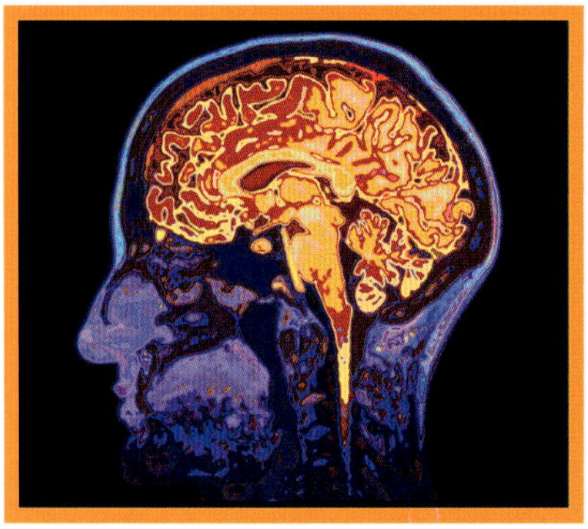

**Los escáneres por resonancia magnética** producen imágenes, como esta IRM del cerebro humano, usando un campo magnético y ondas de radio.

electrones por la «lente» magnética, estos se comportan como partículas, pues el imán desvía su camino y los enfoca sobre la muestra que hay que examinar. Después actúan como ondas, se difractan en torno al objeto y llegan a una pantalla fluorescente donde se forma una imagen. La longitud de onda de un electrón es mucho más pequeña que la de la luz, lo que permite la resolución de imágenes de objetos millones de veces más pequeños que los que pueden verse con un microscopio de luz.

La resonancia magnética fue desarrollada en la década de 1970 por investigadores como Paul Lauterbur, en EE UU, y Peter Mansfield, en Reino Unido. Dentro de un escáner de IRM, el paciente está rodeado por un campo magnético miles de veces más potente que el de la Tierra, producido por un electroimán superconductor. Ese campo magnético influye en el espín de los protones de los átomos de hidrógeno existentes en las moléculas de agua que constituyen buena parte del cuerpo humano, porque los magnetiza de un modo determinado. Se utilizan entonces ondas de radio para alterar el espín de los protones, cambiando la forma en que están magnetizados. Al apagar las ondas de radio, los protones vuelven a su espín anterior y emiten una señal que se registra electrónicamente y se transforma en imágenes de los tejidos corporales de los que forman parte.

## Puntos cuánticos

Los puntos cuánticos son nanopartículas –normalmente compuestas de unas pocas decenas de átomos– hechas de materiales semiconductores. Fueron creados por primera vez por el físico ruso Alekséi Ekímov y el físico estadounidense Louis Brus, que trabajaban de forma independiente a principios de la década de 1980. Los electrones de los semiconductores están encerrados dentro de la retícula cristalina que compone el material, pero pueden ser liberados si son excitados por fotones. Cuando los electrones se liberan, la resistencia eléctrica del semiconductor decae rápidamente, lo que permite que la corriente fluya con más facilidad.

La tecnología de los puntos cuánticos se usa en las pantallas de televisión y de ordenador para producir imágenes muy detalladas. Los puntos cuánticos pueden controlarse con precisión para hacer todo tipo de cosas útiles. Cada electrón de un punto cuántico ocupa un estado cuántico diferente, de modo que el punto tiene niveles discretos de energía como ocurre en un átomo individual. El punto cuántico puede absorber y emitir energía al moverse los electrones entre los niveles. La frecuencia de la luz emitida depende del espacio entre los niveles, determinado por el tamaño del punto: los puntos más grandes brillan en el extremo rojo del espectro y los más pequeños, en el azul. La luminosidad de los puntos puede ajustarse con precisión variando su tamaño.

## Computación cuántica

Es probable que la tecnología de los puntos cuánticos se use en la construcción de computadoras cuánticas. Los ordenadores dependen de bits binarios de información, que corresponden a las posiciones de encendido (1) y apagado (0) de sus interruptores electrónicos. El espín es una propiedad cuántica que aparece bastante a menudo en la tecnología cuántica. El espín del electrón proporciona a algunos materiales propiedades magnéticas. Usando láseres, es posible que los electrones estén en un estado de superposición con espín hacia arriba y hacia abajo al mismo tiempo. En teoría, esos electrones en superposición pueden utilizarse como cúbits (bits cuánticos) que estarán encendidos, apagados y algo intermedio, todo ello al mismo tiempo. Otras partículas, como los fotones polarizados, también pueden usarse como cúbits. En 1981, Richard Feynman fue el pri-

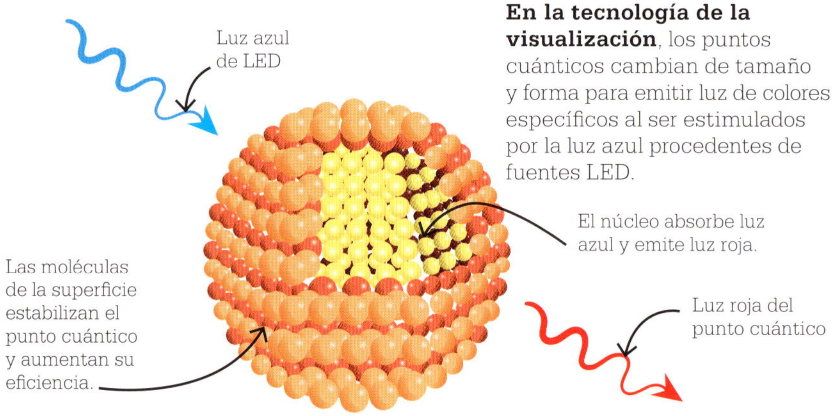


**En la tecnología de la visualización**, los puntos cuánticos cambian de tamaño y forma para emitir luz de colores específicos al ser estimulados por la luz azul procedentes de fuentes LED.

Los **ordenadores normales** usan **interruptores de encendido y apagado** para almacenar información binaria (1 y 0).

Los cálculos deben hacerse **paso a paso**.

En los ordenadores cuánticos, los **cúbits** pueden estar encendidos y apagados **al mismo tiempo**.

El **entrelazamiento entre cúbits** permite a los ordenadores cuánticos realizar **muchos cálculos simultáneamente**.

mero en señalar la formidable capacidad de cálculo que sería posible conseguir si se pudiera explotar el estado de superposición. Potencialmente, los cúbits son susceptibles de usarse para codificar y procesar muchísima más información que el simple bit binario.

En 1985, el físico David Deutsch comenzó a plantear ideas sobre el posible funcionamiento de un ordenador cuántico. El campo de la informática se basa en gran medida en la idea de la «computadora universal», propuesta por el matemático Alan Turing en la década de 1930. Según Deutsch, la idea de Turing estaba limitada por su dependencia de la física clásica y, por tanto, representaba solo un subconjunto de los ordenadores posibles. Él propuso un ordenador universal basado en la física cuántica, y se puso a reescribir la obra de Turing en términos cuánticos.

La potencia de los cúbits es tal que basta con 10 para permitir el procesamiento simultáneo de 1.023 números; con 40 cúbits, el número posible de cálculos paralelos supera el billón. Para que los ordenadores cuánticos se conviertan en una realidad, antes habrá que resolver el problema de la «descoherencia». La más pequeña perturbación provoca el colapso, o descoherencia, del estado de superposición. Una forma de evitar esa eventualidad es haciendo que la computación cuántica recurra al fenómeno del entrelazamiento cuántico, que Einstein llamó «acción fantasmal a distancia». En ese fenómeno, una partícula influye en otra situada en otro lugar, lo cual permitiría determinar indirectamente el valor de los cúbits. ■

> Es como intentar completar un rompecabezas difícil a oscuras y con las manos atadas a la espalda.
> **Brian Clegg**
> **Escritor científico británico, sobre la computación cuántica**

## David Deutsch

Nacido en Haifa (Israel) en 1953, Deutsch es uno de los pioneros de la computación cuántica. Estudió física en Cambridge y en Oxford. Después trabajó varios años en EE UU, en la Universidad de Texas en Austin, antes de volver a la Universidad de Oxford. Es miembro fundador del Centro de Computación Cuántica de la Universidad de Oxford.

En 1985 escribió «La teoría cuántica, el principio de Church-Turing y la computadora cuántica universal», donde expuso sus ideas acerca de una computadora cuántica universal. Su descubrimiento de los primeros algoritmos cuánticos, su teoría de las puertas lógicas cuánticas y sus ideas sobre las redes computacionales cuánticas son algunos de los avances más relevantes en ese campo.

### Obras principales

**1985** «La teoría cuántica, el principio de Church-Turing y la computadora cuántica universal», en *Proceedings of the Royal Society.*
**1997** *La estructura de la realidad.*
**2011** *El comienzo del infinito.*

# FISICA NU
# Y DE PAR
## DENTRO
## DEL ATOMO

# CLEAR
# TICULAS

**1896**
Henri Becquerel descubre que **algunos átomos** emiten **radiación espontáneamente**.

**1897**
J. J. Thomson descubre la **primera partícula subatómica, el electrón**.

**1911**
Los experimentos del físico alemán Hans Geiger y el físico británico Ernest Marsden conducen al descubrimiento del **núcleo atómico**.

**1912**
El físico austríaco Victor Hess descubre la existencia de los **rayos cósmicos** midiendo las tasas de **ionización** con un globo atmosférico.

**1919**
Ernest Rutherford estudia el núcleo de hidrógeno y halla en su interior una **partícula con carga positiva**. La llamará **protón**.

**1928**
El físico británico Paul Dirac propone un mundo especular de **antimateria** y un electrón con carga positiva, llamado más tarde **positrón**.

**1932**
James Chadwick descubre los **neutrones**, partículas sin carga neta en el interior de los núcleos atómicos.

La idea de los átomos como diminutas partículas de materia se remonta al mundo antiguo; y su naturaleza de apariencia indivisible se refleja en el nombre griego *átomon* («indivisible»). El físico británico John Dalton, que propuso en 1803 una teoría atómica, estuvo convencido de su naturaleza indestructible, al igual que la mayoría de los científicos del siglo XIX. Sin embargo, a fines de la década de 1890, algunos investigadores empezaron a poner en entredicho ese punto de vista.

En 1896, el físico francés Henri Becquerel descubrió por casualidad, cuando experimentaba con rayos X, que la sal de uranio que recubría su placa fotográfica emitía radiación de forma espontánea. Un año más tarde, el físico británico J. J. Thomson dedujo que los rayos generados en un experimento con rayos catódicos estaban formados por partículas de carga negativa más de mil veces más ligeras que un átomo de hidrógeno; esas partículas subatómicas se llamaron más tarde electrones.

## Explorando el núcleo

En su tesis doctoral, dirigida por Becquerel, Marie Curie propuso que tales rayos provenían del interior del átomo y no eran resultado de reacciones químicas, una señal de que los átomos contenían partículas más pequeñas. En 1899, el físico neozelandés Ernest Rutherford confirmó que hay diferentes tipos de radiación. Dio nombre a dos: los rayos alfa, que luego reconoció que eran núcleos de helio con carga positiva; y los rayos beta, electrones negativamente cargados. En 1900, el científico francés Paul Villard descubrió una luz muy energética, que Rutherford llamó rayos gamma para completar el trío de partículas subatómicas con nombres de las tres primeras letras del alfabeto griego.

Rutherford y otros físicos usaron las partículas alfa como diminutos proyectiles que dispararon contra los átomos en busca de estructuras más pequeñas. La mayoría pasó a través de ellos, pero una pequeña fracción rebotó y volvió en dirección contraria. La única explicación posible era que las partículas resultaran repelidas en el interior del átomo por una densa zona de carga positiva. El físico danés Niels Bohr trabajó con Rutherford para concebir, en 1913, un nuevo modelo del átomo con un núcleo positivo rodeado de electrones ligeros orbitando como planetas.

Otras investigaciones llevaron a los físicos a postular la existencia de otras partículas que forman la masa

**1935**

El físico japonés Hideki Yukawa predice la existencia de los **mesones**, partículas intercambiadas entre protones y neutrones en el núcleo y que proporcionan una **gran fuerza de cohesión nuclear**.

**1936**

El físico estadounidense Carl D. Anderson descubre el **muón**, un primo más pesado del electrón y el primero de la segunda generación de **partículas fundamentales**.

**1956**

Los físicos estadounidenses Frederick Reines y Clyde Cowan descubren el **neutrino**, 26 años después de su predicción por el físico austriaco Wolfgang Pauli.

**1959**

El físico estadounidense Sheldon Glashow y el físico pakistaní Abdus Salam proponen que las **fuerzas electromagnética** y **débil se fusionan** a altas temperaturas.

**1964**

El físico estadounidense Murray Gell-Mann usa la palabra **quark** para referirse al tipo más pequeño de partícula elemental.

**1983**

Los experimentos UA1 y UA2 en el **CERN**, en Suiza, descubren los portadores de fuerza débil, los **bosones W y Z**.

**2012**

El **CERN** anuncia el descubrimiento del **bosón de Higgs**, la última pieza de la teoría del **modelo estándar** de la física de partículas.

del núcleo: el hallazgo en 1919 de los protones por Rutherford proporcionó la carga eléctrica positiva, mientras que los neutrones eléctricamente neutros fueron identificados por James Chadwick en 1932.

## Aparecen más partículas

Uno de los siguientes enigmas por resolver fue averiguar por qué la carga positiva de los protones no hacía que el núcleo se separara. En 1935, Hideki Yukawa dio con la respuesta al proponer que los protones se mantenían unidos por la fuerza de alcance ultracorto (la fuerza nuclear fuerte) de una partícula llamada mesón.

La potencia letal de la energía nuclear se hizo patente cuando, en 1945, se lanzaron sobre Japón las dos bombas nucleares que pusieron fin a la Segunda Guerra Mundial. Sin embargo, también se hizo realidad su uso pacífico en la década de 1950, cuando se inauguraron los primeros reactores nucleares comerciales en EE UU y Reino Unido.

Mientras tanto, la investigación sobre las partículas prosiguió, y unos aceleradores cada vez más potentes descubrieron muchas partículas, como los kaones y los bariones, que se descomponían más despacio de lo esperado. Varios científicos, entre ellos Murray Gell-Mann, llamaron «extrañeza» a esa propiedad de desintegración prolongada y la usaron para clasificar en familias las partículas subatómicas. Gell-Mann acuñó luego el nombre de quark para los constituyentes que determinaban esas propiedades y estableció diferentes «sabores»: al principio, los quarks arriba, abajo y extraño; y luego los quarks encanto, cima y fondo.

El neutrino, propuesto por primera vez en 1930 para explicar la energía perdida en la radiación beta, se detectó en 1956. También se detectaron versiones más pesadas de electrones y quarks; y, a partir de sus interacciones se empezó a montar el rompecabezas de cómo esas partículas intercambiaban fuerzas y cambiaban de un tipo a otro. También se descubrieron los intermediarios que hacían eso posible: los bosones portadores de fuerza. El rompecabezas se completó en 2012 con el bosón de Higgs.

Sin embargo, el modelo estándar (la teoría que explica las cuatro fuerzas básicas, las partículas portadoras de fuerza y las partículas fundamentales de la materia) tiene limitaciones. La física de partículas moderna va más allá, en busca de la materia y la energía oscuras y alguna pista sobre el origen de la propia materia. ■

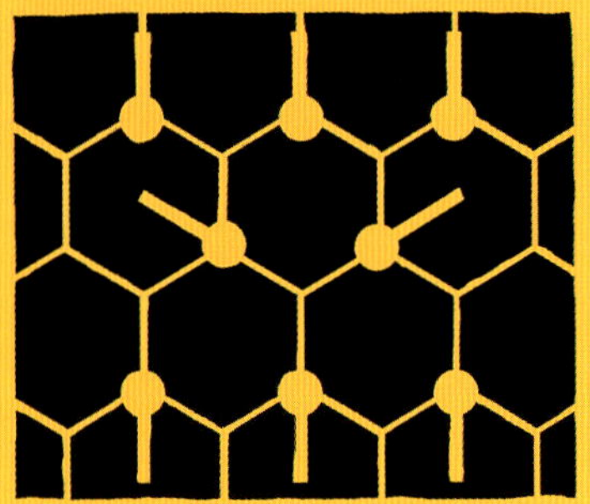

# LA MATERIA NO ES INFINITAMENTE DIVISIBLE

## TEORÍA ATÓMICA

**EN CONTEXTO**

FIGURA CLAVE
**John Dalton** (1766–1844)

ANTES
***C.* 400 A. C.** Los filósofos griegos Leucipo y Demócrito teorizan que todo se compone de átomos «no cortables».

**1794** El químico francés Joseph Proust descubre que los elementos se combinan siempre en las mismas proporciones para formar compuestos.

DESPUÉS
**1811** El químico italiano Amedeo Avogadro propone que los gases se componen de moléculas de dos o más átomos y distingue así entre átomos y moléculas.

**1897** El físico británico J. J. Thomson descubre el electrón.

**1905** Albert Einstein usa las matemáticas para demostrar la teoría atómica de Dalton.

La idea de los átomos se remonta al mundo antiguo. Así, los filósofos griegos Demócrito y su maestro Leucipo propusieron que toda la materia está formada por «átomos» eternos (*átomon* también significa «lo que no se puede cortar»). Esas ideas cobraron de nuevo fuerza en Europa en los siglos XVII y XVIII, cuando los científicos experimentaron con la combinación de elementos para crear otros materiales. Se alejaron entonces de los modelos históricos de cuatro o cinco elementos (por lo general, tierra, aire, fuego y agua) y clasificaron los elementos como oxígeno, hidrógeno, carbono y otros, pero sin lograr descubrir qué hacía que cada uno fuera único.

### La teoría de Dalton

La explicación llegó con la teoría atómica, desarrollada a inicios del siglo XIX por el científico británico John Dalton. Según Dalton, si el mismo par de elementos podía

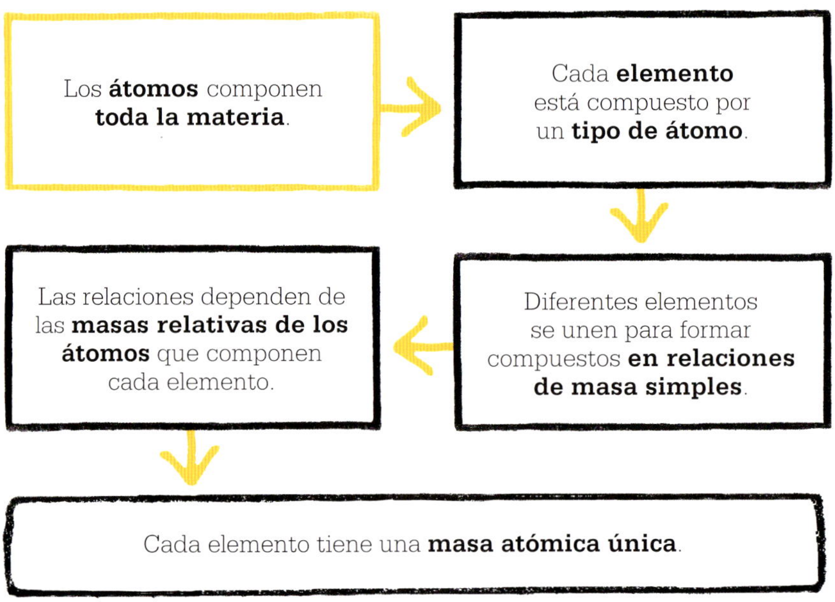

**Véase también:** Modelos de materia 68–71 ▪ La luz de los átomos 196–199 ▪ Partículas y ondas 212–215 ▪ El núcleo 240–241 ▪ Partículas subatómicas 242–243 ▪ Antimateria 246 ▪ Bombas y energía nuclear 248–251

**John Dalton usó** bolas de madera en sus demostraciones públicas de la teoría de los átomos, que imaginó como esferas duras y uniformes.

combinarse de varias maneras para formar diferentes compuestos, la relación entre sus masas debería poder representarse con números enteros. Así, observó que la masa del oxígeno en agua pura era casi ocho veces la masa del hidrógeno; así que, fuera lo que fuese lo que lo componía, el oxígeno debía de pesar más que aquello de lo que estaba hecho el hidrógeno. (Más tarde se demostró que un átomo de oxígeno pesa 16 veces más que un átomo de hidrógeno; lo cual encajaba con el hallazgo de Dalton, pues una molécula de agua contiene un átomo de oxígeno y dos de hidrógeno.)

Dalton concluyó que cada elemento estaba compuesto por sus propias partículas únicas: los átomos. Estos podían unirse o separarse de otros átomos, pero no podían ser divididos, creados ni destruidos. «Ninguna creación nueva ni destrucción de la materia entra dentro de la capacidad de obrar de la química», escribió. «Sería lo mismo pretender introducir un nuevo planeta en el Sistema Solar o aniquilar uno ya existente, que crear o destruir una partícula de hidrógeno.» Sin embargo, la materia podía modificarse separando las partículas que están combinadas en ella y uniéndolas a otras partículas para formar nuevos compuestos.

El modelo de Dalton hacía predicciones precisas y verificables; esta era la primera vez que la experimentación científica se usaba para demostrar la teoría atómica.

## Pruebas matemáticas

Las pruebas en apoyo de la teoría de Dalton aumentaron en 1905, cuando un joven Albert Einstein publicó un artículo explicando el errático movimiento de las partículas de polen en el agua, es decir, el movimiento browniano, descrito en 1827 por el botánico escocés Robert Brown.

Einstein usó las matemáticas para describir cómo el polen era bombardeado por las moléculas individuales de agua. Aunque el movimiento aleatorio conjunto de esas múltiples moléculas de agua no podía verse, Einstein afirmó que, a veces, un pequeño grupo se movía mayoritariamente en la misma dirección y que eso bastaba para «empujar» un grano de polen. La descripción matemática del movimiento browniano por parte de Einstein permitió calcular el tamaño de un átomo o una molécula a partir de la rapidez con la que se movía el grano de polen.

Los avances científicos posteriores revelaron que en el interior del átomo había más cosas de las que pudo imaginar Dalton, pero su teoría atómica sentó las bases de la química y de muchas ramas de la física. ■

## John Dalton

John Dalton nació en 1766 en el Distrito de los Lagos (Inglaterra), en el seno de una humilde familia cuáquera. Empezó a trabajar a la edad de diez años, y aprendió por sí solo ciencia y matemáticas. Comenzó a enseñar en el New College de Mánchester en 1793, y propuso una teoría (más tarde desmentida) sobre la causa del daltonismo, una afección que compartía con su hermano. En 1800, Dalton fue secretario de la Sociedad Literaria y Filosófica de Manchester, y escribió influyentes ensayos en los que describió sus experimentos con los gases.

También fue un entusiasta meteorólogo. Se convirtió en una figura científica y dio conferencias en la Royal Institution, en Londres. Tras su muerte en 1844, se celebró un funeral público con todos los honores.

### Obras principales

**1806** «Investigación experimental sobre la proporción de varios gases o fluidos elásticos que constituyen la atmósfera».
**1808 y 1810** *Un nuevo sistema de la filosofía química* (vols. 1 y 2).

# UNA VERDADERA TRANSFORMACION DE LA MATERIA

## RAYOS NUCLEARES

**EN CONTEXTO**

FIGURA CLAVE
**Marie Curie** (1867–1934)

ANTES
**1857** El francés Abel Niépce de Saint-Victor observa que ciertas sales pueden velar una placa fotográfica en la oscuridad.

**1896** Henri Becquerel descubre que las sales de uranio pueden emitir radiación sin ser expuestas a la luz del sol.

**1897** El físico británico J. J. Thomson descubre el electrón.

DESPUÉS
**1898** Marie y Pierre Curie descubren el polonio y el radio radiactivos.

**1900** Paul Villard descubre la radiación gamma.

**1907** Ernest Rutherford identifica la radiación alfa como un átomo de helio ionizado.

Hasta fines del siglo XIX se creía que la materia emitía radiación (como la luz visible y la ultravioleta) solo cuando era estimulada (mediante calor, por ejemplo). Esa percepción cambió en 1896, cuando el físico francés Henri Becquerel realizó un experimento con un tipo recién descubierto de radiación, los rayos X. Quería demostrar que las sales de uranio emitían radiación por la absorción de luz solar. Sin embargo, el tiempo nublado en París lo obligó a posponer el experimento y dejó su placa fotográfica, recubierta con sal de uranio (sulfato doble de uranilo y potasio), guardada en un cajón. Cuando la sacó, y pese a haber permanecido en la oscuridad, estaba velada y con marcas de los contornos de la muestra. Becquerel concluyó que la sal de uranio emitía radiación.

### Percepciones radiactivas

Marie Curie, cuyo doctorado dirigió Becquerel, se dedicó a estudiar ese fenómeno (más tarde llamado radiactividad) junto con su marido Pierre Curie. En 1898, extrajeron del mineral de uranio dos nuevos elementos radiactivos, polonio y radio. Marie se dio cuenta de que el nivel de activi-

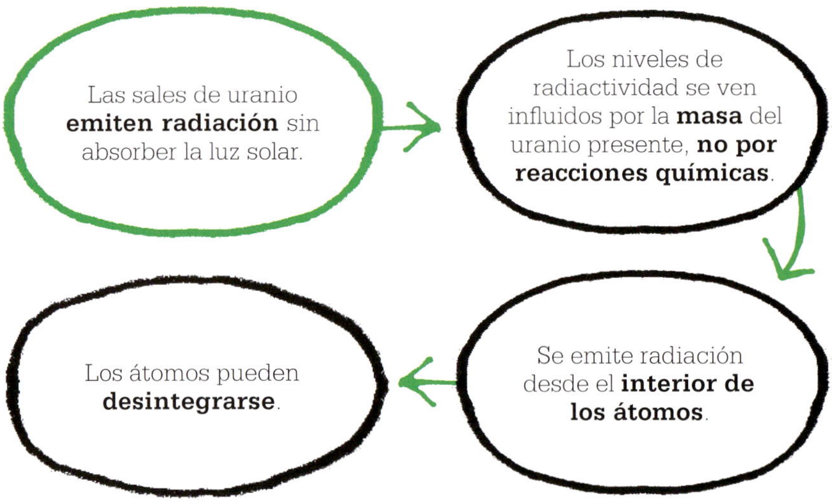

**Véase también:** Partículas y ondas 212–215 ▪ El núcleo 240–241 ▪ Partículas subatómicas 242–243 ▪ Bombas y energía nuclear 248–251

**Hay muchos tipos diferentes de radiación**, cada uno con unas propiedades únicas. Ernest Rutherford identificó las radiaciones alfa y beta; Villard descubrió la radiación gamma.

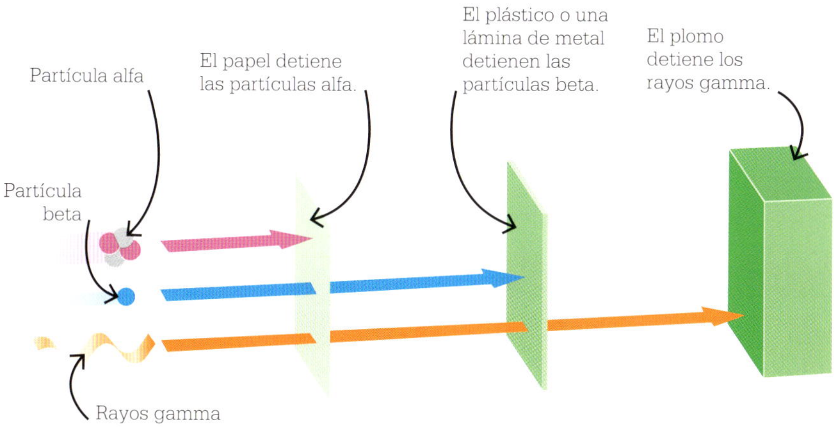


dad eléctrica del aire en torno al mineral de uranio solo se asociaba con la masa de la sustancia radiactiva presente. Afirmó que la radiación no era causada por reacciones químicas, sino que provenía del interior de los átomos, una teoría muy atrevida, puesto que la ciencia aún sostenía que los átomos no podían dividirse.

Se descubrió que la radiación producida por el uranio era resultado de la «desintegración» de los átomos individuales. No hay forma de predecir cuándo se desintegrará un átomo individual. Lo que hacen los físicos es medir el tiempo que tarda en desintegrarse la mitad de los átomos de una muestra; es lo que se llama la vida media de ese elemento y puede variar desde un instante hasta miles de millones de años. La noción de vida media fue propuesta por el físico neozelandés Ernest Rutherford.

En 1899, Rutherford confirmó las sospechas avanzadas por Becquerel y Curie de que hay diferentes categorías de radiación. Describió dos de ellas y les dio nombre: alfa y beta. Las emisiones alfa son átomos de helio con carga positiva, y solo pueden penetrar en unos pocos centímetros de aire; las emisiones beta son corrientes de emisiones de electrones con carga negativa susceptibles de ser bloqueados por una lámina de aluminio. La radiación gamma (descubierta por el químico francés Paul Villard en 1900 como rayo de alta frecuencia) es neutra. Puede bloquearse con varios centímetros de plomo.

## Elementos cambiantes

Rutherford y su colaborador Frederick Soddy descubrieron que las radiaciones alfa y beta estaban relacionadas con cambios subatómicos: los elementos transmutaban (cambiaban de un elemento a otro) a través de la desintegración alfa. El torio, por ejemplo, cambiaba a radio. Publicaron su ley del cambio radiactivo en 1903.

Esa rápida serie de descubrimientos acabó con la noción tradicional del átomo indivisible y condujo a los científicos a indagar en su interior y establecer nuevos campos de la física y unas tecnologías que cambiaron el mundo. ▪

## Marie Curie

Marie Curie (de soltera, Maria Skłodowska) nació en Varsovia (Polonia) en 1867, en el seno de una familia de modestos profesores. En 1891 viajó a Francia y se matriculó en la Universidad de París, donde conoció a su futuro colaborador y marido, Pierre Curie. Los Curie compartieron el Nobel de Física con Henri Becquerel en 1903. En 1911, Marie recibió el premio Nobel de Química. Más tarde, en París, dirigió el Instituto del Radio (ahora Instituto Curie); también creó y organizó unidades móviles de rayos X usadas para tratar a más de un millón de soldados en la Primera Guerra Mundial. Participó, junto con Einstein, en el Comité Internacional de Cooperación Intelectual de la Liga de las Naciones. Murió en 1934, probablemente a causa de su prolongada exposición a la radiactividad.

### Obras principales

**1898** *Sobre una nueva sustancia fuertemente radiactiva contenida en la pechblenda.*
**1898** *Rayos emitidos por los compuestos del uranio y el torio.*
**1903** *Investigaciones sobre las sustancias radiactivas.*

# LA CONSTITUCION DE LA MATERIA

## EL NÚCLEO

### EN CONTEXTO

FIGURA CLAVE
**Ernest Rutherford**
(1871–1937)

ANTES
**1803** John Dalton propone la teoría atómica y afirma que toda la materia se compone de átomos.

**1903** William Crookes, químico y físico británico, inventa el espintariscopio para detectar la radiación ionizante.

**1904** J. J. Thomson propone el modelo «pudín de ciruelas» del átomo.

DESPUÉS
**1913** El físico danés Niels Bohr desarrolla un nuevo modelo del átomo, donde los electrones siguen órbitas en torno al núcleo central y pueden moverse entre ellas.

**1919** Ernest Rutherford informa de que el núcleo del hidrógeno (protón) está presente en otros núcleos.

Los descubrimientos del electrón y de la radiación procedente del interior de los átomos plantearon a finales del siglo XIX la necesidad de un modelo atómico más sofisticado que el descrito hasta entonces. En 1904, el físico británico J. J. Thomson, que había descubierto el electrón en 1897, propuso el modelo «pudín de ciruelas» del átomo. En dicho modelo, los electrones con carga negativa están dispersos por un átomo mucho más grande y con carga positiva, como las ciruelas en un pudín. Cuatro años después, Rutherford empezó a desmantelar el modelo del pudín de ciruelas con una serie de pruebas realizadas en su laboratorio de Manchester con Ernest Marsden y Hans Geiger, en lo que se conoció como el experimento de la lámina de oro (o pan de oro).

> Cuando hayamos descubierto cómo está formado el núcleo de los átomos, habremos descubierto el mayor secreto de todos, salvo el de la vida.
> **Ernest Rutherford**

### Partículas intermitentes

Rutherford y sus colegas observaron el comportamiento de la radiación alfa dirigida contra una lámina de oro muy fina, de un grosor aproximado de solo unos mil átomos. Dispararon contra la lámina un fino haz de partículas alfa desde una fuente radiactiva encerrada en una caja de plomo. La lámina de oro estaba rodeada por una pantalla recubierta de sulfuro de cinc que emitía un pequeño destello de luz (centelleo) al ser golpeada por las partículas alfa. Usando un microscopio, los físicos podían ver las partículas alfa golpeando la pantalla. (La configuración era similar a la del espintariscopio, desarrollado por William Crookes en 1903 para detectar la radiación.)

Geiger y Marsden observaron que la mayoría de las partículas alfa disparadas atravesaban sin más la lámina de oro, lo que daba a entender que –en contra del modelo de Thomson– la mayor parte del átomo era un espacio vacío. Una pequeña

**Véase también:** Modelos de materia 68–71 ▪ Teoría atómica 236–237 ▪ Rayos nucleares 238–239 ▪ Partículas subatómicas 242–243 ▪ Bombas y energía nuclear 248–251

fracción de las partículas alfa era desviada en grandes ángulos, y algunas incluso rebotaban hacia la fuente. Aproximadamente una de cada 8.000 partículas alfa se desviaba en un ángulo promedio de 90 grados. Rutherford quedó asombrado por lo que él y sus colegas observaban: parecía que las partículas eran repelidas eléctricamente en el interior de los átomos por una carga positiva pequeña pero intensa.

## Un nuevo modelo del átomo

Los resultados del experimento de la lámina de oro fueron la base del nuevo modelo del átomo que Rutherford publicó en 1911. De acuerdo con ese modelo, la inmensa mayoría de la masa de un átomo está concentrada en un centro de carga positiva llamado núcleo. Ese núcleo está orbitado por electrones eléctricamente ligados a él. El modelo de Rutherford tenía algunas similitudes con el modelo saturniano del átomo propuesto por el físico japonés Hantaro Nagaoka en 1904. Nagaoka describió los electrones girando alrededor de un centro con carga positiva, como los helados anillos de Saturno.

Sin embargo, la ciencia es un proceso iterativo, y, en 1913, Rutherford desempeñó un papel importante en la sustitución de su propio modelo del átomo por otro que incorporaba la mecánica cuántica en la descripción del comportamiento de los electrones. Se trató del modelo de Bohr, desarrollado junto con Niels Bohr, en el que los electrones orbitaban en diferentes «capas». Con todo, el descubrimiento de Rutherford del núcleo atómico es ampliamente considerado como uno de los hallazgos más importantes de la física, ya que sentó las bases de la física nuclear y de partículas. ▪

## El experimento del pan de oro

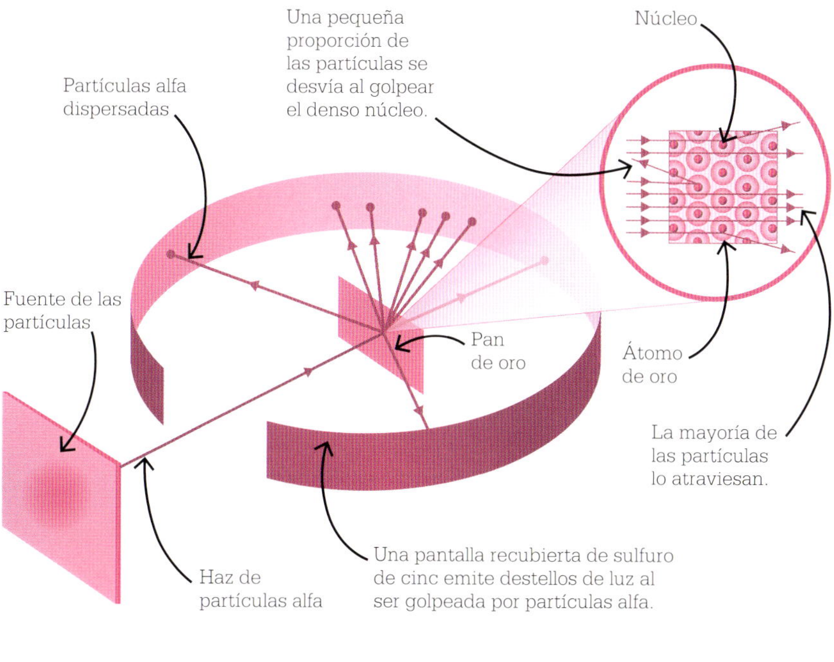

## Ernest Rutherford

Ernest Rutherford nació en Brightwater (Nueva Zelanda) en 1871. En 1895 ganó una beca que le permitió viajar a la Universidad de Cambridge (Reino Unido) y trabajar con J.J. Thomson en su Laboratorio Cavendish. Allí encontró una forma de transmitir y recibir ondas de radio a largas distancias, distinta de la del inventor Guglielmo Marconi.

En 1898 se convirtió en profesor de la Universidad McGill, en Montreal (Canadá), pero regresó a Reino Unido en 1907, esa vez a Manchester, donde realizó la mayor parte de sus investigaciones. Fue galardonado con el Nobel de Física en 1908. Más adelante fue director del Laboratorio Cavendish y presidente de la Royal Society de Londres. Tras su muerte, recibió una sepultura de honor en la abadía de Westminster.

### Obras principales

**1903** «Cambio radiactivo».
**1911** «La dispersión de las partículas alfa y beta por la materia y la estructura del átomo».
**1920** «La constitución nuclear de los átomos».

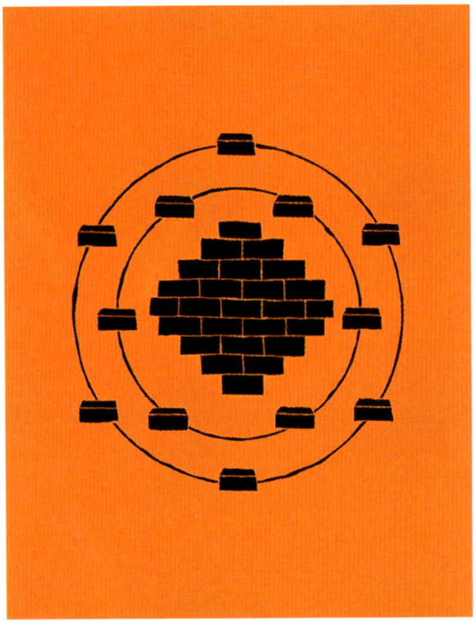

# LOS LADRILLOS CON QUE ESTAN HECHOS LOS ATOMOS

## PARTÍCULAS SUBATÓMICAS

**EN CONTEXTO**

FIGURAS CLAVE
**Ernest Rutherford** (1871–1937), **James Chadwick** (1891–1974)

ANTES
**1838** El químico británico Richard Laming afirma que existen partículas subatómicas.

**1891** El físico irlandés George J. Stoney llama «electrón» a la unidad fundamental de carga.

**1897** J. J. Thomson proporciona pruebas del electrón.

DESPUÉS
**1934** El físico italiano Enrico Fermi bombardea uranio con neutrones y produce un nuevo elemento más ligero.

**1935** James Chadwick recibe el Nobel por su descubrimiento del neutrón.

**1938** La física de origen austríaco Lise Meitner lleva más allá el descubrimiento de Fermi y describe la fisión nuclear.

Durante milenios, los átomos fueron considerados unidades irrompibles. Esa idea fue derribada por una sucesión de hallazgos realizados en Cambridge por tres generaciones de físicos que sacaron a la luz partículas más pequeñas dentro del átomo.

La primera partícula subatómica la descubrió en 1897 el físico británico J. J. Thomson mientras experimentaba con rayos catódicos. Esos rayos eran producidos por el electrodo negativo (cátodo) de un tubo de vacío cargado eléctricamente y eran atraídos hasta un electrodo positivo (ánodo). Los rayos catódicos hacían brillar el vidrio del extremo más alejado del tubo; Thomson dedujo que los rayos se componían de partículas con carga negativa más de mil veces más ligeras que un átomo de hidrógeno. Concluyó que esas partículas eran un componente universal de los átomos, y las llamó «corpúsculos» (más tarde llamados electrones).

> [...] la radiación se compone de neutrones: partículas de masa 1 y carga 0.
> **James Chadwick**

### Ahondando en el átomo

Thomson incorporó los electrones al modelo del «pudín de ciruela» del átomo de 1904. Sin embargo, su estudiante Ernest Rutherford propuso en 1911 un nuevo modelo que tenía un núcleo denso y con carga positiva orbitado por electrones. Otros refinamientos hechos por Niels Bohr, junto con Rutherford, dieron lugar al modelo de Bohr en 1913.

En 1919, Rutherford descubrió que, cuando el nitrógeno y otros elementos eran golpeados con radiación alfa, se emitían núcleos de hidrógeno. Concluyó que el núcleo de hidrógeno (el núcleo más ligero) es un componente de todos los demás núcleos, y lo llamó «protón».

A los físicos les costó explicar las propiedades de los átomos solo con protones y electrones, porque esas partículas solo daban cuenta de la mitad de la masa medida. En 1920, Rutherford propuso la existencia en el interior de los núcleos de una partícu-

**Véase también:** Modelos de materia 68–71 ▪ Carga eléctrica 124–127 ▪ La luz de los átomos 196–199 ▪ Partículas y ondas 212–215 ▪ El núcleo 240–241 ▪ Bombas y energía nuclear 248–251 ▪ El zoo de partículas y los quarks 256–257

## Modelos del átomo

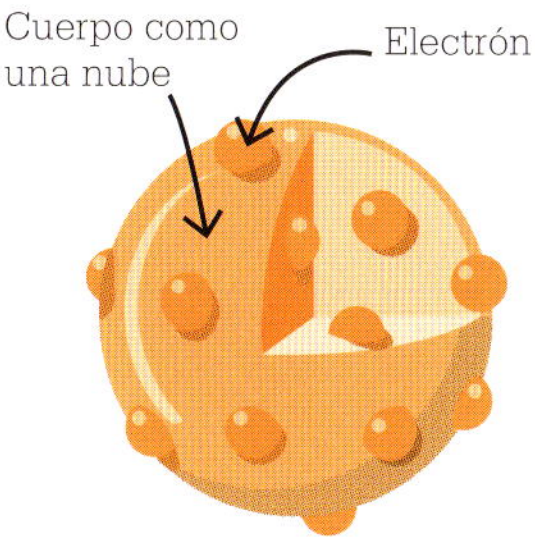


**El modelo de Thomson del pudín de ciruelas** (1904) tiene electrones salpicados al azar en un átomo de carga positiva.

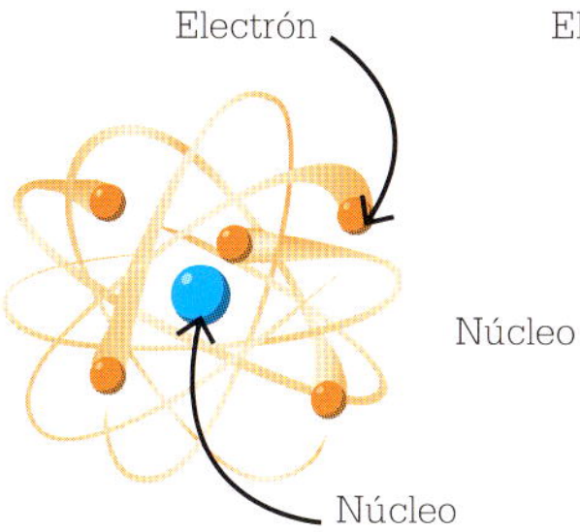


**En el modelo de Rutherford** (1911), los electrones zumban alrededor de un denso núcleo de carga positiva.

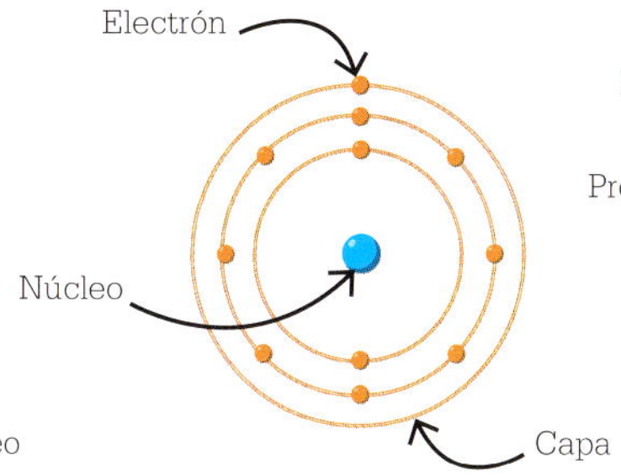


**El modelo de Niels Bohr** (1913) tiene electrones orbitando el núcleo en capas interiores y exteriores.

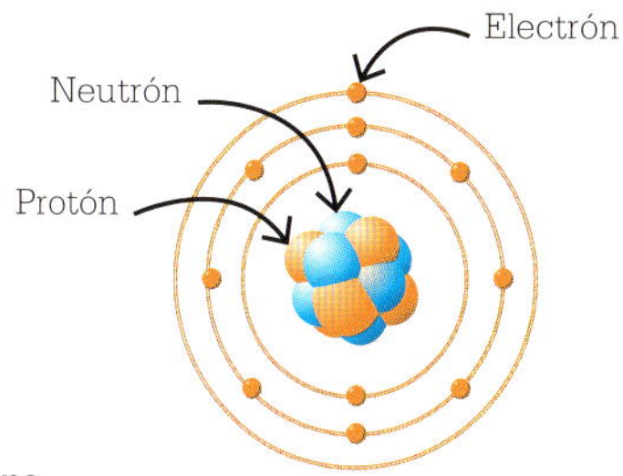


**En 1932, James Chadwick** descubrió que el núcleo de un átomo está compuesto por protones y neutrones.

la neutra compuesta por un protón y un electrón unidos, que llamó «neutrón». Si bien era una forma sencilla de explicar cómo irradiaban los electrones desde los núcleos, la explicación transgredía los principios de la mecánica cuántica, porque dentro de los núcleos no había suficiente energía para atrapar electrones.

En París, en 1932, Irène Joliot-Curie y su marido Frédéric experimentaron con una clase recién descubierta de radiación neutra (considerada una forma de radiación gamma) que aparecía cuando la radiación alfa golpeaba elementos ligeros, como el berilio. Los Joliot-Curie descubrieron que esa radiación llevaba suficiente energía para expulsar protones de alta energía de compuestos con mucho hidrógeno. Sin embargo, ni Rutherford ni James Chadwick (antiguo estudiante de Rutherford) creían que fueran rayos gamma. Chadwick repitió los experimentos con medidas más precisas. Demostró que esa radiación tenía más o menos la misma masa que los protones, y concluyó que estaba compuesta por neutrones, las partículas neutras contenidas en el núcleo. El hallazgo completó el modelo atómico de un modo que tenía sentido. También supuso el inicio del desarrollo de nuevas tecnologías médicas y el amanecer de la era nuclear. ■

### James Chadwick

Cuando James Chadwick, nacido en Cheshire en 1891, ganó una beca para estudiar en la Universidad de Mánchester, se matriculó por error en física en lugar de hacerlo en matemáticas. Estudió con Ernest Rutherford, y escribió su primer artículo sobre la forma de medir la radiación gamma. En 1913, viajó a Berlín para estudiar con Hans Geiger y pasó la Primera Guerra Mundial detenido en el campo de prisioneros de Ruhleben.

En 1919, tras su liberación, se reunió con Rutherford en la Universidad de Cambridge. En 1935, recibió el premio Nobel de Física por el descubrimiento del neutrón. En la Segunda Guerra Mundial, Chadwick dirigió el equipo británico del Proyecto Manhattan, que desarrollaba un arma nuclear para los aliados. Más tarde sirvió como asesor científico británico en la Comisión de Energía Atómica de la ONU. Falleció en 1974.

#### Obras principales

**1932** «Posible existencia de un neutrón».
**1932** «La existencia de un neutrón».

# PEQUEÑAS VOLUTAS DE NIEBLA

## PARTÍCULAS EN LA CÁMARA DE NIEBLA

**EN CONTEXTO**

FIGURA CLAVE
**Charles T. R. Wilson**
(1869–1959)

ANTES
**1894** Charles T. R. Wilson crea niebla en cámaras estudiando fenómenos meteorológicos en el Observatorio de Ben Nevis (Escocia).

**1910** Wilson ve que la cámara de niebla puede utilizarse para estudiar las partículas subatómicas emitidas por fuentes radiactivas.

DESPUÉS
**1912** Victor Hess postula que la radiación ionizante de gran energía entra en la atmósfera desde el espacio como «rayos cósmicos».

**1936** Alexander Langsdorf modifica la cámara de niebla añadiendo hielo seco.

**1952** La cámara de burbujas sustituye a la cámara de niebla como instrumento básico en la física de partículas.

Las partículas subatómicas son objetos fantasmales que solo suelen hacerse visibles a través de sus interacciones. Sin embargo, la invención de la cámara de niebla permitió a los físicos ser testigos de sus movimientos y determinar sus propiedades.

Interesado en diseñar un instrumento para estudiar la formación de nubes, el físico y meteorólogo escocés Charles T. R. Wilson experimentó introduciendo aire húmedo en una cámara hermética y sobresaturándola. Se dio cuenta de que, al chocar con las moléculas de agua, los iones (átomos cargados) expulsan electrones que crean un rastro de iones en torno al cual se forma niebla, dejando una huella visible en la cámara. En 1910, Wilson ya había perfeccionado su cámara de niebla, y en 1911 hizo una demostración ante científicos. Combinando imanes y campos eléctricos, el aparato permitía a los físicos calcular propiedades como la masa y la carga eléctrica a partir de las huellas dejadas por las partículas. En 1923,

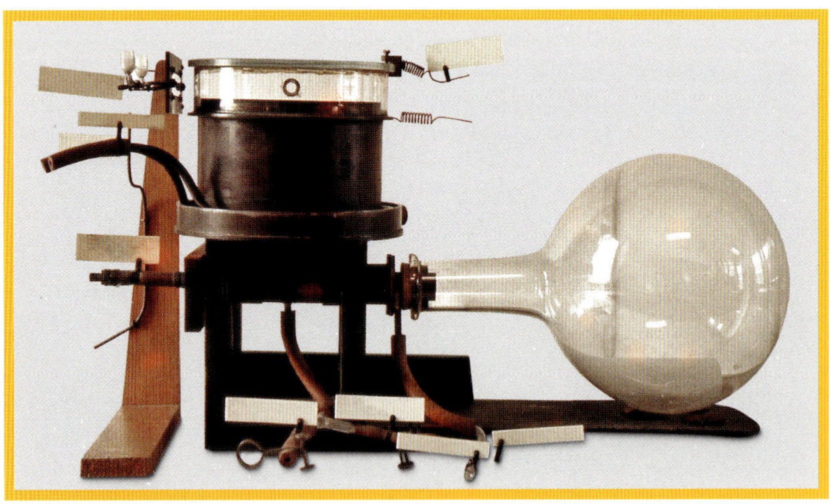

**La cámara de niebla de Wilson**, exhibida en el museo del Laboratorio Cavendish (Cambridge), produjo en su interior huellas «tan finas como pequeños cabellos».

**Véase también:** Carga eléctrica 124–127 ▪ Rayos nucleares 238–239 ▪ Antimateria 246 ▪ El zoo de partículas y los quarks 256–257 ▪ Portadores de fuerzas 258–259

La radiación ionizante **saca electrones cargados negativamente** de las moléculas de agua.

Las moléculas de agua se **ionizan** (adquieren carga positiva).

En el vapor supersaturado, los iones son el centro de la **formación de gotitas de agua**.

La radiación ionizante **crea rastros de niebla** en las cámaras de vapor supersaturado.

Esos rastros de niebla muestran el **camino de las partículas subatómicas**.

añadió la fotografía estereoscópica. Si bien Wilson estudió la radiación de fuentes radiactivas, las cámaras de niebla también pueden detectar rayos cósmicos (radiación de más allá del Sistema Solar y la Vía Láctea).

La noción de los rayos cósmicos fue confirmada en 1911–1912, cuando el físico Victor Hess midió la ionización desde un globo atmosférico. Durante las ascensiones a 5.300 metros, día y noche, halló niveles crecientes de ionización, y concluyó: «Radiación con muy alto poder de penetración entra desde arriba en nuestra atmósfera». Esos rayos cósmicos (compuestos en su mayoría por protones y partículas alfa) colisionan con los núcleos de los átomos y crean cascadas de partículas secundarias en su impacto con la atmósfera de la Tierra.

## El antielectrón

Mientras investigaba los rayos cósmicos en 1932, el físico estadounidense Carl D. Anderson identificó algo que parecía ser el reflejo exacto de un electrón, con igual masa y con una carga igual pero opuesta. Acabó por concluir que ese rastro pertenecía a un antielectrón (el positrón). Cuatro años después, Anderson descubrió otra partícula, el muón. Su rastro mostraba que era más de 200 veces más pesada que el electrón, pero con la misma carga. Aquello apuntaba a la posibilidad de múltiples «generaciones» de partículas vinculadas por propiedades similares.

## El hallazgo de la fuerza débil

En 1950, los físicos de la Universidad de Melbourne hallaron entre los rayos cósmicos una partícula neutra que se desintegraba en un protón y otros productos. La llamaron barión lambda ($\Lambda^\circ$). Hay diversos bariones, partículas compuestas sobre las que influye la potente fuerza que actúa dentro del núcleo. Según los físicos, el barión lambda debía desintegrarse en $10^{-23}$ segundos, pero sobrevivía mucho más tiempo. Ese hallazgo los llevó a concluir la existencia de otra fuerza fundamental que actuaba a corta distancia: la interacción débil, o fuerza débil. ■

## Charles T. R. Wilson

Nacido en 1869 en una familia de agricultores, en Midlothian (Escocia), Wilson se trasladó a Mánchester cuando murió su padre. Quiso estudiar medicina, pero obtuvo una beca para la Universidad de Cambridge y se dedicó a las ciencias naturales. Empezó estudiando las nubes y trabajó durante un tiempo en el observatorio meteorológico de Ben Nevis, lo cual le sirvió de inspiración para desarrollar la cámara de niebla, que le valió el Nobel de Física en 1927, que compartió con Arthur Compton.

Pese a su gran contribución a la física de partículas, prefirió la meteorología. Inventó un método para proteger los globos de barrera británicos de los rayos durante la Segunda Guerra Mundial y propuso una teoría de la electricidad de las tormentas. Falleció en 1959.

### Obras principales

**1901** *Sobre la ionización del aire atmosférico.*
**1911** *Sobre un método para hacer visibles los rastros de las partículas ionizantes a través de un gas.*
**1956** *Una teoría de la electricidad en las nubes de tormenta.*

# LOS CONTRARIOS PUEDEN EXPLOTAR

## ANTIMATERIA

**EN CONTEXTO**

FIGURA CLAVE
**Paul Dirac** (1902–1984)

ANTES
**1898** El físico británico de origen alemán Arthur Schuster especula sobre la existencia de la antimateria.

**1928** Paul Dirac postula que los electrones podrían tener carga negativa y positiva.

**1931** Dirac publica un artículo donde predice el «antielectrón» con carga positiva.

DESPUÉS
**1933** Dirac propone el antiprotón, la antimateria equivalente al protón.

**1955** La investigación de la Universidad de California en Berkeley confirma la existencia del antiprotón.

**1965** Los físicos del CERN describen la producción de antimateria en forma de antideuterio.

En la década de 1920, el físico británico Paul Dirac propuso un mundo especular de antimateria. En un artículo de 1928, Dirac demostró que para los electrones es igualmente válido tener estados de energía positiva o negativa. Un electrón con energía positiva se comportará de modo opuesto a un electrón ordinario. Por ejemplo, será repelido por un protón en lugar de ser atraído por él.

Dirac descartó la posibilidad de que esa partícula fuera un protón, porque la masa de un protón era mucho mayor que la de un electrón. Propuso, en cambio, una nueva partícula con la misma masa que el electrón pero con carga positiva. La llamó «antielectrón». Al encontrarse, electrón y antielectrón se aniquilan entre sí y producen una masa de energía.

Se atribuye a Carl D. Anderson la confirmación de la existencia del antielectrón (que renombró positrón) en 1932. Anderson hizo pasar rayos cósmicos a través de una cámara de niebla bajo la acción de un campo magnético para que los rayos se curvaran en diferentes direcciones en función de su carga. Descubrió una partícula con un rastro curvo como el del electrón, pero señalando en la dirección opuesta.

El descubrimiento de Anderson fue seguido por el de otros átomos y partículas de antimateria. Actualmente se sabe que todas las partículas tienen una partícula de antimateria equivalente, pero continúa sin resolverse la cuestión de por qué en el universo domina la materia ordinaria. ■

> Creo que el descubrimiento de la antimateria ha sido, quizá, el mayor salto de todos los grandes saltos en la física de nuestro siglo.
> **Werner Heisenberg**

**Véase también:** Partículas subatómicas 242–243 ▪ Partículas en la cámara de niebla 244–245 ▪ El zoo de partículas y los quarks 256–257 ▪ Asimetría materia-antimateria 264

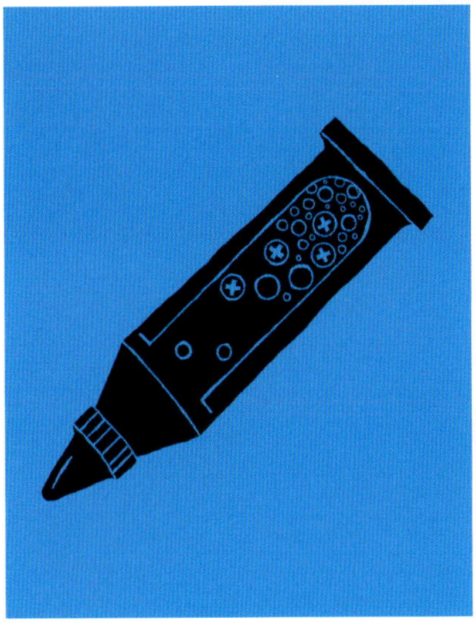

# EN BUSCA DEL PEGAMENTO ATÓMICO

## LA FUERZA FUERTE

### EN CONTEXTO

FIGURA CLAVE
**Hideki Yukawa** (1907–1981)

ANTES
**1935** Yukawa predice la existencia de una nueva fuerza dentro del núcleo atómico.

**1936** Carl D. Anderson descubre el muón, considerado durante un tiempo como el mediador de esa nueva fuerza.

DESPUÉS
**1948** Un grupo de físicos de la Universidad de California en Berkeley produce piones artificialmente lanzando partículas alfa contra átomos de carbono.

**1964** El físico estadounidense Murray Gell-Mann predice la existencia de los quarks, que interactúan mediante la fuerza fuerte.

**1979** Se descubre el gluón en el acelerador PETRA (Acelerador Circular Tándem de Positrones y Electrones), en Alemania.

El hallazgo de las partículas subatómicas a principios del siglo XX ofreció tantas respuestas como nuevas preguntas. Una de esas incógnitas era: ¿cómo se mantienen juntos unos protones de carga positiva en el núcleo a pesar de su repulsión eléctrica natural?

En 1935, el físico japonés Hideki Yukawa dio una respuesta al predecir una fuerza de alcance ultracorto que actúa dentro del núcleo atómico para unir sus componentes (protones y neutrones). Sostuvo que dicha fuerza era mediada por una partícula que llamó mesón. En realidad, hay muchos mesones. El primero que se descubrió fue el pión (o mesón pi), descubierto por físicos de Reino Unido y Brasil que estudiaban los rayos cósmicos en los Andes en 1947. Sus experimentos confirmaron que el pión participaba en las interacciones fuertes descritas por Yukawa.

Esa fuerza fuerte recién descubierta, con creces la más potente de las cuatro fuerzas fundamentales (las otras tres son el electromagnetismo, la gravedad y la fuerza débil), era en realidad la responsable de la inmensa energía liberada por armas y reactores nucleares cuando se dividen los átomos. Los mesones son los portadores de esa fuerza entre nucleones. La fuerza fuerte entre los quarks (que se combinan en tríos para componer un protón) es transportada por los gluones (partículas elementales, o bosones), que aglutinan quarks de diferentes «colores» (una propiedad no relacionada con los colores normales) para formar partículas «incoloras» como los protones y los piones. ■

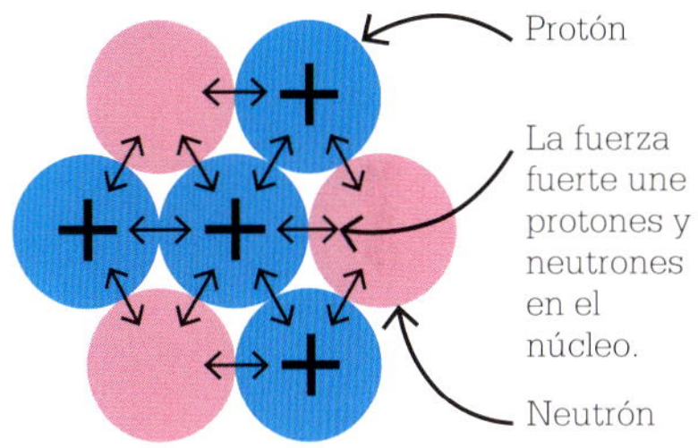


**Los neutrones y protones (nucleones)** están unidos en el núcleo por la fuerza fuerte portada por los mesones. Dentro de los protones y neutrones, unas partículas más pequeñas (quarks) están unidas por los gluones.

**Véase también:** El núcleo 240–241 ▪ Partículas subatómicas 242–243 ▪ El zoo de partículas y los quarks 256–257 ▪ Portadores de fuerzas 258–259

# CANTIDADES TREMENDAS DE ENERGIA

## BOMBAS Y ENERGÍA NUCLEAR

**EN CONTEXTO**

FIGURAS CLAVE
**Enrico Fermi** (1901–1954), **Lise Meitner** (1878–1968)

ANTES
**1898** Marie Curie descubre la radiactividad producida por materiales como el uranio.

**1911** Ernest Rutherford propone un átomo con un núcleo denso en su centro.

**1919** Rutherford demuestra que un elemento puede transformarse en otro bombardeándolo con partículas alfa.

**1932** James Chadwick descubre el neutrón.

DESPUÉS
**1945** Se prueba la primera bomba atómica en Nuevo México. Se lanzan bombas A sobre Hiroshima y Nagasaki.

**1951** Se abre el primer reactor nuclear para generar electricidad.

**1986** El desastre de Chernóbil subraya los riesgos de la energía nuclear.

En el paso del siglo XIX al XX, los físicos sentaron sin saberlo las bases para que los científicos comprendieran y aprovecharan el gran potencial atrapado en el átomo. En 1911, Ernest Rutherford propuso un modelo del átomo con un núcleo denso en su centro. En París, Marie Curie y sus colaboradores, incluido su marido Pierre, habían descubierto de qué modo emanaba la radiactividad del interior del átomo de materiales naturales como el uranio.

En 1934, el físico italiano Enrico Fermi bombardeó uranio con neu-

**Véase también:** Generación eléctrica 148–151 ▪ Teoría atómica 236–237 ▪ Rayos nucleares 238–229 ▪ El núcleo 240–241 ▪ Partículas subatómicas 242–243

Los átomos tienen un **núcleo central**.

→ Los materiales **radiactivos** tienen **núcleos inestables**.

↓ **Dividir el núcleo** (bombardeándolo con neutrones) **libera neutrones** y una enorme cantidad de **energía térmica**.

← Los **neutrones liberados** pueden dividir los núcleos de **otros átomos**.

↓ Puede iniciarse una **reacción en cadena**.

↓ La reacción en cadena puede ser **controlada**, y el calor se usa para **producir electricidad**.

↓ Una **reacción incontrolada** produce la **enorme y destructiva explosión** de una bomba nuclear.

trones (partículas subatómicas descubiertas apenas dos años antes). El experimento de Fermi pareció transformar el uranio en elementos diferentes, pero no en los nuevos y más pesados elementos que esperaba, sino en isótopos (variantes con un número diferente de neutrones) de elementos más ligeros. Fermi había dividido el átomo, aparentemente indivisible, pero la comunidad científica tardó años en comprender la magnitud de lo que había hecho. La química alemana Ida Noddack señaló que los nuevos elementos eran fragmentos de los núcleos de uranio originales, pero su propuesta fue rechazada en la pugna de los científicos por comprender el experimento de Fermi.

En 1938, los químicos alemanes Otto Hahn y Fritz Strassmann ampliaron el trabajo de Fermi. Descubrieron que obtenían bario al bombardear uranio con neutrones, y que al hacerlo se producía una pérdida aparente de 100 protones y neutrones. Hahn comunicó los desconcertantes hallazgos a su antigua colega Lise Meitner, quien había huido de la Alemania nazi a Suecia. Meitner propuso que los núcleos de uranio se rompían en fragmentos en un proceso que

**Fotografiada en 1913** con Otto Hahn en su laboratorio de Berlín, Lise Meitner desarrolló más adelante la obra de Enrico Fermi y explicó la fisión nuclear.

Hahn llamó fisión nuclear. De modo crucial, Meitner también usó la teoría de la equivalencia entre la masa y la energía de Albert Einstein (resumida en la ecuación $E = mc^2$) para demostrar que la masa misteriosamente perdida en el proceso se convertía en energía. Al final, todas las piezas del rompecabezas encajaron.

## Fuerzas poderosas

Las fuerzas del interior de un núcleo son poderosas y están en precario equilibrio. La fuerza nuclear mantiene unido el núcleo, pues la carga positiva de los protones hace que se repelan con unos 230 N de fuerza. Mantener unidos los núcleos requiere gran cantidad de «energía de cohesión», la energía que se libera cuando el núcleo se rompe. La pérdida de masa equivalente es medible: para la reacción de fisión del uranio en investigación, en torno a una quinta parte de la masa de un protón parecía desvanecerse en un estallido de calor.

Meitner y otros físicos se dieron cuenta de que los neutrones en «ebullición» en una fisión nuclear abrían la posibilidad de reacciones en »

No existen límites a la destructividad de esta arma [...], su existencia misma [es] un peligro para la humanidad.
**Enrico Fermi**

cadena en las que los núcleos libres causaran sucesivas reacciones de fisión, liberando cada vez más energía y más neutrones con cada reacción. Una reacción en cadena podía liberar un flujo de energía constante o provocar una inmensa explosión. Con los países encaminándose hacia la Segunda Guerra Mundial y temerosos de que semejante poder pudiera estar en manos del enemigo, los investigadores se lanzaron a estudiar cómo sostener la fisión.

## El Proyecto Manhattan

El presidente estadounidense Franklin D. Roosevelt quería que EE UU y sus aliados fueran los primeros en aprovechar la energía atómica en un momento en que el conflicto causaba estragos en gran parte del mundo. Aunque EE UU no entró en la Segunda Guerra Mundial hasta 1941, el Proyecto Manhattan, que empleó a muchos de los mayores científicos y matemáticos del siglo XX, se creó en 1939 para desarrollar armas nucleares bajo la dirección científica de J. Robert Oppenheimer.

Tras huir de la Italia fascista en 1938, Fermi se trasladó a EE UU y siguió trabajando en las aplicaciones de su descubrimiento como parte del Proyecto Manhattan. Él y sus colegas descubrieron que los neutrones de movimiento lento (llamados térmicos) tenían más probabilidades de ser absorbidos por núcleos y causar fisión. El U-235 (isótopo natural del uranio) fue identificado como combustible ideal porque libera tres neutrones térmicos cada vez que se fragmenta. El U-235 es un isótopo raro presente en menos del 1 % del uranio natural, así que este debe ser laboriosamente enriquecido para que una reacción en cadena sea sostenible.

## El factor crítico

El Proyecto Manhattan investigaba múltiples métodos de enriquecer uranio y dos posibles diseños de reactores nucleares: el de la Universidad de Columbia usaba agua pesada (agua con un isótopo de hidrógeno) para enlentecer los neutrones; y el de la Universidad de Chicago, dirigido por Fermi, usaba grafito. Los científicos buscaban la criticidad, el estado en que la tasa de neutrones producidos en la fisión es igual a la tasa de los que se pierden a través de la absorción y las fugas. Una producción excesiva significaba que las reacciones se descontrolarían, mientras que producir menos de lo necesario acabaría con las reacciones. La criticidad requería un cuidadoso equilibrio entre la masa del combustible, la densidad del combustible, la temperatura y otras variables.

El reactor nuclear de Fermi entró en funcionamiento en 1942. El Chicago Pile-1 se construyó en una pista de squash de la universidad usando casi cinco toneladas de uranio no enriquecido, 40 toneladas de óxido de uranio y 330 toneladas de bloques de grafito. Era tosco, sin blindaje y de baja potencia, pero con él los científicos sostuvieron por primera vez una reacción de fisión en cadena.

Mientras que los reactores nucleares deben mantener la criticidad para el uso civil, las armas nucleares deben superar la criticidad y liberar instantáneamente cantidades mortales de energía de cohesión. Los científicos del Proyecto Manhattan fueron los responsables de concebir esas armas. Un diseño usaba la implosión: unos explosivos en torno a un centro fisionable se encendían y producían ondas de choque. Ese centro se comprimía hasta un volumen más pequeño y denso que superaba la criticidad. El diseño alternativo (un arma «tipo pistola») disparaba a alta velocidad dos fragmentos más pequeños de ma-

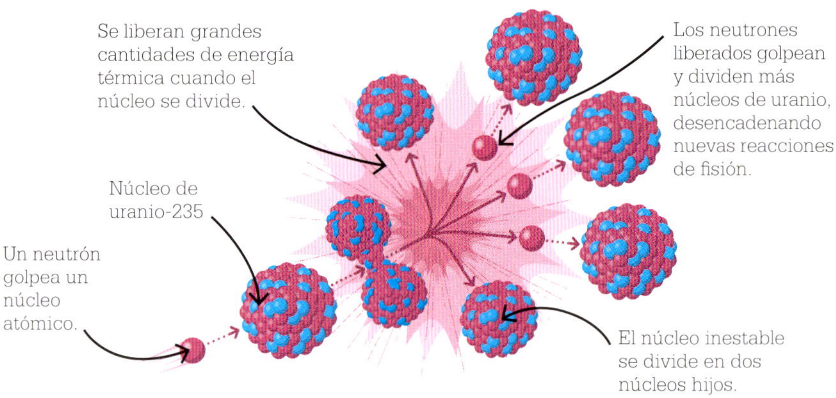


**El uranio-235** (U-235) es un isótopo purificado del uranio. Es naturalmente inestable y emite neutrones y calor. La fisión nuclear del U-235 comienza cuando un neutrón golpea un núcleo de U-235. El núcleo se divide y produce dos núcleos «hijos» más pequeños y ligeros, así como unos pocos neutrones más, susceptibles de producir la fisión en más núcleos de uranio.

**La primera bomba atómica** (nombre en clave, *Trinity*) se detonó el 16 de julio de 1945 en Alamogordo (Nuevo México); produjo una enorme bola de fuego y una nube en forma de hongo.

terial fisionable para crear una gran masa que excedía la criticidad.

En julio de 1945, los científicos del Proyecto Manhattan detonaron por primera vez un artefacto nuclear. Se produjo una bola de fuego a la que siguió una nube radiactiva de escombros y vapor de agua. Oppenheimer declaró más tarde que le vinieron a la mente las palabras del dios Vishnú en el *Bhagavad-gītā:* «Ahora me convierto en Muerte, el destructor de mundos». Los únicos dos artefactos nucleares usados en conflictos armados hasta la fecha se arrojaron sobre Japón unas semanas más tarde: el de tipo pistola, *Little Boy*, en Hiroshima, el 6 de agosto; y el de tipo implosión, *Fat Man* (que usó como material fisionable Pu-239, un isótopo del plutonio), en Nagasaki el 9 de agosto.

## La energía de lo nuclear

El final de la guerra marcó un desplazamiento parcial de la fisión nuclear hacia fines pacíficos; en 1946 se creó en EE UU la Comisión de la Energía Atómica para supervisar el desarrollo de las aplicaciones nucleares civiles. El primer reactor nuclear para la generación de electricidad se abrió en 1951 en Idaho y en las siguientes dos décadas se multiplicaron las centrales nucleares civiles. Los reactores nucleares usan reacciones en cadena controladas (aceleradas o frenadas mediante barras de control encargadas de capturar neutrones libres) que liberan energía gradualmente, convierten el agua en vapor y hacen funcionar generadores eléctricos. La cantidad de energía que puede extraerse del combustible nuclear es millones de veces la disponible en cantidades similares de otros combustibles, lo que lo convierte en una fuente de energía eficiente y neutra en carbono. Sin embargo, en 1986, las explosiones en el núcleo de un reactor en Chernóbil (Ucrania, entonces parte de la URSS) liberaron a la atmósfera un material radiactivo que acabó provocando miles de muertes. Esa y otras catástrofes nucleares, junto con las preocupaciones sobre el almacenamiento de unos residuos de larga vida y muy radiactivos, han destruido las credenciales medioambientales de la energía nuclear.

## ¿De la fisión a la fusión?

Algunos esperan que la energía nuclear de fusión sea la fuente de energía sostenible del futuro. La fusión consiste en la unión de dos núcleos para formar un núcleo más grande y generar la liberación del exceso de energía en forma de fotones. Los científicos llevan tiempo intentando inducir la fusión, pero la fuerza repulsiva de los protones solo puede superarse con una temperatura y una densidad extremas. El método más prometedor usa un dispositivo con forma de rosco *(tokamak)*, que genera un campo magnético para obtener plasma, una materia tan caliente que los electrones se ven despojados de sus átomos, haciéndolos conductores y fáciles de manipular con campos magnéticos. ■

## Enrico Fermi

Nacido en Roma en 1901, Enrico Fermi fue célebre por desarrollar las primeras aplicaciones nucleares, pero también fue admirado como teórico físico. Estudió en la Universidad de Pisa, y luego dejó Italia para colaborar con físicos como Max Born. Volvió para dar conferencias en la Universidad de Florencia en 1924, y ayudó a desarrollar la estadística de Fermi-Dirac. En 1926 se convirtió en profesor en la Universidad de Roma, donde propuso la teoría de la interacción débil y demostró la fisión nuclear.

En 1938, año en que ganó el Nobel de Física, dejó la Italia fascista para escapar a las leyes antijudías que restringían los derechos de su esposa y otros colegas. A pesar de su participación en el Proyecto Manhattan, luego se convirtió en un detractor del desarrollo de las armas nucleares. Murió en Chicago en 1954.

### Obras principales

**1934** «Radiactividad artificial producida por bombardeo de neutrones».
**1939** «Captura simple de neutrones por uranio».

# UNA VENTANA A LA CREACIÓN

## ACELERADORES DE PARTÍCULAS

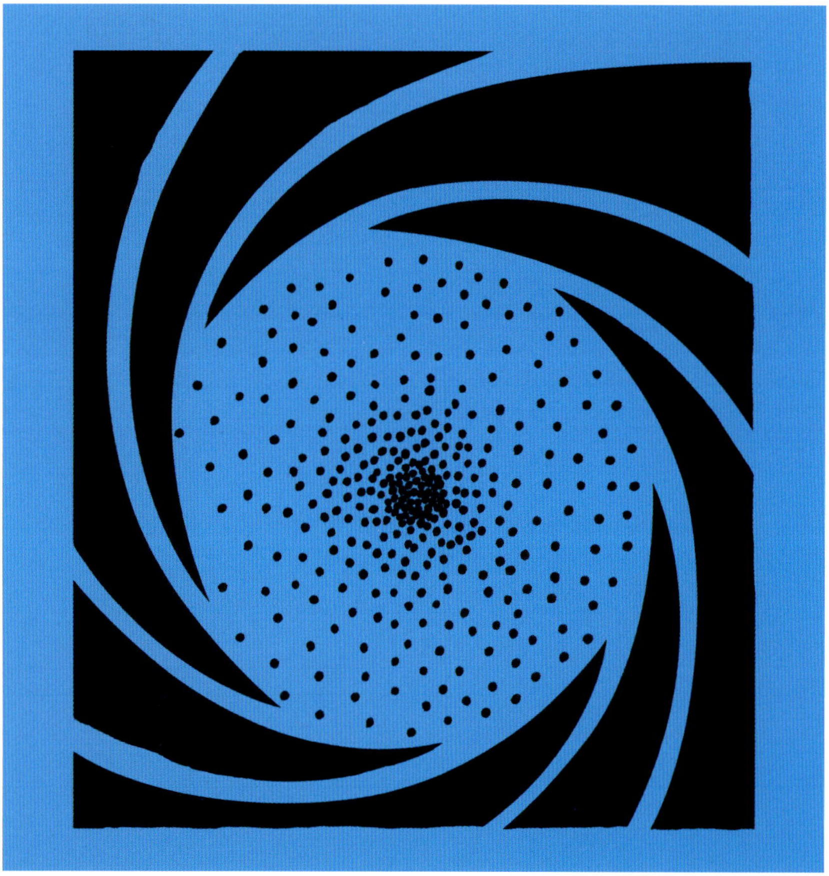

**EN CONTEXTO**

FIGURA CLAVE
**John Cockcroft** (1897–1967)

ANTES
**1919** Ernest Rutherford induce artificialmente la fisión nuclear (la división del núcleo de un átomo en dos núcleos).

**1929** El físico ucraniano-estadounidense George Gamow propone su teoría del túnel cuántico para partículas alfa emitidas en la desintegración alfa.

DESPUÉS
**1952** El Cosmotrón, primer sincrotrón de protones, empieza a operar en el Laboratorio Nacional de Brookhaven (EE UU).

**2009** Entra en funcionamiento el Gran Colisionador de Hadrones (LHC) en el CERN (Suiza) y se convierte en el mayor acelerador de partículas.

En 1919, la investigación de Ernest Rutherford sobre la desintegración de los átomos de nitrógeno demostró que era posible separar las partículas unidas por la fuerza nuclear, una de las mayores fuerzas del universo. Los físicos pronto se preguntaron si podrían explorar aun más el interior del átomo rompiéndolo y examinando los pedazos.

A finales de la década de 1920, John Cockcroft, ingeniero y antiguo soldado británico, fue uno de los jóvenes físicos que ayudaban a Rutherford en el Laboratorio Cavendish de la Universidad de Cambridge. A Cockcroft le interesó el trabajo de George Gamow, quien en 1928 había descrito el fenómeno del túnel

**Véase también:** Modelos de materia 68–71 ▪ Aplicaciones cuánticas 226–231 ▪ Partículas subatómicas 242–243 ▪ El zoo de partículas y los quarks 256–257 ▪ El bosón de Higgs 262–263 ▪ Masa y energía 284–285 ▪ El Big Bang 296–301

cuántico: la idea de que las partículas subatómicas (como las partículas alfa) pudieran escapar del núcleo a pesar de la fuerza nuclear fuerte gracias a sus características de onda, lo que permitiría a algunas superar la barrera de la fuerza nuclear y escapar a su poder de atracción.

## Invertir el principio

Gamow visitó el laboratorio de Cambridge por invitación de Cockcroft, y ambos debatieron la posibilidad de aplicar la teoría del primero a la inversa: ¿sería posible acelerar un protón con suficiente energía como para penetrar y reventar el núcleo de un elemento? Cockcroft le dijo a Rutherford que creía que podrían penetrar en un núcleo de boro con protones acelerados con 300 kilovoltios, y que un núcleo de litio requeriría potencialmente menos energía. El boro y el litio tienen núcleos ligeros, así que las barreras de energía que deben superarse son menores que en el caso de elementos más pesados. Rutherford dio el visto bueno y, en 1930, junto con el físico irlandés Ernest Walton, Cockcroft experimentó con haces acelerados de protones en un tubo de rayos canales (esencialmente, un tubo de rayos catódicos invertido). No lograron detectar los rayos gamma observados por los científicos franceses que realizaban una investigación similar, y dedujeron que su energía de protones era demasiado baja.

## Energía cada vez mayor

Empezó entonces una búsqueda de aceleradores de partículas más potentes. En 1932, Cockcroft y Walton construyeron un nuevo aparato capaz de acelerar un haz de protones a energías más altas usando voltajes más bajos. Ese acelerador Cockcroft-Walton acelera las partículas cargadas a través de un diodo inicial (un dispositivo semiconductor) y carga un condensador (un componente que almacena la energía eléctrica) para obtener voltaje. Entonces se invierte el sentido de la corriente, y las partículas se lanzan al siguiente diodo y doblan con ello su energía. A través de condensadores y diodos, la carga se acumula en mayores cantidades de lo que sería posible de forma normal, aplicando el máximo voltaje.

Por medio de ese innovador dispositivo, Cockcroft y Walton bombardearon núcleos de litio y berilio con protones de alta velocidad y supervisaron las interacciones en un detector, una pantalla fluorescente de fluoruro de cinc. Esperaban ver los rayos gamma mencionados por los científicos franceses Irène Joliot-Curie y su marido Frédéric. En cambio, produjeron inadvertidamente neutrones (como demostraría más tarde el físico británico James Chadwick). Cockcroft y Walton realizaron luego la primera desintegración de un núcleo atómico en un núcleo de litio, reduciéndolo a partículas alfa.

Con esa primera desintegración, Cockcroft y Walton demostraron el valor de los aceleradores de partículas (apodados «rompeátomos») para »

> Las partículas salían del litio, golpeaban la pantalla y producían centelleos. Eran como estrellas que aparecían y desaparecían de repente.
>
> **Ernest Walton**
>
> **sobre la división del átomo**

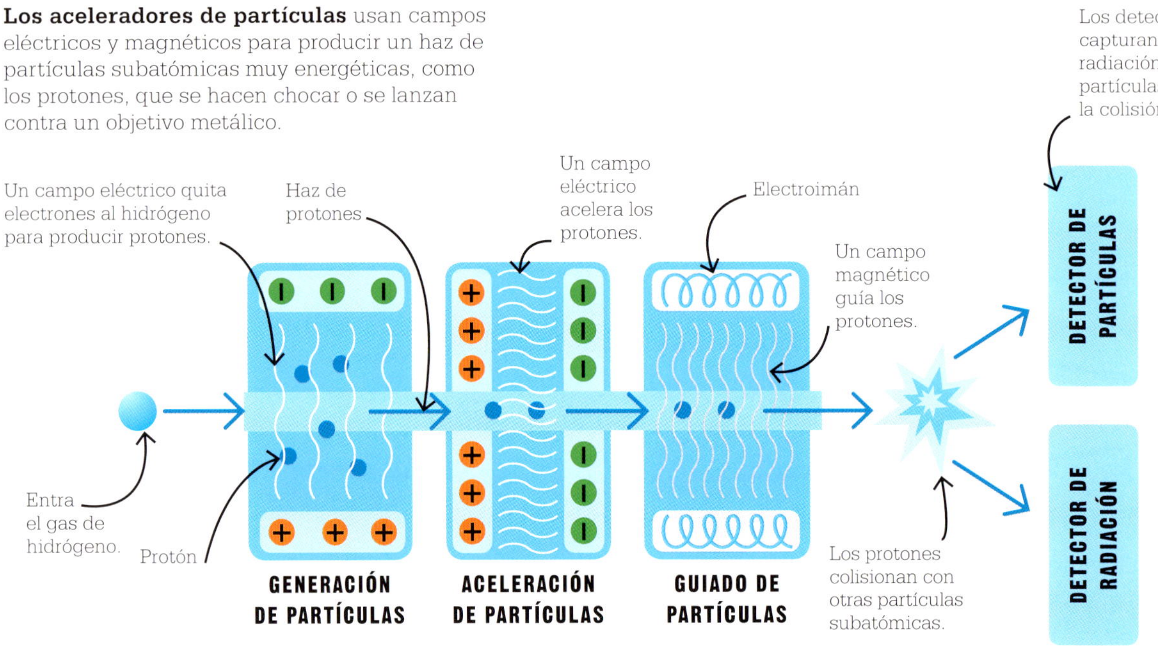


investigar el átomo y descubrir nuevas partículas; con ello ofrecieron una alternativa más controlada a la observación de los rayos cósmicos (partículas de alta energía que viajan por el espacio).

## Aceleradores de alta potencia

Las máquinas de Cockcroft-Walton y todos los primeros aceleradores de partículas eran dispositivos electrostáticos: usaban un campo eléctrico estático para acelerar las partículas. Hoy aún se usan mucho en estudios académicos, médicos e industriales sobre partículas de baja energía, así como en aplicaciones electrónicas cotidianas, como los hornos de microondas. No obstante, su límite de energía impide un uso en la investigación moderna en física de partículas. En cierto nivel de energía, el aumento de los voltajes para seguir impulsando las partículas provoca una avería eléctrica en los aislantes utilizados en la construcción de los aceleradores y los vuelve conductores.

En física de partículas, la mayoría de los aceleradores utiliza campos electromagnéticos oscilantes para acelerar partículas cargadas. En los aceleradores electrodinámicos, una partícula es acelerada hacia una placa y, cuando la atraviesa, la carga cambia y repele la partícula hacia la siguiente placa. Ese proceso se repite con oscilaciones cada vez más rápidas para impulsar las partículas a velocidades comparables a las de la luz. De modo típico, los campos oscilantes se producen mediante uno de estos dos mecanismos: por inducción magnética o por ondas de radiofrecuencia (RF). La primera recurre a un campo magnético para provocar el movimiento de partículas cargadas y crear un campo eléctrico circulante. Una cavidad RF es una cámara metálica hueca donde las ondas de radio resonantes crean un campo electromagnético que impulsa las partículas cargadas que pasan por él.

Los aceleradores de partículas modernos son de tres tipos: aceleradores lineales (linacs), ciclotrones y sincrotrones. Los linacs, como el del Centro del Acelerador Lineal de Stanford, en California (EE UU), aceleran las partículas en línea recta hacia un objetivo situado en un extremo. Los ciclotrones están compuestos por dos placas semicirculares huecas y un imán que obliga a las partículas a realizar una trayectoria en espiral centrífuga en dirección a un objetivo. Los sincrotrones aceleran continuamente las partículas cargadas en círculo hasta alcanzar las energías necesarias, usando imanes para guiar las partículas.

## Velocidades vertiginosas

En 1930, Cockcroft y Walton descubrieron que cuanto más aceleraban las partículas, más profundamente podían ver la materia. Los físicos disponen hoy de aceleradores sincrotrones que impulsan las partículas a velocidades vertiginosas, cercanas a la velocidad de la luz. Esas velocidades crean efectos relativistas; al aumentar la energía cinética de una partícula, aumenta su masa, lo cual requiere mayores fuerzas para lograr una mayor aceleración. Las mayores y más potentes máquinas existentes se usan para experimentos en los que participan miles de científicos. El Tevatrón del FermiLab, en Illinois (EE UU), que operó entre 1983 y 2011, usó un anillo de 6,3 km para acelerar protones y antiprotones a energías de hasta 1 TeV ($10^{12} \times 1$ eV), donde 1 eV es la energía obtenida por un electrón acelerado por una diferencia de potencial de un voltio y 1 TeV es más o menos la energía cinética de un mosquito en movimiento.

A finales de la década de 1980, los científicos del CERN en Suiza compitieron utilizando el Supersincrotrón de Protones con los científicos del FermiLab y su Tevatrón en la búsqueda del quark cima (el quark más pesado). Gracias a la gran potencia del Tevatrón, los científicos del FermiLab lograron producir y detectar el quark cima en 1995, con una masa de unos 176 GeV/$c^2$ (casi tan pesado como un átomo de oro).

El Tevatrón fue apeado de su pedestal como acelerador de partículas más potente en 2009, con la puesta en marcha del Gran Colisionador de Hadrones (Large Hadron Collider, LHC), del CERN. El LHC es un sincrotrón de 27 km situado a 100 m bajo tierra en la frontera entre Suiza y Francia; es capaz de acelerar dos haces de protones al 99,9999991 % de la velocidad de la luz.

**El sistema de calorimetría ATLAS**, en el CERN, visto aquí durante la instalación, mide la energía de las partículas tras una colisión, forzándolas a detenerse y depositar su energía en el detector.

El LHC es un triunfo de la ingeniería; sus innovadoras tecnologías (desplegadas a una escala enorme) utilizan 10.000 imanes superconductores, enfriados a temperaturas inferiores a las existentes en el espacio. La instalación utiliza alrededor de un tercio del consumo total de energía de la cercana ciudad de Ginebra. Una cadena de aceleradores intermedios (incluido el Supersincrotrón de Protones) aceleran haces de partículas cargadas a energías cada vez más altas hasta que, al final, entran en el LHC. Ahí, las partículas colisionan frontalmente en cuatro puntos de colisión, con unas energías combinadas de 13 TeV. Un grupo de detectores registra las desintegraciones.

## Recrear un estado primigenio

Entre los experimentos realizados en el LHC están los intentos de recrear las condiciones que existían en la génesis misma del universo. A partir de lo que se sabe sobre su expansión, los físicos pueden ir hacia atrás y predecir que el universo temprano fue inimaginablemente pequeño, caliente y denso. En esas condiciones, las partículas elementales como los quarks y los gluones pudieron existir en una especie de «sopa» (plasma de quarks y gluones). A medida que el espacio se expandía y enfriaba, se unieron de modo más estrecho y formaron partículas compuestas, como protones y neutrones. Romper las partículas casi a la velocidad de la luz puede reinventar por un instante el universo tal como fue billonésimas de segundo después del Big Bang. ■

## John Cockcroft

Nació en Yorkshire (Inglaterra) en 1897, sirvió en la Primera Guerra Mundial y luego estudió ingeniería eléctrica. Ganó una beca para la Universidad de Cambridge, donde Ernest Rutherford supervisó su doctorado. El acelerador Cockcroft-Walton que construyó con Ernest Walton les valió el Nobel de Física en 1951. En 1947, como director del Centro para la Investigación de la Energía Atómica británico, supervisó la apertura en Harwell del GLEEP, primer reactor nuclear de Europa occidental. En 1950, su insistencia en que se instalaran filtros en las chimeneas de los reactores nucleares de Windscale, en Cumbria (Inglaterra), limitó la lluvia radiactiva cuando en 1957 uno de los reactores se incendió.

Cockcroft fue presidente del Instituto de Física y de la Asociación Británica para el Avance de la Ciencia. Murió en Cambridge en 1967.

### Obras principales

**1932** *La desintegración del litio con protones veloces.*
**1932–1936** «Experimentos con iones positivos de alta velocidad, I-VI».

# LA CAZA DEL QUARK

## EL ZOO DE PARTÍCULAS Y LOS QUARKS

**EN CONTEXTO**

FIGURA CLAVE
**Murray Gell-Mann**
(1929–2019)

ANTES
**1947** Se descubre el kaón subatómico en la Universidad de Manchester; muestra una vida más larga de lo predicho.

**1953** Se propone la propiedad de la «extrañeza» para explicar el inusual comportamiento de kaones y otras partículas.

**1961** Gell-Mann propone el «camino óctuple» para organizar las partículas subatómicas.

DESPUÉS
**1968** Los experimentos de dispersión muestran objetos puntuales en el interior del protón, demostrando que no es una partícula fundamental.

**1974** Los experimentos producen partículas $J/\psi$, que contienen quarks encanto.

**1995** El hallazgo del quark cima completa el modelo de los quarks.

Al acabar la Segunda Guerra Mundial, los físicos habían descubierto el protón, el neutrón, el electrón y varias partículas más. Sin embargo, en los años siguientes, los hallazgos relacionados con los rayos cósmicos (partículas de alta energía que viajan por el espacio) y los aceleradores aumentaron el número de partículas y dieron lugar a un caótico «zoo de partículas».

Los físicos estaban muy confundidos por las familias de partículas llamadas kaones y bariones lambda, que se desintegran más despacio de lo esperado. En 1953, el estadounidense Murray Gell-Mann y los japoneses Kazuhiko Nishijima y Tadao Nakano propusieron de modo independiente una propiedad fundamental llamada «extrañeza» que explicaría esas largas vidas observadas. La extrañeza se conserva en las interacciones fuertes y electromagnéticas, pero no en las interacciones débiles, así que las partículas con extrañeza solo pueden desintegrarse mediante la interacción débil. Gell-Mann usó la extrañeza y la carga para clasificar las partículas subatómicas en familias de mesones (típicamente, más ligeros) y bariones (típicamente, más pesados).

### La teoría de los quarks

En 1964, Gell-Mann propuso el concepto del quark, una partícula fundamental, para explicar las propiedades de los nuevos mesones y bariones. Los quarks tienen seis «sabores» con

Se descubren **nuevas partículas exóticas** con **propiedades diferentes**.

Esas partículas se pueden **ordenar según sus propiedades**.

Esas **propiedades dependen** de constituyentes llamados **quarks**.

Los quarks son un **constituyente fundamental** de la materia.

**Véase también:** Modelos de materia 68–71 ▪ Partículas subatómicas 242–243 ▪ Antimateria 246 ▪ La fuerza fuerte 247 ▪ Portadores de fuerzas 258–259 ▪ El bosón de Higgs 262–263

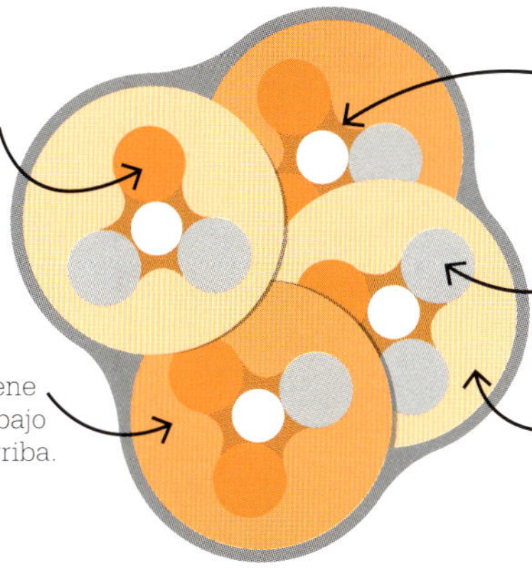


**Protones y neutrones** contienen quarks arriba y abajo. Un protón tiene dos quarks arriba y un quark abajo; y un neutrón tiene un quark arriba y dos quarks abajo. Los quarks están unidos por gluones, las partículas portadoras de la fuerza fuerte.

propiedades intrínsecas diferentes. Gell-Mann describió los quarks arriba, abajo y extraño, y luego se añadieron los quarks encanto, cima y fondo. Los quarks (y sus equivalentes de antimateria, los antiquarks) están unidos por la fuerza fuerte y se hallan en partículas compuestas como los protones y los neutrones. Las pruebas de este modelo del núcleo se hallaron en el Centro del Acelerador Lineal de Stanford (Stanford Linear Accelerator Center SLAC), en California (EE UU), cuando en 1968 se descubrieron dentro de los protones unos objetos que parecían puntos. Otros experimentos del SLAC ofrecieron las pruebas de los otros quarks.

## El modelo estándar

Los quarks tienen un papel relevante en el modelo estándar de la física de partículas, desarrollado en la década de 1970 para explicar las fuerzas electromagnética, fuerte y débil, así como sus partículas portadoras (que son siempre bosones) y las partículas fundamentales de la materia (fermiones). Los quarks son uno de los dos grupos de fermiones, y el otro es el de los leptones. Como los quarks, los leptones se agrupan en seis sabores que se relacionan por parejas o «generaciones»: el electrón y el neutrino electrónico, que son los leptones más ligeros y estables; el muón y neutrino muónico; y el tau y neutrino tauónico, que son los leptones más pesados e inestables. A diferencia de los quarks, los leptones no se ven afectados por la fuerza fuerte.

Los quarks y los leptones interactúan por medio de tres de las cuatro fuerzas fundamentales: la fuerte, la electromagnética y la débil. (La cuarta fuerza fundamental, la gravedad, se comporta de forma diferente.) En el modelo estándar, estas fuerzas están representadas por sus partículas portadoras: los gluones, los fotones y los bosones W y Z.

El elemento final del modelo estándar es el bosón de Higgs, una partícula elemental que da a todas las partículas su masa. El modelo estándar ha puesto orden en el «zoo de partículas», aunque sigue siendo una obra en curso. ▪

## Murray Gell-Mann

Murray Gell-Mann, nacido en Nueva York en 1929, en el seno de una familia de inmigrantes judíos, entró en la universidad con solo 15 años. En 1955 pasó al Instituto Tecnológico de California (Caltech), donde enseñó durante casi 40 años. Sus intereses iban mucho más allá de la física, e incluían la literatura, la historia y la historia natural; en 1969 fue galardonado con el Nobel de Física por su trabajo sobre la teoría de las partículas elementales.

Más tarde, Gell-Mann se interesó por la teoría de la complejidad; en 1984 cofundó el Instituto de Santa Fe para investigar en ese ámbito, y escribió un popular libro sobre esa teoría *(El quark y el jaguar)*. En el momento de su muerte, en 2019, ocupaba cargos en el Caltech, la Universidad del Sur de California y la Universidad de Nuevo México.

**Obras principales**

**1994** *El quark y el jaguar: aventuras en lo simple y lo complejo.*
**2012** *Mary McFadden: a lifetime of design, collecting, and adventure.*

# LAS PARTICULAS NUCLEARES IDENTICAS NO SIEMPRE ACTUAN IGUAL

## PORTADORES DE FUERZAS

**EN CONTEXTO**

FIGURA CLAVE
**Chien-Shiung Wu** (1912–1997)

ANTES
**1930** El físico de origen austríaco Wolfgang Pauli propone la existencia del neutrino para explicar la conservación de la energía y otras magnitudes en la desintegración beta.

**1933** Enrico Fermi expone su teoría de la interacción débil para explicar la desintegración beta.

DESPUÉS
**1956** Clyde Cowan y Frederick Reines, físicos estadounidenses, confirman que durante la desintegración beta se emiten electrones y neutrinos.

**1968** Las fuerzas electromagnética y débil se unifican en la «teoría electrodébil».

**1983** Se descubren los bosones W y Z en el Supersincrotrón de Protones, una máquina aceleradora de partículas en el CERN.

A partir de 1930 se empezó a desentrañar el proceso de la desintegración nuclear. La desintegración beta había desconcertado a los investigadores, porque la energía parecía desaparecer en una suerte de transgresión de la ley de conservación de la energía. Durante las siguientes cinco décadas se descubrieron los portadores de la energía perdida, se detallaron los cambios que transformaban elementos dentro de los núcleos atómicos inestables y se identificaron y observaron las partículas portadoras de fuerza que median en la interacción débil de la desintegración nuclear.

En 1933, Enrico Fermi propuso que la radiación beta salía del núcleo cuando un neutrón se convertía en protón; entonces emitía un electrón y otra partícula neutra que se llevaba

La **conservación de la energía** parece **incumplirse en la desintegración beta** (normalmente, la emisión de un electrón de un núcleo atómico).

Una partícula ligera y neutra, un **neutrino o un antineutrino, se lleva algo de energía**.

Durante la **desintegración beta negativa**, un neutrón se convierte en **protón**, **electrón** y **antineutrino**.

La interacción **responsable de ese proceso** se llama **interacción débil**, o **fuerza débil**.

La **fuerza débil** comporta el **intercambio de partículas** llamadas **portadoras de fuerza**.

**Véase también:** Teoría cuántica de campos 224–225 ▪ Rayos nucleares 238–239 ▪ Antimateria 246 ▪ El zoo de partículas y los quarks 256–257 ▪ Neutrinos masivos 261 ▪ El bosón de Higgs 262–263

algo de energía. Fermi llamó neutrino a esa partícula, a la que luego se identificó como antineutrino, la antipartícula del neutrino. En el otro tipo principal de desintegración beta (la beta positiva), un protón se convierte en neutrón y emite un positrón y un neutrino. La fuerza responsable de tales desintegraciones se llamó interacción débil, una de las cuatro fuerzas fundamentales de la naturaleza.

## La teoría de los quarks

Las interacciones fuerte y electromagnética conservan la paridad; su efecto en un sistema es simétrico y produce una especie de imagen especular. Sospechando que no ocurría lo mismo en la interacción débil, los físicos Chen Ning Yang y Tsung-Dao Lee pidieron a su colega Chien-Shiung Wu que investigara. En 1956, Wu se puso a trabajar en el laboratorio de bajas temperaturas de la Oficina Nacional de Normas de Estados Unidos en Washington D. C. Alineó los espines (momentos angulares internos) de los núcleos de una muestra de cobalto-60 y observó cómo se desintegraban: los electrones emitidos durante la radiación beta tenían preferencia por una dirección concreta de desintegración (en vez de ser emitidos al azar en todas las direcciones), con lo que demostró que la interacción débil incumple la conservación de la paridad.

**Gargamelle** se diseñó para detectar neutrinos y antineutrinos. A través de sus ojos de buey, las cámaras podían seguir el rastro de las partículas cargadas.

La interacción débil implica el intercambio de partículas portadoras de fuerza: los bosones $W^+$, $W^-$ y $Z^0$. Todas las partículas portadoras de fuerza son bosones (espín entero), mientras que los constituyentes fundamentales de la materia, como los quarks y los leptones, son fermiones (espín semientero) y obedecen a principios diferentes. La interacción débil también puede cambiar el «sabor», o las propiedades, de los quarks. Durante la desintegración beta negativa, un quark abajo se convierte en un quark arriba, transformando un neutrón en un protón, y emite un bosón virtual $W^-$ que se descompone en un electrón y un antineutrino. Los bosones W y Z son muy pesados, de modo que los procesos que ocurren a través de ellos tienden a ser muy lentos.

En 1973, las interacciones de los bosones se observaron en la cámara de burbujas Gargamelle del CERN, que captó unos rastros que proporcionaron la primera confirmación de la interacción débil de corriente neutra. Se interpretaron como la acción de un neutrino llevándose momento tras ser producido en el intercambio de un bosón Z. Los bosones W y Z se observaron por primera vez en 1983 con el Supersincrotrón de Protones (SPS) de alta energía del CERN. ■

## Chien-Shiung Wu

Nació en 1912, en Liu He (China) y se apasionó por la física tras leer una biografía de Marie Curie. Estudió física en la Universidad Nacional Central, en Nankín, y en 1936 se trasladó a EE UU, donde se doctoró en la Universidad de California en Berkeley.

En 1944 se incorporó al Proyecto Manhattan para trabajar en el enriquecimiento de uranio. Tras la Segunda Guerra Mundial enseñó en la Universidad de Columbia y estudió la desintegración beta. Sus colaboradores Tsung-Dao Lee y Chen Ning Yang recibieron el Nobel de Física en 1957 por descubrir la violación de la paridad. Su contribución no fue reconocida, pero en 1978 recibió el premio Wolf por sus logros científicos. Murió en Nueva York en 1997.

### Obras principales

**1950** «Investigación reciente de las formas de los espectros de los rayos beta».
**1957** «Prueba experimental de la conservación de la paridad en la desintegración beta».
**1960** *Beta decay (Desintegración beta).*

# LA NATURALEZA ES ABSURDA

## ELECTRODINÁMICA CUÁNTICA

**EN CONTEXTO**

FIGURAS CLAVE
**Shin'ichirō Tomonaga** (1906–1979), **Julian Schwinger** (1918–1994)

ANTES
**1865** James Clerk Maxwell expone la teoría electromagnética de la luz.

**1905** Albert Einstein publica un artículo que describe la relatividad especial.

**1927** Paul Dirac formula una teoría de la mecánica cuántica que describe la materia cargada y el campo electromagnético.

DESPUÉS
**1965** Tomonaga, Schwinger y Richard Feynman comparten el premio Nobel de Física por su trabajo sobre electrodinámica cuántica.

**1973** Se desarrolla la teoría de la cromodinámica cuántica, con la carga de color como fuente de la interacción fuerte (fuerza nuclear fuerte).

La aparición de la mecánica cuántica, que describe el comportamiento de los objetos en las escalas atómica y subatómica, obligó a la transformación de muchas ramas de la física.

Paul Dirac propuso una teoría cuántica del electromagnetismo en 1927, pero los modelos que describían los encuentros entre campos electromagnéticos y partículas de alta velocidad (que obedecen las leyes de la relatividad especial) no se validaron. Ello condujo a la suposición de que la mecánica cuántica y la relatividad especial no eran compatibles. En la década de 1940, Shin'ichirō Tomonaga, Richard Feynman y Julian Schwinger demostraron que la electrodinámica cuántica (EDC) podía ser compatible con la relatividad especial. De hecho, la EDC fue la primera teoría que combinó la mecánica cuántica y la relatividad especial.

En la electrodinámica clásica, las partículas con carga eléctrica ejercen fuerzas a través de los campos que producen. Pero en la EDC, las fuerzas entre partículas cargadas surgen del intercambio de fotones virtuales, o mensajeros, partículas que existen momentáneamente e inciden sobre el movimiento de las partículas «reales» cuando son liberadas o absorbidas.

La EDC se ha usado para modelar fenómenos que previamente desafiaban toda explicación. Un ejemplo es el efecto Lamb, la diferencia en la energía asociada a dos niveles de energía de un átomo de hidrógeno. ■

**Tras sus contribuciones** a la EDC, Shin'ichirō Tomonaga recibió el Nobel de Física, el premio de la Academia de Japón y muchos otros galardones.

**Véase también:** Campos de fuerza y ecuaciones de Maxwell 142–147 ▪ Partículas y ondas 212–215 ▪ Teoría cuántica de campos 224–225 ▪ El zoo de partículas y los quarks 256–257

# EL MISTERIO DE LOS NEUTRINOS PERDIDOS

## NEUTRINOS MASIVOS

**EN CONTEXTO**

FIGURA CLAVE
**Masatoshi Koshiba**
(n. en 1926)

ANTES
**1956** Clyde Cowan y Frederick Reines, físicos estadounidenses, publican los resultados de su experimento confirmando la existencia de neutrinos.

**1970** Comienza el experimento de Homestake (EE UU), pero solo detecta un tercio de los neutrinos solares previstos.

**1987** Investigadores de Japón, EE UU y Rusia detectan un récord de 25 neutrinos, procedentes de una supernova en la Gran Nube de Magallanes.

DESPUÉS
**2001** Científicos del Observatorio de Neutrinos en Sudbury (Canadá) encuentran más pruebas de la oscilación de los neutrinos.

**2013** El experimento T2K confirma la teoría de la oscilación de los neutrinos.

Desde la década de 1920, los físicos han sabido que la fusión nuclear es la causa de que el Sol y las demás estrellas brillen. También predijeron que ese proceso libera unas partículas llamadas neutrinos, que caen sobre la Tierra desde el espacio.

Los neutrinos se han comparado con fantasmas por la dificultad de detectarlos. No tienen carga ni casi masa, y no interactúan con la fuerza nuclear fuerte o electromagnética, lo que les permite atravesar la Tierra inadvertidos. Son de tres tipos, o sabores: electrónicos, muónicos y tauónicos.

En 1985, el físico japonés Masatoshi Koshiba construyó en una mina de cinc un detector de neutrinos, un enorme depósito de agua con receptores que captaban destellos de luz cuando los neutrinos interactuaban con los núcleos de las moléculas de agua. Koshiba confirmó que a la Tierra parecían llegar muchos menos neutrinos solares de los predichos. En 1996, él mismo dirigió la construcción de un detector aun más grande (el Super-Kamiokande) que permitió a su equipo resolver el problema. Las observaciones con el detector de los neutrinos atmosféricos demostraron que estos pueden cambiar de sabor en su recorrido, un proceso llamado oscilación de los neutrinos. Así pues, un neutrino electrónico creado en el Sol puede cambiar a muónico o tauónico y así eludir los detectores que solo son sensibles a los neutrinos electrónicos. El descubrimiento permitió entender que los neutrinos tienen masa, lo cual cuestiona el modelo estándar, la teoría de las fuerzas y las partículas fundamentales. ■

> Ahora que ha nacido la astrofísica de neutrinos, ¿qué más tenemos que hacer?
> **Masatoshi Koshiba**

**Véase también:** El principio de incertidumbre de Heisenberg 220–221 ■ Aceleradores de partículas 252–255 ■ El zoo de partículas y los quarks 256–257 ■ Portadores de fuerzas 258–259

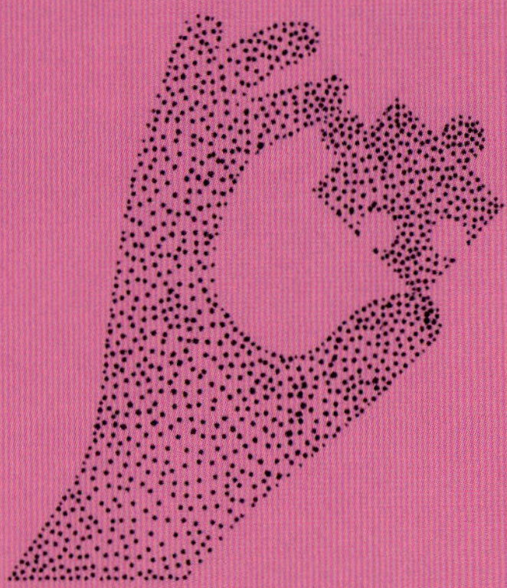

# CREO QUE LO TENEMOS

## EL BOSÓN DE HIGGS

### EN CONTEXTO

FIGURA CLAVE
**Peter Higgs** (n. en 1929)

ANTES
**1959** Sheldon Glashow, en EE UU, y Abdus Salam, en Pakistán, proponen que las fuerzas electromagnética y débil se fusionan bajo calor intenso.

**1960** El físico japonés-estadounidense Yoichiro Nambu concibe su teoría de la ruptura de la simetría, que puede aplicarse al problema de la masa de los bosones W y Z.

DESPUÉS
**1983** Los bosones W y Z son confirmados en el CERN por el Supersincrotrón de Protones.

**1995** El FermiLab descubre el quark cima con una masa de 176 GeV/c², lo cual coincide con las predicciones de la teoría del campo de Higgs.

**2012** El CERN confirma el descubrimiento del bosón de Higgs en sus detectores ATLAS y CMS.

El modelo estándar, completado a inicios de la década de 1970, explicaba buena parte de la física de partículas mediante un puñado de fuerzas y partículas fundamentales. Pero quedaban preguntas por resolver. Si bien el modelo permitía que dos de las fuerzas, la electromagnética y la interacción débil, se fusionaran a grandes temperaturas en una única fuerza electrodébil, un aspecto de esa teoría no coincidía con la realidad. De acuerdo con ella, todos los mediadores de la fuerza electrodébil carecían de masa. Aunque eso es cierto para el fotón, es innegable que los bosones W y Z tienen masa. En 1964, tres grupos de físicos (Peter Higgs en Reino Unido, Robert Brout y François Englert en Bélgica y Gerald Guralnik, C. Richard Hagen y Tom Kibble en EE UU) habían propuesto que los bosones débiles podían interactuar con un campo que les diera masa, llamado campo de Higgs. Según esa teoría, el campo

La **teoría electrodébil** predice que los **portadores de fuerza** (partículas que excitan fuerzas entre otras partículas) **no tienen masa**.

Los experimentos demuestran que los fotones no tienen masa pero los **bosones W y Z** (un tipo de portadores de fuerza) son **masivos**.

Los bosones W y Z interactúan intensamente con el **campo de Higgs**.

El campo de Higgs **da su masa a las partículas**.

El bosón de Higgs es **la partícula portadora** del campo de Higgs.

**Véase también:** Teoría cuántica de campos 224–225 ▪ Aceleradores de partículas 252–255 ▪ El zoo de partículas y los quarks 256–257 ▪ Portadores de fuerzas 258–259

**El campo de Higgs**, imaginado en esta ilustración, es un campo de energía que se cree que existe en todo el universo; el bosón de Higgs interactúa de forma continua en él con otras partículas.

de Higgs comenzó a permear todo el universo poco después del Big Bang: cuanto más interactúa una partícula con él, más masa adquiere. Los fotones no interactúan con el campo, lo que les permite viajar a la velocidad de la luz. En cambio, los bosones W y Z interactúan fuertemente con él. Eso hace que, a temperaturas ordinarias, sean pesados y lentos y tengan corto alcance. A medida que las partículas que interactúan con el campo de Higgs se aceleran, ganan masa y, por lo tanto, necesitan más energía para que se muevan más, lo cual impide que alcancen la velocidad de la luz.

## Importancia casi mítica

Los científicos se percataron de que la única forma de demostrar la teoría del campo de Higgs era hallando una excitación del campo en forma de una partícula pesada llamada bosón de Higgs. La búsqueda adquirió una importancia casi mítica, y, en la década de 1980, el bosón fue apodado la «partícula de Dios», nombre que no gustó a Higgs ni a sus colegas. En esa época, ningún detector pudo captar la partícula, y la búsqueda continuó e influyó en el diseño del más poderoso acelerador de partículas del mundo, el Gran Colisionador de Hadrones (LHC) del CERN, que entró en funcionamiento en 2008.

Los físicos calcularon que solo una de cada 10.000 millones de colisiones protón-protón produciría un bosón de Higgs en el LHC, por lo que se usaron los detectores del CERN para cribar los restos de cientos de billones de colisiones en busca de indicios de la partícula. En 2012, el CERN anunció el hallazgo de un bosón con una masa en torno a los 126 GeV/c² (gigaelectronvoltios partido por la velocidad de la luz al cuadrado), casi con seguridad el bosón de Higgs. Los físicos del CERN estaban eufóricos, y Higgs no pudo contener las lágrimas ante la validación de su teoría al cabo de 50 años. El modelo estándar está ahora completo, aunque se sigue explorando la posibilidad de que existan otros tipos de bosones de Higgs. ▪

> Nunca pensé que llegaría a ver esto; le pediré a mi familia que ponga champán en la nevera.
> **Peter Higgs**

## Peter Higgs

Peter Higgs nació en 1929 en Newcastle upon Tyne (Inglaterra), y su padre era ingeniero de sonido de la BBC. Los frecuentes cambios de domicilio trastocaron la educación del niño, pero en el Instituto de Cotham, en Bristol, se sintió inspirado por el trabajo de otro antiguo alumno, el físico teórico Paul Dirac. Más adelante asistió al King's College de Londres y se doctoró en 1954. Tras varios puestos académicos, Higgs decidió quedarse en la Universidad de Edimburgo. En una de sus múltiples caminatas por las Tierras Altas escocesas, comenzó a formular la teoría sobre el origen de la masa que lo ha hecho famoso, aunque no tiene reparos en reconocer la contribución de muchos otros.

En 2013, Higgs compartió el premio Nobel de Física con François Englert. Continúa siendo profesor emérito de la Universidad de Edimburgo.

### Obras principales

**1964** «Las simetrías rotas y las masas de bosones de gauge».
**1966** «Ruptura espontánea de la simetría sin bosones sin masa».

# ¿DONDE HA IDO TODA LA ANTIMATERIA?

## ASIMETRÍA MATERIA-ANTIMATERIA

**EN CONTEXTO**

FIGURA CLAVE
**Andréi Sájarov** (1921–1989)

ANTES
**1928** Paul Dirac propone una nueva forma de materia con cargas opuestas: la antimateria.

**1932** En EE UU, Carl Anderson descubre los «antielectrones», a los que llama positrones.

**1951** Julian Schwinger alude a una primera forma de simetría CPT.

DESPUÉS
**1964** James Cronin y Val Fitch, físicos estadounidenses, muestran que la desintegración débil de los mesones K neutros (kaones) viola la simetría CP.

**2010** Científicos del FermiLab detectan una preferencia de los mesones B por desintegrarse en muones, violando la simetría CP.

**2019** Físicos del CERN detectan asimetría en los mesones D, la partícula más ligera que contiene quarks encanto.

Los físicos llevan mucho tiempo preguntándose por qué el universo se compone casi en su totalidad de materia. La simetría P (paridad), la idea de que la naturaleza no puede distinguir entre izquierda y derecha, hace pensar en que el Big Bang debió producir materia y antimateria en cantidades iguales. La primera pista llegó en 1956, cuando se demostró que los electrones surgidos de la desintegración beta en una interacción débil tenían una dirección preferida. Al año siguiente, para mantener la simetría, Liev Landáu propuso la simetría CP, combinando la simetría P con la simetría C (conservación de la carga), de modo que una partícula y su antipartícula de carga opuesta pudieran comportarse como imágenes especulares.

### ¿Un universo especular?

En 1964, cuando los experimentos mostraron que los mesones K neutros violan la conservación CP al desintegrarse, los físicos hicieron un último intento para salvar la simetría. Incorporaron la simetría de inversión temporal, con lo que llegaron a la simetría CPT, que puede mantenerse si el espacio-tiempo se extiende hacia atrás más allá del Big Bang en un universo especular de antimateria. En 1967, Andréi Sájarov propuso que el desequilibrio entre materia y antimateria pudo desarrollarse si la violación CP se produjo en el universo temprano. Tuvo que ser lo bastante relevante como para provocar la asimetría; de otro modo haría falta una física más allá del modelo estándar. Aún no se ha hallado una violación CP significativa que respalde las ideas de Sájarov. ■

> Los físicos han empezado a pensar que quizá han estado mirando la simetría equivocada.
>
> **Ulrich Nierste**
> **Físico teórico alemán**

**Véase también:** Antimateria 246 ▪ Portadores de fuerzas 258–259 ▪ Neutrinos masivos 261 ▪ Masa y energía 284–285 ▪ El Big Bang 296–301

# LAS ESTRELLAS NACEN Y MUEREN

## FUSIÓN NUCLEAR EN LAS ESTRELLAS

### EN CONTEXTO

FIGURA CLAVE
**Hans Bethe** (1906–2005)

ANTES
**1920** El físico británico Arthur Eddington propone que las estrellas obtienen su energía de la fusión del hidrógeno y el helio.

**1931** Harold C. Urey, químico estadounidense, y sus colegas detectan el deuterio, un isótopo estable del hidrógeno.

**1934** El físico australiano Mark Oliphant demuestra la fusión del deuterio y, al hacerlo, descubre el tritio, un isótopo radiactivo de hidrógeno.

DESPUÉS
**1958** El primer tokamak (T-1) empieza sus reacciones en la Unión Soviética, pero pierde energía a través de la radiación.

**2006** Siete socios firman en París el acuerdo ITER para financiar un proyecto internacional a largo plazo que desarrolle la energía de fusión nuclear.

La idea de que las estrellas producen sin cesar energía a partir de la fusión del hidrógeno en helio estimuló a los físicos de inicios del siglo XX. En la década de 1930 habían demostrado la fusión nuclear en el laboratorio. Entre los principales teóricos estaba Hans Bethe, nacido en Alemania, quien halló que las estrellas (incluido el Sol) liberan energía a través de reacciones en cadena protón-protón. La fusión se produce solo en ambientes extremos. Los núcleos con carga positiva se repelen con fuerza, pero con suficiente energía es posible acercarlos para que superen esa repulsión y se fusionen formando núcleos más pesados. Al fusionarse, se libera la energía de cohesión.

**El reactor tokamak JET** (Reino Unido) es la mayor instalación de fusión: una pieza básica en la investigación europea y en el proyecto internacional ITER para el desarrollo de la ciencia de la fusión.

### Hacia la fusión controlada

En 1951, la labor de Bethe en EE UU llevó a probar con éxito la primera bomba de hidrógeno, en la que se usó la fisión para inducir una fusión nuclear y liberar una cantidad letal de energía. El aprovechamiento de ese poder por medio de reacciones de fusión controladas que liberen gradualmente energía para obtener electricidad ha resultado ser más difícil debido a las temperaturas necesarias (unos 40 millones de kelvins) y al desafío que supone contener materiales tan calientes. El principal candidato a un reactor de fusión, el tokamak, confina el gas cargado usando campos magnéticos. La búsqueda sigue, pues se considera que la fusión es más segura que la fisión, con menos radiactividad y residuos nucleares. ■

**Véase también:** Generación eléctrica 148–151 ▪ La fuerza fuerte 247 ▪ Bombas y energía nuclear 248–251 ▪ Aceleradores de partículas 252–255

# LA RELAT
# Y EL UNIV

## NUESTRO LUGAR EN EL COSMOS

# VIDAD
# ERSO

**Siglo IV A. C.**

El filósofo griego Aristóteles describe un **universo estático y eterno** con una **Tierra esférica** rodeada por anillos concéntricos de planetas y estrellas.

***c.* 150 D. C.**

Tolomeo crea un modelo matemático del universo en el que la **Tierra es una esfera estacionaria en el centro** y otros cuerpos conocidos orbitan a su alrededor.

**964**

El astrónomo persa Abd al Rahman al Sufi realiza la primera observación registrada de la galaxia de **Andrómeda**, que describe como una **«pequeña nube»**.

**1543**

Nicolás Copérnico proporciona el modelo de un **universo heliocéntrico** en el que la Tierra gira en torno al Sol.

**1632**

Galileo explica su principio de la relatividad: las **leyes de la física son las mismas** si una persona está **estacionaria** o **se mueve a velocidad constante**.

**1887**

En EE UU, Albert Michelson y Edward Morley demuestran que **la luz se mueve a una velocidad constante** independientemente del movimiento del observador.

**1905**

La **teoría de la relatividad especial** de Einstein demuestra que el **espacio** y el **tiempo** cambian en función de la velocidad relativa de un objeto con respecto a otro.

Las antiguas civilizaciones se preguntaron por el significado del movimiento de las estrellas en el cielo nocturno para la existencia de la humanidad y su lugar dentro del universo. La aparente inmensidad del planeta llevó a la mayoría a pensar que la Tierra era el objeto más grande e importante del cosmos, en torno al cual giraba todo lo demás. Entre esas opiniones geocéntricas, el modelo formulado en el siglo II por Tolomeo de Alejandría fue tan convincente que dominó la astronomía durante muchos siglos.

La llegada del telescopio en 1608 mostró que el astrónomo polaco Nicolás Copérnico tenía razón al poner en duda la opinión de Tolomeo. En Italia, Galileo Galilei observó en 1610 cuatro lunas alrededor de Júpiter y proporcionó la prueba de que otros cuerpos orbitaban otros mundos.

Durante la revolución científica, los físicos y astrónomos estudiaron el movimiento de los objetos y la luz a través del espacio. El espacio se concibió como una plantilla rígida que abarcaba todo el universo y se dio por supuesto que una longitud medida en la Tierra sería la misma en cualquier planeta o estrella. También se creía que el tiempo era absoluto, y que un segundo en la Tierra era equivalente a otro segundo en cualquier otra parte del universo. Pero no tardó en quedar claro que no era así.

A una persona situada a un lado de la carretera, le parecerá que una pelota lanzada desde un vehículo en marcha recibe un impulso de velocidad a causa del movimiento del vehículo. No obstante, si desde el vehículo se enciende una luz, esta no recibe un aumento de velocidad, sino que sigue viajando a la velocidad de la luz. La naturaleza se comporta de forma extraña cerca de la velocidad de la luz e impone un límite de velocidad universal. Llegar a comprender ese funcionamiento exigió un replanteamiento del espacio y el tiempo.

## Relatividad especial

A inicios del siglo XX, se descubrió que el espacio y el tiempo eran flexibles: un metro o un segundo tienen diferentes longitudes en diferentes lugares del universo. El físico de origen alemán Albert Einstein presentó al mundo esas ideas en su teoría de la relatividad especial de 1905. Explicó que, desde la perspectiva de un observador en la Tierra, los objetos que se mueven a través del espacio a una velocidad cercana a la luz parecen contraerse, y que para ellos el tiempo parece discurrir más lentamente. Dos años más tarde, en 1907, el

**1907**

Hermann Minkowski explica la relatividad especial en términos de **cuatro dimensiones** del espacio y el tiempo, el **espacio-tiempo**.

**1915**

Einstein describe en su **teoría de la relatividad general** que el **tiempo y el espacio se curvan** para observadores en aceleración o situados dentro de un campo gravitatorio.

**1916**

Karl Schwarzschild utiliza la relatividad general para predecir la existencia de **agujeros negros**, con una gravedad tan intensa que **ni la luz puede escapar de ellos**.

**1919**

El físico británico Arthur Eddington fotografía durante un eclipse solar **estrellas cuya luz se curva en torno al Sol**, una prueba de la curvatura del espacio-tiempo.

**1929**

Edwin Hubble demuestra que el **universo se expande**, al observar que las galaxias distantes se mueven más deprisa que las cercanas.

**1974**

En EE UU, Russell Hulse y Joseph Taylor hallan **pruebas indirectas de las ondas gravitatorias** observando la pérdida de energía de dos estrellas que orbitan entre sí.

**2017**

Los científicos del LIGO anuncian la **primera detección directa de las ondas gravitatorias** producto de la fusión de dos estrellas de neutrones.

matemático alemán Hermann Minkowski planteó que la relatividad especial tiene más sentido si el tiempo y el espacio se cosen juntos en un único tejido de espacio-tiempo.

La teoría de la relatividad especial tuvo consecuencias trascendentales. La idea de que energía y masa no eran más que dos formas de lo mismo, como se describe en la fórmula de Einstein $E = mc^2$, condujo al descubrimiento de la fusión nuclear responsable de la energía de las estrellas y, en última instancia, al desarrollo de la bomba atómica.

En 1915, Einstein amplió sus ideas para incluir objetos que se movían a velocidad cambiante y a través de campos gravitatorios. La teoría de la relatividad general describe que el espacio-tiempo puede curvarse igual que una tela puede estirarse cuando se le coloca encima algo pesado. El físico alemán Karl Schwarzschild fue un paso más allá y predijo la existencia de cuerpos con una masa tan grande que podrían doblar tanto el espacio-tiempo en un solo punto que nada, ni siquiera la luz, podría moverse lo bastante deprisa para escapar. Desde entonces, los avances en astronomía han proporcionado pruebas de esos «agujeros negros», y hoy se piensa que ese es el destino de las estrellas más grandes al morir.

## Más allá de la Vía Láctea

A principios de la década de 1920, los astrónomos lograron medir con precisión la distancia hasta las estrellas del firmamento y la velocidad a la que se mueven con respecto a la Tierra. Este hecho revolucionó la forma en que percibíamos el universo y nuestro lugar en él. A comienzos del siglo XX se creía que todo existía en un radio espacial de 100.000 años-luz, es decir, dentro de la Vía Láctea. Sin embargo, el hallazgo por parte del astrónomo estadounidense Edwin Hubble en 1924 de la existencia de otra galaxia (Andrómeda) hizo que comprendiéramos que la Vía Láctea solo es una más entre los miles de millones de galaxias que se extienden hasta mucho más de 100.000 años luz. No solo eso, sino que además se alejan; y ello ha llevado a los astrónomos a creer que el universo comenzó en un solo punto hace 13.800 millones de años y que explotó en el llamado Big Bang. La materia oscura y la energía oscura invisibles constituyen el 95 % del universo conocido y parecen ejercer influencia sin mostrar su presencia. Asimismo, los agujeros negros y el Big Bang siguen siendo un misterio. Sin embargo, los astrofísicos lo van resolviendo. ■

# LOS GIROS DE LOS CUERPOS CELESTES

## LOS CIELOS

**EN CONTEXTO**

FIGURA CLAVE
**Tolomeo** (*c.* 100–*c.* 170 d. C.)

ANTES
**2137 a. C.** Astrónomos chinos registran la primera observación documentada de un eclipse solar.

**Siglo iv a. C.** Aristóteles describe la Tierra como una esfera en el centro del universo.

***C.* 130 a. C.** Hiparco completa su catálogo de estrellas.

DESPUÉS
**1543** Nicolás Copérnico señala que el centro del universo es el Sol y no la Tierra.

**1784** El astrónomo francés Charles Messier elabora un catálogo de cúmulos estelares y nebulosas de la Vía Láctea.

**1924** Edwin Hubble, astrónomo estadounidense, demuestra que la Vía Láctea es una de las galaxias del universo.

Desde tiempos inmemoriales, los seres humanos han mirado con sobrecogimiento el cielo nocturno, fascinados por los movimientos del Sol, la Luna y las estrellas. Uno de los primeros ejemplos de astronomía primitiva es Stonehenge, en Gran Bretaña; un círculo de piedra que se remonta a 3000 a. C. No se sabe con certeza el verdadero propósito de esas enormes piedras, pero se cree que, al menos en parte, se erigieron para seguir el movimiento del Sol a través del cielo y posiblemente también el de la Luna. Existen en todo el mundo muchos otros monumentos similares.

Los primeros seres humanos relacionaron los objetos del cielo nocturno con dioses y espíritus de la Tierra. Creían que los cuerpos celestes influían en aspectos de la vida, igual que la Luna estaba ligada al ciclo de la fertilidad. Algunas civilizaciones, como la sumeria o la inca, identifica-

**Stonehenge**, un monumento prehistórico en Wiltshire, al sudoeste de Inglaterra, quizá se erigió para que los antiguos siguieran los movimientos del Sol por el cielo.

**Véase también:** El método científico 20–23 ▪ El lenguaje de la física 24–31 ▪ Modelos del universo 272–273 ▪ Descubrir otras galaxias 290–293

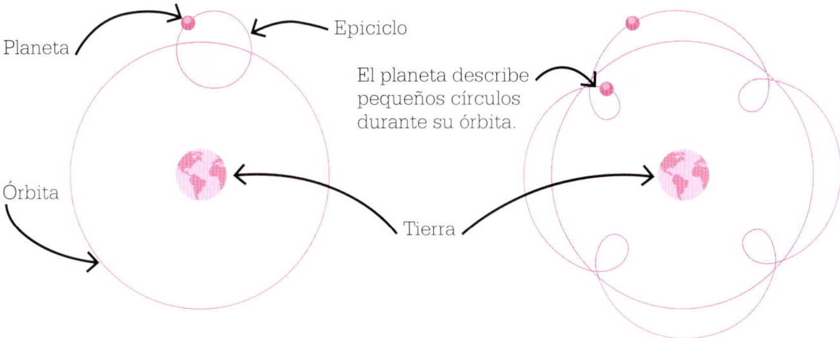


**Tolomeo creía** que los planetas orbitan la Tierra y giran al mismo tiempo en torno a una subórbita, o epiciclo. Intentó explicar así los impredecibles movimientos «retrógrados» de estrellas y planetas.

ron con patrones (constelaciones) las estrellas que aparecían regularmente en el cielo.

## Contemplar el cielo

A los primeros astrónomos no solo les intrigó el movimiento de las estrellas y los planetas, sino también los acontecimientos fugaces. Los astrónomos chinos documentaron desde el año 1000 a. C. la aparición del cometa Halley, al que llamaron «estrella invitada». También registraron supernovas, o explosiones estelares; sobre todo, una que llevó a la formación de la nebulosa del Cangrejo en el año 1054 d. C. Los documentos de la época señalan que la supernova fue tan brillante que pudo verse de día durante un mes.

En el siglo IV a. C., el filósofo griego Aristóteles afirmó que la Tierra era el centro del universo en torno al cual giraban todos los demás cuerpos (como la Luna y los planetas). Hacia el año 150, Tolomeo, astrónomo de Alejandría, postuló la teoría geocéntrica en un intento por explicar en términos matemáticos los movimientos aparentemente irregulares de las estrellas y los planetas en el cielo nocturno. Observando el movimiento de avance y retroceso de algunos planetas y el hecho de que otros apenas parecían moverse, concluyó que los cuerpos celestes se movían en torno a una Tierra estacionaria de acuerdo con una compleja combinación de órbitas y epiciclos («subórbitas») circulares.

## Universo geocéntrico

Tolomeo basó muchos de sus cálculos en las observaciones de Hiparco, un astrónomo griego del siglo II a. C. En el *Almagesto*, su obra más conocida, donde expone la teoría geocéntrica, usó las notas de Hiparco sobre los movimientos lunares y solares para calcular las posiciones de la Luna, el Sol, los planetas y las estrellas en diferentes momentos, así como para predecir eclipses.

El modelo del universo de Tolomeo, llamado sistema tolemaico, dominó el pensamiento astronómico durante siglos. Haría falta llegar al siglo XVI para que el astrónomo polaco Nicolás Copérnico afirmara que el centro del universo era el Sol, y no la Tierra. Y, aunque al principio fue atacado (y el italiano Galileo Galilei fue juzgado en 1633 por apoyarlo) resultó que Copérnico tenía razón. ■

## Tolomeo

Claudio Tolomeo vivió entre los años 100 y 170, aproximadamente. Poco se sabe de su vida, salvo que vivió en la ciudad de Alejandría, en la provincia romana de Egipto, y que escribió sobre múltiples temas, como astronomía, astrología, música, geografía y matemáticas. En *Geografía*, enumeró las latitudes y longitudes de muchos lugares del mundo conocido, con lo que produjo un mapa que podía ser duplicado. Su primer gran trabajo en astronomía fue el *Almagesto*, donde catalogó 1022 estrellas y 48 constelaciones, e intentó explicar el movimiento de estrellas y planetas por el cielo nocturno. Su modelo geocéntrico del universo perduró durante siglos. Pese a las inexactitudes, el trabajo de Tolomeo fue enormemente influyente en la comprensión de cómo se mueven los cuerpos en el espacio.

### Obras principales

***C.* 150** *Almagesto.*
***C.* 150** *Geografía.*
***C.* 150–170** *Tablas manuales.*
***C.* 150–170** *Hipótesis planetarias.*

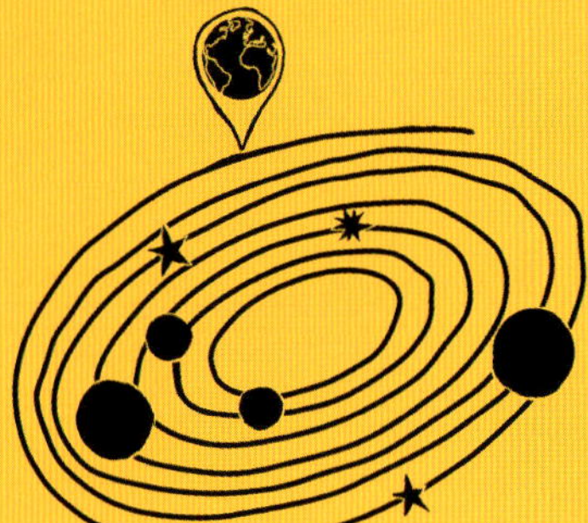

# LA TIERRA NO ES EL CENTRO DEL UNIVERSO

## MODELOS DEL UNIVERSO

**EN CONTEXTO**

FIGURA CLAVE
**Nicolás Copérnico**
(1473–1543)

ANTES
**Siglo VI a. C.** El filósofo griego Pitágoras afirma que la Tierra es redonda, partiendo de que también lo es la Luna.

**Siglo III a. C.** Eratóstenes mide con gran precisión la circunferencia de la Tierra.

**Siglo II** Tolomeo de Alejandría sostiene que la Tierra es el centro del universo.

DESPUÉS
**1609** Johannes Kepler describe los movimientos de los planetas en torno al Sol.

**1610** Galileo observa lunas en torno a Júpiter.

**1616** La Iglesia católica prohíbe la obra de Copérnico *De revolutionibus orbium cœlestium.*

Los **irregulares movimientos de estrellas y planetas** no pueden explicarse si la Tierra es el centro del universo.

↓

La Tierra **puede parecer estacionaria**, pero en realidad **gira**; y eso explica el movimiento aparente de las estrellas.

↓

Vistos desde la Tierra, a veces los **otros planetas** parecen **retroceder**, pero es una ilusión debido a que **la propia Tierra se mueve**.

↓

Copérnico creía que **el Sol** está estacionario cerca del **centro del universo** y que la Tierra y los demás planetas giran en torno a él.

Hoy en día, la idea de que la Tierra es plana resulta cómica. Sin embargo, las primeras representaciones del mundo, incluso en el antiguo Egipto, muestran que esa era la creencia general. Al fin y al cabo, la Tierra parecía extenderse en la distancia y, a ras de suelo, no da la impresión de curvarse. Se pensaba que la Tierra era un disco circular flotando en un océano, con una cúpula encima (los cielos) y el inframundo abajo.

En el siglo VI a. C., los filósofos griegos se dieron cuenta de que la Tierra era redonda. Pitágoras dedujo que la Luna era esférica, observando que la línea entre el día y la noche en la Luna es curva. Esto lo llevó a suponer que la Tierra también era esférica. Aristóteles respaldó la idea aduciendo la sombra curvada de la Tierra durante un eclipse lunar y las posiciones cambiantes de constelaciones. Eratóstenes fue aun más lejos. Sabía que el Sol proyectaba sombras diferentes en Alejandría y Siena (hoy Asuán) y usó este conocimiento para deducir la circunferencia del planeta. Calculó que medía entre 38.000 y 47.000 km, no muy lejos de su verdadero valor de 40.075 km. Objeto de gran estudio fue también el lugar de la Tierra dentro del universo

**Véase también:** El método científico 20–23 ▪ Leyes del movimiento 40–45 ▪ Leyes de la gravedad 46–51 ▪ Los cielos 270–271 ▪ Descubrir otras galaxias 290–293 ▪ El Big Bang 296–301

> El tiempo ha ido descubriendo a todos las verdades que yo mostré.
> **Galileo Galilei**

**En la actualidad sabemos que Júpiter** tiene 79 lunas. Cuando vio por primera vez las cuatro lunas mayores en 1610, Galileo Galilei demostró la teoría de Copérnico de que no todo gira alrededor de la Tierra.

conocido. En el siglo II, Tolomeo de Alejandría describió la Tierra como una esfera estacionaria en el centro del universo, con los demás cuerpos conocidos orbitando en torno a ella. Cinco siglos antes, el astrónomo griego Aristarco de Samos había señalado que el centro del universo era el Sol, pero la visión geocéntrica de Tolomeo fue la más aceptada.

## Universo heliocéntrico

La idea de un universo con el Sol en su centro no se reactivó hasta principios del siglo XVI, cuando Nicolás Copérnico escribió un breve texto, el *Commentariolus*, y lo hizo circular entre algunos colegas. En él proponía un modelo heliocéntrico, con el Sol cerca del centro del universo conocido, y la Tierra y los otros planetas orbitando en torno a él en movimiento circular. Copérnico también señaló que la salida y la puesta del Sol eran resultado de la rotación de la Tierra.

La Iglesia católica aceptó el trabajo de Copérnico en un primer momento, pero más tarde lo prohibió, acusándolo de protestantismo. No obstante, el enfoque heliocéntrico se fue imponiendo. El astrónomo alemán Johannes Kepler publicó en los años 1609 y 1619 sus leyes del movimiento que mostraban que los planetas se movían alrededor del Sol en círculos no del todo perfectos, puesto que lo hacían más deprisa cuando estaban más cerca y más despacio cuando estaban más lejos. La observación de Galileo Galilei de cuatro lunas en torno a Júpiter fue la prueba de que otros cuerpos orbitaban otros mundos... y que la Tierra no era el centro en torno al cual giraba todo. ■

## Nicolás Copérnico

Nicolás Copérnico nació el 19 de febrero de 1473 en Thorn (hoy Torun, en Polonia). Su padre, un acomodado comerciante, murió cuando él tenía diez años; sin embargo, a pesar de ello recibió una buena educación gracias a su tío. Estudió en Polonia e Italia, donde se interesó por la geografía y la astronomía.

Fue empleado luego por su tío, obispo de Ermland, en el norte de Polonia, y después de la muerte de este en 1512 pudo dedicar más tiempo a la astronomía. En 1514, Copérnico distribuyó un opúsculo manuscrito (el *Commentariolus*) en el que proponía que el Sol y no la Tierra estaba en el centro del universo conocido. Aunque Copérnico escribió una obra más extensa titulada *De revolutionibus orbium cœlestium* en 1532, no la publicó hasta 1543, dos meses antes de su muerte.

### Obras principales

**1514** *Commentariolus.*
**1543** *De revolutionibus orbium cœlestium.*

# SIN TIEMPOS NI LONGITUDES ABSOLUTAS

## DE LA RELATIVIDAD CLÁSICA A LA ESPECIAL

**EN CONTEXTO**

FIGURA CLAVE
**Hendrik Lorentz** (1853–1928)

ANTES
**1632** Galileo Galilei afirma que una persona en una habitación sin ventanas no puede asegurar si la estancia se mueve a una velocidad constante o no se mueve.

**1687** Isaac Newton concibe sus leyes del movimiento usando partes esenciales de la teoría de Galileo.

DESPUÉS
**1905** Albert Einstein publica la teoría de la relatividad especial, que prueba que la velocidad de la luz es siempre constante.

**1915** Einstein publica la teoría de la relatividad general, que explica cómo la gravedad de los objetos curva el espacio-tiempo.

**2015** Astrónomos europeos y estadounidenses descubren ondas gravitatorias, predichas por Einstein un siglo antes.

Las ideas acerca de la relatividad (las peculiaridades del espacio y el tiempo) suelen atribuirse a Einstein. Sin embargo, científicos anteriores al siglo XX también se habían preguntado si lo que veían era lo que parecía ser.

### La relatividad galileana

En 1632, en la Italia renacentista, Galileo Galilei afirmó que era imposible saber si una habitación estaba en reposo o moviéndose a velocidad constante a partir del movimiento de los objetos del interior. Esta idea, la relatividad galileana, se trató de ampliar en años posteriores. Así, se señaló que las leyes de la física son las mismas en todos los marcos de referencia inerciales (los que se mueven a velocidad constante).

El físico neerlandés Hendrik Lorentz consiguió probarlo en 1892. Su conjunto de ecuaciones, conocidas como transformaciones de Lorentz, demostraron cómo cambian la masa, la longitud y el tiempo a medida que un objeto espacial se acerca a la velocidad de la luz, y que la velocidad de la luz es constante en el vacío.

**Galileo usó el ejemplo** de una nave viajando a velocidad constante en un mar tranquilo. Un pasajero que dejara caer una bola bajo la cubierta sería incapaz de decir si la nave avanza o no.

El trabajo de Lorentz allanó el camino para la teoría de la relatividad especial de Einstein, en la que este no solo demostró que las leyes de la física son las mismas si una persona se mueve a velocidad constante o no se mueve, sino que la velocidad de la luz es la misma en ambos casos. Esa idea dio lugar a una nueva comprensión del universo. ■

**Véase también:** Leyes del movimiento 40–45 ▪ Leyes de la gravedad 46–51 ▪ Relatividad especial 276–279 ▪ El principio de equivalencia 281

# EL SOL TAL COMO ERA HACE OCHO MINUTOS

## LA VELOCIDAD DE LA LUZ

### EN CONTEXTO

FIGURAS CLAVE
**Albert Michelson** (1852–1931), **Edward Morley** (1838–1923)

ANTES
**Siglo IV a.C.** Aristóteles afirma que la luz es instantánea.

**1629** El científico neerlandés Isaac Beeckman intenta en vano usar una explosión y unos espejos para medir la velocidad de la luz.

**1850** Los franceses Hippolyte Fizeau y Léon Foucault rivalizan por medir la velocidad de la luz.

DESPUÉS
**1905** Albert Einstein sostiene que la velocidad de la luz en el vacío es siempre constante.

**1920** Se utiliza por primera vez la interferometría para medir el tamaño de una estrella distinta del Sol.

**1983** Se define una medida oficial de la velocidad de la luz: 299 792 458 m/s.

La velocidad de la luz ha preocupado durante mucho tiempo a la humanidad. En la antigua Grecia, el filósofo Empédocles pensó que la luz del Sol debía tardar un tiempo en llegar a la Tierra, y Aristóteles se preguntó si la luz tenía velocidad.

### Medir la velocidad de la luz

Isaac Beeckman y Galileo Galilei hicieron en el siglo XVII los primeros intentos serios por medir la velocidad de la luz. Se basaron, sin resultados concluyentes, en la visión humana. En 1850, Hippolyte Fizeau y Léon Foucault obtuvieron de modo independiente las primeras mediciones usando una rueda dentada y un espejo giratorio, respectivamente, para cortar (o interrumpir) un rayo de luz. Foucault calculó la velocidad de la luz a partir del ángulo formado por la luz que rebota en un espejo giratorio y de la velocidad de rotación del espejo.

A inicios de la década de 1880, el físico estadounidense Albert Michelson mejoró la técnica de Foucault haciendo reflejar un haz de luz en dos espejos y a una distancia mayor. Construyó un interferómetro, un dispositivo capaz de dividir un rayo de luz, dirigir las dos partes por caminos diferentes y luego recombinarlas. Observando el patrón de la luz devuelta, calculó que la velocidad de la luz era de 299 853 km/s.

En 1887, Michelson y su colega estadounidense Edward Morley idearon un experimento para medir el movimiento de la Tierra a través del «éter» por el que se creía que viajaba la luz. No encontraron pruebas de la existencia del éter, pero registraron valores cada vez más precisos para una velocidad de la luz constante. ■

> La luz cree que ella viaja más deprisa que nadie, pero se equivoca.
> **Terry Pratchett**
> **Novelista británico**

**Véase también:** Focalizar la luz 170–175 ▪ Luz corpuscular y ondulatoria 176–179 ▪ Difracción e interferencia 180–183 ▪ Efecto Doppler y corrimiento al rojo 188–191

# ¿PARA OXFORD EN ESTE TREN?

## RELATIVIDAD ESPECIAL

### EN CONTEXTO

FIGURA CLAVE
**Albert Einstein** (1879–1955)

ANTES
**1632** Galileo Galilei avanza su hipótesis de la relatividad.

**1687** Isaac Newton establece sus leyes del movimiento.

**1861** El físico escocés James Clerk Maxwell formula ecuaciones que describen las ondas electromagnéticas.

DESPUÉS
**1907** Hermann Minkowski presenta la idea del tiempo como la cuarta dimensión en el espacio.

**1915** Albert Einstein incluye la gravedad y la aceleración en su teoría de la relatividad general.

**1971** Para probar la dilatación del tiempo predicha por Einstein, se realizan vuelos alrededor del mundo con relojes atómicos.

La relatividad tiene raíces profundas. En 1632, Galileo Galilei imaginó a un viajero en una cabina sin ventanas dentro de un barco que navegaba a una velocidad constante por un mar en calma. ¿Podía determinar el viajero si el barco se movía sin subir a la cubierta? ¿Había algún experimento que, realizado en un barco en movimiento, ofreciera un resultado diferente que en tierra? Galileo concluyó que no. Siempre que la nave se moviera con velocidad y dirección constantes, los resultados serían los mismos. Ninguna unidad de medida es absoluta: todas se definen en relación con algo. Para medir cualquier cosa, ya sea tiempo, distancia

**Véase también:** De la relatividad clásica a la especial 274 ▪ La velocidad de la luz 275 ▪ Espacio-tiempo curvo 280 ▪ El principio de equivalencia 281 ▪ Paradojas de la relatividad especial 282–283 ▪ Masa y energía 284–285

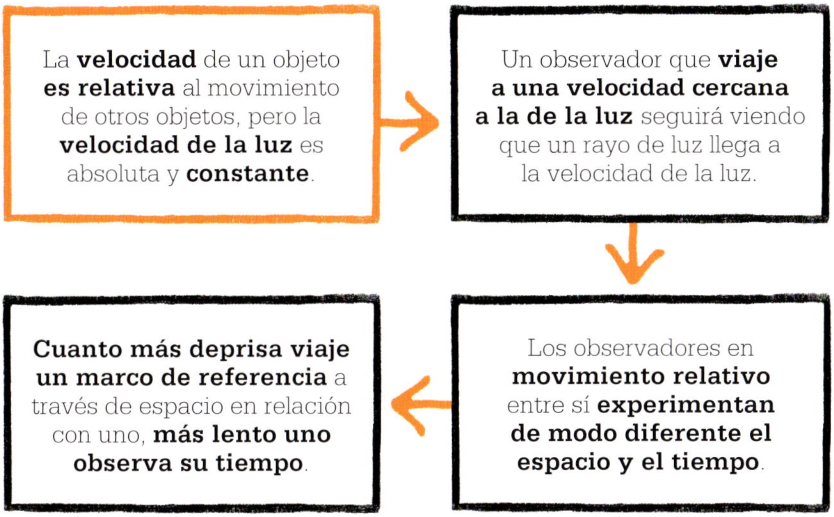


o masa, tiene que haber algo en relación con qué medirlo.

La percepción de la velocidad a la que se mueve un objeto depende de la velocidad del observador en relación con ese objeto. Por ejemplo, si dentro de un tren un pasajero lanza una manzana a otro, la manzana viaja entre ambos a unos pocos kilómetros por hora; en cambio, para un observador situado junto a las vías, la manzana y los pasajeros pasarán a cien kilómetros por hora.

## Marcos de referencia

La idea de que el movimiento no tiene significado sin un marco de referencia es fundamental en la teoría de la relatividad especial de Albert Einstein. La teoría es especial porque se refiere al caso especial de objetos que se mueven a velocidad constante uno respecto a otro. Es lo que los físicos llaman un marco de referencia inercial. Como señaló Isaac Newton, un estado inercial es el predeterminado en todo objeto sobre el que no actúa una fuerza. El movimiento inercial es el movimiento en línea recta a velocidad uniforme. Antes de Einstein, prevalecía la idea newtoniana de un movimiento absoluto (que se pudiera afirmar si un objeto se movía o no sin referencia a otra cosa). La relatividad especial lo cambió todo.

## Principio de relatividad

Como bien sabían los científicos del siglo XIX, cuando un imán se mueve dentro de una bobina de alambre se genera una corriente eléctrica, y también si la bobina se mueve y el imán no. Tras los descubrimientos del físico británico Michael Faraday en las décadas de 1820 y 1830, los científicos supusieron que había dos explicaciones diferentes para ese fenómeno: una para la bobina en movimiento y otra para el imán en movimiento. Eso no convenció a Einstein. Según su artículo de 1905, «Sobre la electrodinámica de los cuerpos en movimiento», no importaba qué se movía: era el movimiento relativo entre sí de los dos objetos lo que generaba la corriente. Al establecer su principio de relatividad declaró: «Las mismas leyes de la electrodinámica y la óptica serán válidas para todos los sistemas de coordenadas en los que rigen las ecuaciones de la mecánica». En otras palabras, las leyes de la física son las mismas en todos los marcos de referencia inerciales. Una conclusión similar a la de Galileo en 1632.

## La luz es una constante

En las ecuaciones desarrolladas por James Clerk Maxwell en 1865 para calcular las variables de un campo electromagnético, la velocidad de una onda electromagnética, unos 300.000 km/s, es una constante definida por las propiedades del vacío del espacio a través del cual se mueve. Las ecuaciones de Maxwell son válidas en cualquier marco inercial. Einstein declaró que, aunque algunas cosas pueden ser relativas, la velocidad de la luz es absoluta y constante: viaja a velocidad constante, independiente de todo lo demás, incluido el movimiento de la fuente de luz, y no se mide en relación con nada más. Eso es lo que hace que la luz sea fundamentalmente distinta de la materia: todas las velocidades inferiores a la de la luz son relativas al marco de referencia del observador, y nada puede viajar »

> Si no lo puedes explicar con sencillez, es que no lo entiendes lo suficiente.
> **Albert Einstein**

más deprisa que la luz. La consecuencia de ello es que dos observadores que se muevan uno en relación con el otro siempre medirán igual la velocidad de un rayo de luz, aunque uno de ellos se mueva en la dirección del rayo de luz y el otro se aleje de él. Un absurdo, en términos galileanos.

## Una cuestión de tiempo

La idea de que la velocidad de la luz es constante para todos los observadores resulta fundamental en la relatividad especial. Todo lo demás se deriva de este hecho engañosamente sencillo. Einstein entendió que había una conexión fundamental entre la velocidad de la luz y el tiempo. Esa intuición lo llevó a completar su teoría. Aunque un observador viaje a una velocidad cercana a la de la luz, seguirá registrando que un rayo de luz llega a la velocidad de la luz. Para que eso suceda, afirmó Einstein, el tiempo tiene que transcurrir más despacio para el observador. Newton pensó que el tiempo era absoluto, que fluía sin referencia a nada más y al mismo ritmo constante en cualquier lugar del universo en el que se midiera. Diez segundos para un observador son iguales que diez segundos para otro, por más que uno esté quieto y el otro se desplace en la nave espacial más rápida existente.

La física newtoniana establece que la velocidad es igual a la distancia recorrida dividida por el tiempo empleado en cubrir esa distancia; es decir, en forma de ecuación: $v = d/t$. Por lo tanto, si la velocidad de la luz, $v$, permanece siempre igual cualesquiera que sean los otros dos valores, entonces se deduce que $d$ y $t$, la distancia (o el espacio) y el tiempo, tienen que cambiar.

El tiempo, afirmó Einstein, transcurre de manera diferente en todos los marcos de referencia en movimiento, lo cual significa que observadores en movimiento relativo (en diferentes marcos de referencia en movimiento) tienen relojes que funcionan a velocidades diferentes. El tiempo es relativo. Como dijo Werner Heisenberg a propósito del descubrimiento de Einstein: «Fue un cambio en los fundamentos mismos de la física». Según la relatividad especial, cuanto más deprisa viaje una persona por el espacio, más despacio viaja por el tiempo. Ese fenómeno se llama dilatación del tiempo. Los científicos del Gran Colisionador de Hadrones del CERN, en el que las partículas son lanzadas unas contra otras a velocidades cercanas a la de la luz, deben tener en cuenta los efectos de la dilatación del tiempo al interpretar los resultados de sus experimentos.

## Contracción del espacio

Einstein se hizo una pregunta: si sostengo un espejo mientras viajo a la velocidad de la luz, ¿vería mi reflejo? ¿Cómo llegaría la luz al espejo si este se moviera a la velocidad de la luz? Si la velocidad de la luz es una constante, entonces, al margen de lo deprisa que se moviera Einstein, la luz entre él y el espejo y de nuevo hacia él viajaría siempre a 300.000 km/s porque la velocidad de la luz no cambia.

Para que la luz llegue al espejo, no solo hay que enlentecer el tiempo, sino que también hay que disminuir

**En una nave** que se desplace a una velocidad casi lumínica, un astronauta que mida con un reloj la velocidad de la luz descubrirá que recorre una distancia relativamente corta en poco tiempo. A una persona que observe la luz de la nave desde la Tierra le parecerá que esa luz recorre una distancia mayor en más tiempo. Sin embargo, ambos medirán la luz moviéndose a la misma velocidad.

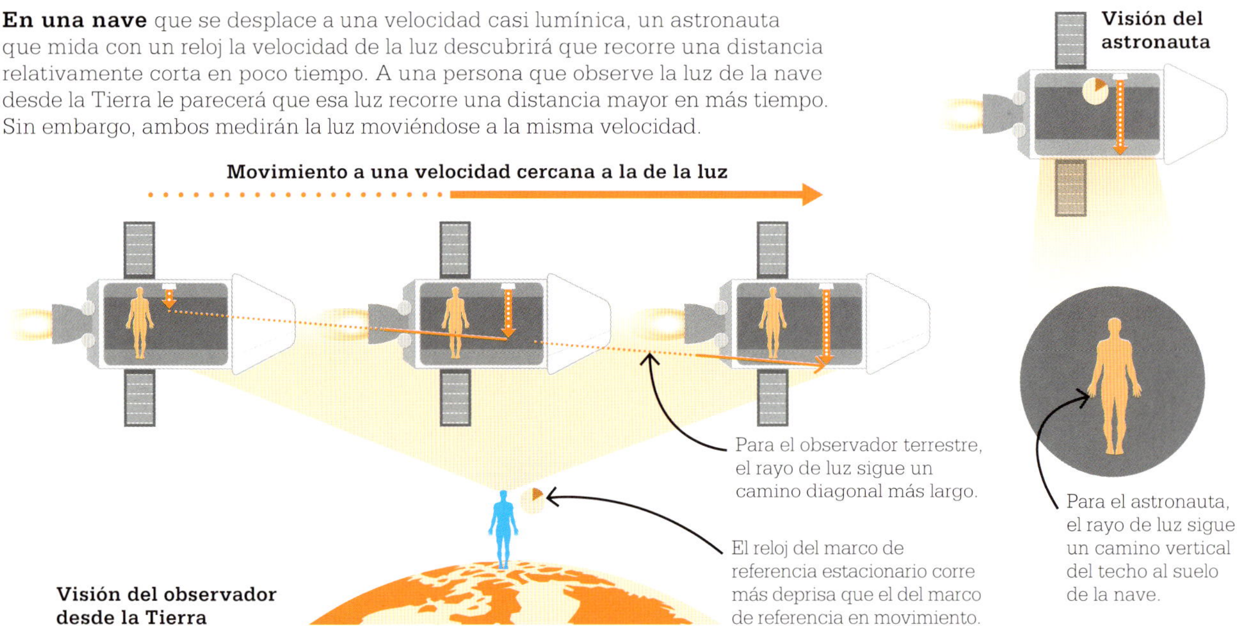

> Einstein, en su teoría de la relatividad especial, demostró que diferentes observadores en diferentes estados de movimiento ven realidades diferentes.
> **Leonard Susskind**
> **Físico estadounidense**

la distancia recorrida por el rayo de luz. A aproximadamente el 99,5 % de la velocidad de la luz, la distancia se reduce en un factor de 10. Esta disminución solo tiene lugar en la dirección del movimiento y solo será perceptible para un observador que esté en reposo con respecto al objeto en movimiento. La tripulación de una nave espacial que viaje a una velocidad cercana a la de la luz no percibiría ningún cambio en la longitud de su nave; en cambio, vería contraerse al observador al pasar junto a él.

Una consecuencia de la contracción del espacio es la reducción del tiempo que tardaría una nave espacial en viajar a las estrellas. Imaginemos que una red ferroviaria cósmica une las estrellas. Cuanto más rápido viaje una nave espacial, más corta parecerá hacerse la vía férrea y, por lo tanto, más corta será la distancia que recorre para llegar al destino. A un 99,5 % de la velocidad de la luz, el viaje hasta la estrella más cercana duraría unos cinco meses en tiempo de nave espacial. Sin embargo, para un observador que se quedara en la Tierra, el viaje duraría más de cuatro años.

## La ecuación de Einstein

Una de las ecuaciones más famosas de toda la física se deriva de la relatividad especial. Einstein la publicó en una especie de breve añadido a su teoría especial. Conocida a veces como ley de la equivalencia entre masa y energía, $E = mc^2$ afirma que la energía ($E$) y la masa ($m$) son dos aspectos de lo mismo. Si un objeto gana o pierde energía, pierde o gana una cantidad equivalente de masa de acuerdo con la fórmula.

Por ejemplo, cuanto más deprisa viaja un objeto, mayor es su energía cinética, y mayor es también su masa. La velocidad de la luz ($c$) es un número muy alto; al cuadrado, lo es muchísimo más. Eso significa que cuando una cantidad de materia, por minúscula que sea, se convierte en la cantidad equivalente de energía, la potencia es descomunal; pero también significa que tiene que haber una inmensa entrada de energía para lograr un incremento apreciable de la masa. ■

**La luz viaja a una velocidad constante**, por lo que la luz de los faros de un coche no aumenta ni disminuye de velocidad cuando el coche acelera o frena.

### Albert Einstein

Albert Einstein nació en Ulm (Alemania) el 14 de marzo de 1879. Al parecer, tardó en aprender a hablar y, según declararía, «muy raramente pienso en palabras». A los cuatro o cinco años quedó fascinado por las fuerzas invisibles que movían la aguja de una brújula; eso, contó más tarde, despertó su curiosidad por el mundo. A los seis años empezó a tocar el violín, y así nació en él un amor por la música que lo acompañaría siempre. No es cierto que no se le dieran bien las matemáticas; fue un alumno competente. En 1901, adquirió la ciudadanía suiza y trabajó como ayudante técnico en la Oficina de Patentes de ese país, donde produjo en su tiempo libre buena parte de su obra más relevante. En 1933, emigró a EEUU para ocupar la plaza de profesor de Física Teórica en Princeton; se hizo ciudadano estadounidense en 1940. Murió en 1955.

#### Obras principales

**1905** «Sobre un punto de vista heurístico concerniente a la producción y transformación de la luz».
**1905** «Sobre la electrodinámica de los cuerpos en movimiento».

# UNA UNION DEL ESPACIO Y DEL TIEMPO

## ESPACIO-TIEMPO CURVO

### EN CONTEXTO

FIGURA CLAVE
**Hermann Minkowski**
(1864–1909)

ANTES
**Siglo IV A. C.** La obra geométrica de Euclides muestra que los griegos intentaron aplicar las matemáticas al espacio físico.

**1637** René Descartes crea las coordenadas cartesianas, usando el álgebra para calcular las posiciones.

**1813** Carl Friedrich Gauss propone la idea de espacios no euclidianos, que no se ajustan a la geometría euclidiana.

DESPUÉS
**1915** Albert Einstein desarrolla su teoría de la relatividad general gracias al trabajo de Hermann Minkowski.

**1919** Arthur Eddington ve la curvatura del espacio-tiempo gracias a los cambios de posición de estrellas durante un eclipse.

El mundo parece ajustarse a ciertas reglas geométricas. Es posible calcular las coordenadas de un punto, por ejemplo, o trazar una forma particular. Esta comprensión básica del mundo usando líneas rectas y ángulos es conocida como espacio euclidiano, en honor a Euclides de Alejandría.

Con la espectacular evolución de la física a principios del siglo XX, creció la necesidad de una nueva forma de comprender el universo. El matemático alemán Hermann Minkowski se dio cuenta de que gran parte del trabajo de los físicos se entendía más fácilmente al considerarlo en cuatro dimensiones. En el «espacio-tiempo» de Minkowski, tres coordenadas describen dónde está un punto en el espacio y la cuarta dice en qué momento ocurrió ahí un acontecimiento.

En 1908, Minkowski observó que la Tierra y el universo son curvos, y que, por tanto, no siguen líneas rectas. De forma similar a cómo sigue un avión un recorrido curvo y no recto sobre la Tierra, la luz se curva alrededor del universo. Eso significa que las coordenadas del espacio-tiempo no se pueden medir con exactitud usando líneas rectas y ángulos; dependen de minuciosos cálculos llamados formas no euclidianas de geometría.

Esas formas pueden ser útiles, por ejemplo, para calcular distancias en la superficie de la Tierra. En un espacio euclidiano, la distancia entre dos puntos se calcularía como si la superficie de la Tierra fuera plana; pero, en los espacios no euclidianos, hay que tener en cuenta la curvatura del planeta, y se recurre a la geodesia (la división de la Tierra en arcos) para obtener un valor más preciso. ■

> A partir de este momento, el espacio y el tiempo por sí solos pasarán a segundo plano.
> **Hermann Minkowski**

**Véase también:** Medición de distancias 18–19 ▪ El lenguaje de la física 24–31 ▪ Medición del tiempo 38–39 ▪ Relatividad especial 276–279

# LA GRAVEDAD ES EQUIVALENTE A LA ACELERACION

## EL PRINCIPIO DE EQUIVALENCIA

### EN CONTEXTO

FIGURA CLAVE
**Albert Einstein** (1879–1955)

ANTES
***C.* 1590** Galileo Galilei demuestra que dos objetos que caen se aceleran a la misma velocidad sea cual sea su masa.

**1609** Johannes Kepler describe qué pasaría si la Luna cesara su movimiento orbital y cayera hacia la Tierra.

**1687** La teoría de la gravitación de Isaac Newton incluye la idea del principio de equivalencia.

DESPUÉS
**1964** Los científicos prueban con masas de aluminio y oro el principio de equivalencia en la Tierra.

**1971** David Scott, astronauta estadounidense, deja caer un martillo y una pluma en la Luna para mostrar que caen a la vez, como había predicho Galileo siglos antes.

La teoría de la relatividad especial de Einstein describe cómo los objetos experimentan el espacio y el tiempo de modo diferente en función de su movimiento. Una inferencia de la relatividad especial es que espacio y tiempo siempre están enlazados en un continuo de cuatro dimensiones llamado espacio-tiempo. Su posterior teoría de la relatividad general describe cómo se ve deformado el espacio-tiempo por los objetos masivos. La masa y la energía son equivalentes, y la deformación que causan en el espacio-tiempo produce los efectos de la gravedad.

Einstein basó su teoría de la relatividad general de 1915 en el principio de equivalencia, la idea de que la masa inercial y la masa gravitatoria tienen el mismo valor. Ese principio fue estudiado por Galileo e Isaac Newton en el siglo XVII, antes de que Einstein lo desarrollara en 1907. Cuando una fuerza se aplica a un objeto, la masa inercial de ese objeto puede deducirse midiendo su aceleración. La masa gravitatoria de un objeto puede calcularse midiendo la fuerza de la gravedad. Ambos cálculos producen el mismo número. Si una persona en una nave espacial estacionaria sobre la Tierra deja caer un objeto, la masa medida del objeto será la misma que si esa persona está en una nave en aceleración en el espacio. Según Einstein, es imposible decir usando ese enfoque si una persona se halla en un campo gravitatorio uniforme o en aceleración en el espacio.

**En una nave espacial en aceleración**, una bola que se deja caer se comportará igual que otra que cae en el campo gravitatorio de la Tierra.

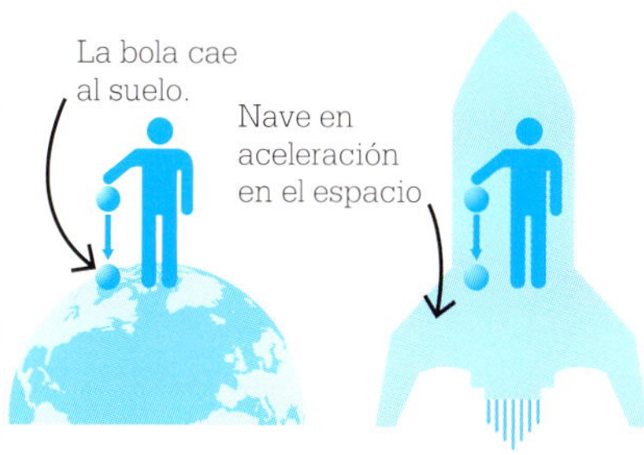


Einstein imaginó además cómo sería un rayo de luz para alguien en el interior de la nave. Concluyó que una gravedad poderosa y una aceleración extrema tendrían el mismo efecto: el rayo de luz se curvaría hacia abajo. ■

**Véase también:** Caída libre 32–35 ▪ Leyes de la gravedad 46–51 ▪ Relatividad especial 276–279 ▪ Espacio-tiempo curvo 280 ▪ Masa y energía 284–285

# ¿POR QUÉ ES MÁS JOVEN EL GEMELO QUE VIAJA?

## PARADOJAS DE LA RELATIVIDAD ESPECIAL

**EN CONTEXTO**

FIGURA CLAVE
**Paul Langevin** (1872–1946)

ANTES
**1905** Albert Einstein postula que un reloj en movimiento medirá menos tiempo que un reloj estacionario.

**1911** Einstein afirma que una persona en movimiento será más joven que una persona estacionaria.

DESPUÉS
**1971** Los físicos estadounidenses Joseph Hafele y Richard Keating demuestran que la teoría de la dilatación del tiempo de Einstein es correcta viajando en avión con relojes atómicos y comparándolos con otros dejados en tierra.

**1978** Se descubre que los primeros satélites GPS también experimentan la dilatación del tiempo.

**2019** La NASA lanza un reloj atómico diseñado para ser usado en el espacio profundo.

Las teorías sobre la relatividad de Albert Einstein han hecho que los científicos exploren el comportamiento de la luz y otros objetos cuando llegan a lo más extremo del tiempo, el espacio y el movimiento; como, por ejemplo, cuando un objeto en movimiento se acerca a la velocidad de la luz. Sin embargo, también han concebido algunos interesantes experimentos mentales que parecen, en principio, insolubles.

Uno de los más conocidos es la «paradoja de los gemelos». Fue propuesta por primera vez en 1911 por el físico francés Paul Langevin. Partiendo de la obra de Einstein, Langevin señaló una paradoja basada en la dilatación del tiempo, una consecuencia conocida de la relatividad. De acuerdo con ella, un observador verá discurrir más despacio el tiempo de cualquier objeto que se mueva más deprisa que él. Cuanto más rápido sea el objeto en movimiento, más lentamente se lo verá experimentar el tiempo.

> Al regresar a la Tierra dos años más viejo, [el viajero] saldrá de su vehículo y descubrirá que nuestro planeta ha envejecido al menos doscientos años [...]
> **Paul Langevin**

Langevin se preguntó qué sucedería si hubiera dos gemelos idénticos en la Tierra y uno de ellos partiera al espacio en un viaje muy rápido de ida y vuelta a una estrella. El gemelo de la Tierra diría que era el viajero quien se movía, así que el viajero sería el más joven de los dos cuando regresara. En cambio, el viajero sostendría que el gemelo de la Tierra se movía y él estaba estacionario. Afirmaría, por lo tanto, que el gemelo de la Tierra sería más joven.

Hay dos soluciones a esta aparente paradoja. La primera es que el viajero debe cambiar su velocidad para poder regresar, mientras que el gemelo de la Tierra se mantiene a una velocidad constante, de modo que el viajero será más joven. La otra solución es que el viajero deja el marco de referencia de la Tierra, mientras que el otro gemelo permanece en él, lo

**Véase también:** Medición del tiempo 38–39 ■ De la relatividad clásica a la especial 274 ■ La velocidad de la luz 275 ■ Relatividad especial 276–279 ■ Espacio-tiempo curvo 280

que significa que es el viajero quien dicta el curso de los acontecimientos.

## El granero y la pértiga

En la «paradoja del granero y la pértiga», una saltadora de pértiga entra en un granero corriendo casi a la velocidad de la luz y con una pértiga que dobla la longitud del granero. Mientras se encuentra en el interior, las dos puertas se cierran simultáneamente y luego vuelven a abrirse. ¿Es posible que la pértiga quepa dentro del granero cuando las puertas están cerradas?

Desde el marco de referencia de un espectador, cuando algo se acerca a la velocidad de la luz, parece acortarse: un efecto conocido como contracción de longitud. Sin embargo, desde el marco de referencia de la saltadora, es el granero lo que se mueve hacia ella a la velocidad de la luz. De modo que el granero debería contraerse, y la pértiga no cabría.

La solución es que hay algunas inconsistencias que permiten que la pértiga quepa. Desde el punto de referencia del observador, la pértiga es lo bastante pequeña para permitir que quepa antes de que las puertas se abran de nuevo y permitan su salida. Desde la perspectiva de la saltadora, las puertas no se cierran y se abren simultáneamente, sino más bien una tras otra, lo que permite que la pértiga entre por un lado y salga por el otro. ■

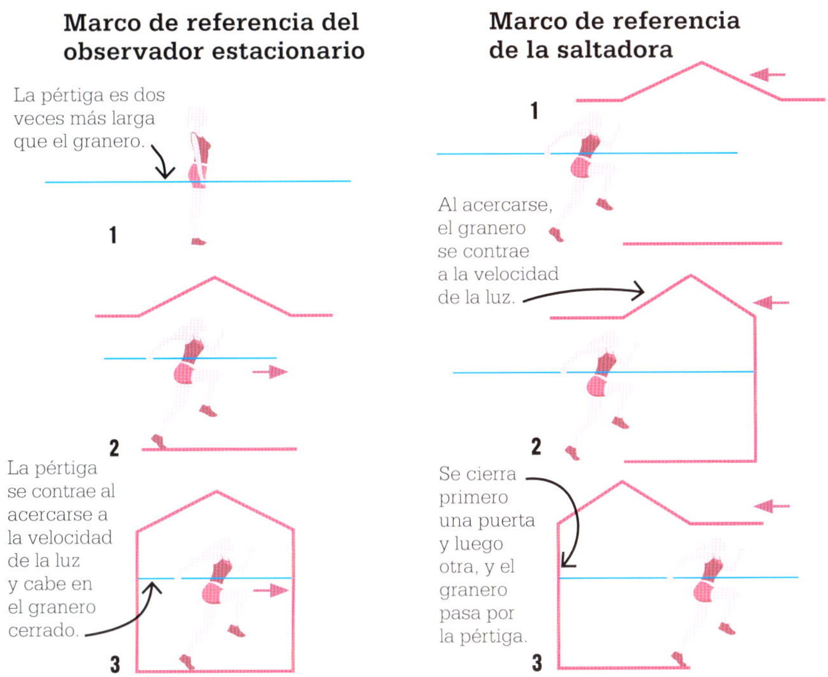


**El espacio en torno a un objeto en movimiento** se contrae a medida que el objeto se acerca a la velocidad de la luz. Un observador estacionario que viera la pértiga llegar al granero la vería contraerse, lo que permitiría que cupiera en el interior. Para la saltadora, el granero se contrae, pero, como las puertas no se abren y se cierran simultáneamente, puede pasar por la pértiga.

## Paul Langevin

Paul Langevin nació en París el 23 de enero de 1872. Tras estudiar en la capital francesa, se trasladó a Inglaterra para estudiar con J. J. Thomson en el laboratorio Cavendish de la Universidad de Cambridge. Regresó luego a la Sorbona y se doctoró en Física en 1902. Nombrado profesor de Física en el Colegio de Francia en 1904, en 1926 fue director de la Escuela de Física y Química. Ingresó en la Academia de Ciencias en 1934.

Conocido por su estudio del magnetismo, durante la Primera Guerra Mundial desarrolló los trabajos de Pierre Curie para idear un modo de detectar submarinos por ecolocalización. Contribuyó a difundir las teorías de Albert Einstein en Francia. En 1940 fue detenido por la Gestapo por su compromiso antifascista y pasó desterrado la mayor parte de la Segunda Guerra Mundial. Murió el 19 de diciembre de 1946, a la edad de 74 años.

### Obras principales

**1908** «Sobre la teoría del movimiento browniano».
**1911** «La evolución del espacio y el tiempo».

# LA EVOLUCION DE LAS ESTRELLAS Y LA VIDA

## MASA Y ENERGÍA

**EN CONTEXTO**

FIGURA CLAVE
**Arthur Eddington** (1882–1944)

ANTES
**1905** Albert Einstein concibe la equivalencia entre masa y energía. La ecuación inicial fue $L/V^2$.

**1916** Einstein titula un artículo con la ecuación $E = mc^2$.

DESPUÉS
**1939** El físico alemán Hans Bethe realiza un detallado análisis de la cadena de fusión del hidrógeno que da energía a las estrellas como el Sol.

**1942** Se construye en Chicago la primera central nuclear del mundo, Chicago Pile-1 (CP-1).

**1945** El ejército estadounidense prueba la primera bomba nuclear, *Trinity*, en Nuevo México.

**2008** Se inaugura en el CERN, en Suiza, el mayor acelerador de partículas del mundo: el Gran Colisionador de Hadrones.

La famosa ecuación $E = mc^2$ ha tenido varias formas a lo largo de los años, y resulta difícil exagerar su impacto en la física. Fue concebida por Albert Einstein en 1905 y hacía alusión a la equivalencia entre masa y energía: la energía *(E)* es igual a la masa *(m)* multiplicada por el cuadrado de la velocidad de la luz *($c^2$)*. De acuerdo con la teoría de la relatividad, puede utilizarse para calcular la energía de una masa determinada y averiguar los cambios ocurridos en una reacción nuclear.

### Reacción en cadena

La ecuación de Einstein mostró que la masa y la energía estaban unidas en formas hasta entonces inimaginables y que una pequeña pérdida de masa iba acompañada de una gran liberación de energía. Una de sus principales consecuencias fue entender cómo producen energía las

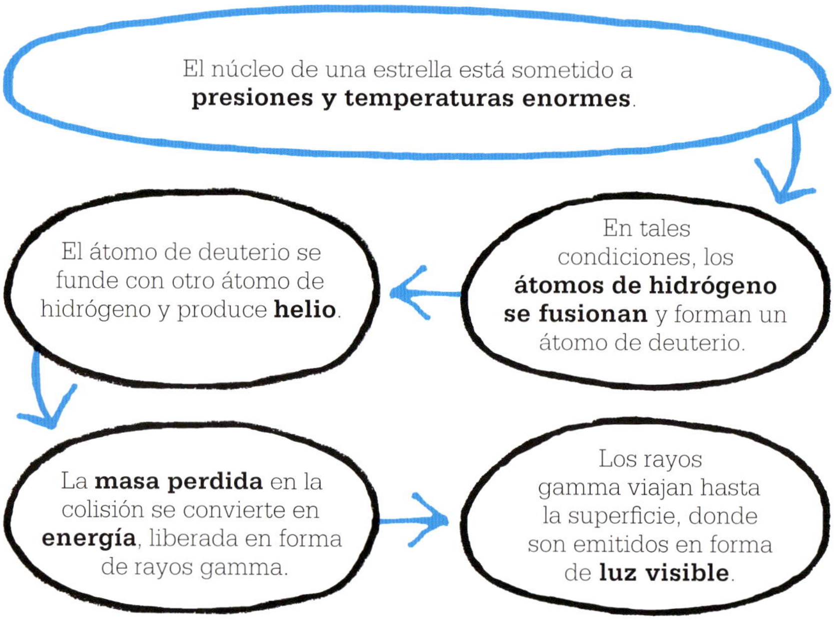

**Véase también:** Energía y movimiento 56–57 ▪ La luz de los átomos 196–199 ▪ Bombas y energía nuclear 248–251 ▪ La velocidad de la luz 275 ▪ Relatividad especial 276–279

estrellas. Hasta el trabajo pionero del físico Arthur Eddington a inicios del siglo XX, los científicos no se explicaban el mecanismo que hacía brillar con tanta fuerza a estrellas como el Sol. Cuando un átomo inestable (radiactivo) es golpeado por otra partícula, como un neutrón, se descompone en nuevas partículas. Estas, a su vez, golpean otros átomos y causan una reacción en cadena en la que una parte de la masa perdida en cada colisión se convierte en nuevas partículas y el resto se libera como energía. En 1920, Eddington afirmó que dentro de las estrellas ciertos elementos pasaban por un proceso similar para producir energía.

## Reacciones nucleares

Según Eddington, las estrellas convertían el hidrógeno en helio y otros elementos más pesados (un proceso que ahora se llama fusión nuclear) y que eso explicaba su producción de energía (la luz que producen). Usando la ecuación de Einstein, describió la forma en que, dentro de una estrella, el calor y la presión intensos provocan reacciones nucleares que destruyen masa y liberan energía. Hoy, el conocimiento de cómo la masa puede convertirse en energía ha permitido a los físicos replicar el proceso en reactores nucleares, que recurren a la fisión nuclear (la división de un átomo pesado en dos más ligeros). También condujo a la fabricación de la bomba nuclear, en la que una imparable reacción en cadena libera una poderosa y mortal cantidad de energía. Los aceleradores de partículas como el Gran Colisionador de Hadrones se basan en la ecuación de Einstein para hacer chocar partículas y crear otras nuevas. Cuanta más energía haya en una colisión, mayor será la masa de las partículas creadas. Los físicos tratan ahora de recrear el proceso de la fusión nuclear, que produce más energía que la fisión; sin embargo, las condiciones necesarias son tan extremas que resultan difíciles de replicar. Se espera que en las próximas décadas la fusión nuclear pueda ser una fuente de energía viable en la Tierra. ■

**El Sol libera** inmensas cantidades de energía convirtiendo el hidrógeno en helio en un proceso de fusión nuclear. Se cree que posee suficiente hidrógeno para seguir brillando en los próximos 5.000 millones de años.

## Arthur Eddington

Arthur Eddington nació en 1882 en Kendal (Reino Unido). Estudió en Manchester y en el Trinity College de Cambridge, donde obtuvo premios por su trabajo. De 1906 a 1913, fue ayudante jefe en el Real Observatorio de Greenwich.

De familia cuáquera, se declaró pacifista durante la Primera Guerra Mundial. Hizo importantes contribuciones a la ciencia a partir de 1914, y fue el primero en exponer en inglés la teoría de la relatividad de Einstein. En 1919 viajó a la isla de Príncipe, en la costa occidental de África, para observar un eclipse solar y corroborar la teoría de la lente gravitatoria (que las grandes masas curvan la luz, según predice la teoría de la relatividad general). Publicó artículos sobre la gravedad, el espacio-tiempo y la relatividad; y en 1926 produjo su obra maestra sobre la fusión nuclear en las estrellas. Murió en 1944, a los 61 años.

### Obras principales

**1923** *Teoría matemática de la relatividad.*
**1926** *La constitución interna de las estrellas.*

# DONDE SE ACABA EL ESPACIO-TIEMPO

## AGUJEROS NEGROS Y AGUJEROS DE GUSANO

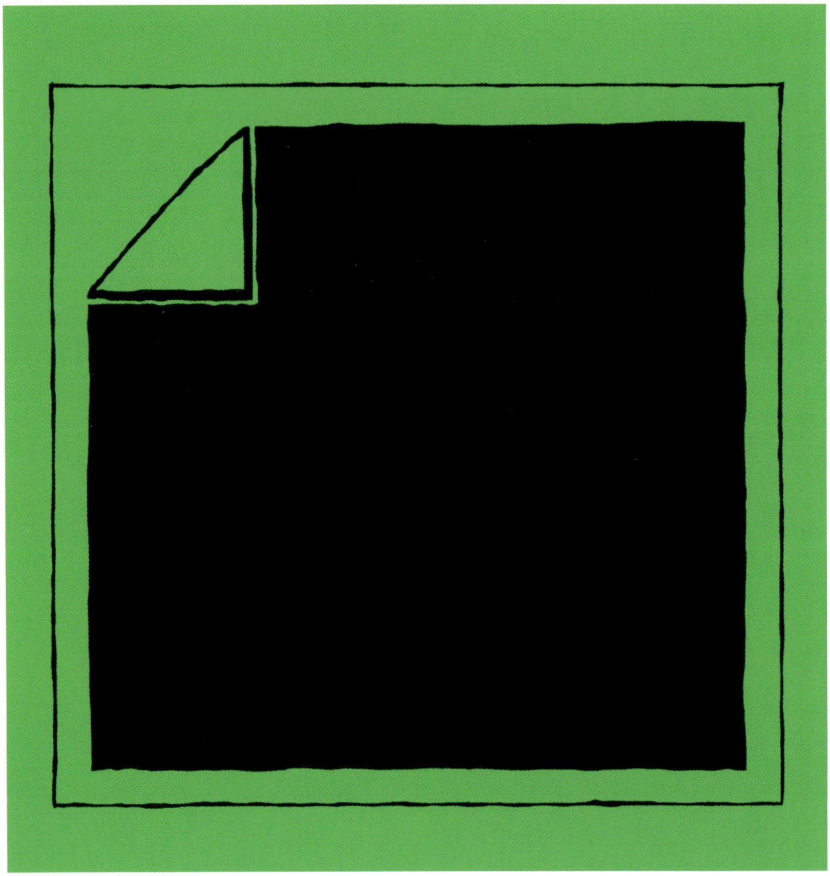

**EN CONTEXTO**

FIGURA CLAVE
**Karl Schwarzschild**
(1873–1916)

ANTES
**1784** John Michell propone la idea de las «estrellas oscuras», que atrapan la luz con su intensa gravedad.

**1796** El estudioso francés Pierre-Simon Laplace predice la existencia de grandes objetos invisibles en el universo.

DESPUÉS
**1931** Subrahmanyan Chandrasekhar, astrofísico estadounidense de origen indio, propone un límite de masa para la formación de un agujero negro.

**1971** Se descubre, indirectamente, el primer agujero negro en la Vía Láctea, Cygnus X-1.

**2019** Un equipo mundial de astrónomos publica la primera imagen de un agujero negro.

Los agujeros negros y los agujeros de gusano son tema de debate desde hace siglos, pero solo recientemente han empezado los científicos a comprenderlos (y, con ello, a comprender el universo más extenso). Y también empiezan hoy a apreciar lo impresionantes que son; incluso han logrado obtener una imagen de uno de ellos, prueba irrefutable de su existencia.

El clérigo británico John Michell fue el primero en pensar en agujeros negros, y, en la década de 1780, sostuvo que podían existir estrellas con una gravedad tan intensa que nada escapara a ella, ni siquiera la luz. Las

**Véase también:** Caída libre 32–35 ▪ Leyes de la gravedad 46–51 ▪ Partículas y ondas 212–215 ▪ De la relatividad clásica a la especial 274 ▪ Relatividad especial 276–279 ▪ Espacio-tiempo curvo 280 ▪ El principio de equivalencia 281 ▪ Ondas gravitatorias 312–315

La **masa gravitatoria** de un objeto **deforma el espacio-tiempo**.

↓

Si un objeto **se comprime más allá de cierto punto**, se transforma en agujero negro. Ese punto es su **radio de Schwarzschild**, el radio del horizonte de sucesos.

↓

La **gravedad** de un agujero negro, o **singularidad**, deforma tanto el espacio-tiempo que **nada puede escapar a ella**, tampoco la luz.

↓

**Nadie sabe** lo que ocurre **más allá del límite**, u horizonte de sucesos, de un agujero negro.

llamó «estrellas oscuras», y afirmó que, aunque serían esencialmente invisibles, en teoría debería ser posible ver sus efectos gravitatorios sobre otros objetos. Sin embargo, en 1803, el médico británico Thomas Young demostró que la luz era una onda, más que una partícula, lo que llevó a los científicos a dudar de que se viera afectada por la gravedad. La idea de Michell fue abandonada y en buena medida olvidada hasta 1915, cuando Albert Einstein dio a conocer su teoría de la relatividad general y afirmó que la propia luz podría ser doblada por la masa de un objeto.

## Sin escapatoria

Al año siguiente, el físico alemán Karl Schwarzschild llevó al extremo la idea de Einstein. Sostuvo que si una masa se condensaba lo suficiente, creaba un campo gravitatorio del cual ni siquiera la luz podía escapar y que su borde sería lo que se llama un horizonte de sucesos. Esa noción, parecida a la de «estrella oscura» de Michell, recibiría más tarde el nombre de «agujero negro».

Schwarzschild elaboró una ecuación que le permitió calcular, para cualquier masa dada, el radio de Schwarzschild (el radio del horizonte de sucesos). Si un objeto se comprime hasta un volumen tan denso que cabe en dicho radio, deformará tanto el espacio-tiempo que nada escapará a su atracción gravitatoria y colapsará como una singularidad, el centro de un agujero negro. De todos modos, Schwarzschild no creyó que una singularidad pudiera existir realmente. La consideró como un punto teórico donde alguna propiedad es infinita; en el caso de un agujero negro, la densidad de la materia.

Con todo, el trabajo de Schwarzschild mostró que los agujeros negros podían existir matemáticamente, algo que muchos científicos no habían creído posible. Los astrónomos usan hoy sus ecuaciones para calcular las masas de los agujeros negros, aunque sin mucha precisión, porque no es posible tener en cuenta la rotación ni la carga eléctrica. A principios del siglo XX, los hallazgos de Schwarzschild permitieron a los científicos empezar a imaginar lo que quizá suceda cerca, o incluso dentro, de un agujero negro.

## Límite de masa

Un factor importante fue desentrañar la formación de los agujeros negros, algo establecido por Subrahmanyan Chandrasekhar en 1931. Este usó la teoría de la relatividad especial para demostrar que hay un límite de masa por debajo del cual una estrella al final de su vida colapsa como estrella estable, dando lugar una estrella más pequeña y densa llamada enana blanca. En cambio, si los restos de la masa de la estrella superan ese límite, que Chandrasekhar calculó en 1,4 veces la masa del Sol, seguirá colapsando »

> El destino final de las estrellas masivas es colapsar tras un horizonte de sucesos y formar un «agujero negro» que tendrá una singularidad.
>
> **Stephen Hawking**

## Agujeros negros

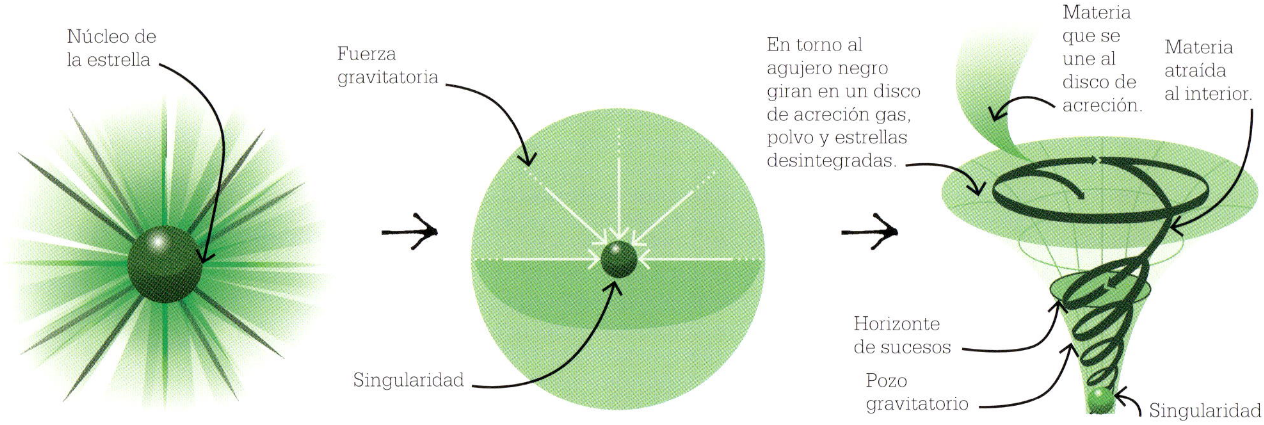


**Cuando una estrella masiva muere**, colapsa, incapaz de resistir la aplastante fuerza de su propia gravedad. Estalla entonces como supernova, y la parte exterior de la estrella es lanzada al espacio.

**Si el núcleo** que queda tras la supernova sigue siendo masivo (más de 1,4 veces la masa del Sol), sigue encogiéndose y colapsa bajo su propio peso hasta un punto de densidad infinita, una singularidad.

**La singularidad es ya tan densa** que distorsiona el espacio-tiempo circundante y ni la luz puede escapar. Este agujero negro se representa en dos dimensiones como un agujero infinitamente profundo llamado pozo gravitatorio.

y formará una estrella de neutrones o un agujero negro.

En 1939, los físicos estadounidenses Robert Oppenheimer y Hartland Snyder ofrecieron una idea más moderna del agujero negro. Explicaron que el tipo de objeto que Schwarzschild había imaginado solo sería detectable por su influencia gravitatoria. Otros habían considerado ya la peculiar física que regiría dentro de un agujero negro; entre ellos, el astrónomo belga Georges Lemaître en 1933. Según su experimento mental, si una persona se acercara a un agujero negro, un observador exterior la vería caer hasta quedar detenida en el borde (el horizonte de sucesos); pero ella experimentaría algo muy diferente al superar ese límite.

El siguiente avance se produjo en 1964, cuando el físico británico Roger Penrose señaló que en caso de implosionar con la fuerza suficiente, una estrella siempre producirá una singularidad como la propuesta por Schwarzschild. Tres años después surgió el término «agujero negro» en una charla del físico estadounidense John Wheeler. Este ya había dado con otro término para describir unos túneles teóricos en el espacio-tiempo, «agujeros de gusano».

Por entonces, muchos físicos estaban ya considerando la idea de los agujeros de gusano. La noción de un agujero blanco, en donde el horizonte de sucesos no impediría que la luz escapara, sino más bien que entrara, evolucionó hasta llegar a la idea de una vinculación entre agujeros negros y blancos. Usando materia exótica, que requiere densidades de energía negativa y presión negativa, se propuso que la información podría pasar por un agujero de gusano de un extremo a otro, quizás entre un agujero negro y otro blanco, o incluso dos agujeros negros, a través de distancias enormes del espacio y del tiempo.

Lo cierto es que la existencia de agujeros de gusano sigue en discusión. Aunque se cree que pueden darse en un nivel microscópico, hasta ahora han sido infructuosos los intentos de elaborar versiones más grandes. No obstante, la idea se mantiene; y, con ella, la muy remota posibilidad de que los seres humanos puedan recorrer con facilidad grandes distancias en el universo.

### La búsqueda de pruebas

Si bien las teorías abundaban, no se lograba detectar un agujero negro, y menos un agujero de gusano. No obstante, en 1971 se observó una extraña fuente de rayos X en la constelación del Cisne, y se indicó que esos rayos, llamados Cygnus X-1, se debían a que una estrella gigante azul era desgarrada por un gran cuerpo oscuro. Los astrónomos presenciaron su primer agujero negro, no de modo directo, sino mediante sus efectos en un objeto cercano. A partir de ahí, la teoría de los agujeros negros fue ganando predicamento. Se elaboraron nuevas ideas sobre su posible comportamiento, como la de Stephen Hawking, quien consideró en 1974 que los agujeros negros podrían emitir partículas (lo que se llama radiación de Hawking). Según este, la intensa gravedad de un agujero negro podía producir partículas y antipartículas, algo que se cree que ocurre en el mundo cuántico. En esos pares partícula-antipartícula, uno de los componentes caería dentro del agujero negro y el otro saldría de él llevando consigo información sobre el horizonte de sucesos, el extraño límite más allá del cual no escapan la masa ni la luz.

## Agujeros negros supermasivos

Se han imaginado también agujeros negros de diferentes formas y tamaños. Según se ha calculado, los agujeros negros estelares, como Cygnus X-1, contienen entre 10 y 100 veces la masa del Sol comprimida en un volumen de decenas de kilómetros de diámetro. También se ha postulado que pueden fusionarse en un agujero negro supermasivo con millones o miles de millones de veces la masa del Sol comprimida en un cuerpo de millones de kilómetros de diámetro.

Se cree que casi todas las galaxias tienen en su centro un agujero negro supermasivo, rodeado posiblemente por un disco giratorio de acreción formado por polvo y gas muy calientes y susceptible de ser visto incluso a grandes distancias. Los astrónomos han visto lo que piensan que son estrellas orbitando el agujero negro supermasivo situado, según creen, en el centro de la Vía Láctea, exactamente la idea propuesta por Michell en el siglo XVIII.

Hasta ahora, el momento más relevante de la historia de la teoría del agujero negro se produjo en abril de 2019, cuando los astrónomos del consorcio internacional del Telescopio del Horizonte de Sucesos dieron a conocer la primera imagen de un agujero negro. Usando telescopios distribuidos por el mundo para crear un supertelescopio virtual, obtuvieron datos para producir una imagen del agujero negro supermasivo de la galaxia M87 (Messier 87), a 53 millones de años luz. La imagen cumplió con todas las predicciones y mostró un anillo de luz en torno a un centro oscuro.

Se cree que cuando el universo se acabe, dentro de billones de años, lo único que quedará a medida que avance la entropía serán los agujeros negros. Y, al final, también ellos se evaporarán. ■

**En esta ilustración**, el agujero negro Cygnus X-1 está robando material de su estrella azul vecina. El material forma un disco rojo y anaranjado que gira en torno al agujero negro.

## Karl Schwarzschild

Nació en Fráncfort (Alemania) en 1873 y pronto mostró talento para la ciencia; a los 16 años publicó un artículo sobre las órbitas de los objetos celestes. Se convirtió en profesor en la Universidad de Gotinga en 1901 y en director del Observatorio Astrofísico de Potsdam en 1909.

Una de sus principales contribuciones tuvo lugar en 1916, cuando obtuvo la primera solución de las ecuaciones de la gravedad de Albert Einstein a partir de la teoría de la relatividad general. Demostró que los objetos con una masa suficientemente alta tendrían una velocidad de escape (la necesaria para escapar a su atracción gravitatoria) superior a la velocidad de la luz. Fue el primer paso para comprender los agujeros negros y llevó a la idea de un horizonte de sucesos. Schwarzschild murió de una enfermedad autoinmune en 1916, mientras servía en el frente ruso durante la Primera Guerra Mundial.

### Obra principal

**1916** «Sobre el campo gravitatorio de una masa puntual según la teoría de Einstein».

# LA FRONTERA DEL UNIVERSO CONOCIDO

## DESCUBRIR OTRAS GALAXIAS

### EN CONTEXTO

FIGURAS CLAVE
**Henrietta Swan Leavitt** (1868–1921), **Edwin Hubble** (1889–1953)

ANTES
**964** El astrónomo persa Abd al Rahman al Sufi es la primera persona en observar Andrómeda, pero no se da cuenta de que es otra galaxia.

**1610** Tras observarla con su telescopio, Galileo Galilei propone que la Vía Láctea está formada por muchas estrellas.

DESPUÉS
**1953** El astrónomo francés Gérard de Vaucouleurs descubre que las galaxias cercanas a la Tierra son parte de un supercúmulo, el cúmulo de Virgo.

**2016** Según un estudio dirigido por el astrofísico estadounidense Christopher Conselice, el universo conocido contiene unos dos billones de galaxias.

Tras la publicación por Copérnico en 1543 del modelo heliocéntrico del universo, que desplazó la Tierra de su centro, se realizaron pocos avances en la comprensión del tamaño y la estructura del universo. Pasaron casi 400 años antes de que los astrofísicos comprendieran que el Sol no solo no es el centro del universo, como había creído Copérnico, sino que ni siquiera es el centro de nuestra galaxia.

En la década de 1920, Edwin Hubble descubrió que la Vía Láctea no es más que una de las muchas galaxias del universo, lo cual marcó un importante salto en el conocimiento astronómico.

**Véase también:** Efecto Doppler y corrimiento al rojo 188–191 ▪ Modelos del universo 272–273 ▪ Universo estático o en expansión 294–295

Las **variables cefeidas** (un tipo de estrella) se usan **para medir las distancias**.

Su **periodo de pulsación** (periodo de fluctuación de su brillo) está relacionado con su **brillo verdadero**.

Medir el periodo de la estrella ayuda a **calcular su brillo verdadero**.

Al medir la cantidad de **luz que llega a la Tierra**, se puede calcular la **distancia** a la que se encuentra.

Algunas estrellas **están tan lejos de la Tierra** que tienen que estar **fuera de nuestra Vía Láctea**.

**La Vía Láctea no es la única galaxia.**

Crucial en ese avance fue una nueva forma de medir distancias en el espacio, posible gracias al trabajo de la astrónoma estadounidense Henrietta Swan Leavitt en 1908.

## Determinar la distancia

A principios del siglo XX, establecer la distancia de una estrella a la Tierra no era una tarea fácil. En la Vía Láctea, las distancias entre objetos podían medirse usando el paralaje, un procedimiento que recurre a nociones básicas de trigonometría. Midiendo el ángulo formado por las líneas visuales referidas a la observación de un objeto desde los puntos más distantes de la órbita de la Tierra alrededor del Sol, por ejemplo, los astrónomos pueden calcular el ángulo en el que las dos líneas visuales convergen y, con ello, la distancia hasta ese objeto. Sin embargo, para distancias superiores a los 100 años luz, y fuera de la Vía Láctea, el paralaje es demasiado impreciso. Los astrónomos de principios del siglo XX necesitaban otro método.

En esa época, Leavitt trabajaba como «calculista», nombre dado en el observatorio del Harvard College de Cambridge (Massachusetts) a las mujeres que se dedicaban a calcular números. Edward Charles Pickering, director del observatorio, había pedido a Leavitt que midiera el brillo de las estrellas de una colección de placas fotográficas donde aparecían las Nubes de Magallanes, que hoy se sabe que son pequeñas galaxias exteriores a la Vía Láctea.

En el curso de ese trabajo, Leavitt descubrió una clase muy brillante de estrellas llamadas variables cefeidas, cuya luminosidad fluctúa mientras pulsan. Cada una de esas estrellas pulsa según un ciclo, o periodo, que se repite con regularidad en función de los cambios físicos del interior de la estrella. Comprimida por la gravedad, la estrella se hace más pequeña, más opaca, y se calienta gradualmente a medida que se acumula la energía luminosa atrapada en su interior. Al final, el »

**Las estrellas variables cefeidas pulsan** (se expanden y contraen siguiendo un ciclo regular) con una temperatura y un brillo variables. Los astrónomos pueden trazar su brillo cambiante a lo largo del tiempo en una curva de luz.

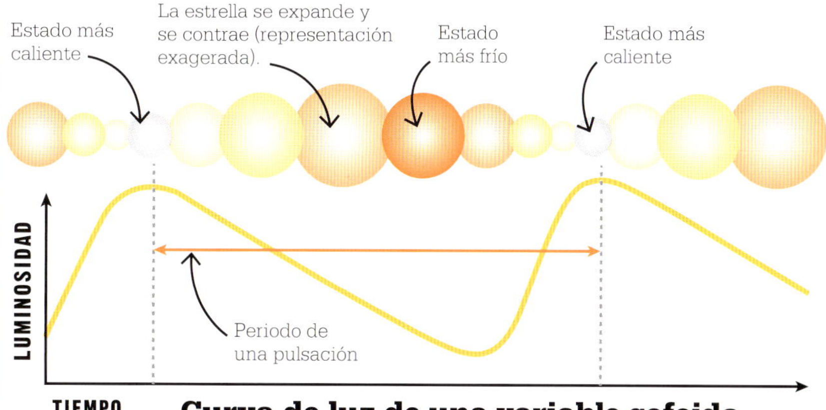


**Curva de luz de una variable cefeida**

> Como es probable que las variables [cefeidas] se encuentren casi a la misma distancia de la Tierra, sus periodos están aparentemente asociados con su emisión real de luz.
> **Henrietta Swan Leavitt**

calor extremo hace que el gas de las capas externas se expanda y que la estrella se vuelva más transparente, lo cual permite que la energía luminosa pase a través de ella. Sin embargo, a medida que la estrella se expande, también se enfría, y al final las fuerzas gravitatorias acaban venciendo la presión centrífuga de la expansión. En ese punto, la estrella se encoge y el proceso se repite.

Leavitt observó que los ciclos de las estrellas variaban entre dos y sesenta días, y que las estrellas más brillantes permanecían más tiempo en su luminosidad máxima. Como todas las estrellas estaban en las Nubes de Magallanes, Leavitt sabía que las diferencias entre las luminosidades de las estrellas tenían que deberse a su brillo intrínseco y no a su distancia hasta la Tierra.

**Edwin Hubble** en el telescopio Hooker de 2,5 metros del Observatorio del Monte Wilson (California). En 1924, Hubble anunció que lo había utilizado para ver más allá de la Vía Láctea.

## Una nueva herramienta

Leavitt publicó sus hallazgos en 1912, junto con gráficas de los periodos de 25 variables cefeidas que indicaban su «luminosidad verdadera» y lo brillantes que parecían desde la Tierra, su «luminosidad aparente». La importancia del hallazgo de Leavitt radicaba en que, una vez calculada mediante paralaje la distancia de una variable cefeida, podían calcularse también las distancias de otras variables cefeidas de periodo comparable situadas más allá de los límites del paralaje cotejando la «luminosidad verdadera» establecida por su periodo con la «luminosidad aparente», observada desde la Tierra.

Al año del hallazgo de Leavitt, el astrónomo danés Ejnar Hertzsprung creó una escala de luminosidad de variables cefeidas. Esas estrellas fueron consideradas «candelas estándar», el patrón para averiguar las distancias cósmicas de los objetos. A lo largo de la siguiente década, otros astrónomos empezaron a usar el trabajo de Leavitt y Hertzsprung para calcular la distancia a las estrellas.

## El Gran Debate

El uso de las variables cefeidas no era un método perfecto para determinar la distancia (no tenía en cuenta el polvo cósmico que absorbe la luz y distorsiona la luminosidad aparente), pero llevó a un cambio fundamental en nuestra comprensión del universo. En 1920, la Academia Nacional de Ciencias de Estados Unidos celebró un debate sobre la naturaleza y la extensión del universo. Los astrónomos estadounidenses Heber Curtis y Harlow Shapley discutieron sobre la existencia de otras galaxias en lo que se conoció como el Gran Debate, o el debate Shapley-Curtis. Shapley afirmó que la Vía Láctea era una galaxia única y que las «nebulosas espirales» (concentraciones de estrellas con forma de espiral) como Andrómeda eran nubes de gas dentro de nuestra propia galaxia, que él creía mucho más grande de lo que pensaba la mayoría de astrónomos. Según afirmó, si Andrómeda era una galaxia separada, su distancia sería demasiado grande para resultar aceptable. También sostuvo que el Sol no se encontraba en el centro de la Vía Láctea, sino en sus límites exteriores.

**Una imagen tomada** por el telescopio espacial Hubble muestra a RS Puppis, una variable cefeida con un fenómeno llamado eco de luz (la luz de la estrella se refleja en una nube de polvo cósmico).

Curtis, por su parte, defendió que las nebulosas espirales eran galaxias separadas. Uno de sus argumentos era que las estrellas que explotaban (conocidas como novas) en esas nebulosas eran similares a las de nuestra propia galaxia y que abundaban en algunos lugares (como Andrómeda) mucho más que en otros. Ello indicaba que existían muchas más estrellas y apuntaba a la presencia de galaxias separadas, que llamó «universos isla». Al mismo tiempo, Curtis colocó el Sol en el centro de nuestra galaxia.

El Gran Debate es un testimonio de lo incompleto que era nuestro conocimiento del universo hace solo cien años, como lo es de la incorrecta teoría de Curtis acerca de la posición del Sol en la Vía Láctea. (La teoría de Shapley de que el Sol se encontraba en los límites exteriores de la Vía Láctea es mucho más correcta.)

> Con la muerte de la señorita Leavitt el 12 de diciembre de 1921, el observatorio perdió una investigadora de máxima valía.
> **Harlow Shapley**

## El hito de Hubble

En 1924, el astrónomo estadounidense Edwin Hubble zanjó el debate Shapley-Curtis realizando algunas mediciones con variables cefeidas. Durante el debate, Shapley había supuesto que la Vía Láctea tenía unos 300.000 años luz de diámetro, diez veces más que los 30.000 estimados por Curtis. Hubble, usando variables cefeidas que había localizado en Andrómeda, calculó que Andrómeda estaba a 900.000 años luz (la distancia se revisó a 2,5 millones de años luz), una distancia muy superior a las estimaciones de Curtis y Shapley del tamaño percibido de la Vía Láctea. Por lo tanto, Curtis tenía razón. Los cálculos de Hubble no solo demostraron que la Vía Láctea era más grande de lo que se pensaba, sino que Andrómeda no era una nebulosa, sino otra galaxia: la galaxia de Andrómeda. Fue el primer descubrimiento de una galaxia conocida más allá de la nuestra.

## Expansión y colisión

El descubrimiento de Hubble, hecho posible por el trabajo de Leavitt, acabó por llevar al conocimiento de que la Vía Láctea es solo una galaxia entre muchas otras, cada una de las cuales contiene entre millones y cientos de miles de millones de estrellas. En la actualidad se estima que hay en el universo cerca de dos billones de galaxias, y que la primera se creó hace apenas unos pocos cientos de millones años después del Big Bang, que se produjo hace 13.800 millones de años. Se cree que nuestra Vía Láctea es casi igual de antigua y que tiene unos 13.600 millones de años.

En 1929, Hubble también descubrió que el universo parecía expandirse, y que casi todas las galaxias se alejaban entre sí con una velocidad que crecía a medida que aumentaban las distancias. Una excepción notable es Andrómeda, que según se sabe ahora se dirige hacia nosotros a 110 kilómetros por segundo. Se trata de una velocidad relativamente lenta en comparación con su distancia, pero significa que dentro de unos 4.500 millones de años, la Vía Láctea y Andrómeda chocarán y formarán una sola galaxia, que los astrofísicos han llamado Lactómeda. Con todo, ese acontecimiento no será demasiado trágico; las dos galaxias se fusionarán, pero es poco probable que dos estrellas lleguen a chocar. ■

## Henrietta Swan Leavitt

Leavitt, nacida en Lancaster (Massachusetts) en 1868, estudió en el Oberlin College (Ohio) antes de asistir a la Sociedad para la Instrucción Colegiada de Mujeres (hoy, Radcliffe College) en Cambridge (Massachusetts). Se interesó por la astronomía tras seguir un curso sobre el tema. Hacia esa época, una enfermedad le provocó una pérdida de audición que empeoró con el tiempo. Tras graduarse en 1892, trabajó en el Observatorio de Harvard, dirigido por el astrónomo estadounidense Edward Charles Pickering. Se unió a un grupo de mujeres conocido como las «calculistas de Harvard», cuya labor era analizar placas fotográficas de estrellas. No recibió sueldo al principio, aunque luego ganó 30 centavos por hora. Como parte de su trabajo halló 2400 estrellas variables, y al hacerlo descubrió variables cefeidas. Murió de cáncer en 1921.

### Obras principales

**1908** «1777 variables de las nubes de Magallanes».
**1912** «Periodos de 25 estrellas variables en la Pequeña Nube de Magallanes».

# EL FUTURO DEL UNIVERSO

## UNIVERSO ESTÁTICO O EN EXPANSIÓN

**EN CONTEXTO**

FIGURA CLAVE
**Aleksandr Fridman**
(1888–1925)

ANTES
**1917** Albert Einstein introduce la constante cosmológica para indicar que el universo es estático.

DESPUÉS
**1929** El astrónomo estadounidense Edwin Hubble prueba que el universo se expande: descubre que las galaxias distantes se mueven más deprisa que las más cercanas.

**1931** Einstein acepta la teoría de un universo en expansión.

**1998** Científicos de dos proyectos independientes descubren que la expansión del universo se está acelerando.

**2013** Se calcula que la energía oscura constituye el 68 % del universo, y que está muy vinculada con la constante cosmológica.

Cuando Albert Einstein concibió su teoría de la relatividad general en 1915, surgió un problema. Estaba convencido de que el universo era estático y eterno, pero sus cálculos indicaban que acabaría por colapsar sobre sí mismo debido a la gravedad. Para soslayar el problema, Einstein propuso la idea de una constante cosmológica, representada por la letra griega lambda ($\Lambda$), una medida de la «energía del vacío» en el espacio.

La teoría de la relatividad general de Einstein estableció un conjunto de «ecuaciones de campo» que demostraban el modo en que la curvatura del espacio-tiempo estaba relacionada con la masa y la energía que se movían por él. Sin embargo, al aplicar esas ecuaciones al universo, descubrió que este o bien se expandía o bien se contraía, algo que en ningún caso consideró admisible.

En cambio, Einstein creía que el universo era eterno, por lo que añadió a sus ecuaciones un «miembro cosmológico» (lo que ahora se conoce como «constante cosmológica»). Con esa constante, el universo podía superar los efectos de la gravedad y permanecer estático sin colapsar sobre sí mismo.

En 1922, el matemático ruso Aleksandr Fridman llegó a una conclusión diferente. Demostró que el universo era homogéneo: era idéntico, al margen de dónde se encontrara

**Hay tres futuros posibles para el universo.**

El universo es **estático: detendrá su expansión y nunca se contraerá**.

El universo es **cerrado** y con el tiempo **colapsará sobre sí mismo**.

El universo es **abierto** y **seguirá expandiéndose para siempre**, la teoría actual.

**Véase también:** De la relatividad clásica a la especial 274 ▪ Espacio-tiempo curvo 280 ▪ Masa y energía 284–285 ▪ El Big Bang 296–301 ▪ Energía oscura 306–307

## La forma del universo

**Si la densidad del universo** es idéntica a la de cierto valor crítico, es «plano». En un universo plano, las líneas paralelas nunca se encuentran. La analogía bidimensional de este modelo es una superficie plana.

**Si el universo es más denso** que cierto valor crítico, es positivamente curvo o «cerrado» y es finito en masa y extensión. La analogía bidimensional es una superficie esférica donde las líneas paralelas convergen.

**Si el universo es menos denso** que cierto valor crítico, es negativamente curvo o «abierto» y, por tanto, infinito. La analogía bidimensional es una superficie en forma de silla de montar donde las líneas paralelas divergen.

uno y hacia dónde mirara, de modo que no podía ser estático. Todas las galaxias se alejaban unas de otras; al margen de la galaxia en la que nos encontramos, todas las demás galaxias también se alejan de nosotros. Por lo tanto, podríamos pensar que estamos en el centro del universo, pero lo mismo creería cualquier observador de otra galaxia.

### Modelos para el universo

De resultas de su trabajo, Fridman dedujo tres modelos distintos del universo según el valor de la constante cosmológica. Un modelo afirmaba que la gravedad detendría la expansión, la invertiría y provocaría una «Gran Implosión» (Big Crunch). El segundo, que la expansión se detendría y el universo acabaría volviéndose estático. Y, un tercer modelo, que la expansión continuaría para siempre a un ritmo cada vez más rápido. Aunque en 1923 Einstein se burló en un primer momento de las ideas de Fridman, las aceptó al año siguiente. Con todo, no aceptaría de verdad que el universo se expande hasta 1931, dos años después de que el astrónomo estadounidense Edwin Hubble publicara pruebas de ello. Hubble se dio cuenta de que el estiramiento de la luz (o corrimiento al rojo) de las galaxias lejanas podía utilizarse para medir la distancia de los objetos remotos. Descubrió que las galaxias más distantes se movían más deprisa que las más cercanas, prueba de que el universo entero se expandía.

Después del descubrimiento de Hubble, la idea de una constante cosmológica se consideró un error por parte de Einstein. Sin embargo, en 1998, los científicos descubrieron que el universo se expandía a un ritmo acelerado. La constante cosmológica resultaría entonces fundamental para la comprensión de la energía oscura y volvería a introducirse. ■

## Aleksandr Fridman

Fridman nació en San Petersburgo (Rusia) en 1888. Su padre era bailarín de ballet y su madre, pianista. En 1906, fue admitido en la Universidad Estatal de San Petersburgo para estudiar matemáticas. Ahí también estudió teoría cuántica y relatividad, y se graduó en matemáticas puras y aplicadas en 1914. En 1920, tras servir como aviador e instructor en la Primera Guerra Mundial, Fridman llevó a cabo investigaciones basándose en la teoría de la relatividad general de Einstein. Utilizó las ecuaciones de campo de Einstein para desarrollar su idea de un universo dinámico, frente a la creencia de Einstein de que el universo era estático. Fue nombrado director del Observatorio Principal de Geofísica de Leningrado en 1925, pero murió meses más tarde, con apenas 37 años, a causa de la fiebre tifoidea.

### Obras principales

**1922** «Sobre la curvatura del espacio».
**1924** «Sobre la posibilidad de un mundo con curvatura negativa constante del espacio».

# EL HUEVO COSMICO, EXPLOSIÓN EN EL MOMENTO DE LA CREACION

## EL BIG BANG

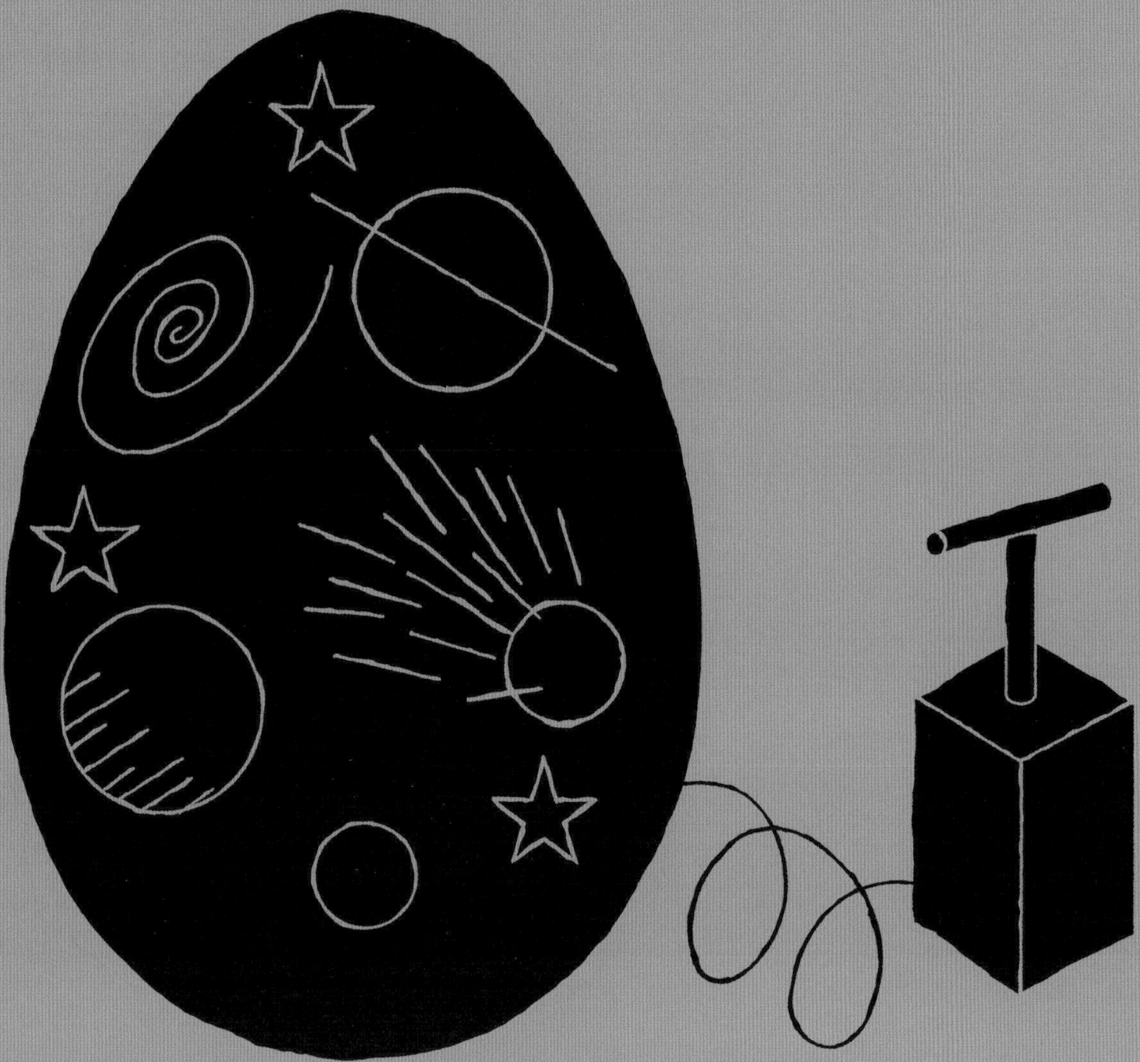

## EN CONTEXTO

FIGURA CLAVE
**Georges Lemaître**
(1894–1966)

ANTES
**1610** Johannes Kepler supone que el universo es finito, porque el cielo nocturno es oscuro y no está iluminado por infinitas estrellas.

**1687** Las leyes del movimiento de Isaac Newton explican cómo se mueven las cosas por el universo.

**1929** Edwin Hubble descubre que todas las galaxias se alejan unas de otras.

DESPUÉS
**1998** Destacados astrónomos anuncian que el universo acelera su expansión.

**2003** La sonda WMAP de la NASA halla pruebas de la «inflación» (el estallido expansivo posterior al Big Bang) en las fluctuaciones térmicas detectadas en el cielo.

Lemaître demuestra matemáticamente que la teoría de la relatividad general de Einstein comporta que **el universo se expande**.

Hubble proporciona pruebas experimentales de que **las galaxias se separan**, y que las más lejanas se mueven más deprisa.

**La radiación de fondo de microondas** muestra el **calor residual** que queda después del Big Bang, indicio de que realmente se produjo.

El universo tuvo que **empezar a partir de un punto**, el átomo primitivo de Lemaître.

A lo largo de más de dos milenios, las grandes mentes reflexionaron sobre los orígenes del universo y nuestro lugar en él. Durante siglos, muchos pensaron que el universo era la creación de algún tipo de deidad y que la Tierra ocupaba su centro, con todas las estrellas girando a su alrededor. Pocos sospechaban que la Tierra ni siquiera era el centro de su propio sistema solar, sino que gira alrededor de una de las cientos de miles de millones de estrellas del universo. La teoría actual sobre los orígenes del cosmos se remonta a inicios de la década de 1930, cuando el astrónomo belga Georges Lemaître habló de lo que ahora se conoce como el Big Bang, la Gran Explosión.

### El huevo cósmico de Lemaître

En 1927, Lemaître había propuesto que el universo se expandía; cuatro

## Georges Lemaître

Nacido en 1894 en Charleroi (Bélgica), Georges Lemaître participó en la Primera Guerra Mundial como oficial de artillería, luego ingresó en un seminario y fue ordenado sacerdote en 1923. Estudió durante un año en el laboratorio de física solar de la Universidad de Cambridge, y en 1924 amplió estudios en el Instituto Tecnológico de Massachusetts. En 1928, obtuvo una plaza de profesor de Astrofísica en la Universidad Católica de Lovaina.

Lemaître conocía las obras de Edwin Hubble y otros que debatían acerca de la expansión del universo y, en 1927, publicó trabajos desarrollando esa idea. La teoría de 1931 por la que Lemaître es más conocido (la idea de que el universo se ha expandido desde un único punto) fue inicialmente menospreciada, pero acabó por imponerse poco antes de su muerte en 1966.

### Obras principales

**1927** «Discusión sobre la evolución del universo».
**1931** *L'hypothèse de l'atome primitif (La hipótesis del átomo primitivo).*

**Véase también:** Efecto Doppler y corrimiento al rojo 188–191 ▪ Ver más allá de la luz 202–203 ▪ Antimateria 246 ▪ Aceleradores de partículas 252–255 ▪ Asimetría materia-antimateria 264 ▪ Universo estático o en expansión 294–295 ▪ Energía oscura 306–307

años después desarrolló la idea y explicó que la expansión había comenzado en un momento determinado y en un punto único que llamó el «átomo primitivo» o «huevo cósmico». Lemaître, sacerdote, no creía que esa idea estuviera en desacuerdo con su fe; declaró que tenía tanto interés en buscar la verdad desde el punto de vista de la religión como desde el de la certeza científica. En parte, basó su teoría de un universo en expansión en la teoría de la relatividad general de Einstein, si bien este había descartado la idea de una expansión o una contracción por falta de pruebas de un movimiento a gran escala y había añadido la llamada «constante cosmológica» a sus ecuaciones de campo de la relatividad general para que permitieran un universo estático.

En 1929, Edwin Hubble hizo un hallazgo que respaldaba la idea de un universo en expansión. A partir del cambio de la luz a medida que los objetos se alejaban de la Tierra (el corrimiento al rojo), Hubble calculó la velocidad a la que se movía una galaxia y, por tanto, su distancia. Todas las galaxias parecían alejarse de la Tierra, y las más distantes se alejaban más deprisa. Parecía que Lemaître estaba en el camino correcto.

> Me pareció que había dos caminos hacia la verdad, y decidí seguir los dos.
> **Georges Lemaître**

## El estado estacionario

Pese a esas pruebas, Hubble y Lemaître tuvieron que seguir haciendo frente a la feroz competencia de la teoría del estado estacionario. En dicho modelo, el universo siempre había existido. La materia se formaba continuamente en el espacio entre las galaxias a medida que estas se alejaban, y el universo se mantenía en equilibrio por la continua creación de materia y energía (a un ritmo de una partícula de hidrógeno por metro cúbico cada 300.000 años). El hidrógeno formaba estrellas y daba así lugar a elementos más pesados, y luego a planetas, más estrellas y galaxias. Esa era la idea defendida por el astrónomo británico Fred Hoyle, quien, en un programa de radio en 1949, tildó la teoría rival de Hubble y Lemaître de *big bang*, «gran explosión». El nombre tuvo éxito a la hora de describir unas ideas hoy ampliamente aceptadas.

## Calor residual

Un año antes, el físico ucraniano Gueorgui Gamow y el cosmólogo estadounidense Ralph Alpher habían publicado «El origen de los elementos químicos» para explicar las condiciones inmediatamente posteriores a la explosión del átomo primigenio y la distribución de partículas por el universo. El artículo predecía con precisión la radiación de fondo de microondas (RFM), el calor residual que quedaba tras la Gran Explosión. En 1964, esas ideas recibieron un impulso cuando Arno Penzias y Robert Wilson detectaron por casualidad la RFM mientras usaban una gran antena para hacer radioastronomía.

La presencia de la RFM en el universo descartaba casi por completo la teoría del estado estacionario. Apuntaba a un periodo de la historia del universo mucho más caliente, donde »

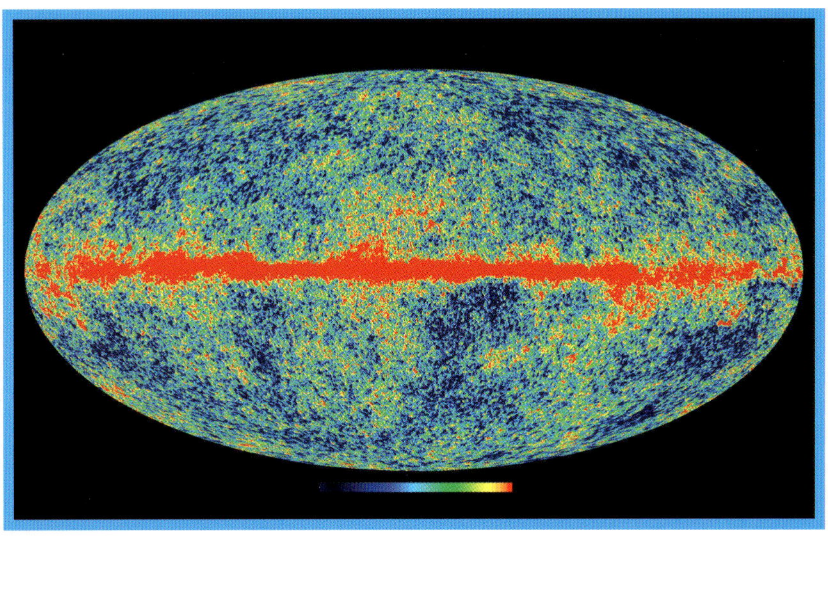

**La mejor prueba del Big Bang** es la radiación de fondo de microondas (RFM). Esta imagen del cielo completo tomada por la sonda WMAP de la NASA entre 2003 y 2006 muestra diminutas fluctuaciones de temperatura, del azul oscuro (frío) al rojo (caliente), que se corresponden con los cambios de densidad del universo temprano.

la materia se agrupaba para formar galaxias, lo cual sugería que el universo no siempre ha sido el mismo. Su expansión evidente y el hecho de que las galaxias hayan estado mucho más juntas planteaba un problema para los teóricos del estado estacionario, que creían que la densidad de la materia en el universo es constante y no varía con la distancia y el tiempo. Hubo intentos de conciliar la teoría del estado estacionario con la RFM y otros hallazgos, pero no sirvieron de nada. La teoría del Big Bang es hoy la explicación dominante sobre cómo comenzó nuestro universo.

**La teoría del Big Bang** sostiene que el universo evolucionó a partir de una «singularidad» primigenia infinitamente densa y caliente (el «átomo primitivo» de Lemaître) que se expandió rápidamente emitiendo grandes cantidades de calor y radiación.

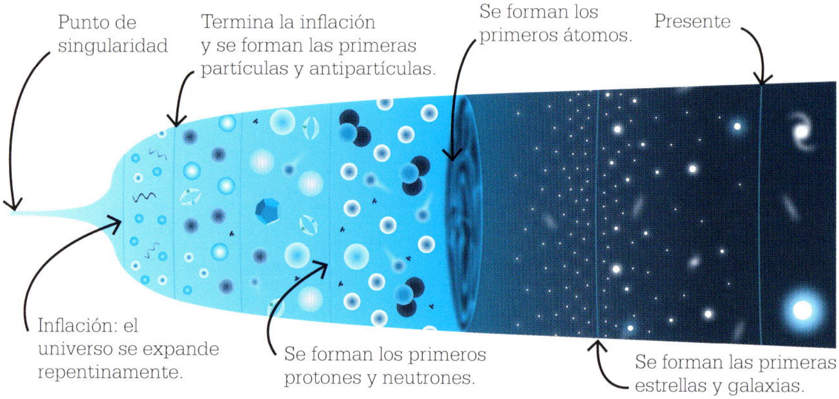


## El universo en su infancia

La RFM fue crucial para el desarrollo de una imagen probable de la evolución del universo, por más que la teoría del Big Bang no pueda describir el momento exacto de su creación hace 13.800 millones de años ni lo que hubo antes (si es que hubo algo).

El físico estadounidense Alan Guth fue uno de los cosmólogos que desarrolló esa teoría a fines del siglo XX. En 1980 propuso que la «inflación» cósmica se había producido en una diminuta fracción de un segundo ($10^{-35}$ segundos, casi una billonésima de una billonésima de una billonésima de segundo) tras el nacimiento del universo. Desde el punto inicial infinitamente caliente y denso de «singularidad», el universo empezó a expandirse a una velocidad superior a la de la luz. La teoría de Guth, aún por demostrar, ayuda a explicar por qué se enfrió el universo y también por qué parece ser uniforme en la distribución de materia y energía.

> El Big Bang no fue una explosión en el espacio, fue más bien una explosión del espacio.
> **Tamara Davis**
> **Astrofísica australiana**

Los físicos creen que, justo después del Big Bang, el universo era energía pura, y las cuatro fuerzas fundamentales (la gravedad, la fuerza electromagnética, la fuerza fuerte y la interacción débil) estaban unificadas. La gravedad se separó, y la materia y la energía se encontraron en un estado intercambiable de «masa-energía». Al comienzo de la inflación, la fuerza nuclear fuerte se separó y se formó una enorme cantidad de masa-energía. Los fotones (partículas de luz cargadas de energía electromagnética) dominaron el universo. Hacia el final de la inflación, billonésimas de segundo después del Big Bang, apareció un plasma caliente de quarks-gluones, un mar de partículas y antipartículas que intercambiaron continuamente masa por energía en colisiones de materia y antimateria. Por razones aún desconocidas, ese proceso creó más materia que antimateria, y la materia se convirtió en el componente principal del universo.

Unas fracciones de segundo después del Big Bang, se separaron la fuerza electromagnética y la interacción débil, y el universo se enfrió lo suficiente como para que los quarks y gluones se unieran para formar partículas compuestas: protones, neutrones, antiprotones y antineutrones. En tres minutos, las colisiones entre protones y neutrones produjeron los primeros núcleos atómicos, algunos de los cuales se fusionaron para formar helio y litio. Los neutrones fueron absorbidos en esas reacciones, pero quedaron muchos protones libres.

## De opaco a transparente

El universo temprano era opaco y siguió siéndolo durante varios cientos de miles de años. Los núcleos de hidrógeno constituían casi las tres cuartas partes de su masa; el resto eran núcleos de helio con cantidades vestigiales de litio y núcleos de deuterio. Unos 380.000 años después del Big Bang, el universo se enfrió y se expandió lo suficiente como para que los núcleos capturaran electrones libres y formaran los primeros átomos de hidrógeno, helio, deuterio y litio. Liberados de sus interacciones con los núcleos y los electrones libres, los fotones pudieron moverse con libertad por el espacio como radiación, y el universo dejó su edad oscura y se tornó transparente. La RFM es la luz residual de ese periodo.

## Estrellas y galaxias

Se cree que las primeras estrellas se formaron cientos de millones de años después del Big Bang. A medida que el universo se volvió transparente, se formaron densos grumos de gas de hidrógeno neutro que crecieron debido a la fuerza de la gravedad a medida que la materia era atraída desde zonas de menor densidad. Cuando esos grumos de gas alcanzaron una temperatura lo bastante alta como para permitir la fusión nuclear, aparecieron las primeras estrellas.

Los físicos creen que eran tan grandes, calientes y luminosas (de 30 a 300 veces más grandes que el Sol y millones de veces más brillantes) que provocaron cambios cruciales en el universo. Su luz ultravioleta reionizó los átomos de hidrógeno, que dieron lugar a electrones y protones; y, cuando un millón de años después esas estrellas de vida relativamente breve explotaron como supernovas, crearon nuevos elementos más pesados, como uranio y oro. Unos mil millones de años después del Big Bang, la siguiente generación de estrellas, que contenía elementos más pesados y duraderos, se agruparon debido a la gravedad y formaron las primeras galaxias. Esas galaxias crecieron y evolucionaron; algunas chocaron entre sí y crearon en su interior más y más estrellas de diversos tamaños y formas. Luego, durante unos pocos miles de millones de años más, las galaxias se fueron separando a medida que el universo se expandía. Hubo menos colisiones, y el universo se volvió relativamente más estable, como lo es hoy. Con billones de galaxias y a lo largo de miles de millones de años luz, el universo sigue expandiéndose. Algunos creen que se expandirá para siempre, hasta que todo se estire hasta la nada.

**La galaxia más lejana conocida**, vista por el telescopio espacial Hubble, se formó unos 400 millones de años después del Big Bang. Se muestra aquí como era hace 13.400 millones de años.

> No fue hasta que agotamos cada explicación posible del origen del sonido cuando nos dimos cuenta de que habíamos tropezado con algo grande.
>
> **Arno Penzias**

## Predicciones comprobables

La teoría del Big Bang ha permitido un buen conocimiento de los orígenes del universo y proporcionado una línea temporal que se remonta 13.800 millones de años. La mayoría de sus predicciones son comprobables. Los físicos pueden recrear las condiciones existentes después del Big Bang, y la RFM ofrece una observación directa de una época que comenzó cuando el universo solo tenía 380.00 años. ■

## «Ruido» de fondo de microondas cósmicas

En 1964, los astrónomos estadounidenses Arno Penzias (a la derecha en la foto de abajo) y Robert Wilson (izquierda) trabajaban en la antena Holmdel Horn de Bell Telephone Laboratories en Nueva Jersey. El gran telescopio en forma de bocina se había diseñado para realizar detecciones extremadamente sensibles de ondas de radio.

Penzias y Wilson buscaban hidrógeno neutro (HI, hidrógeno atómico con un protón y un electrón), abundante en el universo pero raro en la Tierra, y hallaron la interferencia de un extraño ruido de fondo. Hacia dondequiera que apuntaran la antena, el universo les enviaba un ruido de estática. Tras descartar que la causa fueran unos pájaros o defectos en los cables, consultaron a otros astrónomos. Comprendieron que estaban captando la radiación de fondo de microondas (RFM), el calor residual del Big Bang predicho en 1948. El hallazgo les valió el premio Nobel de Física en 1978.

# LA MATERIA VISIBLE NO BASTA

## MATERIA OSCURA

**EN CONTEXTO**

FIGURAS CLAVE
**Fritz Zwicky** (1898–1974),
**Vera Rubin** (1928–2016)

ANTES
**Siglo XVII** La teoría de la gravedad de Isaac Newton suscita la pregunta de si hay objetos oscuros en el universo.

**1919** El astrónomo británico Arthur Eddington prueba que los objetos masivos doblan el espacio-tiempo y curvan la luz.

**1919** El astrónomo suizo de origen búlgaro Fritz Zwicky propone la existencia de materia oscura.

DESPUÉS
**Década de 1980** Los astrónomos identifican muchas galaxias llenas, según se cree, de materia oscura.

**2020** La búsqueda de materia oscura continúa, sin resultados definitivos por ahora.

El universo, en su aspecto aparente, carece de sentido. Si tenemos en cuenta toda la materia visible, las galaxias no deberían existir: la gravedad no basta para mantenerlas a todas unidas. ¿Cómo puede ser, si hay billones de galaxias en el universo? Esta pregunta ha intrigado a los astrónomos durante décadas, y la respuesta no es menos irritante: la responsable es una materia que no puede ser vista ni detectada, la materia oscura.

La idea de una materia invisible en el universo se remonta al siglo XVII, cuando el científico inglés Isaac Newton avanzó su teoría de la gravedad. Los astrónomos de la

**Véase también:** El método científico 20–23 ▪ Leyes de la gravedad 46–51 ▪ Modelos de materia 68–71 ▪ Espacio-tiempo curvo 280 ▪ Masa y energía 284–285 ▪ Descubrir otras galaxias 290–293 ▪ Energía oscura 306–307 ▪ Ondas gravitatorias 312–315

> Tiene que haber muchísima masa para que las estrellas orbiten tan deprisa, pero no podemos verla. A esa masa invisible la llamamos materia oscura.
> **Vera Rubin**

época se preguntaron si podía haber en el universo objetos oscuros que no reflejaran luz, pero que pudieran detectarse por sus efectos gravitatorios. Eso dio lugar a la idea de agujeros negros, y en el siglo XIX se propuso la idea de una nebulosa oscura que absorbiera la luz en lugar de reflejarla.

Con todo, haría falta todavía un siglo para que se produjera un cambio fundamental en el modo de comprender las cosas. A medida que los astrónomos estudiaban un mayor número de galaxias, más numerosas eran las preguntas acerca de su misma existencia. Está en curso desde entonces la búsqueda de la materia oscura y la energía oscura (la energía invisible que impulsa la expansión del universo), aunque hoy los astrónomos se acercan al final.

## Universo invisible

La teoría general de la relatividad de Albert Einstein ha sido clave para comprender la gravedad y, en última instancia, la materia oscura. Según esa teoría, la propia luz se curva debido a la masa gravitatoria de objetos grandes, que en realidad deforman el espacio-tiempo. En 1919, Arthur Eddington se propuso demostrar la teoría de Einstein. Midió las posiciones de algunas estrellas y luego partió a la isla de Príncipe, en la costa occidental de África, con objeto de observarlas de nuevo durante un eclipse. Descubrió que las posiciones se modificaban ligeramente al pasar su luz junto a la gran masa del Sol, en un efecto hoy conocido como lente gravitatoria.

Más de una década después, en 1933, Fritz Zwicky hizo un sorprendente descubrimiento. Mientras estudiaba un grupo de galaxias llamado Cúmulo de Coma, calculó que, para que se mantuviera unido, la masa de sus galaxias debía ser mucho mayor que la materia observable en forma de estrellas. Esto lo llevó a argumentar que había una materia invisible, o *dunkle Materie* («materia oscura»), que mantenía unido el cúmulo.

Otros astrónomos aplicaron los mismos métodos a otras galaxias y otros cúmulos y llegaron a la misma conclusión. No había materia suficiente para mantenerlos juntos, así que o bien las leyes de gravedad estaban equivocadas, o bien ocurría algo que no veían. No se trataba de algo como una nebulosa oscura, que puede ser vista por la luz que absorbe; tenía que ser algo completamente diferente.

## Giro galáctico

La astrónoma estadounidense Vera Rubin logró arrojar luz sobre el problema. A finales de la década de 1970, mientras trabajaba en la Institución Carnegie de Washington, ella y su colega Kent Ford se sorprendieron al descubrir que la galaxia de Andrómeda no giraba como debía hacerlo. Sus observaciones indicaban que los bordes de la galaxia se »

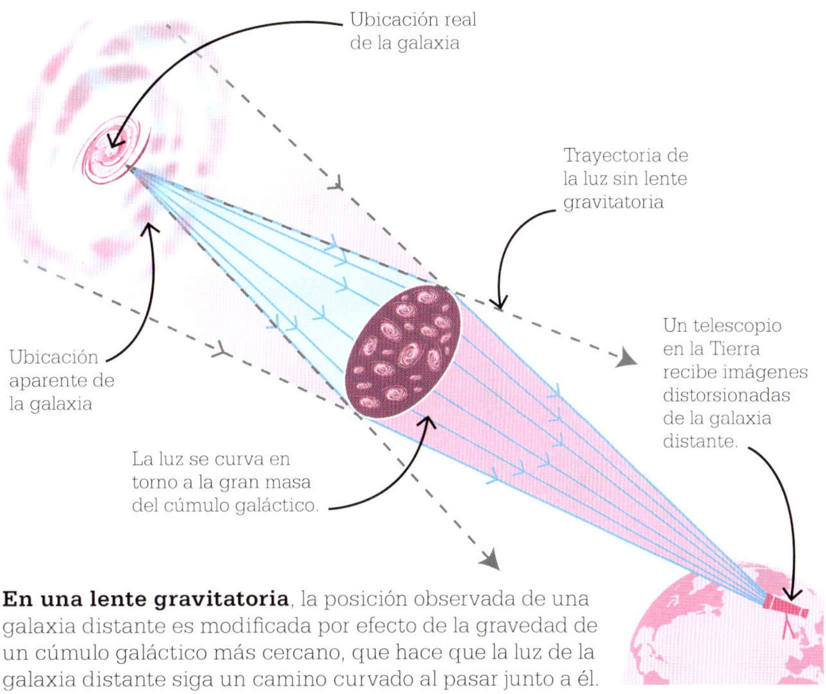


**En una lente gravitatoria**, la posición observada de una galaxia distante es modificada por efecto de la gravedad de un cúmulo galáctico más cercano, que hace que la luz de la galaxia distante siga un camino curvado al pasar junto a él.

> En una galaxia espiral, la relación entre materia oscura y luminosa es de un factor de diez; posiblemente la misma que entre nuestra ignorancia y nuestro conocimiento.
> **Vera Rubin**

movían a la misma velocidad que el centro. Imaginemos una patinadora sobre hielo que gira con los brazos extendidos: las manos se mueven más deprisa que el cuerpo. Si recoge los brazos y desplaza su masa hacia el centro, girará más deprisa. Sin embargo, con Andrómeda no ocurría eso.

Al principio, no se dieron cuenta de las repercusiones de lo que estaban viendo. Poco a poco, Rubin averiguó que la masa de la galaxia no estaba concentrada en su centro, sino que se extendía por toda ella. Eso explicaba por qué la velocidad orbital era similar en toda la galaxia; y la mejor manera de explicar esa observación era la existencia de un halo de materia oscura que rodeaba la galaxia y la mantenía unida. Rubin y Ford habían encontrado, indirectamente, la primera prueba de un universo invisible.

## Materia oculta

Después del descubrimiento de Rubin y Ford, los astrónomos empezaron a apreciar la escala de lo que veían. En la década de 1980, gracias al trabajo de Eddington, que demostró que las grandes masas podían curvar el espacio-tiempo, se descubrieron muchos ejemplos de lente gravitatoria causada por la materia oscura. A partir de ellos, los astrónomos calcularon que un inmenso 85 % de la masa del universo debía ser materia oscura.

En la década de 1990, los astrónomos observaron algo extraño en la expansión del universo: se aceleraba. La gravedad, según era entendida, debía llevar a que en algún momento se frenara. Para explicar esa observación, los astrónomos idearon algo llamado «energía oscura», que constituye aproximadamente el 68 % de la masa-energía contenida en el universo.

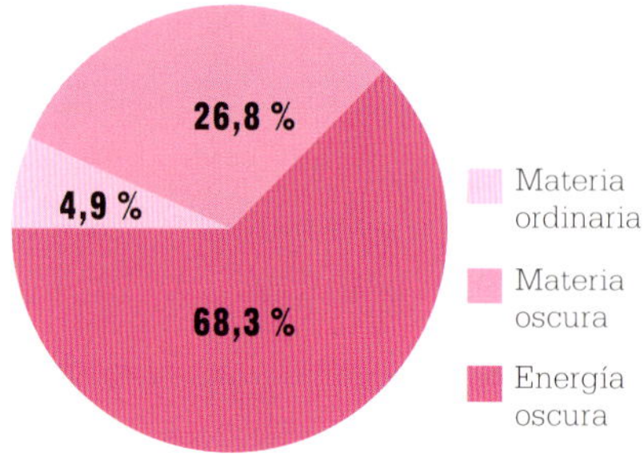


**La materia visible** (los átomos que forman estrellas y planetas) representa una diminuta fracción del universo. La mayor parte de la densidad de energía del universo se compone de materia oscura y energía oscura invisibles.

Juntas, la materia oscura y la energía oscura constituyen el 95 % del universo conocido, y la materia visible (las cosas que se pueden ver) solo el 5 %. Tal cantidad de materia oscura y energía oscura debería ser fácil de encontrar. Sin embargo, no se llaman «oscura» por casualidad: hasta ahora no se han encontrado pruebas directas que confirmen la existencia de ninguna de las dos.

Los astrónomos están casi seguros de que la materia oscura es algún tipo de partícula. Saben que interactúa con la gravedad porque ven su efecto en las galaxias a una escala inmensa. Sin embargo, curiosamente, no parece tener interacciones con la materia ordinaria; si las tuviera, las veríamos por todas partes. Por ello, los astrónomos piensan que la materia oscura atraviesa la materia ordinaria y resulta así muy difícil de detectar.

Ahora bien, ello no ha impedido que los científicos traten de hacerlo y que crean que se encuentren cerca de hallarla. Una de las candidatas a la materia oscura es la partícula WIMP, siglas en inglés de partícula masiva débilmente interactiva; si bien son dificilísimas de detectar, teóricamente no es imposible que existan.

## La gran incógnita

En su búsqueda de la materia oscura, los científicos han construido inmensos detectores subterráneos llenos de líquido. La idea es ver un rastro detectable si una partícula de materia oscura pasa por uno de esos detectores, como parece probable que esté sucediendo todo el tiempo. Ejemplos de tales esfuerzos son el Laboratorio Nacional del Gran Sasso, en Italia, y el Experimento de Materia Oscura LUX-ZEPLIN, en EE UU.

Los físicos del Gran Colisionador de Hadrones (LHC) del CERN, cerca de Ginebra, también tratan de detectar materia oscura, intentando dar con cualquier partícula de materia oscura que haya podido crearse cuando otras partículas colisionan a muy altas velocidades. Hasta ahora, no han encontrado nada, aunque se espera lograr algún éxito con las futuras actualizaciones del LHC.

La búsqueda de la materia oscura prosigue sin descanso, y, aunque los astrónomos están bastante convencidos de que existe, son todavía muchas las incógnitas. No está claro si la materia oscura está formada por una única partícula o por muchas, ni tampoco si experimenta fuerzas como lo hace la materia ordinaria. También podría estar formada por una partícula diferente denominada axión, mucho más ligera que una WIMP.

En definitiva, aunque queda todavía mucho que aprender sobre la materia oscura, lo cierto es que ya ha tenido una enorme influencia en la astronomía. Su descubrimiento indirecto ha llevado a los astrónomos a concluir que existe un universo invisible e inmenso que por ahora no puede ser medido y que, si bien eso puede parecer una tarea descomunal, también resulta fascinante. La esperanza es que las partículas de materia oscura se detecten por fin en los próximos años. Entonces, como ocurrió con las ondas gravitatorias y el cambio que supuso su detección para la astronomía, los científicos serán capaces de explorar la materia oscura, averiguar en qué consiste y comprender con certeza qué efecto tiene en el universo. Hasta entonces, todo el mundo está a oscuras. ■

**Al estudiar la distribución** de la masa de la galaxia de Andrómeda, Vera Rubin y Kent Ford vieron que se repartía por toda la galaxia y que debía mantenerse unida por un halo de materia invisible.

## Vera Rubin

Vera Rubin nació en Filadelfia (EE UU) en 1928. Se interesó de muy joven por la astronomía y estudió ciencia en la universidad, aunque un profesor de instituto le desaconsejó una carrera científica. Rechazada en el programa de posgrado en astrofísica de la Universidad de Princeton, que no admitía a mujeres, se matriculó en la Universidad Cornell.

En 1965, Rubin se unió al Instituto Carnegie de Washington, donde estudió la distribución de la masa en las galaxias. Ganó muchos premios al descubrir que la masa no era mayor en el centro galáctico, lo cual apuntaba a la existencia de materia oscura. Fue la primera mujer autorizada a realizar observaciones en el Observatorio Palomar y una ardiente defensora de las mujeres en la ciencia. Murió en 2016.

### Obras principales

**1997** *Galaxias brillantes, materias oscuras.*
**2006** «Ver materia oscura en la galaxia de Andrómeda».

# UN INGREDIENTE DESCONOCIDO DOMINA EL UNIVERSO

## ENERGÍA OSCURA

### EN CONTEXTO

FIGURA CLAVE
**Saul Perlmutter** (n. en 1959)

ANTES
**1917** Albert Einstein propone una constante cosmológica para contrarrestar la gravedad y mantener estático el universo.

**1929** Edwin Hubble prueba que el universo se expande.

**1931** Einstein se refiere a la constante cosmológica como su «mayor error».

DESPUÉS
**2001** Se demuestra que probablemente la energía oscura constituye una gran parte de la energía, el contenido de masa del universo.

**2011** Se hallan pruebas indirectas de la energía oscura en la radiación de fondo de microondas (RFM).

**2013** Los modelos de la energía oscura se refinan y muestran que es similar a la constante cosmológica de Einstein.

Hasta inicios de la década de 1990, nadie sabía cuál sería el destino del universo. Algunos creían que se expandiría para siempre; otros, que se volvería estático; y otros más que colapsaría sobre sí mismo. Sin embargo, en 1998, dos equipos de astrofísicos estadounidenses (uno dirigido por Saul Perlmutter, y otro por Brian Schmidt y Adam Riess) se propusieron medir el ritmo de expansión del universo. Usando potentes telescopios, observaron supernovas muy distantes de tipo 1a (véase el diagrama, abajo). Para su sorpresa, vieron que las supernovas eran más débiles de lo esperado, con un tono más rojizo, por lo que debían estar más lejos. Ambos equipos llegaron a la misma con-

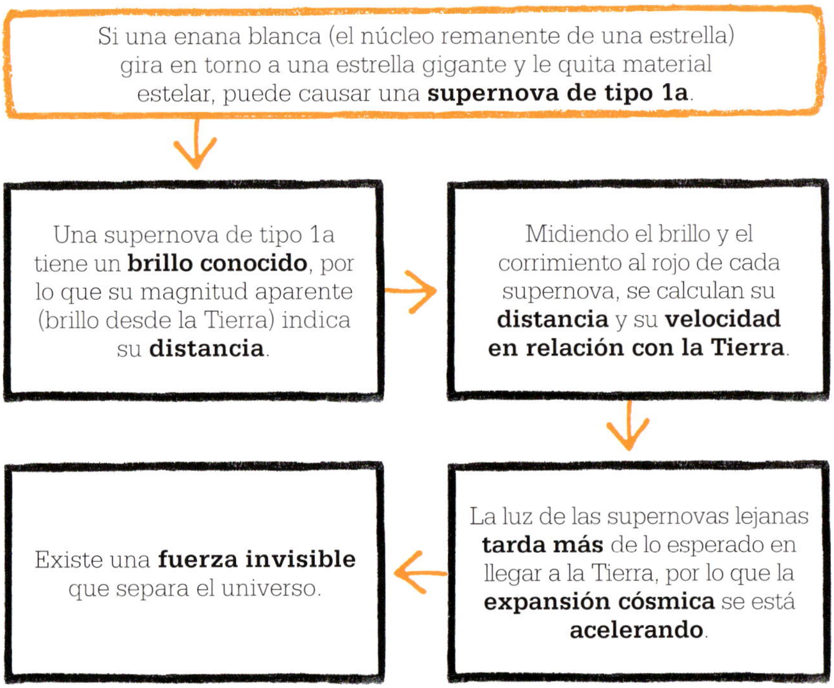

**Véase también:** Efecto Doppler y corrimiento al rojo 188–191 ▪ De la relatividad clásica a la especial 274 ▪ Masa y energía 284–285 ▪ Universo estático o en expansión 294–295 ▪ El Big Bang 296–301 ▪ Materia oscura 302–305 ▪ Teoría de cuerdas 308–311

## Saul Perlmutter

Saul Perlmutter nació el 22 de septiembre de 1959 en Illinois (EE UU) y se crio cerca de Filadelfia. Se graduó en Física en la Universidad de Harvard en 1981, y en 1986 se doctoró en la Universidad de California en Berkeley. Allí obtuvo la plaza de profesor de Física en 2004.

A principios de la década de 1990, se preguntó si sería posible calcular la expansión del universo utilizando las supernovas como candelas estándar (objetos de brillo conocido susceptibles de usarse para medir distancias a través del espacio). Tuvo que dedicar grandes esfuerzos a conseguir tiempo en grandes telescopios, pero esos esfuerzos dieron sus frutos y en 2011 recibió el Nobel de Física, junto con Brian Schmidt y Adam Riess.

### Obras principales

**1997** «Descubrimiento de la explosión de una supernova con la mitad de la edad del universo y sus consecuencias cosmológicas».
**2002** «La tasa de las supernovas distantes de tipo 1a».

clusión: las supernovas se mueven a mayor velocidad de la esperable de ser la gravedad la única fuerza que actúa sobre ellas, así que la expansión cósmica se acelera con el tiempo.

## Fuerza misteriosa

Ese descubrimiento contradecía la idea de que la gravedad acabaría por volver a juntarlo todo. Se hizo patente entonces que el contenido total de energía del universo tenía que estar dominado por algo completamente distinto, una fuerza invisible y constante que obra en sentido contrario a la gravedad y separa la materia. Esa fuerza misteriosa se llamó «energía oscura». Perlmutter, Schmidt y Riess consideraron que la expansión se explicaría si ese campo de energía llenara el universo.

Albert Einstein había introducido una noción similar en 1917. Su constante cosmológica era un valor que contrarrestaba la gravedad y permitía que el universo permaneciera estático. Sin embargo, cuando se vio que el universo se expandía, Einstein declaró que la constante era un error y la eliminó de su teoría de la relatividad.

Hoy sigue considerándose que la causa más probable de la expansión cósmica es la energía oscura, aunque nunca se ha observado directamente. Ahora bien, en 2011, mientras estudiaban los restos del Big Bang (la llamada radiación de fondo de microondas, o RFM), los científicos señalaron que la ausencia de una estructura a gran escala del universo apuntaba a la existencia de energía oscura, que se opondría a la gravedad e impediría la formación de grandes estructuras de materia.

Hoy se cree que la energía oscura constituye una enorme parte del contenido de masa-energía del universo (en torno al 68 %), lo que tendría grandes consecuencias. Puede que el universo siga expandiéndose a un ritmo cada vez mayor hasta que las galaxias se alejen más deprisa que la luz y acaben desapareciendo de la vista. Dentro de cada galaxia podría ocurrir lo mismo con las estrellas, luego con los planetas y luego con la materia, hasta que el universo fuera un vacío oscuro e interminable, dentro de billones de años. ▪

> Si os desconcierta lo que es la energía oscura, estáis en buena compañía.
> **Saul Perlmutter**

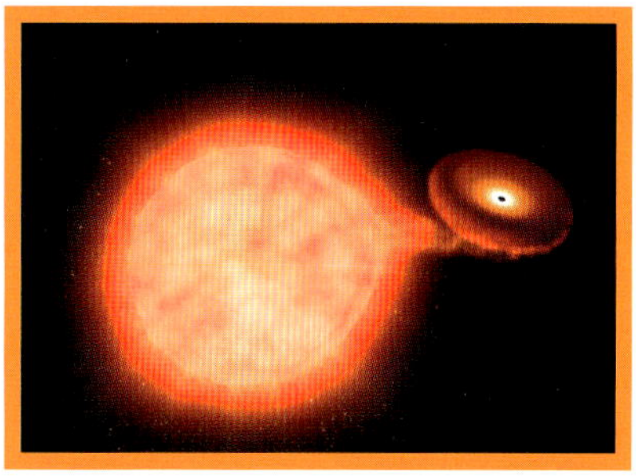

**La gravedad** de esta enana blanca extrae material de una estrella gigante vecina. Cuando su masa haya alcanzado unas 1,4 veces la masa actual del Sol, aparecerá una supernova de tipo 1a.

# HILOS DE UN TAPIZ

## TEORÍA DE CUERDAS

**EN CONTEXTO**

FIGURA CLAVE
**Leonard Susskind** (n. en 1940)

ANTES
**1914** Se propone la idea de una quinta dimensión para explicar cómo funciona la gravedad junto con el electromagnetismo.

**1926** El físico sueco Oscar Klein desarrolla ideas acerca de dimensiones adicionales inobservables.

**1961** Se diseña una teoría para unificar el electromagnetismo y la fuerza nuclear débil.

DESPUÉS
**1975** Abraham Pais y Sam Treiman acuñan el término «modelo estándar».

**1995** Edward Witten, físico estadounidense, desarrolla la teoría M, que incluye 11 dimensiones.

**2012** El Gran Colisionador de Hadrones detecta el bosón de Higgs.

Los físicos de partículas usan la teoría llamada «modelo estándar» para explicar el universo. Desarrollado en las décadas de 1960 y 1970, ese modelo describe las partículas y las fuerzas fundamentales de la naturaleza que componen el universo y lo mantienen unido. Un problema del modelo estándar es que no encaja con la teoría de la relatividad general de Einstein, que relaciona la gravedad (una de las cuatro fuerzas) y la estructura del espacio y el tiempo y los trata como una entidad tetradimensional («espacio-tiempo»). El modelo estándar no encaja con la curvatura del espacio-tiempo propugnada por la relatividad general.

**Véase también:** Leyes de la gravedad 46–51 ▪ El principio de incertidumbre de Heisenberg 220–221 ▪ Entrelazamiento cuántico 222–223 ▪ El zoo de partículas y los quarks 256–257 ▪ Portadores de fuerzas 258–259 ▪ El bosón de Higgs 262–263 ▪ El principio de equivalencia 281

El **modelo estándar de la física de partículas** lo explica todo menos la gravedad.

La **teoría de cuerdas** presenta las partículas elementales como **diminutas hebras de energía**, cada una con su propia **vibración**.

Según la **supersimetría**, a cada una de esas partículas le corresponde una **supercompañera**.

Las propiedades de una cuerda vibrante coinciden con las del **gravitón**, conjeturado **portador de la fuerza de la gravedad**.

Esto podría ser el **eslabón perdido** entre la **teoría de la relatividad de Einstein** y el **modelo estándar**.

Pero no **es posible demostrar la teoría de cuerdas** porque exige energías superiores a las que podemos crear.

La mecánica cuántica, en cambio, explica cómo interactúan las partículas en los niveles más pequeños (a escala atómica), pero no da cuenta de la gravedad. Se ha intentado en vano unir las dos teorías; por ahora el modelo estándar solo puede explicar tres de las cuatro fuerzas fundamentales.

## Partículas y fuerzas

En física de partículas, los átomos están formados por un núcleo de protones y neutrones, rodeado por electrones. El electrón y los quarks que forman los protones y los neutrones se encuentran entre los 12 fermiones (partículas de materia): las partículas elementales o fundamentales que son los componentes básicos conocidos más pequeños del universo. Los fermiones se subdividen en quarks y leptones. Junto a esos fermiones, están los bosones (partículas portadoras de fuerza) y las cuatro fuerzas de la naturaleza: electromagnetismo, gravedad, fuerza fuerte y fuerza débil. Los diferentes bosones son responsables de llevar las diferentes fuerzas entre los fermiones. El modelo estándar permite describir lo que se conoce como campo de Higgs, un campo de energía que, según se cree, impregna todo el universo. La interacción de las partículas en el campo de Higgs les otorga su masa; y un bosón medible llamado bosón de Higgs es el portador de fuerza para el campo de Higgs. Ahora bien, ninguno de los bosones conocidos es el portador de la fuerza de gravedad; ello ha llevado a postular una partícula hipotética, aún no detectada, llamada gravitón.

En 1969, en un intento de explicar la fuerza nuclear fuerte, que une protones y neutrones dentro del núcleo atómico, el estadounidense Leonard Susskind desarrolló la idea de la teoría de cuerdas. El estadounidense-japonés Yoichiro Nambu y el danés Holger Nielsen concibieron la misma idea al mismo tiempo. Según la teoría »

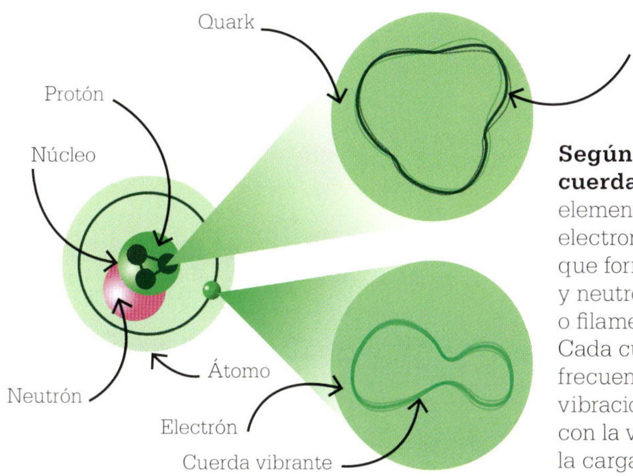


**Según la teoría de cuerdas**, las partículas elementales (como los electrones y los quarks, que forman los protones y neutrones) son cuerdas o filamentos de energía. Cada cuerda vibra con una frecuencia diferente, y esas vibraciones se corresponden con la velocidad, el espín y la carga de las partículas.

de cuerdas, las partículas (los componentes básicos del universo) no son como puntos, sino más bien algo así como diminutos y unidimensionales hilos de energía vibrantes, o cuerdas, que dan lugar a todas las fuerzas y la materia. Cuando las cuerdas chocan, se combinan y vibran juntas brevemente antes de separarse de nuevo.

Los primeros modelos de la teoría de cuerdas fueron problemáticos. Explicaban los bosones pero no los fermiones, y necesitaban que ciertas partículas hipotéticas, llamadas taquiones, viajaran más deprisa que la luz. También necesitaban muchas más dimensiones que las cuatro conocidas del espacio y el tiempo.

> Construir materia a partir de la geometría, eso es lo que hace en cierto sentido la teoría de cuerdas.
> **David Gross**
> **Físico teórico estadounidense**

### Supersimetría

Para sortear algunos de esos primeros problemas se ideó el principio de la supersimetría, que propone que el universo es simétrico y proporciona a cada una de las partículas conocidas del modelo estándar una compañera, o «supercompañera», no detectada; así, por ejemplo, cada fermión se empareja con un bosón, y viceversa.

Cuando el bosón de Higgs, predicho en 1964 por el británico Peter Higgs, fue detectado en 2012 por el Gran Colisionador de Hadrones del CERN, resultó ser más ligero de lo esperado. Los físicos de partículas creían que sería más pesado debido a sus interacciones en el campo de Higgs con las partículas del modelo estándar, a las que daba masa. Pero no era así. La idea de las supercompañeras, unas partículas capaces de anular potencialmente algunos de los efectos del campo de Higgs y producir un bosón de Higgs más ligero, permitió a los científicos abordar ese problema. También les permitió descubrir que puede que tres de las cuatro fuerzas de la naturaleza (es decir, el electromagnetismo, la fuerza fuerte y la débil) existieran con las mismas energías en el Big Bang, un paso crucial hacia la unificación de esas fuerzas en una Gran Teoría Unificada.

Juntas, la teoría de cuerdas y la supersimetría dieron lugar a la teoría de las supercuerdas, en la que todos los fermiones y bosones y sus partículas supercompañeras son resultado de cuerdas vibrantes de energía. En la década de 1980, el estadounidense John Schwarz y el británico Michael Green desarrollaron la idea de que las partículas elementales como electrones y quarks son las manifestaciones exteriores de «cuerdas» vibrando en la escala de la gravedad cuántica.

Así como las diferentes vibraciones de la cuerda de un violín producen diferentes notas, propiedades como la masa son el resultado de diferentes vibraciones del mismo tipo de cuerda. Un electrón es un segmento de cuerda que vibra de cierta manera, mientras que un quark es un segmento idéntico de cuerda que vibra de una manera diferente.

Schwarz y Green observaron que la teoría de cuerdas predecía una partícula sin masa similar al hipotético gravitón. La existencia de semejante partícula podría explicar por qué la gravedad es tan débil en comparación con las otras tres fuerzas, pues

### Leonard Susskind

Nacido en Nueva York (EE UU) en 1940, Leonard Susskind ocupa la cátedra Felix Bloch de Física en la Universidad de Stanford en California. Se doctoró en la Universidad Cornell (Nueva York) en 1965, y se unió a la de Stanford en 1979.

En 1969 publicó la teoría por la cual es conocido: la teoría de cuerdas. Su trabajo matemático demostró que la física de partículas podía explicarse mediante cuerdas vibrantes al más pequeño nivel. En la década de 1970 desarrolló más esa idea, y en 2003 acuñó el término «paisaje de la teoría de cuerdas». Esa radical noción pretendía destacar el gran número de universos posibles que conformarían un increíble «megaverso» con, quizá, otros universos con las condiciones necesarias para la vida. Susskind es hoy una figura muy respetada en su ámbito.

**Obras principales**

**2005** *El paisaje cósmico.*
**2008** *La guerra de los agujeros negros.*
**2013** *El mínimo teórico.*

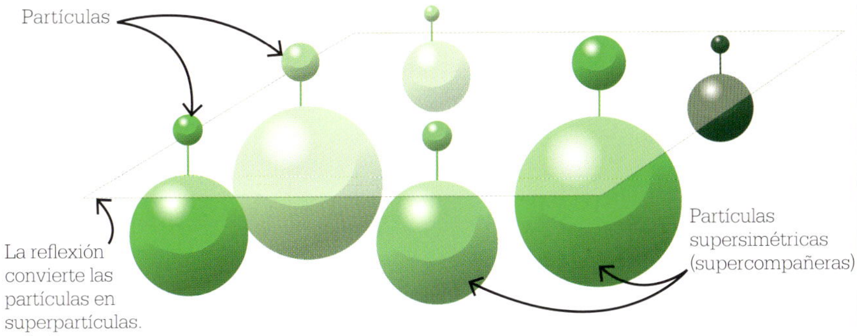


**Según la supersimetría**, todo bosón (partícula portadora de fuerza) tiene como «supercompañero» masivo un fermión (partícula de materia), y todo fermión tiene un bosón. La teoría de las supercuerdas describe las partículas supercompañeras como cuerdas que vibran en octavas más altas. Según algunos teóricos, las supercompañeras quizá tengan masas hasta mil veces superiores a las de sus partículas correspondientes, pero aún no se han hallado partículas supersimétricas.

los gravitones entrarían y saldrían de la decena aproximada de dimensiones requeridas por la teoría de cuerdas. Así, apareció por fin algo que Einstein buscó mucho tiempo, una teoría capaz de describirlo todo en el universo, una «teoría del todo».

## Una teoría unificadora

Los físicos en busca de una teoría que lo englobe todo encuentran problemas cuando se enfrentan a los agujeros negros, donde la teoría de la relatividad general se une a la mecánica cuántica tratando de explicar lo que pasa cuando una cantidad inmensa de materia se ve comprimida en un espacio muy reducido. Según la relatividad general, cabría decir que el núcleo de un agujero negro (su singularidad) tiene esencialmente un tamaño cero. Sin embargo, según la mecánica cuántica, eso es imposible porque nada puede ser infinitamente pequeño. De acuerdo con el principio de incertidumbre concebido por el alemán Werner Heisenberg en 1927, no es posible llegar a niveles infinitamente pequeños porque una partícula siempre puede existir en múltiples estados. Teorías cuánticas fundamentales como la superposición y el entrelazamiento también determinan que las partículas pueden estar en dos estados a la vez. Tienen que producir un campo gravitatorio, lo cual sería coherente con la relatividad general, pero no parece ser así según la teoría cuántica.

Si la teoría de las supercuerdas pudiera resolver algunos de esos problemas, se convertiría en la teoría unificadora que buscan los físicos. Sería posible demostrarla haciendo colisionar partículas. Algunos científicos creen que, a energías más elevadas, quizá se vean gravitones disolviéndose en otras dimensiones, lo cual supondría una prueba fundamental en favor de la teoría.

## Desenredar la idea

Algunos científicos, como el estadounidense Sheldon Glashow, creen que la investigación en teoría de cuerdas es inútil porque nadie podrá demostrar nunca si las cuerdas que describe existen. Tratan de energías tan elevadas (más allá de la medida llamada energía de Planck) que nos resulta imposible detectarlas, y puede que siga resultando imposible en el futuro inmediato. Nuestra incapacidad de diseñar un experimento que ponga a prueba la teoría de cuerdas llevó a algunos científicos como Glashow a preguntarse si es en realidad una teoría científica. Hay quienes disienten y señalan que hay en marcha experimentos que intentan encontrar algunos de esos efectos y proporcionar una respuesta. El experimento Super-Kamiokande, en Japón, por ejemplo, podría demostrar aspectos de la teoría de cuerdas estudiando la desintegración del protón (la teorizada desintegración de un protón a lo largo de escalas temporales extremadamente largas), un fenómeno predicho por la supersimetría.

La teoría de las supercuerdas puede explicar gran parte del universo desconocido –por ejemplo, por qué el bosón de Higgs es tan ligero y por qué la gravedad es tan débil–, y quizá pueda explicar la naturaleza de la energía oscura y la materia oscura. Algunos científicos creen incluso que la teoría de cuerdas podría proporcionar información sobre el destino del universo, y si seguirá o no expandiéndose de modo indefinido. ■

**Las paredes del observatorio de neutrinos** Super-Kamiokande están cubiertas de fotomultiplicadores para detectar la luz emitida por los neutrinos que interactúen con el agua del tanque.

# PLIEGUES EN EL ESPACIO-TIEMPO

## ONDAS GRAVITATORIAS

### EN CONTEXTO

FIGURAS CLAVE
**Barry Barish** (n. en 1936), **Kip Thorne** (n. en 1940)

ANTES
**1915** La teoría de la relatividad general de Einstein ofrece pruebas de la existencia de las ondas gravitatorias.

**1974** Los científicos observan indirectamente ondas gravitatorias al estudiar los púlsares.

**1984** En EE UU, se empieza a construir el Observatorio de Ondas Gravitatorias por Interferometría Láser (LIGO).

DESPUÉS
**2017** Los científicos detectan ondas gravitatorias procedentes de la fusión de dos estrellas de neutrones.

**2034** Se espera que la misión europea LISA lance al espacio un observatorio de ondas gravitatorias.

En 2016, los científicos hicieron un anuncio que prometía revolucionar la astronomía: en septiembre de 2015, un equipo de físicos había hallado la primera prueba directa de ondas gravitatorias, unos pliegues causados en el espacio-tiempo por la fusión o colisión de dos objetos. Hasta entonces, el conocimiento del universo y su funcionamiento se derivaba básicamente de lo que podíamos ver en forma de ondas de luz. A partir de entonces, los científicos tenían una nueva forma de investigar agujeros negros, estrellas y otras maravillas del cosmos.

La idea de las ondas gravitatorias existía desde hacía más de un siglo.

**Véase también:** Ondas electromagnéticas 192–195 ▪ De la relatividad clásica a la especial 274 ▪ Relatividad especial 276–279 ▪ Espacio-tiempo curvo 280 ▪ Masa y energía 284–285 ▪ Agujeros negros y agujeros de gusano 286–289

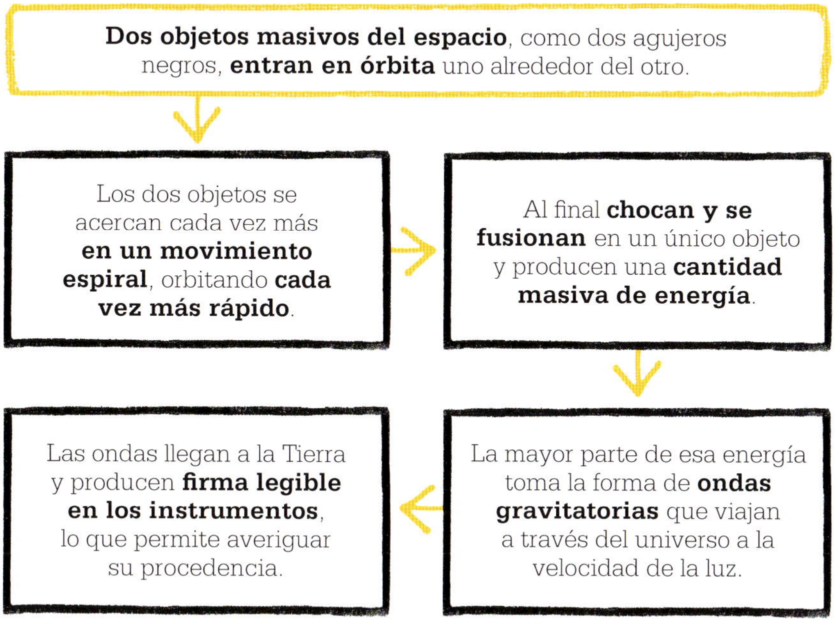


En 1905, el físico francés Henri Poincaré postuló la teoría de que la gravedad era transmitida por una onda, que llamó *onde gravifique*. Una década después, Albert Einstein llevó la idea a otro nivel en su teoría de la relatividad general, donde propuso que la gravedad no era una fuerza, sino una curvatura del espacio-tiempo causada por la masa, la energía y el momento.

Einstein demostró que cualquier objeto masivo curva el espacio-tiempo, que a su vez curva la propia luz. Siempre que se mueva y cambie esa distorsión, una masa produce las ondas que parten de ella a la velocidad de la luz. Cualquier masa en movimiento las produce, incluso cosas cotidianas como dos personas corriendo en círculo, aunque en ese caso las ondas son demasiado pequeñas para detectarlas.

A pesar de sus teorías, Einstein luchó con su propia creencia en las ondas gravitatorias, y en 1916 observó que «no hay ondas gravitatorias análogas a las ondas de luz». Volvió sobre la idea en otro artículo de 1918, donde indicó que las ondas gravitatorias podían existir, pero sin que hubiera modo de medirlas. En 1936 se retractó de nuevo y declaró que no existían.

## Buscando lo invisible

Hasta la década de 1950, los físicos no se dieron cuenta de que las ondas gravitatorias podían ser una realidad. Una serie de artículos subrayaron que la relatividad general había predicho su existencia como método de transferencia de energía por medio de la radiación gravitatoria.

No obstante, la detección de ondas gravitatorias planteó enormes desafíos a los científicos. Estaban convencidos de que las ondas se hallaban presentes por todo el universo, pero necesitaban idear un experimento lo bastante sensible para detectarlas. En 1956, el físico británico Felix Pirani mostró que las ondas gravitatorias moverían a su paso partículas que, en teoría, podrían ser detectadas. De modo que los científicos idearon experimentos capaces de medir esas perturbaciones.

Los primeros esfuerzos de detección resultaron infructuosos, pero, en 1974, los físicos estadounidenses Russell Hulse y Joseph Taylor encontraron las primeras pruebas indirectas de ondas gravitatorias. Estudiaron un par de estrellas de neutrones (pequeñas estrellas creadas por el colapso de estrellas gigantes) que orbitaban juntas, una de las cuales era un púlsar (una estrella de neutrones que gira rápidamente). A medida que giraban una alrededor de la otra y se acercaban, las estrellas perdían energía de un modo compatible con la radiación de las ondas gravitatorias. El descubrimiento hizo avanzar a los científicos un paso más en la demostración de la existencia de esas ondas.

## Máquinas de ondas

Aunque unas masas tan grandes y rápidas como las de unas estrellas de neutrones que orbitan entre sí dieran lugar a las mayores ondas gravitatorias, el efecto producido sería pequeñísimo. Sin embargo, a finales de la década de 1970, diversos físicos, »

> Esa onda se supone que se propaga a la velocidad de la luz.
> **Henri Poincaré**

entre ellos, el estadounidense-alemán Rainer Weiss y el escocés Ronald Drever, señalaron que las ondas quizá podrían detectarse utilizando rayos láser y un instrumento llamado interferómetro. En 1984, el físico estadounidense Kip Thorne se unió a Weiss y Drever en el proyecto del Observatorio de Ondas Gravitatorias por Interferometría Láser (LIGO) con el fin de crear un experimento capaz de detectar ondas gravitatorias.

En 1994, se empezaron a construir en EE UU dos interferómetros: uno en Hanford (Washington) y otro en Livingstone (Luisiana). Eran necesarias dos máquinas para verificar que una onda detectada fuese gravitatoria y no una vibración aleatoria local. La investigación fue dirigida por el físico estadounidense Barry Barish, que se convirtió en el director de LIGO en 1997 y creó la Colaboración Científica LIGO, un equipo de mil científicos de todo el mundo. Esa colaboración global dio al proyecto un impulso renovado, y los científicos lograron completar las dos máquinas LIGO en 2002. Cada una está formada por dos tubos de acero de 1,2 m de ancho y 4 km de largo protegidos por una estructura de hormigón.

Dado que las ondas gravitatorias interactúan con el espacio comprimiéndolo y extendiéndolo en una dirección perpendicular, los tubos se construyeron en ángulo recto. En teoría, una onda que distorsiona el espacio-tiempo cambiará la longitud de cada tubo, extendiendo uno y comprimiendo otro varias veces hasta que haya pasado. Para medir cualquier diminuto cambio, se dividió en dos un rayo láser, y cada mitad se dirigió a un tubo. Cualquier onda gravitatoria entrante haría que los rayos de luz se reflejaran en diferentes momentos, pues el propio espacio-tiempo se alargaría y acortaría. Midiendo ese cambio, se esperaba averiguar de dónde procedían las ondas y qué las había causado.

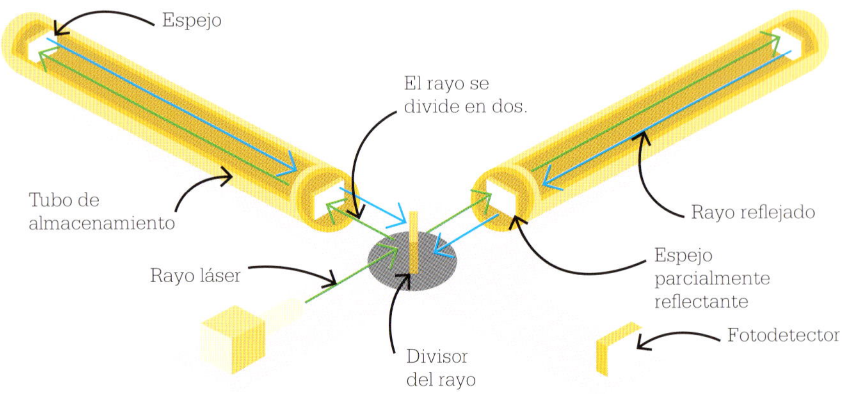


**LIGO usa rayos láser para detectar ondas gravitatorias**. Se dispara un rayo sobre un espejo parcialmente reflectante que lo divide y lo envía a dos tubos construidos en un ángulo recto. Cada haz pasa a través de otro espejo parcialmente reflectante, rebota en el brazo y regresa a la intersección. Allí se encuentran los rayos de los dos tubos. Si no hay ondas gravitatorias, las longitudes de onda de los haces se anulan. En caso contrario, los haces de luz no se restan y producen una luz parpadeante que se registra en un fotodetector.

> Damas y caballeros, hemos detectado ondas gravitatorias. ¡Lo hemos logrado!
> **Profesor David Reitze**
> **Físico estadounidense especialista en láser y director de LIGO**

## Oscilaciones cataclísmicas

En los siguientes ocho años, no se registraron ondas, una situación complicada por el hecho de que las máquinas detectaban interferencias como el ruido del viento o incluso el sonido de trenes y las actividades de la industria maderera. En 2010, se decidió revisarlas por completo, y en septiembre de 2015 se encendieron de nuevo, capaces ya de analizar una zona mucho mayor del espacio. A los pocos días, los nuevos instrumentos más sensibles detectaron en el espacio-tiempo pequeñas oscilaciones de una fracción de segundo, procedentes de un suceso cataclísmico ocurrido en algún lugar de las profundidades del universo.

Los científicos averiguaron que esas ondas gravitatorias se produjeron por la colisión de dos agujeros negros a unos 1.300 millones de años luz de la Tierra y habían creado una potencia 50 veces superior a la de todas las estrellas del universo en ese momento. Conocidos como agujeros negros estelares, se estimó que cada uno tenía 36 y 29 veces la masa del Sol y que formaron un nuevo agujero negro con 62 veces la masa del Sol. La masa restante, tres veces la solar, fue enviada casi en su totalidad al espacio en forma de ondas gravitatorias. Midiendo las señales recibidas por las dos estaciones LIGO y con la comprobación del interferómetro Virgo en Italia, los científicos fueron capaces de remontarse en el tiempo hasta el origen de esas ondas gravitatorias y estudiar nuevas porciones del universo inaccesibles hasta entonces. Lo lograron cotejando las señales recibidas con las pautas esperables de diferentes sucesos espacio-temporales.

Desde esa primera detección en 2015 y el revolucionario anuncio de su descubrimiento en 2016, se han encontrado muchas más señales potenciales de ondas gravitatorias. La mayoría han sido fusiones de agujeros negros, pero en 2017 los científicos del LIGO hicieron la primera detección confirmada de ondas gravitatorias producidas por la colisión de dos estrellas de neutrones, hace unos 130 millones de años.

## Señales lejanas

LIGO y Virgo continúan detectando ondas gravitatorias casi todas las semanas. El equipo se actualiza regularmente a medida que los láseres se hacen más potentes y los espejos más estables. Ahora es posible detectar por todo el universo la fusión de objetos del tamaño de una ciudad en unos sucesos espectaculares que empujan los límites de la física. El descubrimiento de las ondas gravitatorias ayuda a los científicos a investigar la naturaleza misma del universo y revela más datos sobre sus orígenes y expansión e incluso, potencialmente, su edad.

## Empujar los límites del espacio

Los astrónomos también trabajan en nuevos experimentos susceptibles de analizar las ondas gravitatorias con mayor detalle. Uno de ellos es la misión LISA (Antena Espacial de Interferómetro Láser), organizada por la Agencia Espacial Europea (ESA). LISA, cuyo lanzamiento está previsto para 2034, consistirá en tres sondas espaciales dispuestas en un triángulo y separadas entre sí por 2,5 millones de kilómetros. Los láseres se proyectarán entre las sondas, y se analizarán las señales recibidas en busca de pruebas de cualquier minúsculo movimiento compatible con oscilaciones producidas por ondas gravitatorias.

Las observaciones de LISA en una zona tan enorme permitirán a los científicos detectar las ondas gravitatorias de una diversidad de otros objetos, como agujeros negros supermasivos, o incluso de los albores del universo. Puede que hayamos desbloqueado los secretos del espacio más profundo. ■

**Cuando dos estrellas de neutrones** colisionan, liberan rayos gamma visibles y ondas gravitatorias invisibles que llegan a la Tierra casi al mismo tiempo millones de años después.

## Kip Thorne

Nacido en Utah (EE UU) en 1940, Kip Thorne se graduó en Física en el Instituto Tecnológico de California (Caltech) en 1962 y, en 1965, se doctoró en la Universidad de Princeton. Volvió a Caltech en 1967, donde ahora es el titular emérito de la cátedra Feynman de Física Teórica.

Su interés por las ondas gravitatorias lo llevó a fundar el proyecto LIGO, que ha apoyado identificando fuentes remotas de ondas e ideando técnicas para obtener información de ellas. Por su trabajo llevado a cabo con las ondas gravitatorias y el LIGO, recibió en 2017 el premio Nobel de Física, junto con sus colaboradores Rainer Weiss y Barry Barish.

Thorne también presta al arte sus conocimientos de física: la película *Interstellar* (2014) se basó en una idea original suya.

### Obras principales

**1973** *Gravitación.*
**1994** *Agujeros negros y tiempo curvo.*
**2014** *La ciencia de* Interstellar.

# BIOGRAF

# IAS

# BIOGRAFIAS

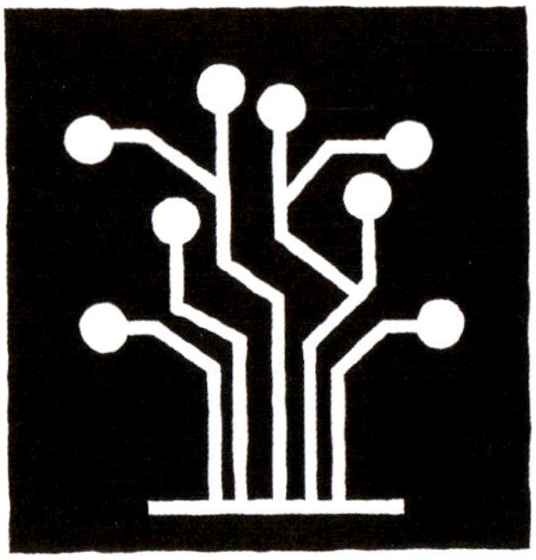

Como escribió de forma memorable Isaac Newton en una carta de 1675 a Robert Hooke: «Si he llegado a ver más lejos, es porque estoy subido a hombros de gigantes». Desde sus inicios en Mesopotamia, en el cuarto milenio a. C., la historia de la ciencia ha sido una historia de colaboración y continuidad. Desde los filósofos naturales hasta los inventores, los experimentadores y, de manera más reciente, los científicos profesionales, las personas que han hecho importantes contribuciones a esa historia son muchas más de las que podrían mencionarse en este libro. La siguiente sección intenta ofrecer un simple esbozo de otras figuras fundamentales en nuestra búsqueda aún en curso por comprender cómo funciona nuestro universo, desde el núcleo más pequeño hasta la galaxia más lejana.

## ARQUÍMEDES

### *c.* 287 – *c.* 212 a. C.

Nacido en la colonia griega de Siracusa en la isla mediterránea de Sicilia, Arquímedes fue uno de los ingenieros, físicos y matemáticos más importantes del mundo antiguo. Poco se sabe de su vida temprana, pero puede que de joven estudiara en Alejandría (Egipto). Aclamado más tarde por sus innovadoras demostraciones matemáticas, sobre todo en el campo de la geometría, fue famoso en vida por inventos como la bomba de agua llamada «tornillo de Arquímedes» o la polea compuesta, así como por el famoso descubrimiento que describe el principio del desplazamiento del agua (ocasión en que, según se dice, gritó «¡Eureka!»). Cuando los romanos invadieron Sicilia, Arquímedes ideó ingeniosas armas para defender su ciudad. Fue asesinado por un soldado romano a pesar de las órdenes de que fuera capturado vivo.

**Véase también:** El método científico 20–23 ▪ Fluidos 76–79

## ALHACÉN (AL HAYTAM)

### *c.* 965–1040

El erudito árabe Hasan ibn al Haytam, conocido en Occidente como Alhacén, nació en Basora (hoy en Irak), pero realizó gran parte de su carrera en El Cairo (Egipto). Poco se sabe de su vida, pero trabajó como ingeniero civil, e hizo contribuciones a la medicina, la filosofía, la teología, la física y la astronomía. Alhacén fue uno de los primeros partidarios del método científico, y concibió experimentos para probar o refutar las hipótesis. Su obra más conocida es *Libro de óptica* (*c.* 1015–1021), que combinaba con éxito diversas teorías clásicas sobre la luz con observaciones de anatomía para explicar la visión en términos de rayos de luz reflejados por los objetos, reunidos por el ojo e interpretados por el cerebro.

**Véase también:** El método científico 20–23 ▪ Reflexión y refracción 168–169 ▪ Focalizar la luz 170–175

## AVICENA (IBN SINA)

### *c.* 980–1037

Abu Ali al Husain ibn Sina, nombre latinizado como Avicena, fue un erudito persa nacido cerca de Bujará (hoy en Uzbekistán), en el seno de la familia de un alto funcionario de la dinastía persa samánida. Mostró desde joven un talento especial por el estudio, y asimiló la obra de muchos sabios clásicos e islámicos. Aunque más conocido en la actualidad por sus influyentes trabajos sobre medicina, escribió abundantemente sobre numerosas disciplinas, incluida la física. Avicena desarrolló una teoría del movimiento que reconocía el concepto que posteriormente se denominaría inercia y la influencia de la resistencia del aire, y también expuso que la velocidad de la luz era finita.

**Véase también:** Leyes del movimiento 40–45 ▪ La velocidad de la luz 275

## JOHANNES KEPLER

### 1571–1630

El matemático y astrónomo alemán Johannes Kepler alcanzó la fama en la década de 1590 gracias a una teoría que intentaba vincular las órbitas de los planetas con la geometría de los «sólidos platónicos» (poliedros regulares convexos). Se convirtió en ayudante del gran astrónomo danés Tycho Brahe, dedicado a compilar el catálogo de movimientos planetarios más preciso hasta la fecha. Tras la muerte de Tycho en 1601, Kepler continuó y desarrolló su obra. En 1609, el éxito de sus leyes del movimiento planetario, que colocaban los planetas en una órbita elíptica (y no circular) alrededor del Sol, completó la «revolución copernicana» y allanó el camino para las más generales leyes del movimiento y la gravitación universal de Newton.

**Véase también:** Leyes de la gravedad 46–51 ▪ Los cielos 270–271 ▪ Modelos del universo 272–273

## EVANGELISTA TORRICELLI
### 1608–1647

Nacido en la provincia de Rávena (Italia), Torricelli mostró a una edad temprana un gran talento para las matemáticas, y su educación fue encomendada a los monjes en una abadía local. Más tarde viajó a Roma, donde se convirtió en secretario y estudiante no oficial de Benedetto Castelli, profesor de matemáticas y amigo de Galileo Galilei. Torricelli se hizo discípulo de la ciencia galileana, y compartió muchas conversaciones con Galileo en los meses previos a la muerte de este, en 1642. Al año siguiente publicó una descripción del primer barómetro de mercurio (el invento por el que hoy es más conocido).

**Véase también:** El método científico 20–23 ▪ Presión 36 ▪ Fluidos 76–79

## GUILLAUME AMONTONS
### 1663–1705

El parisino Guillaume Amontons era hijo de un abogado. Se interesó por la ciencia tras perder la audición siendo niño. En gran parte autodidacta, fue un ingeniero e inventor muy hábil, e ideó mejoras para varios instrumentos científicos. Investigando las propiedades de los gases, descubrió las relaciones entre temperatura, presión y volumen, aunque no pudo cuantificar las ecuaciones precisas de las posteriores «leyes de los gases». Se lo recuerda por sus leyes del rozamiento, que describen las fuerzas de fricción estática y fricción dinámica que afectan a los cuerpos cuyas superficies están en contacto.

**Véase también:** Energía y movimiento 56–57 ▪ Las leyes de los gases 82–85 ▪ Entropía y segundo principio de la termodinámica 94–99

## DANIEL GABRIEL FAHRENHEIT
### 1686–1736

Nacido en Danzig (hoy Gdansk, en Polonia) en el seno de una familia de comerciantes alemanes, pasó la mayor parte de su vida laboral en Países Bajos. Quedó huérfano en 1701, y se formó como comerciante antes de dedicarse a sus intereses científicos y relacionarse con muchos pensadores destacados del momento, entre ellos, Ole Rømer y Gottfried Leibniz. Dio conferencias sobre química, y aprendió a hacer delicadas piezas de vidrio para instrumentos científicos como los termómetros. Eso lo condujo a crear su noción de una escala estandarizada de la temperatura en 1724 (aunque más tarde su elección de los puntos de temperatura «fijos» se revisó para hacer más precisa dicha escala, que aún lleva su nombre).

**Véase también:** El método científico 20–23 ▪ Calor y transferencia de calor 80–81

## LAURA BASSI
### 1711–1778

Hija de un prestigioso abogado de Bolonia (Italia), Bassi se benefició de una educación privada en la que mostró un temprano interés por la física. Siendo adolescente, quedó fascinada por las aún polémicas teorías de Isaac Newton. Obtuvo el doctorado en filosofía a los 20 años de edad, y se convirtió en la primera mujer que ocupó una cátedra universitaria en el ámbito de la ciencia. En la Universidad de Bolonia conoció al profesor Giuseppe Veratti, con quien se casó, y la pareja trabajó estrechamente durante el resto de sus carreras. Bassi diseñó muchos experimentos avanzados para demostrar la precisión de la física newtoniana, y escribió ampliamente sobre mecánica e hidráulica. En 1776 fue nombrada profesora de física experimental de la universidad.

**Véase también:** Leyes del movimiento 40–45 ▪ Leyes de la gravedad 46–51

## WILLIAM HERSCHEL
### 1738–1822

William Herschel fue un astrónomo de origen alemán que se trasladó a Inglaterra a la edad de 19 años. Muy interesado por la acústica y la óptica, un cargo musical permanente en Bath le permitió dedicarse a esos intereses a partir de 1766. Construyó el mejor telescopio reflector de la época, y estudió sistemáticamente las estrellas, ayudado por su hermana Caroline a partir de 1772. Su descubrimiento del planeta Urano en 1781 le valió el nombramiento de «Astrónomo del Rey» del británico Jorge III. En 1800, mientras medía las propiedades de los diferentes colores de la luz visible, descubrió la existencia de la radiación infrarroja.

**Véase también:** Ondas electromagnéticas 192–195 ▪ Los cielos 270–271 ▪ Modelos del universo 272–273

## PIERRE-SIMON LAPLACE
### 1749–1827

Originario de Normandía (Francia), Laplace mostró un temprano talento para las matemáticas. Ingresó en la Universidad de Caen a los 16 años, y se convirtió en profesor de la Escuela Militar de París. Durante su prolongada carrera no solo realizó importantes trabajos en matemáticas puras, sino que también las aplicó a ámbitos que iban desde la predicción de las mareas y la forma de la Tierra hasta la estabilidad de las órbitas planetarias y la historia del Sistema Solar. Fue el primero en afirmar que nuestro Sistema Solar se formó a partir del colapso de una nube de gas y polvo, y también el primero en hablar matemáticamente de lo que ahora llamamos agujeros negros.

**Véase también:** Leyes de la gravedad 46–51 ▪ Modelos del universo 272–273 ▪ Agujeros negros y agujeros de gusano 286–289

## SOPHIE GERMAIN
### 1776–1831

Hija de un rico comerciante de sedas parisino, Germain tuvo que luchar contra los prejuicios de sus padres para seguir su vocación matemática. Autodidacta al principio, a partir de 1794 consiguió los apuntes de clase de la Escuela Politécnica de París, y recibió clases privadas de Joseph-Louis Lagrange. Más tarde tuvo comunicación también con los principales matemáticos europeos. Aunque más conocida por su labor matemática, también hizo notables contribuciones a la física de la elasticidad cuando (inspirada por los experimentos acústicos de Ernst Chladni) ganó el concurso de la Academia de Ciencias con su descripción matemática de la vibración de las superficies elásticas.

**Véase también:** Extensión y compresión 72–75 ▪ Música 164–167

## JOSEPH VON FRAUNHOFER
### 1787–1826

Tras quedar huérfano con 11 años, Fraunhofer entró como aprendiz en el taller de un cristalero de Múnich (Alemania). Su vida dio un vuelco en 1801, cuando el taller se derrumbó y fue sacado de los escombros por una partida dirigida por el propio príncipe elector de Baviera. El príncipe y otros benefactores alentaron sus inclinaciones de estudio e hicieron posible su ingreso en un instituto dedicado a la fabricación de instrumentos ópticos, donde siguió aprendiendo. Los descubrimientos de Fraunhofer permitieron que Baviera se convirtiera en el principal centro de fabricación de vidrio para instrumentos científicos. Sus inventos incluyen la retícula de difracción, para dispersar la luz de diferentes colores, y el espectroscopio, para medir las posiciones precisas de las diferentes características en un espectro.
**Véase también:** Difracción e interferencia 180–183 ▪ Efecto Doppler y corrimiento al rojo 188–191 ▪ La luz de los átomos 196–199

## WILLIAM THOMSON, LORD KELVIN
### 1824–1907

William Thomson, nacido en Belfast, fue una de las figuras más importantes en la física del siglo XIX. Tras estudiar en las universidades de Glasgow y Cambridge (Reino Unido), el talentoso Thomson regresó a Glasgow para ocupar una plaza de profesor con solo 22 años. Sus intereses eran muy amplios: ayudó a consolidar la ciencia de la termodinámica, calculó la edad de la Tierra e investigó el posible destino del universo. Llegó a ser muy famoso como ingeniero eléctrico, y realizó contribuciones fundamentales al diseño del primer cable telegráfico transatlántico, planeado en la década de 1850. El éxito del proyecto en 1866 le valió la aclamación pública, así como los títulos de sir y, más adelante, de lord.
**Véase también:** Calor y transferencia de calor 80–81 ▪ Energía interna y primer principio de la termodinámica 86–89 ▪ Máquinas térmicas 90–93

## ERNST MACH
### 1838–1916

Nacido y criado en Moravia (hoy parte de la República Checa), este filósofo y físico austriaco estudió física y medicina en la Universidad de Viena. Inicialmente interesado en el efecto Doppler en óptica y acústica, la invención de la fotografía Schlieren (un método para obtener imágenes de ondas de choque de otro modo invisibles) lo llevó a investigar la dinámica de fluidos y las ondas de choque formadas en torno a objetos supersónicos. Aunque famoso por ese trabajo (y por el «número Mach», que mide velocidades en comparación con la del sonido), también hizo notables contribuciones a la fisiología y la psicología.
**Véase también:** Energía y movimiento 56–57 ▪ Fluidos 76–79 ▪ El desarrollo de la mecánica estadística 104–111

## HENRI BECQUEREL
### 1852–1908

Tercera generación de una dinastía acomodada de físicos parisinos, que luego incluiría también a su hijo Jean, Henri Becquerel se dedicó tanto a la ingeniería como a la física. Sus trabajos abordaron temas como el plano de polarización de la luz, el geomagnetismo y la fosforescencia. En 1896, la noticia del descubrimiento de los rayos X por parte de Wilhelm Röntgen lo llevó a investigar si los materiales fosforescentes, como ciertas sales de uranio, producían rayos similares. Enseguida detectó un tipo de emisión procedente de las sales, pero las pruebas posteriores mostraron que los compuestos del uranio emitían rayos aunque no fueran fosforescentes. Becquerel fue la primera persona en descubrir la existencia de materiales «radiactivos», por lo cual compartió el Nobel con Marie y Pierre Curie en 1903.
**Véase también:** Polarización 184–187 ▪ Rayos nucleares 238–239 ▪ El núcleo 240–241

## NIKOLA TESLA
### 1856–1943

Físico e inventor serbio-estadounidense, Nikola Tesla fue una figura de enorme importancia en los inicios de la generalización de la energía eléctrica. Tras demostrar su talento en el campo de la ingeniería en Hungría, fue contratado por las compañías de Thomas Edison en París y, más tarde, en Nueva York, aunque luego las abandonó para comercializar sus inventos de forma independiente. Uno de ellos, un motor de inducción que podía funcionar con corriente alterna, resultó enormemente importante en la adopción de ese tipo de corriente. Entre los múltiples inventos de Tesla (algunos de ellos adelantados a su tiempo) se incluían la iluminación y la energía inalámbricas, los vehículos controlados por radio, turbinas sin álabes y mejoras en el sistema de corriente alterna.
**Véase también:** Corriente y resistencia eléctrica 130–133 ▪ El efecto motor 136–137 ▪ Inducción y efecto generador 138–141

## J. J. THOMSON
### 1856–1940

Tras demostrar a una edad temprana un inusual talento para la ciencia, Joseph John Thomson, nacido en Manchester (Reino Unido), fue admitido con 14 años en el Owens College (hoy Universidad de Manchester). De ahí pasó a la Universidad de Cambridge, donde se distinguió en matemáticas y fue nombrado titular de la cátedra Cavendish de física en 1884. En 1897 descubrió el electrón, que identificó mediante un cuidadoso análisis de las propiedades de los recién descubiertos «rayos catódicos», hecho por el cual es principalmente conocido hoy. Unos meses después de ese descubrimiento, consiguió demostrar que las partículas contenidas en ellos podrían ser desviadas en campos eléctricos, y calculó la relación entre su masa y su carga eléctrica.
**Véase también:** Teoría atómica 236–237 ▪ Partículas subatómicas 242–243

## ANNIE JUMP CANNON
### 1863–1941

Hija mayor de un senador de EE UU por Delaware, Annie Jump Cannon aprendió de muy pequeña sobre las estrellas gracias a su madre, quien más tarde alentaría su interés por la ciencia. Sobresalió en los estudios, a pesar de un ataque de escarlatina que la dejó casi sorda. Se unió en 1896 al personal del observatorio de la Universidad de Harvard para trabajar en un ambicioso catálogo fotográfico de espectros estelares. Allí clasificó manualmente unas 350 000 estrellas, desarrolló el sistema de clasificación que aún en la actualidad continúa en uso y publicó los catálogos que acabarían revelando la composición estelar.

**Véase también:** Difracción e interferencia 180–183 ▪ La luz de los átomos 196–199 ▪ Cuantos de energía 208–211

## ROBERT MILLIKAN
### 1868–1953

Robert Millikan nació en Illinois (EE UU) y estudió lenguas clásicas en el Oberlin College (Ohio) antes de orientarse hacia la física a sugerencia de su profesor de griego. Obtuvo en esa materia un doctorado por la Universidad de Columbia, y empezó a trabajar en la Universidad de Chicago. Fue allí, en 1909, donde él y el estudiante de posgrado Harvey Fletcher diseñaron un ingenioso experimento para medir la carga del electrón. Esa constante fundamental de la naturaleza allanó el camino para el cálculo preciso de muchas otras constantes físicas importantes.

**Véase también:** Teoría atómica 236–237 ▪ Partículas subatómicas 242–243

## EMMY NOETHER
### 1882–1935

La alemana Emmy Noether mostró de niña un gran don para las matemáticas y la lógica, y obtuvo un doctorado por la Universidad de Erlangen, en Baviera (Alemania), a pesar de la discriminación contra las mujeres estudiantes. En 1915, los matemáticos David Hilbert y Félix Klein la invitaron a su prestigioso departamento en la Universidad de Gotinga para trabajar en la interpretación de la teoría de la relatividad de Einstein. Allí, Noether pasó a hacer enormes contribuciones a los fundamentos de las matemáticas modernas. Sin embargo, en el campo de la física es más conocida por una demostración publicada en 1918, según la cual la conservación de ciertas propiedades (como el momento y la energía) está ligada a la simetría subyacente de los sistemas y a las leyes físicas que las rigen. El teorema de Noether y sus ideas sobre la simetría subyacen a gran parte de la moderna física teórica.

**Véase también:** Conservación de la energía 55 ▪ Portadores de fuerzas 258–259 ▪ Teoría de cuerdas 308–311

## HANS GEIGER
### 1882–1945

Geiger fue un físico alemán que estudió física y matemáticas en la Universidad de Erlangen, en Baviera (Alemania), donde se doctoró en 1906, antes de obtener una plaza en la Universidad de Manchester (Reino Unido), donde trabajó bajo la dirección de Ernest Rutherford desde 1907. Geiger ya había estudiado las descargas eléctricas en los gases, y ambos científicos formularon un método para aprovechar ese proceso a fin de detectar partículas radiactivas de otro modo invisibles. En 1908, bajo la dirección de Rutherford, Geiger y su colega Ernest Marsden llevaron a cabo el famoso «experimento Geiger-Marsden», en el que unas pocas partículas alfa radiactivas disparadas contra una fina lámina de oro rebotan hacia la fuente, demostrando así la existencia del núcleo atómico.

**Véase también:** Teoría atómica 236–237 ▪ El núcleo 240–241

## LAWRENCE BRAGG
### 1890–1971

En tanto que hijo de William Henry Bragg (1862–1942), profesor de física en la Universidad de Adelaida, en Australia, Lawrence Bragg enseguida se interesó por esa materia. Cuando su familia se mudó a Reino Unido para que William ocupara una cátedra en la Universidad de Leeds, Lawrence se matriculó en la Universidad de Cambridge. Allí, en 1912, y siendo estudiante de posgrado, se le ocurrió un modo de zanjar un largo debate sobre la naturaleza de los rayos X. Pensó que, si los rayos X eran ondas electromagnéticas y no partículas, estos producirían patrones de interferencia debido a la difracción al pasar a través de cristales. Padre e hijo desarrollaron un experimento para comprobar la hipótesis; con él no solo probaron que los rayos X son en realidad ondas, sino que también crearon una nueva técnica para estudiar la estructura de la materia.

**Véase también:** Difracción e interferencia 180–183 ▪ Ondas electromagnéticas 192–195

## ARTHUR HOLLY COMPTON
### 1892–1962

Compton, nacido en el seno de una familia de profesores universitarios en Wooster, Ohio (EE UU), era el menor de tres hermanos, todos ellos doctorados en la Universidad de Princeton. Después de interesarse por los rayos X y por cómo estos podían revelar la estructura interna de los átomos, en 1920 se convirtió en director del departamento de física de la Universidad Washington en San Luis. Fue allí, en 1923, donde sus experimentos llevaron al descubrimiento de la «dispersión Compton», la transferencia de energía de los rayos X a los electrones que solo podía explicarse si las propiedades de los rayos X eran similares tanto a las de las partículas como a las de las ondas. La idea de un aspecto corpuscular de la radiación electromagnética había sido propuesta por Planck y Einstein, pero el descubrimiento de Compton fue su prueba irrefutable.

**Véase también:** Ondas electromagnéticas 192–195 ▪ Cuantos de energía 208–211 ▪ Partículas y ondas 212–215

## IRÈNE JOLIOT-CURIE
### 1897–1956

Hija de Marie y Pierre Curie, Irène mostró desde pequeña un obvio talento para las matemáticas. Tras trabajar como radióloga durante la Primera Guerra Mundial, se graduó y continuó sus estudios en el Instituto del Radio fundado por sus padres; allí conoció a su futuro marido, el químico Frédéric Joliot. Juntos, fueron los primeros en medir la masa del neutrón en 1933. Estudiaron también lo que sucedía cuando se bombardeaban elementos ligeros con partículas alfa radiactivas

(núcleos de helio), y descubrieron que ese proceso creaba materiales radiactivos. Los Joliot-Curie consiguieron crear isótopos radiactivos artificiales, un logro que les valió el premio Nobel de Química de 1935.
**Véase también:** Rayos nucleares 238–239 ▪ El núcleo 240–241 ▪ Aceleradores de partículas 252–255

## LEÓ SZILÁRD
### 1898–1964

Nacido en el seno de una familia judía en Budapest (Hungría), Szilárd mostró su talento al ganar un premio nacional de matemáticas a la edad de 16 años. Terminó su educación y se instaló en Alemania, aunque el ascenso del partido nazi lo hizo huir a Reino Unido. Allí cofundó una organización para ayudar a estudiosos refugiados y formuló la idea de la reacción nuclear en cadena, un proceso que aprovecha una cascada de neutrones para liberar la energía de los átomos. Después de emigrar a EE UU en 1938, Szilárd colaboró en hacer realidad la reacción en cadena como parte del Proyecto Manhattan.
**Véase también:** Rayos nucleares 238–239 ▪ El núcleo 240–241 ▪ Bombas y energía nuclear 248–251

## GEORGE GAMOW
### 1904–1968

Gamow estudió física en su ciudad natal, Odesa (entonces en la Unión Soviética, hoy en Ucrania), y más tarde en Leningrado (hoy San Petersburgo, en Rusia), donde quedó fascinado por la física cuántica. En la década de 1920, la colaboración con colegas occidentales condujo a éxitos tales como su explicación del fenómeno de la desintegración alfa y la «vida media» radiactiva. En 1933 desertó de la cada vez más opresiva Unión Soviética y acabó por instalarse en Washington D.C. Desde finales de la década de 1930, Gamow renovó un interés temprano por la cosmología, y en 1948, junto con Ralph Alpher, esbozó lo que ahora se llama «nucleosíntesis del Big Bang», el mecanismo por medio del cual una vasta explosión de energía generó elementos primordiales en las proporciones correctas durante los inicios del universo.
**Véase también:** Rayos nucleares 238–239 ▪ El zoo de partículas y los quarks 256–257 ▪ Universo estático o en expansión 294–295 ▪ El Big Bang 296–301

## J. ROBERT OPPENHEIMER
### 1904–1967

La genialidad del neoyorquino Oppenheimer empezó a hacerse patente en 1926 durante su posgrado en la Universidad de Gotinga (Alemania), donde trabajó con Max Born y conoció a muchas otras figuras destacadas de la física cuántica. En 1942 fue reclutado para trabajar en los cálculos del Proyecto Manhattan, encaminado a desarrollar una bomba atómica en EE UU. Unos meses más tarde, fue elegido para dirigir el laboratorio donde se construiría la bomba. Dirigió el proyecto hasta su conclusión, al final de la Segunda Guerra Mundial, cuando se bombardearon con resultados devastadores las ciudades japonesas de Hiroshima y Nagasaki; después, Oppenheimer se convirtió en un declarado crítico de la proliferación nuclear.
**Véase también:** El núcleo 240–241 ▪ Bombas y energía nuclear 248–251

## MARIA GOEPPERT MAYER
### 1906–1972

Nacida en el seno de una familia de tradición académica en Katowice (hoy en Polonia), Goeppert estudió matemáticas y física en la Universidad de Gotinga (Alemania). En su tesis doctoral en física, de 1930, predijo el fenómeno de la absorción de dos fotones en átomos (algo demostrado en 1961). En 1930 se casó y se mudó a EE UU con su marido, un químico estadounidense, pero tuvo dificultades para obtener una plaza académica. A partir de 1939 trabajó en la Universidad de Columbia, donde participó en la separación de los isótopos de uranio necesarios para la bomba atómica durante la Segunda Guerra Mundial. A finales de la década de 1940, ya en la Universidad de Chicago, desarrolló el «modelo de capas nuclear», que explicaba por qué los núcleos atómicos con cierto número de nucleones (protones y neutrones) son particularmente estables.
**Véase también:** Rayos nucleares 238–239 ▪ El núcleo 240–241 ▪ Bombas y energía nuclear 248–251

## DOROTHY CROWFOOT HODGKIN
### 1910–1994

Después de aprender latín específicamente para pasar el examen de ingreso, Hodgkin estudió en el Somerville College, en Oxford, antes de trasladarse a Cambridge para investigar en cristalografía de rayos X. Durante su doctorado, Hodgkin ideó métodos pioneros para analizar con rayos X la estructura de las proteínas. De vuelta al Somerville, continuó investigando y refinó sus técnicas para trabajar en moléculas cada vez más complejas, como los esteroides y la penicilina (en 1945), la vitamina $B_{12}$ (en 1956, trabajo que le llevó a recibir el premio Nobel de Química en 1964) y la insulina (finalmente completada en 1969).
**Véase también:** Difracción e interferencia 180–183 ▪ Ondas electromagnéticas 192–195

## SUBRAHMANYAN CHANDRASEKHAR
### 1910–1995

Nacido en Lahore (entonces parte de la India, hoy en Pakistán), Chandrasekhar obtuvo su primer título en Madrás (hoy Chennai) y a partir de 1930 continuó sus estudios en la Universidad de Cambridge. Su trabajo más famoso fue sobre la física de las estrellas superdensas, como las enanas blancas. Demostró que en las estrellas con más de 1,44 veces la masa del Sol, la presión interna es incapaz de resistir la atracción centrípeta de la gravedad, lo que lleva a un colapso catastrófico (el origen de las estrellas de neutrones y los agujeros negros). Chandrasekhar se trasladó a la Universidad de Chicago en 1936, y se naturalizó ciudadano estadounidense en 1953.
**Véase también:** Números cuánticos 216–217 ▪ Partículas subatómicas 242–243 ▪ Agujeros negros y agujeros de gusano 286–289

## RUBY PAYNE-SCOTT
**1912–1981**

La radioastrónoma australiana Ruby Payne-Scott nació en Grafton (Nueva Gales del Sur) y cursó estudios sobre ciencias en la Universidad de Sídney, donde se graduó en 1933. Después de unas primeras investigaciones sobre el efecto de los campos magnéticos en los organismos vivos, se interesó por las ondas de radio; eso la llevó a trabajar durante la Segunda Guerra Mundial en la tecnología de radar en el Laboratorio de Radiofísica del gobierno australiano. En 1945 fue coautora del primer informe científico que relacionaba el número de manchas solares con las emisiones de radio. Junto con los otros dos coautores, Payne-Scott creó un observatorio que ideó métodos pioneros para localizar fuentes de radio en el Sol, con lo que vinculó de modo concluyente los estallidos de radio con la aparición de manchas solares.
**Véase también:** Ondas electromagnéticas 192–95 ▪ Ver más allá de la luz 202–203

## FRED HOYLE
**1915–2001**

Hoyle nació en Yorkshire (Reino Unido), y estudió matemáticas en la Universidad de Cambridge antes de trabajar en el desarrollo del radar durante la Segunda Guerra Mundial. Las conversaciones con otros científicos del proyecto despertaron su interés por la cosmología, y sus viajes a EE UU le permitieron conocer las últimas investigaciones en astronomía y física nuclear. Después de muchos años de trabajo, en 1954 acabó de elaborar su teoría de la nucleosíntesis de la supernova, sobre cómo los elementos pesados se producen en el interior de las grandes estrellas y se dispersan por el universo cuando explotan. Hoyle se hizo famoso como autor y divulgador científico, aunque sostuvo algunas opiniones polémicas, entre ellas, la no aceptación de la teoría del Big Bang.
**Véase también:** Fusión nuclear en las estrellas 265 ▪ Universo estático o en expansión 294–295 ▪ El Big Bang 296–301

## SUMIO IIJIMA
**n. en 1939**

Iijima nació en la prefectura de Saitama (Japón), y estudió ingeniería eléctrica y física del estado sólido. En la década de 1970, Iijima usó la microscopía de electrones para estudiar materiales cristalinos en la Universidad Estatal de Arizona (EE UU). Tras su regreso a Japón en la década de 1980, siguió investigando las estructuras de las partículas ultrafinas, como los recién descubiertos «fullerenos» (esferas de 60 átomos de carbono). A partir de 1987 trabajó en la división de investigación del gigante de la electrónica NEC, donde, en 1991, descubrió e identificó otra forma del carbono, unas estructuras cilíndricas de gran resistencia conocidas hoy como nanotubos. Las potenciales aplicaciones de ese nuevo material han contribuido a estimular una oleada de investigaciones en nanotecnología.
**Véase también:** Modelos de materia 68–71 ▪ Nanoelectrónica 158 ▪ Teoría atómica 236–237

## STEPHEN HAWKING
**1942–2018**

A Hawking, que quizá sea el científico más famoso de los tiempos modernos, se le diagnosticó una enfermedad neurodegenerativa en 1963, mientras realizaba un doctorado en cosmología en la Universidad de Cambridge. Su tesis doctoral de 1966 demostró que la teoría del Big Bang, según la cual el universo se desarrolló a partir de un punto infinitamente caliente y denso denominado singularidad, era consistente con la de la relatividad general, con lo cual eliminó una de las últimas grandes objeciones a esa teoría. Hawking pasó los primeros años de su carrera investigando los agujeros negros (otro tipo de singularidad), y en 1974 demostró que debían de emitir algún tipo de radiación. Su trabajo posterior abordó cuestiones sobre la evolución del universo, la naturaleza del tiempo y la unificación de la teoría cuántica con la gravedad. También se convirtió en un célebre divulgador científico tras la publicación de su libro *Una breve historia del tiempo* en 1988.
**Véase también:** Agujeros negros y agujeros de gusano 286–289 ▪ El Big Bang 296–301 ▪ Teoría de cuerdas 308–311

## ALAN GUTH
**n. en 1947**

Nacido en New Brunswick (Nueva Jersey), Guth comenzó a estudiar física de partículas, pero cambió de orientación tras asistir a unas conferencias sobre cosmología en la Universidad Cornell en 1978 y 1979. Propuso una solución a algunas de las grandes preguntas no resueltas sobre el universo introduciendo la idea de un breve momento de violenta «inflación cósmica» en la que una pequeña parte del universo naciente estalló hasta dominar sobre todo lo demás, apenas una fracción de segundo después del propio Big Bang. La inflación ofrece explicaciones para preguntas como, por ejemplo, por qué parece tan uniforme el universo que nos rodea. Otros científicos han partido de esa idea para sugerir que nuestra particular «burbuja» es una de muchas en un «multiverso inflacionario».
**Véase también:** Asimetría materia-antimateria 264 ▪ Universo estático o en expansión 294–295 ▪ El Big Bang 296–301

## FABIOLA GIANOTTI
**n. en 1960**

Tras obtener un doctorado en física de partículas experimental por la Universidad de Milán, Gianotti se unió al CERN (Organización Europea para la Investigación Nuclear) donde participó en la investigación y el diseño de experimentos con los diversos aceleradores de partículas de la organización. De modo destacado, Gianotti fue la directora del proyecto en el ambicioso experimento ATLAS del Gran Colisionador de Hadrones (LHC) y dirigió el análisis de datos que logró confirmar en 2012 la existencia del bosón de Higgs, el último elemento que faltaba en el modelo estándar de la física de partículas.
**Véase también:** Aceleradores de partículas 252–255 ▪ El zoo de partículas y los quarks 256–257 ▪ El bosón de Higgs 262–263

# GLOSARIO

En este glosario, los términos definidos en otra entrada se identifican en *cursiva*.

**aceleración** Tasa de variación de velocidad. Está causada por una fuerza que produce un cambio en la dirección o velocidad de un objeto.

**agujero negro** Objeto en el espacio que es tan denso que la luz no puede escapar de su *campo* gravitatorio.

**aislante** Material que reduce o detiene el flujo de calor, la electricidad o el sonido.

**antimateria** *Partículas* y *átomos* que están hechos de *antipartículas*.

**antipartícula** *Partícula* idéntica a una partícula ordinaria, pero con una *carga eléctrica* opuesta. A cada partícula le corresponde una antipartícula.

**año luz** Unidad de distancia que es la distancia recorrida por la luz en un año, equivalente a 9460 billones de km.

**átomo** La parte más pequeña de un *elemento* con las propiedades químicas de ese elemento. Se creyó que era la parte más pequeña de la *materia*, pero hoy se conocen muchas *partículas* subatómicas.

**Big Bang** Suceso con el que se cree que empezó el universo, explotando a partir de una *singularidad*, hace unos 13 800 millones de años.

**bosón** *Partícula* subatómica que transporta *fuerzas* entre otras partículas o proporciona *masa* a las partículas.

**bosón de Higgs** *Partícula* subatómica asociada al *campo* de Higgs, que confiere *masa* a otras *partículas* al interactuar con ellas.

**campo** Distribución de una *fuerza* a través del *espacio-tiempo* donde a cada punto se le puede dar un valor para esa fuerza. Un campo gravitatorio es un ejemplo de un campo en el que la fuerza percibida en un punto concreto es inversamente proporcional al cuadrado de la distancia hasta la fuente de la *gravedad*.

**carga eléctrica** Propiedad de las *partículas* subatómicas que hace que se atraigan o repelan unas a otras.

**cero absoluto** La temperatura más baja posible, 0 K o –273,15 °C.

**circuito** Camino por el que fluye una *corriente eléctrica*.

**coeficiente** Número o *expresión*, normalmente una *constante*, que se coloca ante otro número y lo multiplica.

**colisión elástica** Colisión en la que no se pierde *energía* cinética.

**conductor** Sustancia por la que el calor o la *corriente eléctrica* fluye con facilidad.

**constante** En una *expresión* matemática, cantidad que no varía, simbolizada a menudo por una letra, como $a$, $b$ o $c$.

**constante cosmológica** Término añadido por Albert Einstein a sus ecuaciones de la *relatividad general*, usado para modelar la *energía oscura* que acelera la expansión del universo.

**corriente alterna (CA)** *Corriente eléctrica* cuya dirección se invierte a intervalos regulares. Véase también *corriente continua (CC)*.

**corriente continua (CC)** *Corriente eléctrica* que fluye en una sola dirección. Véase también *corriente alterna (CA)*.

**corriente eléctrica** Flujo de objetos con *carga eléctrica*.

**corrimiento al rojo** Desplazamiento hacia el extremo rojo del *espectro* observado, debido al *efecto Doppler*, en la luz que emiten las *galaxias* que se alejan de la Tierra.

**cuantos** Paquetes de *energía* que existen en unidades discretas. En algunos sistemas, un cuanto es la cantidad más pequeña posible de energía.

**cuerpo negro** Objeto teórico que absorbe toda la *radiación* recibida, irradia *energía* en función de su temperatura y es el más eficiente emisor de radiación.

**desintegración beta** Forma de *desintegración radiactiva* donde un núcleo atómico emite *partículas* beta (*electrones* o *positrones*).

**desintegración gamma** Forma de *desintegración radiactiva* donde un núcleo atómico desprende *radiación* gamma de alta *energía* y *longitud de onda* corta.

**desintegración radiactiva** Proceso en el que los *núcleos* atómicos inestables emiten *partículas* o *radiación electromagnética*.

**diferencia de potencial** Diferencia de *energía* por unidad de carga entre dos lugares en un *campo* o *circuito* eléctrico.

**difracción** Desviación de las *ondas* alrededor de obstáculos y después de pasar por pequeñas aberturas.

**dilatación del tiempo** Fenómeno en el que dos objetos que se mueven en relación al otro, o en diferentes *campos* gravitatorios, experimentan un ritmo diferente del discurrir del tiempo.

**efecto Doppler** Cambio en la *frecuencia* de una *onda* (como una onda de luz o de sonido) experimentada por un observador que se mueve en relación con la fuente de dicha onda.

**efecto fotoeléctrico** Emisión de *electrones* por parte de las superficies de algunas sustancias cuando las alcanza la luz.

**electrodinámica cuántica (EDC)** Teoría que explica la interacción de *partículas* subatómicas mediante intercambio de *fotones*.

**electrólisis** Cambio químico producido en una sustancia causado por el paso de una *corriente eléctrica* a través de ella.

**electrón** *Partícula* subatómica con *carga eléctrica* negativa.

**elemento** Sustancia que no puede descomponerse en otras sustancias mediante reacciones químicas.

**energía** Capacidad de un objeto o sistema para el *trabajo* mecánico. Existen muchas formas de energía, como la potencial (por ejemplo, en un muelle) y la cinética (del movimiento). La energía puede cambiar de forma, pero nunca crearse ni destruirse.

**energía oscura** *Fuerza* aún poco conocida que actúa en dirección opuesta a la *gravedad* y que hace que el universo se expanda. Unas tres cuartas partes de la *masa-energía* del universo son energía oscura.

**entrelazamiento** En física cuántica, fenómeno por el cual las *partículas* están enlazadas de modo que un cambio en una afecta a la otra independientemente de la distancia que las separe.

**entropía** Medida del desorden de un sistema que refleja el número de formas específicas en que puede organizarse un sistema.

**espacio-tiempo** Continuo resultante de la combinación de las tres dimensiones espaciales con una dimensión temporal.

**espectro** Gama de las *longitudes de onda* de la *radiación electromagnética*. Va de los rayos gamma, de longitudes de onda inferiores al *átomo*, a las ondas de radio, cuya longitud puede ser de varios kilómetros.

**espectro electromagnético** Gama completa de la *radiación electromagnética*.

**espín** Propiedad de las *partículas* subatómicas similar al *momento angular*.

**exoplaneta** Planeta que orbita una estrella diferente de nuestro Sol.

**expresión** Cualquier combinación significativa de símbolos matemáticos.

**fermión** *Partícula* subatómica, como un *electrón* o un *quark*, asociada a la *masa*.

**fisión nuclear** Proceso por el cual el *núcleo* de un *átomo* se divide en dos núcleos más pequeños y libera *energía*.

**fotón** *Partícula* de luz que transfiere la *fuerza electromagnética* de un lugar a otro.

**frecuencia** Número de *ondas* que pasan por un punto cada segundo.

**fricción** *Fuerza* que resiste o detiene el movimiento de los objetos que están en contacto entre sí.

**fuerza** Empuje o tracción que desplaza un objeto o cambia su forma.

**fuerza electromagnética** Una de las cuatro *fuerzas fundamentales* de la naturaleza, responsable de la transferencia de *fotones* entre *partículas*.

**fuerza nuclear débil** Una de las cuatro *fuerzas fundamentales*, que actúa en el interior del *núcleo* atómico y es responsable de la *desintegración beta*.

**fuerza nuclear fuerte** Una de las cuatro *fuerzas fundamentales*, que mantiene unidos los *quarks* para formar *neutrones* y *protones*.

**fuerzas fundamentales** Las cuatro *fuerzas* que determinan el comportamiento de la *materia*.

Las fuerzas fundamentales son la *fuerza electromagnética*, la *gravedad*, la *fuerza nuclear fuerte* y la *fuerza nuclear débil*.

**fusión nuclear** Proceso en el que los *núcleos* atómicos se unen para formar núcleos más pesados y se libera *energía*. En las estrellas como el Sol, comporta la fusión de núcleos de hidrógeno para crear helio.

**galaxia** Gran colección de estrellas y nubes de gas y polvo que se mantiene unida por la *gravedad*.

**gas ideal** Gas donde no hay *fuerzas* intermoleculares y las únicas interacciones entre *partículas* son las *colisiones elásticas*.

**geocentrismo** Modelo histórico del universo con la Tierra en su centro.

**gluones** *Partículas* dentro de los *protones* y *neutrones* que mantienen unidos a los *quarks*.

**gravedad** *Fuerza* de atracción entre objetos con *masa*. También afecta a los *fotones*, carentes de masa. La *relatividad general* la describe como una curvatura del *espacio-tiempo*.

**horizonte de sucesos** Límite que rodea a un *agujero negro* donde la atracción gravitatoria de este es tan intensa que la luz no puede escapar.

**inercia** Tendencia de un objeto a seguir en movimiento o reposo hasta que una *fuerza* actúe sobre él.

**interferencia** Proceso por el cual dos o más *ondas* se combinan, ya sea reforzándose o cancelándose.

**ión** *Átomo*, o grupo de átomos, que ha perdido o ganado uno o más *electrones* para adquirir *carga eléctrica*.

**isótopos** *Átomos* del mismo *elemento* que tienen el mismo número de *protones*, pero un número diferente de *neutrones*.

**leptón** *Fermión* al que solo afectan dos de las *fuerzas fundamentales*: la *fuerza electromagnética* y la *fuerza nuclear débil*.

**líneas de Fraunhofer** Líneas oscuras de absorción que se encuentran en el *espectro* del Sol, identificadas por el físico alemán Joseph von Fraunhofer.

**longitud de onda** Distancia entre dos picos o dos valles sucesivos de una *onda*.

**luz polarizada** Luz cuyas *ondas* vibran en un solo *plano*.

**magnetismo** *Fuerza* de atracción o repulsión ejercida por los imanes. El magnetismo se debe al movimiento de las *cargas eléctricas* o al momento magnético de las *partículas*.

**masa** Cantidad de *materia* de un objeto, medida por la *fuerza* requerida para acelerarlo.

**materia** Cualquier sustancia física. Todo nuestro mundo visible está hecho de materia.

**materia oscura** *Materia* invisible que únicamente se detecta por su efecto gravitatorio sobre la materia visible y que mantiene unidas las *galaxias*.

**mecánica clásica** Conjunto de leyes que describen el movimiento de los cuerpos bajo la acción de *fuerzas*.

**mecánica cuántica** Rama de la física que trata de las *partículas* subatómicas que se comportan como *cuantos*.

**modelo estándar** Marco teórico de la física de *partículas* según el cual hay 12 *fermiones* fundamentales: seis *quarks* y seis *leptones*.

**molécula** La unidad más pequeña de un compuesto con sus propiedades químicas, formada por dos o más *átomos*.

**momento** *Masa* de un objeto multiplicada por su *velocidad*.

**momento angular** Medida de la rotación de un objeto, que tiene en cuenta su *masa*, su *forma* y la velocidad de rotación.

**muerte térmica** Posible estado final del universo en el que no existirán diferencias de temperatura en el espacio y no sería posible el *trabajo* mecánico.

**neutrino** *Partícula* subatómica con *carga eléctrica* neutra y *masa* muy pequeña.

**neutrón** *Partícula* subatómica con *carga eléctrica* neutra que forma parte del *núcleo* del *átomo*. Consta de un *quark* arriba y dos quarks abajo.

**núcleo** Parte central de un *átomo*. El núcleo está formado por *protones* y *neutrones*, y contiene casi toda la *masa* de un átomo.

**onda** Perturbación de un medio que se propaga y transfiere *energía*.

**onda gravitatoria** Perturbación del *espacio-tiempo* que viaja a la velocidad de la luz, generada por la *aceleración* de la *masa*.

**óptica** Estudio de la visión y del comportamiento de la luz.

**órbita** Trayectoria de un cuerpo alrededor de otro más masivo.

**partícula** Constituyente de la *materia* que puede tener *velocidad*, posición, *masa* y *carga eléctrica*.

**partícula alfa** *Partícula* compuesta por dos *neutrones* y dos *protones*, emitida durante una forma de *desintegración radiactiva* llamada desintegración alfa.

**piezoelectricidad** Electricidad que se produce aplicando tensión a ciertos cristales.

**plano** Superficie plana en la que dos puntos cualesquiera pueden ser unidos por una línea recta.

**plasma** Fluido caliente y con *carga eléctrica* en el que los *electrones* se han liberado de sus *átomos*.

**positrón** *Antipartícula* correspondiente al *electrón*, con la misma *masa* pero con *carga eléctrica* positiva.

**presión** *Fuerza* continua ejercida sobre un objeto. La presión de los gases es consecuencia del movimiento de sus *moléculas*.

**principio de incertidumbre de Heisenberg** En *mecánica cuántica*, principio según el cual cuanto mayor sea la precisión con que se midan ciertos valores, como el *momento* lineal, menos se sabrá de otros, como la posición, y viceversa.

**protón** *Partícula* con carga positiva que forma parte del núcleo de un *átomo*. Contiene dos *quarks* arriba y un quark abajo.

**quark** *Partícula* subatómica de la que se componen los *protones* y los *neutrones*.

**radiación** *Onda* electromagnética o haz de *partículas* emitidas por una fuente radiactiva.

**radiación de fondo de microondas (RFM)** Tenue *radiación* de microondas detectable desde todas las direcciones. La RFM es la radiación más antigua del universo, emitida cuando este tenía 380 000 años de edad. Predicha por la teoría del *Big Bang*, se detectó por primera vez en 1964.

**radiación electromagnética** *Energía* que se desplaza a través del espacio. Se compone de un campo magnético y un campo eléctrico que forman un ángulo recto entre ellos. La luz es una forma de radiación electromagnética.

**rayos cósmicos** *Partículas* muy energéticas, como *electrones* y *protones*, que viajan por el espacio a una velocidad cercana a la de la luz.

**refracción** Desviación de las *ondas* electromagnéticas al pasar de un medio a otro.

**relatividad especial** Teoría de Einstein que parte del principio de que tanto la velocidad de la luz como las leyes de la física son las mismas para todos los observadores y excluye la posibilidad de un tiempo o un espacio absolutos.

**relatividad general** Descripción del *espacio-tiempo* en la que Einstein considera sistemas de referencia *acelerados*. La teoría de la relatividad general describe la *gravedad* como una curvatura del espacio-tiempo por efecto de la *masa*.

**resistencia** Medida del grado en que un material se opone al flujo de la *corriente eléctrica*.

**resistencia del aire** *Fuerza* que se resiste al movimiento de un objeto a través del aire.

**semiconductor** Sustancia con una *resistencia* intermedia entre la de un *conductor* y la de un *aislante*.

**singularidad** Un punto del *espacio-tiempo* con longitud cero.

**supernova** Resultado del colapso de una estrella masiva, causante de una explosión que puede ser de miles de millones de veces más brillante que el Sol.

**superposición** En física cuántica, principio según el cual, hasta que se mide, una *partícula* (como un *electrón*) existe en todos sus estados posibles simultáneamente.

**teoría de cuerdas** Teoría de la física que describe las *partículas* como cuerdas unidimensionales en vez de como puntos.

**teoría electrodébil** Teoría según la cual la *fuerza electromagnética* y la *fuerza nuclear débil* son una sola, llamada fuerza electrodébil.

**termodinámica** Rama de la física que estudia el calor y su relación con la *energía* y el *trabajo* mecánico.

**trabajo** *Energía* transferida cuando una *fuerza* mueve un objeto en una dirección concreta.

**velocidad** Medida de la rapidez y dirección de un objeto.

**voltaje** Término común para referirse a la *diferencia de potencial* eléctrico.

# INDICE

Los números en **negrita** remiten a las entradas principales.

## A



## B



## C

# D



# E

# M



# N



# OP

# QR



# S

# AUTORIA DE LAS CITAS

Las siguientes citas corresponden a autores secundarios de los temas principales tratados en cada artículo.

## MEDIDA Y MOVIMIENTO



## ENERGÍA Y MATERIA



## ELECTRICIDAD Y MAGNETISMO



## SONIDO Y LUZ



## EL MUNDO CUÁNTICO



## FÍSICA NUCLEAR Y DE PARTÍCULAS



## LA RELATIVIDAD Y EL UNIVERSO

# AGRADECIMIENTOS

Dorling Kindersley desea dar las gracias a Rose Blackett-Ord, Rishi Bryan, Daniel Byrne, Helen Fewster, Dharini Ganesh, Anita Kakar y Maisie Peppitt por su ayuda editorial; Mridushmita Bose, Mik Gates, Duncan Turner y Anjali Sachar por su apoyo en el diseño; Alexandra Beeden por la revisión; Helen Peters por el índice analítico; y Harish Aggarwal (diseño de maquetación sénior), Priyanka Sharma (coordinación editorial de cubiertas) y Saloni Singh (dirección editorial de cubiertas).

## CRÉDITOS FOTOGRÁFICOS

Los editores agradecen a las siguientes personas e instituciones el permiso para reproducir sus imágenes:

(Clave: a-arriba; b-abajo/inferior; c-centro; e-extremo; i-izquierda; d-derecha; s-superior)

**19 akg-images:** Rabatti & Domingie (si). **21 Getty Images:** DEA / A. Dagli Orti (sd). **22 Wellcome Collection http://creativecommons.org/licenses/by/4.0/:** (sd). **23 Alamy Stock Photo:** Science History Images (bi). **26 Alamy Stock Photo:** AF Fotografie (bi). **27 iStockphoto.com:** Photos.com (bd). **28 Alamy Stock Photo:** Science History Images (b). **31 Getty Images:** Pictorial Parade (sd). **33 Dreamstime.com:** Georgios Kollidas / Georgios (sd). **34 Getty Images:** De Agostini / G. Nimatallah (bd). **39 Alamy Stock Photo:** North Wind Picture Archives (si); Science History Images (bd). **42 Alamy Stock Photo:** North Wind Picture Archives (bi). **45 Alamy Stock Photo:** Mark Garlick / Science Photo Library (bd). **49 The Metropolitan Museum of Art:** The Elisha Whittelsey Collection, The Elisha Whittelsey Fund, 1959 (si). **50 iStockphoto.com:** Iurii Buriak (cib). **51 Wellcome Collection http://creativecommons.org/licenses/by/4.0/:** (bi). **53 Getty Images:** Heritage Images / Hulton Archive (td, bc). **55 Getty Images:** Science & Society Picture Library (cb). **57 Alamy Stock Photo:** Heritage Image Partnership Ltd (sd). **61 Bureau International des Poids et Mesures, BIPM:** (bi). **Rex by Shutterstock:** Gianni Dagli Orti (sd). **63 National Physical Laboratory:** NPL Management Ltd (bi). **NIST:** Curt Suplee (sd). **69 Alamy Stock Photo:** Archive World (sd); The Print Collector / Oxford Science Archive / Heritage Images (cia). **73 Departamento de Ingeniería, Universidad de Oxford:** Pintura moderna de Rita Greer (sd). **74 Alamy Stock Photo:** Science History Images (si). **75 Alamy Stock Photo:** Francois Roux (si). **77 Alamy Stock Photo:** Pictorial Press Ltd (sd). **78 NOAA:** Bibliofilia y colecciones especiales: *Hydrodynamica*, de Daniel Bernouli (bi). **81 Alamy Stock Photo:** Science History Images (bi). **Dreamstime.com:** Mishatc (sd). **83 Alamy Stock Photo:** The Granger Collection (bd). **85 Alamy Stock Photo:** Impress (sd); Science History Images (si). **87 Pixabay:** Benita5 / 37 images (cia). **88 Dorling Kindersley:** cortesía del Engineering Expert Witness Blog (bi). **89 Alamy Stock Photo:** Artokoloro Quint Lox Limited / liszt collection (sd). **91 Wellcome Collection http://creativecommons.org/licenses/by/4.0/:** (cda). **92 Science Photo Library:** J-L Charmet (bi). **96 Getty Images:** Bettmann (bi). **97 Getty Images:** Stocktrek Images / Richard Roscoe (bd). **98 ESO:** (bi). **99 Getty Images:** Alicia Llop (bd). **103 Alamy Stock Photo:** History and Art Collection (sd). **Dreamstime.com:** Franco Nadalin (bi). **107 iStockphoto.com:** Danielle Kuck (bd). **109 Getty Images:** Imagno / Hulton Archive (bi). **110 SuperStock:** Fototeca Gilardi / Marka (sd). **111 Dreamstime.com:** Victor Zastolskiy / Vicnt (bi). **115 Getty Images:** Science & Society Picture Library (bi). **NASA:** Infrarrojo lejano: ESA / Herschel / PACS / SPIRE / Hill, Motte, HOBYS Key Programme Consortium; X-ray: ESA / XMM-Newton / EPIC / XMM-Newton-SOC / Boulanger (si). **117 Getty Images:** Mark Garlick / Science Photo Library (sd). **123 Wellcome Collection http://creativecommons.org/licenses/by/4.0/:** (sd). **125 Dreamstime.com:** Danielkmalloy (sd). **127 Alamy Stock Photo:** Interfoto / Personalities (bi). **129 Alamy Stock Photo:** Prisma Archivo (bc). **Dreamstime.com:** Ovydyborets (bc/fondo). **Wellcome Collection http://creativecommons.org/licenses/by/4.0/:** (sd). **132 Getty Images:** Science & Society Picture Library (bi). **133 iStockphoto.com:** choness (bc). **135 Alamy Stock Photo:** Granger Historical Picture Archive (sd); World History Archive (si). **137 Wellcome Collection http://creativecommons.org/licenses/by/4.0/:** (bi). **139 Alamy Stock Photo:** Science History Images (sd). **145 Getty Images:** Corbis Historical / Stefano Bianchetti (bi). **147 Alamy Stock Photo:** World History Archive (sd). **149 Alamy Stock Photo:** Everett Collection Historical (cia). **151 iStockphoto.com:** querbeet (bc). **Wellcome Collection http://creativecommons.org/licenses/by/4.0/:** (sd). **153 Alamy Stock Photo:** Pictorial Press Ltd (cb). **155 Science Photo Library:** Emilio Segre Visual Archives / American Institute Of Physics (si). **156 Getty Images:** Ken Kiefer 2 (bc). **158 Getty Images:** Roger Ressmeyer / Corbis / VCG (bd). **166 Dreamstime.com:** James Steidl (bd). **167 Alamy Stock Photo:** FLHC 80 (si). **Wellcome Collection http://creativecommons.org/licenses/by/4.0/:** (sd). **169 Alamy Stock Photo:** The Granger Collection (bi). **Unsplash:** Michael Heuser / @gum_meee (cda). **174 Science Photo Library:** (si). **175 Getty Images:** Science & Society Picture Library (bc). **Wellcome Collection http://creativecommons.org/licenses/by/4.0/:** (sd). **177 Getty Images:** Science Photo Library / David Parker (si). **179 Alamy Stock Photo:** Science History Images / Photo Researchers (si). **181 Alamy Stock Photo:** Durk Gardenier (cda). **182 Getty Images:** De Agostini Picture Library (si). **183 Unsplash:** Lanju Fotografie / @lanju_fotografie (si). **185 iStockphoto.com:** Darunechka (bd). **186 Wellcome Collection http://creativecommons.org/licenses/by/4.0/:** (bi). **189 Getty Images:** Imagno / Hulton Archive (sd). **191 NASA:** ESA, R. Ellis (Caltech) y el HUDF 2012 Team (bd). **193 Alamy Stock Photo:** Cola Images (cia). **195 Alamy Stock Photo:** World History Archive (sd). **197 Science Photo Library:** Mark A. Schneider (cia). **199 Alamy Stock Photo:** Archive Pics (sd). **201 Alamy Stock Photo:** Lordprice Collection (sd). **Pixabay:** KatinkavomWolfenmond / 57 images (bc). **203 Alamy Stock Photo:** Geraint Lewis (bi). **Science Photo Library:** Max-Planck-Institut Fur Radioastronomie (sd). **210 NASA:** (si). **211 Alamy Stock Photo:** Science History Images (sd). **214 Alamy Stock Photo:** Science History Images (bi). **215 Getty Images:** ullstein picture Dtl. (bi). **216 Getty Images:** Encyclopaedia Britannica / Universal Images Group (bd). **217 Science Photo Library:** Emilio Segre Visual Archives / American Institute Of Physics (sd). **219 Getty Images:** Bettmann (bd). **221 Alamy Stock Photo:** Pictorial Press Ltd (cia). **223 Getty Images:** Mark Garlick / Science Photo Library (bc). **Science Photo Library:** Peter Menzel (sd). **225 Getty Images:** Bettmann (bi). **228 Science Photo Library:** Patrick Gaillardin / Look At Sciences (sc). **229 NIST:** G.E. Marti / JILA (cia). **230 Alamy Stock Photo:** Ian Allenden (si). **231 Getty Images:** Robert Wallis / Corbis (sd). **237 Alamy Stock Photo:** Science History Images (bi). **Dorling Kindersley:** Science Museum, Londres (sd). **239 Alamy Stock Photo:** The Print Collector / Heritage Images (sd). **241 Getty Images:** Print Collector / Hulton Archive (sd). **243 Getty Images:** Photo 12 / Universal Images Group (bi). **244 Getty Images:** Print Collector / Hulton Archive (bi). **245 Science Photo Library:** (sd). **249 Alamy Stock Photo:** Everett Collection Historical (sd). **251 Alamy Stock Photo:** Science History Images (si, sd). **255 © CERN:** Maximilien Brice (sc). **Science Photo Library:** Emilio Segre Visual Archives / American Institute Of Physics (bi). **257 Getty Images:** Bettmann (sd). **259 Alamy Stock Photo:** Science History Images (bi). **Science Photo Library:** CERN (sd). **260 Getty Images:** The Asahi Shimbun (crb). **263 Getty Images:** Colin McPherson / Corbis Entertainment (sd). **Science Photo Library:** David Parker (cia). **265 Getty Images:** EFDA-JET / Science Photo Library (cd). **270 Pixabay:** ciprianbogacs (bd). **271 Alamy Stock Photo:** GL Archive (sd). **273 NASA:** JPL / DLR (cda). **Wellcome Collection http://creativecommons.org/licenses/by/4.0/:** (bi). **274 Alamy Stock Photo:** Prisma Archivo (cd). **279 Alamy Stock Photo:** Granger Historical Picture Archive (sd). **iStockphoto.com:** wodeweitu (bc). **283 Getty Images:** Keystone-France / Gamma-Keystone (sd). **285 Alamy Stock Photo:** Archive Pics (sd). **NASA:** GSFC / SDO (bi). **289 NASA:** CXC / M.Weiss (bi). **Science Photo Library:** Emilio Segre Visual Archives / American Institute Of Physics (sd). **292 Alamy Stock Photo:** Pictorial Press Ltd (bi). **NASA:** ESA y el Hubble Heritage Team (STScI / AURA)-Hubble / Europe Collaboration (sd). **293 Alamy Stock Photo:** GL Archive (bi). **295 Alamy Stock Photo:** FLHC 96 (sd). **298 Alamy Stock Photo:** Granger Historical Picture Archive (bi). **299 Science Photo Library:** NASA / WMAP Science Team (bd). **301 Alamy Stock Photo:** Granger Historical Picture Archive (bd). **NASA:** ESA y P. Oesch (Universidad de Yale) (cib). **305 Alamy Stock Photo:** Dennis Hallinan (bi). **Science Photo Library:** Emilio Segre Visual Archives / American Institute Of Physics (sd). **307 NASA:** JPL-Caltech (bd). **Rex by Shutterstock:** (si). **310 eyevine:** Jeff Singer / Redux (bi). **311 Alamy Stock Photo:** BJ Warnick / Newscom (bd). **315 Alamy Stock Photo:** Caltech / UPI (sd). **Getty Images:** Mark Garlick / Science Photo Library (bi).